中 国 国 家 标 准 汇 编

2010 年修订-17

中国标准出版社　编

中国质检出版社
中国标准出版社
北　京

图书在版编目（CIP）数据

中国国家标准汇编：2010年修订．17/中国标准出版社编．—北京：中国标准出版社，2011

ISBN 978-7-5066-6506-3

Ⅰ．①中… Ⅱ．①中… Ⅲ．①国家标准-汇编-中国-2010 Ⅳ．①T-652.1

中国版本图书馆CIP数据核字(2011)第187929号

中国质检出版社
中国标准出版社 出版发行

北京市朝阳区和平里西街甲2号(100013)
北京市西城区三里河北街16号(100045)

网址:www.spc.net.cn
总编室:(010)64275323 发行中心:(010)51780235
读者服务部:(010)68523946

中国标准出版社秦皇岛印刷厂印刷
各地新华书店经销

*

开本 880×1230 1/16 印张 33.25 字数 786 千字
2011年12月第一版 2011年12月第一次印刷

*

定价 220.00 元

出 版 说 明

1.《中国国家标准汇编》是一部大型综合性国家标准全集。自1983年起，按国家标准顺序号以精装本、平装本两种装帧形式陆续分册汇编出版。它在一定程度上反映了我国建国以来标准化事业发展的基本情况和主要成就，是各级标准化管理机构，工矿企事业单位，农林牧副渔系统，科研、设计、教学等部门必不可少的工具书。

2.《中国国家标准汇编》收入我国每年正式发布的全部国家标准，分为“制定”卷和“修订”卷两种编辑版本。

“制定”卷收入上一年度我国发布的、新制定的国家标准，顺延前年度标准编号分成若干分册，封面和书脊上注明“20××年制定”字样及分册号，分册号一直连续。各分册中的标准是按照标准编号顺序连续排列的，如有标准顺序号缺号的，除特殊情况注明外，暂为空号。

“修订”卷收入上一年度我国发布的、修订的国家标准，视篇幅分设若干分册，但与“制定”卷分册号无关联，仅在封面和书脊上注明“20××年修订-1，-2，-3，……”字样。“修订”卷各分册中的标准，仍按标准编号顺序排列(但不连续)；如有遗漏的，均在当年最后一分册中补齐。需提请读者注意的是，个别非顺延前年度标准编号的新制定的国家标准没有收入在“制定”卷中，而是收入在“修订”卷中。

读者配套购买《中国国家标准汇编》“制定”卷和“修订”卷则可收齐上一年度我国制定和修订的全部国家标准。

3.由于读者需求的变化，自1996年起，《中国国家标准汇编》仅出版精装本。

4.2010年我国制修订国家标准共2846项。本分册为“2010年修订-17”，收入新制修订的国家标准59项。

中国标准出版社
2011年8月

目　　录

ICS 73.060
D 40

中华人民共和国国家标准

GB/T 14352.11—2010
代替 GB/T 14352.11—1993

钨矿石、钼矿石化学分析方法 第11部分:铋量测定

Methods for chemical analysis of tungsten ores and molybdenum ores—Part 11:Determination of bismuth content

2010-11-10 发布 2011-02-01 实施

中华人民共和国国家质量监督检验检疫总局
中国国家标准化管理委员会 发布

前 言

GB/T 14352《钨矿石、钼矿石化学分析方法》共有18个部分：

——第1部分：钨量测定；

——第2部分：钼量测定；

——第3部分：铜量测定；

——第4部分：铅量测定；

——第5部分：锌量测定；

——第6部分：镉量测定；

——第7部分：钴量测定；

——第8部分：镍量测定；

——第9部分：硫量测定；

——第10部分：砷量测定；

——第11部分：铋量测定；

——第12部分：银量测定；

——第13部分：锡量测定；

——第14部分：镓量测定；

——第15部分：锗量测定；

——第16部分：硒量测定；

——第17部分：碲量测定；

——第18部分：铼量测定。

本部分为GB/T 14352的第11部分。

本部分代替GB/T 14352.11—1993《钨矿石、钼矿石化学分析方法　火焰原子吸收分光光度法测定铋量》。

本部分与GB/T 14352.11—1993相比，主要变化如下：

——增加了警示、警告内容；

——修改了试样干燥温度。

本部分的附录A为资料性附录。

本部分由中华人民共和国国土资源部提出。

本部分由全国国土资源标准化技术委员会归口。

本部分负责起草单位：国家地质实验测试中心。

本部分起草单位：江苏省地质调查研究院(国土资源部南京矿产资源监督检测中心)。

本部分主要起草人：江冶、高孝礼。

本部分所代替标准的历次版本发布情况为：

——GB/T 14352.11—1993。

钨矿石、钼矿石化学分析方法 第11部分:铋量测定

警告:使用本部分的人员应有正规实验室工作的实践经验。本部分并未指出所有可能的安全问题。使用者有责任采取适当的安全和健康措施,并保证符合国家有关法规规定的条件。

1 范围

GB/T 14352 的本部分规定了钨矿石、钼矿石中铋量的测定方法。

本部分适用于钨矿石、钼矿石中铋量的测定。

测定范围:0.02%~1%的铋。

2 规范性引用文件

下列文件中的条款通过 GB/T 14352 的本部分的引用而成为本部分的条款。凡是注日期的引用文件,其随后所有的修改单(不包括勘误的内容)或修订版均不适用于本部分,然而,鼓励根据本部分达成协议的各方研究是否可使用这些文件的最新版本。凡是不注日期的引用文件,其最新版本适用于本部分。

GB/T 6682　分析实验室用水规格和试验方法

GB/T 14505　岩石和矿石化学分析方法　总则及一般规定

3 原理

试料用王水分解,在盐酸介质中,使用空气-乙炔火焰于原子吸收分光光度计上波长 223.1 nm 处,测量铋的吸光度,计算铋量。

4 试剂

本部分除非另有说明,在分析中均使用分析纯试剂和符合 GB/T 6682 的分析实验室用水。

4.1 盐酸(ρ 1.19 g/mL)。

4.2 硝酸(ρ 1.42 g/mL)。

4.3 盐酸(1+9)。

4.4 王水(1+1):75 mL 盐酸(4.1)加 25 mL 硝酸(4.2)与 100 mL 水混合,现用现配。

4.5 铋标准溶液:

a) 铋标准储备溶液[ρ(Bi)=1.0 mg/mL]:称取 1.000 0 g 金属铋(99.99%),置于 100 mL 烧杯中,加入 20 mL 硝酸(4.2),加热溶解,移入 1 000 mL 容量瓶中,用盐酸(4.3)稀释至刻度,摇匀;

b) 铋标准溶液[ρ(Bi)=100.0 μg/mL]:吸取 50.00 mL 铋标准储备溶液[4.5a)]于 500 mL 容量瓶中,用盐酸(4.3)稀释至刻度,摇匀。

5 仪器

5.1 分析天平:三级,感量 0.1 mg。

5.2 原子吸收分光光度计,附铋空心阴极灯。

6 试样

6.1 按 GB/T 14505 的相关要求，加工试样粒径应小于 97 μm。

6.2 试样应在 105 ℃预干燥 2 h，含硫矿物的试样在 60 ℃～80 ℃的鼓风干燥烘箱内干燥 2 h～4 h，然后置于干燥器中，冷却至室温。

7 分析步骤

7.1 试料

根据试样中铋量按表 1 称取试料，精确至 0.1 mg。

表 1 试料量

铋量/ %	试料量/ g	分取试液体积/ mL
0.02～0.1	0.5	原液(50)
>0.1～0.2	0.2	原液(50)
>0.2～0.5	0.1	原液(50)
>0.5～1.0	0.1	25.00

7.2 空白试验

随同试料进行双份空白试验，所用试剂应取自同一试剂瓶，加入同等的量。

7.3 验证试验

随同试料分析同矿种、含量相近的标准物质。

7.4 试料的分解

7.4.1 将试料(7.1)置于 150 mL 烧杯中，加入适量水润湿，加 20 mL 王水(4.4)，盖上表面皿，在低温电热板上微沸 1 h～1.5 h，控制体积 10 mL 左右，取下冷却。用盐酸(4.3)吹洗表面皿，并将溶液移入 50 mL 容量瓶中，稀释至刻度，摇匀，放置溶液澄清(A 液)。

7.4.2 按表 1 分取试样溶液(7.4.1)于 50 mL 容量瓶中，用盐酸(4.3)稀释至刻度，摇匀(B 液)。

注：有关说明见附录 A。

7.5 校准溶液系列的配制

分取 0.00 mL、1.00 mL、2.00 mL、3.00 mL、4.00 mL、5.00 mL、6.00 mL 铋标准溶液[4.5b)]，分别置于一组 50 mL 容量瓶中，加入 10 mL 王水(4.4)，用盐酸(4.3)稀释至刻度，摇匀。

7.6 测定

警告：应按照原子吸收分光光度计的使用规程点燃或熄灭空气-乙炔火焰，以避免可能引起的爆炸危险！

参照附录 A 表 A.1 仪器工作条件，测量校准溶液、试料溶液(A 液)或(B 液)、空白试验溶液和验证试验溶液铋的吸光度。

7.7 校准曲线的绘制

以铋量为横坐标，吸光度为纵坐标，绘制校准曲线，从校准曲线上查得相应的铋量。

8 结果计算

铋的含量以质量分数 $w(\mathrm{Bi})$ 计，数值以%表示，按式(1)计算：

$$w(\mathrm{Bi})=\frac{(m_1-m_0)\cdot V\times 10^{-6}}{m\cdot V_1}\times 100 \qquad \cdots\cdots(1)$$

式中：

m_1——从校准曲线上查得分取试料溶液的铋量，单位为微克(μg)；

m_0——从校准曲线上查得空白溶液的铋量，单位为微克(μg)；

V——试料溶液总体积，单位为毫升(mL)；

m——试料量，单位为克(g)；

V_1——分取试料溶液体积，单位为毫升(mL)。

计算结果表示为：×.××、0.××、0.0××。

9 精密度

方法精密度见表 2。

表 2 精密度

%

元　素	水平范围 m	重复性限 r	再现性限 R
铋	0.024～0.25	$r=0.0043+0.0742m$	$R=0.0034+0.1175m$
注：本精密度数据是由 4 个实验室对 5 个水平的试样进行试验确定。			

附　录　A
（资料性附录）
有 关 说 明

A.1　使用原子吸收分光光度计的参考工作条件如表 A.1。

表 A.1　仪器参考工作条件

波长/nm	灯电流/mA	单色器通带/nm	火焰状态	火焰区域
223.1	10	0.2	中性计量	蓝色明亮区

A.2　在本实验条件下，500 μg/mL 钨和 500 μg/mL 钼对铋的吸光度无影响。

ICS 73.060
D 40

中华人民共和国国家标准

GB/T 14352.12—2010
代替 GB/T 14352.12—1993

钨矿石、钼矿石化学分析方法 第12部分:银量测定

Methods for chemical analysis of tungsten ores and molybdenum ores—Part 12:Determination of silver content

2010-11-10 发布 2011-02-01 实施

中华人民共和国国家质量监督检验检疫总局
中国国家标准化管理委员会 发布

前　言

GB/T 14352《钨矿石、钼矿石化学分析方法》共有18个部分：

——第1部分：钨量测定；

——第2部分：钼量测定；

——第3部分：铜量测定；

——第4部分：铅量测定；

——第5部分：锌量测定；

——第6部分：镉量测定；

——第7部分：钴量测定；

——第8部分：镍量测定；

——第9部分：硫量测定；

——第10部分：砷量测定；

——第11部分：铋量测定；

——第12部分：银量测定；

——第13部分：锡量测定；

——第14部分：镓量测定；

——第15部分：锗量测定；

——第16部分：硒量测定；

——第17部分：碲量测定；

——第18部分：铼量测定。

本部分为GB/T 14352的第12部分。

本部分代替GB/T 14352.12—1993《钨矿石、钼矿石化学分析方法　甲基异丁基甲酮萃取火焰原子吸收分光光度法测定银量》。

本部分与GB/T 14352.12—1993相比，主要变化如下：

——增加了警示、警告内容；

——修改了试样干燥温度。

本部分的附录A为资料性附录。

本部分由中华人民共和国国土资源部提出。

本部分由全国国土资源标准化技术委员会归口。

本部分负责起草单位：国家地质实验测试中心。

本部分起草单位：江苏省地质调查研究院(国土资源部南京矿产资源监督检测中心)。

本部分主要起草人：江冶、高孝礼。

本部分所代替标准的历次版本发布情况为：

——GB/T 14352.12—1993。

钨矿石、钼矿石化学分析方法
第12部分：银量测定

警示：使用本部分的人员应有正规实验室工作的实践经验。本部分并未指出所有可能的安全问题。使用者有责任采取适当的安全和健康措施，并保证符合国家有关法规规定的条件。

1 范围

GB/T 14352的本部分规定了钨矿石、钼矿石中银量的测定方法。

本部分适用于钨矿石、钼矿石中银量的测定。

测定范围：0.5 μg/g～20 μg/g的银。

2 规范性引用文件

下列文件中的条款通过GB/T 14352的本部分的引用而成为本部分的条款。凡是注日期的引用文件，其随后所有的修改单(不包括勘误的内容)或修订版均不适用于本部分，然而，鼓励根据本部分达成协议的各方研究是否可使用这些文件的最新版本。凡是不注日期的引用文件，其最新版本适用于本部分。

GB/T 6682　分析实验室用水规格和试验方法

GB/T 14505　岩石和矿石化学分析方法　总则及一般规定

3 原理

试料经盐酸、硝酸、氢氟酸、高氯酸分解后，在盐酸-碘化钾-抗坏血酸介质中，以甲基异丁基甲酮萃取分离后，有机相直接进行火焰原子吸收测量，计算银量。

4 试剂

本部分除非另有说明，在分析中均使用分析纯试剂和符合GB/T 6682的分析实验室用水。

4.1　盐酸(ρ1.19 g/mL)。

4.2　硝酸(ρ1.42 g/mL)。

4.3　氢氟酸(ρ1.13 g/mL)，**警告：氢氟酸有毒并有腐蚀性，操作时应戴手套，防止皮肤接触。**

4.4　高氯酸(ρ1.67 g/mL)，**警告：易爆品，小心操作！**

4.5　甲基异丁基甲酮。

4.6　盐酸(1+1)。

4.7　盐酸(1+9)。

4.8　高氯酸(1+1)。

4.9　混合试剂溶液：

称取30 g碘化钾、20 g抗坏血酸，用盐酸(4.7)溶解后稀释至100 mL。

4.10　银标准溶液：

a)　银标准储备溶液[ρ(Ag)=100.0 μg/mL]：称取0.157 5 g硝酸银(优级纯)，置于200 mL烧杯中，加入盐酸(4.6)溶解，用盐酸(4.6)移入1 000 mL容量瓶中，并用此盐酸稀释至刻度，摇匀；

注：硝酸银预先在105 ℃～110 ℃烘干2 h。

b)　银标准溶液[ρ(Ag)=10.0 μg/mL]：分取20.00 mL银标准储备溶液[4.10a)]，置于200 mL

容量瓶中,用盐酸(4.7)稀释至刻度,摇匀;

c) 银标准溶液[ρ(Ag)=1.0 μg/mL]:分取 10.00 mL 银标准溶液[4.10b)],置于 100 mL 容量瓶中,用盐酸(4.7)稀释至刻度,摇匀。

5 仪器

5.1 分析天平:三级,感量 0.1 mg。

5.2 原子吸收分光光度计,附银空心阴极灯。

6 试样

6.1 按 GB/T 14505 的相关要求,加工试样粒径应小于 97 μm。

6.2 试样应在 105 ℃预干燥 2 h,含硫矿物的试样在 60 ℃~80 ℃的鼓风干燥烘箱内干燥 2 h~4 h,然后置于干燥器中,冷却至室温。

7 分析步骤

7.1 试料

根据试样中银量按表 1 称取试料量,精确至 0.1 mg。

表 1 试料量

银量/(μg/g)	试料量/g
0.5~2	1
>2~5	0.5
>5~50	0.2

7.2 空白试验

随同试料进行双份空白试验,所用试剂应取自同一试剂瓶,加入同等的量。

7.3 验证试验

随同试料分析同矿种、含量相近的标准物质。

7.4 试料分解

称取试料(7.1)置于 100 mL 塑料烧杯中,用适量水润湿。加 1 mL 高氯酸(4.4)、15 mL 盐酸(4.1),在电热板上加热分解几分钟。取下稍冷后,加 5 mL 硝酸(4.2)。待剧烈作用停止后,加 5 mL 氢氟酸(4.3),在电热板上加热分解,并蒸发至高氯酸烟冒尽。趁热加入 4 mL 盐酸(4.6)溶解盐类。用蒸馏水移入 25 mL 比色管中,并稀释至 20 mL,摇匀。加入 2 mL 混合试剂溶液(4.9)摇匀,再加 5 mL 甲基异丁基甲酮(4.5)盖塞,振荡 1 min,静置分层后,备测。

注:有关说明见附录 A。

7.5 校准溶液系列配制

分取 0.00 mL、1.00 mL、2.00 mL、4.00 mL、6.00 mL、8.00 mL、10.00 mL 银标准溶液[4.10c)],分别置于一组 25 mL 带塞比色管内,用盐酸(4.7)稀至 20 mL,摇匀。

加入 2 mL 混合试剂溶液(4.9),摇匀,再加 5 mL 甲基异丁基甲酮(4.5),盖塞,振荡 100 次,静置,分层后,备测。

7.6 测定

警告:应按照原子吸收分光光度计的使用规程点燃或熄灭空气-乙炔火焰,以避免可能引起的爆炸危险!

参照附录 A 表 A.1 仪器工作条件,测量校准溶液、试料溶液、空白试验溶液和验证试验溶液有机相的吸光度。

7.7 校准曲线绘制

以银量为横坐标，吸光度为纵坐标，绘制校准曲线，从校准曲线上查得相应的银量。

8 结果计算

银量以质量分数 $w(\mathrm{Ag})$ 计，数值以 μg/g 表示，按式(1)计算：

$$w(\mathrm{Ag})=\frac{m_1-m_0}{m} \quad \cdots\cdots(1)$$

式中：

m_1——从校准曲线上查得试料溶液的银量，单位为微克(μg)；

m_0——从校准曲线上查得空白溶液的银量，单位为微克(μg)；

m——试料量，单位为克(g)。

计算结果表示为××.×、×.××、0.××。

9 精密度

方法精密度见表 2。

表 2 精密度

单位为微克每克

元　素	水平范围 m	重复性限 r	再现性限 R
银	0.74～16.0	$r=0.101\,0+0.094\,0m$	$R=0.342\,1+0.154\,1m$
注：本精密度数据是由 5 个实验室对 6 个水平的试样进行试验确定。			

附 录 A
（资料性附录）
有 关 说 明

A.1 使用塞曼型原子吸收分光光度计的参考工作条件如表 A.1。

表 A.1 仪器参考工作条件

波长/nm	灯电流/mA	单色器通带/nm	燃烧器高度/mm	空气压力/MPa	乙炔压力/MPa
328.1	7.5	1.8	7.5	0.16	0.02

A.2 萃取前，水相的盐酸浓度的适宜范围 2%～12%，碘化钾溶液（300 g/L）用量范围 2 mL～4 mL，60 mg 以下的铁加入抗坏血酸溶液（200 g/L）2 mL 为宜。

A.3 甲基异丁基甲酮在水溶液中有一定的溶解度。萃取时，应使试料溶液和校正曲线系列的水相体积相同。当样品中银量超过校准曲线范围时，应移取有机相在干净比色管中稀释，或重新移取试液另行萃取。

ICS 73.060
D 40

中华人民共和国国家标准

GB/T 14352.13—2010
代替 GB/T 14352.13—1993

钨矿石、钼矿石化学分析方法 第13部分:锡量测定

Methods for chemical analysis of tungsten ores and molybdenum ores—Part 13: Determination of tin content

2010-11-10 发布

2011-02-01 实施

中华人民共和国国家质量监督检验检疫总局
中国国家标准化管理委员会 发布

前　　言

GB/T 14352《钨矿石、钼矿石化学分析方法》共有18个部分：

——第1部分：钨量测定；

——第2部分：钼量测定；

——第3部分：铜量测定；

——第4部分：铅量测定；

——第5部分：锌量测定；

——第6部分：镉量测定；

——第7部分：钴量测定；

——第8部分：镍量测定；

——第9部分：硫量测定；

——第10部分：砷量测定；

——第11部分：铋量测定；

——第12部分：银量测定；

——第13部分：锡量测定；

——第14部分：镓量测定；

——第15部分：锗量测定；

——第16部分：硒量测定；

——第17部分：碲量测定；

——第18部分：铼量测定。

本部分为GB/T 14352的第13部分。

本部分代替GB/T 14352.13—1993《钨矿石、钼矿石化学分析方法　盐酸-氯化铵底液极谱法测定锡量》。

本部分与GB/T 14352.13—1993相比，主要变化如下：

——增加氢化物原子荧光光谱法测定锡量的方法；

——增加了警示、警告内容；

——修改了试样干燥温度。

本部分的附录A资料性附录。

本部分由中华人民共和国国土资源部提出。

本部分由全国国土资源标准化技术委员会归口。

本部分负责起草单位：国家地质实验测试中心。

本部分起草单位：江苏省地质调查研究院(国土资源部南京矿产资源监督检测中心)。

本部分主要起草人：黄光明、汤志云、蔡玉曼、常青。

本部分所代替标准的历次版本发布情况为：

——GB/T 14352.13—1993。

钨矿石、钼矿石化学分析方法 第13部分:锡量测定

警示:使用本部分的人员应有正规实验室工作的实践经验。本部分并未指出所有可能的安全问题。使用者有责任采取适当的安全和健康措施,并保证符合国家有关法规规定的条件。

1 范围

GB/T 14352的本部分规定了钨矿石、钼矿石中锡量的测定方法。

本部分适用于钨矿石、钼矿石中锡量的测定。

测定范围:极谱法0.005%~1.0%的锡,原子荧光光谱法0.5 μg/g~2 000 μg/g的锡。

2 规范性引用文件

下列文件中的条款通过GB/T 14352的本部分的引用而成为本部分的条款。凡是注日期的引用文件,其随后所有的修改单(不包括勘误的内容)或修订版均不适用于本部分,然而,鼓励根据本部分达成协议的各方研究是否可使用这些文件的最新版本。凡是不注日期的引用文件,其最新版本适用于本部分。

GB/T 6379.2 测量方法与结果的准确度 第2部分:确定标准测试方法的重复性和再现性的基本方法

GB/T 6682 分析实验室用水规格和试验方法

GB/T 14505 岩石和矿石化学分析方法 总则及一般规定

3 盐酸-氯化铵底液极谱法

3.1 原理

试料用过氧化钠熔融分解,用热水浸取,盐酸酸化后,加入铍盐作共沉淀剂,EDTA作掩蔽剂,然后加入氨水使溶液pH为9.0~9.5,微量锡与氢氧化铍共沉淀,从而与铁、铝、铅、铜、钨等分离。然后在盐酸-氯化铵底液中,锡的峰电位约为-0.55 V(对饱和甘汞电极),用示波极谱仪导数部分进行测定峰高,计算锡量。

3.2 试剂

本部分除非另有说明,在分析中均使用分析纯试剂和符合GB/T 6682的分析实验室用水。

3.2.1 过氧化钠。

3.2.2 氨水(ρ0.90 g/mL)。

3.2.3 盐酸(ρ1.19 g/mL)。

3.2.4 盐酸(1+1)。

3.2.5 EDTA(乙二胺四乙酸二钠)溶液[100 g/L,用氨水(3.2.2)助溶]。

3.2.6 EDTA洗液[5 g/L,用氨水(3.2.2)调节至pH 9左右]。

3.2.7 氯化铵溶液(250 g/L)。

3.2.8 铍溶液:

称取3.5 g氧化铍,置于铂蒸发皿中,用适量水润湿,沿壁分次慢慢滴入氢氟酸(ρ1.13 g/mL)约20 mL,待剧烈作用停止后,加热至完全溶解,取下稍冷,加入20 mL硫酸(1+1),加热蒸发至冒白烟,

冷却,加 30 mL 水,加热至盐类溶解,移入 250 mL 容量瓶中,用水稀释至刻度,摇匀,此溶液 1 mL 含 5 mg 铍(或用硫酸铍 $BeSO_4 \cdot 4H_2O$ 配制)。

注:滴入氢氟酸时切勿一次加入,会喷溅。

3.2.9 锡标准溶液:

a) 锡标准储备溶液[ρ(Sn)=100.0 μg/mL]:称取 0.100 0 g 金属锡(99.99%),置于 250 mL 烧杯中,加入 100 mL 盐酸(3.2.3),放置至完全溶解(过夜),加入 100 mL 水,搅匀,用盐酸(3.2.4)移入 1 000 mL 容量瓶中并稀释至刻度,摇匀;

b) 锡标准溶液[ρ(Sn)=10.0 μg/mL]:分取 25.00 mL 锡标准储备溶液[3.2.9a)],置于 250 mL 容量瓶中,用盐酸(3.2.4)稀释至刻度,摇匀。

3.3 仪器

3.3.1 分析天平:三级,感量 0.1 mg。

3.3.2 示波极谱仪(参比电极:饱和甘汞电极),**警告:应按照示波极谱仪的使用规程,避免汞可能引起的危害!**

3.4 试样

3.4.1 按 GB/T 14505 的相关要求,加工试样粒径应小于 97 μm。

3.4.2 试样应在 105 ℃预干燥 2 h,含硫矿物的试样在 60 ℃~80 ℃的鼓风干燥烘箱内干燥 2 h~4 h,然后置于干燥器中,冷却至室温。

3.5 分析步骤

3.5.1 试料

根据试样中锡量按表 1 称取试料量,精确至 0.1 mg。

表 1 试料量

锡量/%	试料量/g	试液总体积/mL
0.005~0.05	0.5	50
>0.05~0.25	0.2	50
>0.25~0.5	0.1	50
>0.5~1	0.1	100

3.5.2 空白试验

随同试料进行双份空白试验,所用试剂应取自同一试剂瓶,加入同等的量。

3.5.3 验证试验

随同试料分析同矿种、含量相近的标准物质。

3.5.4 试料分解

3.5.4.1 将试料(3.5.1)置于刚玉坩埚(或石墨坩埚)中,加入 3 g 过氧化钠(3.2.1),搅匀,再覆盖 1 g 左右过氧化钠(3.2.1),加盖,置于升温至 650 ℃的高温炉中,在 700 ℃熔融 3 min~5 min 至熔融物清彻透亮即可取出,稍冷。

3.5.4.2 将坩埚和盖置于 300 mL 烧杯中,加入 120 mL 热水,立即盖上表面皿,待剧烈作用停止熔融物脱落后,稍冷,从烧杯嘴迅速加入 15 mL~20 mL 盐酸(3.2.3),搅拌使沉淀完全溶解,吹洗表面皿,用热水洗出坩埚和盖。

注:热水提取时可以加热。

3.5.4.3 在烧杯中加入 4 mL 铍溶液(3.2.8)及 30 mL EDTA 溶液(3.2.5),搅匀,盖上表面皿,置于小电炉上加热至 50 ℃~60 ℃,吹洗表面皿,用滴定管加入氨水(3.2.2)至有沉淀出现,投入广泛 pH 试纸一小块，继续加入氨水至试纸变成蓝绿色并过量 5 mL～6 mL，置于流水中冷至室温。用中速滤纸过滤，用 EDTA 洗液(3.2.6)洗涤烧杯 4 次～5 次、沉淀 7 次～8 次，滤液弃去。

注 1：氨水调节过量后 pH 为 9.0～9.5，此时总体积约为 200 mL。

注 2：冷却如室温高时，可以投入冰块降温。

3.5.4.4 待沉淀近干后小心甩去漏斗颈中的溶液，用水洗涤颈端后，用 50 mL 容量瓶承接，用 20 mL 盐酸(3.2.4)，分 4 次～5 次洗涤烧杯后移入漏斗中溶解沉淀，开始时可以用玻棒搅动沉淀加速溶解，再用 20 mL 氯化铵溶液(3.2.7)分 4 次～5 次洗涤滤纸，最后用水洗涤烧杯一次，洗滤纸直至容量瓶刻度，取下，摇匀。

注：有关说明见附录 A.1～A.7。

3.5.5 校准溶液系列配制

分取 0.00 mL、0.50 mL、1.00 mL、2.00 mL、3.00 mL、4.00 mL、5.00 mL 锡标准储备溶液[3.2.9a)]及锡标准溶液[3.2.9b)]，置于两组 50 mL 容量瓶中，补加盐酸(3.2.4)至总量达 20 mL，加入 20 mL 氯化铵溶液(3.2.7)，用水稀释至刻度，摇匀。

3.5.6 测定

将部分溶液倾入电解池中，于起始电位为－0.30 V 处，用示波极谱仪进行校准溶液、试料溶液、空白试验溶液和验证试验溶液的测定。

3.5.7 校准曲线绘制

以锡量为横坐标，峰高为纵坐标，绘制校准曲线，从校准曲线上查得相应的锡量。

3.6 结果计算

锡量以质量分数 $w(\mathrm{Sn})$ 计，数值以%表示，按式(1)计算：

$$w(\mathrm{Sn})=\frac{(m_1-m_0)\times 10^{-6}}{m}\times 100 \qquad \cdots\cdots(1)$$

式中：

m_1——从校准曲线上查得试料溶液的锡量，单位为微克(μg)；

m_0——从校准曲线上查得空白溶液的锡量，单位为微克(μg)；

m——试料量，单位为克(g)。

计算结果表示为：×.××、0.××、0.0××、0.00××。

3.7 精密度

方法精密度见表 2。

表 2 精密度

%

元素	水平范围 m	重复性限 r	再现性限 R
锡	0.009～0.167	$r=0.0509m^{0.7242}$	$R=0.0017+0.2053m$
注：本精密度数据是由 4 个实验室对 5 个水平的试样进行试验确定。			

4 氢化物原子荧光光谱法

4.1 原理

试料以过氧化钠熔融分解，用热水浸取，分取清液，加入硫脲-抗坏血酸的混合溶液，以盐酸调节 pH，在盐酸介质中，以酒石酸为载流，于原子荧光分光光度计上测定荧光强度，计算锡量。

4.2 试剂

本部分除非另有说明，在分析中均使用分析纯试剂和符合 GB/T 6682 的分析实验室用水。

4.2.1 过氧化钠。

4.2.2 盐酸(1+1)。

4.2.3 盐酸(1+9)。

4.2.4 硫脲-抗坏血酸溶液：

各称取100 g硫脲和抗坏血酸溶于水中，稀释至1 000 mL。

4.2.5 酒石酸溶液(100 g/L)。

4.2.6 氢氧化钠溶液(250 g/L)。

4.2.7 锡标准溶液：

a) 锡标准储备溶液[ρ(Sn)=100.0 μg/mL]：称取0.100 0 g金属锡(99.99%)，置于250 mL烧杯中，加入100 mL盐酸(ρ1.19 g/mL)，放置至完全溶解(过夜)，加入100 mL水，搅匀，用盐酸(4.2.2)移入1 000 mL容量瓶中并稀释至刻度，摇匀；

b) 锡标准溶液[ρ(Sn)=2.0 μg/mL]：分取10.00 mL锡标准储备溶液[4.2.7b)]于500 mL容量瓶中，加25 mL盐酸(4.2.2)，用水稀释至刻度。

4.2.8 酚酞溶液(1.0 g/L乙醇溶液)。

4.3 仪器

4.3.1 分析天平：三级，感量0.1 mg。

4.3.2 原子荧光光度计，附锡空心阴极灯。

4.4 试样

4.4.1 按GB/T 14505的相关要求，加工试样粒径应小于97 μm。

4.4.2 试样应在105 ℃预干燥2 h，含硫矿物的试样在60 ℃～80 ℃的鼓风干燥烘箱内干燥2 h～4 h，然后置于干燥器中，冷却至室温。

4.5 分析步骤

4.5.1 试料

根据试样中锡量按表1称取试料量，精确至0.1 mg。

表3 试料量

锡量/%	试料量/g	分取试液体积/mL
0.1～0.2	0.1	5.00
0.01～0.1	0.2	10.00
0.001～0.000 1	0.5	20.00

4.5.2 空白试验

随同试料进行双份空白试验，所用试剂应取自同一试剂瓶，加入同等的量。

4.5.3 验证试验

随同试料分析同矿种、含量相近的标准物质。

4.5.4 试料分解

4.5.4.1 将试料(4.5.1)置于刚玉坩埚中，加入3 g过氧化钠(4.2.1)，搅匀，再覆盖1 g过氧化钠(4.2.1)，加盖，置于升温至650 ℃的高温炉中，在700 ℃熔融5 min～10 min至熔融物清彻透亮即可取出，稍冷。将坩埚和盖置于250 mL烧杯中，加入50 mL热水，立即盖上表面皿，待剧烈作用停止熔融物脱落后，加热煮沸5 min，取下稍冷，吹洗表面皿，用热水洗出坩埚和盖，溶液转移至100 mL容量瓶中，水稀释至刻度，摇匀。

4.5.4.2 按表3分取清液置于50 mL容量瓶中，加5 mL硫脲-抗坏血酸溶液(4.2.4)，酚酞溶液(4.2.8)一滴，以盐酸(4.2.2)调至溶液由红至无色，加入2 mL盐酸(4.2.2)、5 mL酒石酸溶液(4.2.5)，水稀释至刻度，摇匀。

注：有关说明见附录A.8。

4.5.5 校准溶液系列配制

分取 0.00 mL、0.25 mL、0.50 mL、1.00 mL、2.00 mL、2.50 mL、3.75 mL、4.50 mL、5.0 mL 锡标准溶液[4.2.7b)]，置于一组 50 mL 容量瓶中，加入 1 mL 氢氧化钠溶液(4.2.6)、5 mL 硫脲-抗坏血酸溶液(4.2.4)，以下按分析步骤(4.5.4.2)进行。

4.5.6 测定

参照附录 A.9 表 A.1 原子荧光分光光度计工作条件，以酒石酸溶液(4.2.5)为载流，分别测量校准溶液、试料溶液、空白试验溶液和验证试验溶液中锡的荧光强度。

4.5.7 校准曲线绘制

以锡量为横坐标，荧光光度为纵坐标，绘制校准曲线。从校准曲线上查得相应的锡量。

4.6 结果计算

锡量以质量分数 $w(\mathrm{Sn})$ 计，数值以 μg/g 表示，按式(2)计算：

$$w(\mathrm{Sn})=\frac{(m_1-m_0)\cdot V}{m\cdot V_1} \qquad \cdots\cdots(2)$$

式中：

m_1——从校准曲线上查得试料溶液的锡量，单位为微克(μg)；

m_0——从校准曲线上查得空白溶液的锡量，单位为微克(μg)；

V——试料溶液总体积，单位为毫升(mL)；

m——试料量，单位为克(g)；

V_1——试料溶液分取体积，单位为毫升(mL)。

计算结果表示为×××、××.×、×.××、0.××。

4.7 精密度

按照 GB/T 6379.2 计算方法，精密度见表 4。

表 4 精密度

单位为微克每克

元素	水平范围 m	重复性限 r	再现性限 R
锡	34.1～1 681	$r=0.569\,5m^{0.688\,7}$	$R=0.324\,9m^{0.847\,2}$
注：本精密度数据是由 4 个实验室对 5 个水平的试样进行试验确定。			

附 录 A
（资料性附录）
有 关 说 明

A.1 试样中含硫量高时，预先在500 ℃灼烧30 min。

A.2 熔融时间不宜过长，切勿从低温升起，以免中和时硅酸析出。

A.3 提取时体积不要小于120 mL，盐酸也不要慢慢加入，否则可能析出硅酸。

A.4 所用盐酸应预先进行检查，选用空白最低的。

A.5 有时坩埚壁上会附着适量棕色沉淀，洗出时可以滴加盐酸(3.2.3)溶解。

A.6 因漏斗中沉淀占有一定体积，有时氯化铵溶液用量略少于20 mL已到容量瓶的刻度，对锡的峰高影响不大，但能使锡峰电位略向正方向移动。

A.7 如试样中含钨量甚高，且与锡量之比相差甚大时，可以在提取时，加入20 mL饱和草酸溶液，使钨分离得更完全。

A.8 在本实验条件下，铁、锰、钛、铜、镍、铋、铌等形成沉淀分离，溶液中共存下列含量(μg/mL)的元素（离子）不影响锡的测定：硅(1 000)；铅、铝、镁、钙、铬、锌(500)；钼、钨(80)；锑、镓、镧、钡、汞、镉、砷(20)。

A.9 使用原子荧光分光光度计的参考工作条件如表A.1。

表A.1 仪器参考工作条件

灯电流/mA	负高压/V	原子化器高度/mm	载气流速/(mL/min)	屏蔽气流速/(mL/min)	进样量/mL	读数时间/s	延迟时间/s
70	270	8	300	800	0.5	10	0.5

ICS 73.060
D 40

中华人民共和国国家标准

GB/T 14352.14—2010
代替 GB/T 14352.14—1993

钨矿石、钼矿石化学分析方法 第14部分：镓量测定

Methods for chemical analysis of tungsten ores and molybdenum ores—Part 14: Determination of gallium content

2010-11-10 发布

2011-02-01 实施

中华人民共和国国家质量监督检验检疫总局
中国国家标准化管理委员会 发布

前　言

GB/T 14352《钨矿石、钼矿石化学分析方法》共有 18 个部分：

——第 1 部分：钨量测定；

——第 2 部分：钼量测定；

——第 3 部分：铜量测定；

——第 4 部分：铅量测定；

——第 5 部分：锌量测定；

——第 6 部分：镉量测定；

——第 7 部分：钴量测定；

——第 8 部分：镍量测定；

——第 9 部分：硫量测定；

——第 10 部分：砷量测定；

——第 11 部分：铋量测定；

——第 12 部分：银量测定；

——第 13 部分：锡量测定；

——第 14 部分：镓量测定；

——第 15 部分：锗量测定；

——第 16 部分：硒量测定；

——第 17 部分：碲量测定；

——第 18 部分：铼量测定。

本部分为 GB/T 14352 的第 14 部分。

本部分代替 GB/T 14352.14—1993《钨矿石、钼矿石化学分析方法　乙酸丁酯萃取分离-罗丹明 B 光度法测定镓量》。

本部分与 GB/T 14352.14—1993 相比，主要变化如下：

——增加了警示内容；

——修改了试样干燥温度。

本部分的附录 A 为资料性附录。

本部分由中华人民共和国国土资源部提出。

本部分由全国国土资源标准化技术委员会归口。

本部分负责起草单位：国家地质实验测试中心。

本部分起草单位：江苏省地质调查研究院（国土资源部南京矿产资源监督检测中心）。

本部分主要起草人：肖灵、周康民。

本部分所代替标准的历次版本发布情况为：

——GB/T 14352.14—1993。

钨矿石、钼矿石化学分析方法 第14部分：镓量测定

警示：使用本部分的人员应有正规实验室工作的实践经验。本部分并未指出所有可能的安全问题。使用者有责任采取适当的安全和健康措施，并保证符合国家有关法规规定的条件。

1 范围

GB/T 14352 的本部分规定了钨矿石、钼矿石中镓量的测定方法。

本部分适用于钨矿石、钼矿石中镓量的测定。

测定范围：2 μg/g～500 μg/g 的镓。

2 规范性引用文件

下列文件中的条款通过 GB/T 14352 的本部分的引用而成为本部分的条款。凡是注日期的引用文件，其随后所有的修改单（不包括勘误的内容）或修订版均不适用于本部分，然而，鼓励根据本部分达成协议的各方研究是否可使用这些文件的最新版本。凡是不注日期的引用文件，其最新版本适用于本部分。

GB/T 6682　分析实验室用水规格和试验方法

GB/T 14505　岩石和矿石化学分析方法　总则及一般规定

3 原理

试料用过氧化钠熔融，水浸取，盐酸酸化，脱水除硅，在盐酸介质中，以三氯化钛还原铁、金、铊、锑、钼等元素，用乙酸丁酯萃取氯化镓络阴离子，与干扰元素分离。氯化镓络阴离子（$GaCl_4^-$）与罗丹明 B 生成红色固相化合物，用甲苯-甲基异丁酮萃取，有机相呈玫瑰紫色，于分光光度计上，波长 562 nm 处，测量吸光度，计算镓量。

4 试剂

本部分除非另有说明，在分析中均使用分析纯试剂和符合 GB/T 6682 的分析实验室用水。

4.1　过氧化钠。

4.2　乙酸丁酯。

4.3　三氯化钛（使用前应进行空白检查，杂质处理参见附录 A.3）。

4.4　盐酸（ρ 1.19 g/mL）。

4.5　盐酸 $c(HCl)=5.5$ mol/L。

4.6　氯化钠溶液（100 g/L）。

4.7　罗丹明 B 溶液（5 g/L）：

称取 0.5 g 罗丹明 B，溶解于 100 mL 盐酸（4.4）中。

4.8　甲苯-甲基异丁基酮溶剂（4+1）。

4.9　镓标准溶液：

a)　镓标准储备溶液[$\rho(Ga)=200.0$ μg/mL]：称取 50.0 mg 金属镓（99.99%），置于 50 mL 烧杯中，加入 10 mL 盐酸（4.4）、几滴过氧化氢，盖上表面皿，在 140 ℃控温板上加热溶解后，用少量水洗去表面皿，继续在控温板上加热蒸干，加入 25 mL 盐酸（4.4）溶解镓盐，移入 250 mL 容

量瓶中，用盐酸(4.4)稀释至刻度，摇匀；

b) 镓标准溶液[ρ(Ga)=20.0 μg/mL]：分取20.00 mL镓标准储备溶液[4.9a)]，置于200 mL容量瓶中，用盐酸(4.4)稀释至刻度，摇匀；

c) 镓标准溶液[ρ(Ga)=2.0 μg/mL]：分取10.00 mL镓标准溶液[4.9b)]，置于100 mL容量瓶中，用盐酸(4.4)稀释至刻度，摇匀。

5 仪器

5.1 分析天平：三级，感量0.1 mg。

5.2 分光光度计。

6 试样

6.1 按GB/T 14505的相关要求，加工试样粒度应小于97 μm。

6.2 试样应在105 ℃预干燥2 h，含硫矿物的试样在60 ℃～80 ℃的鼓风干燥烘箱内干燥2 h～4 h，然后置于干燥器中，冷却至室温。

7 分析步骤

7.1 试料

根据试样中镓量按表1称取试料量，精确至0.1 mg。

表1 试料量

镓量/(μg/g)	试料量/g	分取试液量/mL
1～5	1	10.00～20.00
>5～10	1	10.00
>10～50	0.5	10.00
>50～100	0.2	10.00
>100～250	0.1	10.00
>250～500	0.1	5.00

7.2 空白试验

随同试料进行双份空白试验，所用试剂应取自同一试剂瓶，加入同等的量。

7.3 验证试验

随同试料分析同矿种、含量相近的标准物质。

7.4 试料分解

7.4.1 将试料(7.1)置于镍坩埚中，加入2 g～4 g过氧化钠(4.1)，搅拌均匀，上面覆盖1 g过氧化钠(4.1)置于已升温至700 ℃的高温炉中，保持5 min～10 min，待样品刚全熔，取出，冷却，放入已盛有30 mL～40 mL热水的250 mL烧杯中，盖上表面皿，待剧烈反应停止后，用水洗出坩埚，加入20 mL盐酸(4.4)，使氢氧化物溶解，在控温板上低温蒸干，搅拌至砂粒状，使二氧化硅脱水。加入20 mL盐酸(4.5)，微热使可溶盐类溶解，冷却，用盐酸(4.4)移入50 mL带塞比色管中，用盐酸(4.5)稀释至刻度，摇匀，放置澄清。

注：试料含硫高，可预先在高温炉中逐步升高温度至500 ℃～550 ℃灼烧1 h。

7.4.2 参见表1分取5.00 mL～20.00 mL试液，置于60 mL分液漏斗中，补加盐酸(4.5)至10 mL，滴加三氯化钛(4.3)至三价铁全部还原，并使溶液呈紫红色为止，放置10 min～20 min，加入等体积的乙酸丁酯(4.2)，萃取2 min，待分层后，水相弃去，加入5 mL盐酸(4.5)，振摇1 min，分层后水相弃去，重复洗涤一次，然后加入10 mL水，反萃取1 min，水相放入50 mL烧杯中，再加10 mL水，反萃取

1 min，水相合并，加入 0.5 mL 氯化钠溶液（4.6），置于低温控温板上加热蒸发至刚干，有钠盐析出，加入 4 mL 盐酸（4.5），微热，待钠盐溶解后，用盐酸（4.5）移入 25 mL 带塞比色管中，用盐酸（4.5）洗涤烧杯并稀至 10 mL。

7.4.3 向比色管中加入 0.5 mL 三氯化钛（4.3），摇匀，放置 10 min～20 min，加入 0.5 mL 罗丹明 B 溶液（4.7），摇匀，加入 5 mL 甲苯-甲基异丁基甲酮溶剂（4.8），萃取 1 min，待分层后，放置 30 min。

注：有关说明见附录 A。

7.5 校准溶液系列配制

分取 0.00 mL、0.25 mL、0.50 mL、1.00 mL、1.50 mL、2.00 mL、2.50 mL、3.00 mL 镓标准溶液[4.9c)]，分别置于一组 25 mL 带塞比色管中，补加盐酸（4.5）至 10 mL，以下按分析步骤（7.4.3）进行。

7.6 测定

于分光光度计上，波长 562 nm 处，用 0.5 cm 比色皿，以水作参比，测量校准溶液、试料溶液、空白试验溶液和验证试验溶液中的吸光度。

7.7 校准曲线绘制

以镓量为横坐标，吸光度为纵坐标，绘制校准曲线。从校准曲线上查得相应的镓量。

8 结果计算

镓量以质量分数 $w(\mathrm{Ga})$ 计，数值以 μg/g 表示，按式（1）计算：

$$w(\mathrm{Ca})=\frac{(m_1-m_0)\cdot V}{m\cdot V_1} \quad \cdots\cdots(1)$$

式中：

m_1——从校准曲线上查得分取试料溶液的镓量，单位为微克（μg）；

m_0——从校准曲线上查得空白溶液的镓量，单位为微克（μg）；

V——试料溶液总体积，单位为毫升（mL）；

m——试料量，单位为克（g）；

V_1——分取试料溶液的体积，单位为毫升（mL）。

计算结果表示为×××、××.×、×.××。

9 精密度

方法的精密度见表 2。

表 2 精密度

单位为微克每克

元　　素	水平范围 m	重复性限 r	再现性限 R
镓	13.8～32.0	$r=0.5345+0.0513\,m$	$R=(-0.0376)+0.1285\,m$
注：本精密度数据是由 5 个实验室对 8 个水平的试样进行试验确定。			

附 录 A
（资料性附录）
有关说明

A.1 在本实验条件下，Cu(Ⅱ)、Pb(Ⅱ)、Zn(Ⅱ)、Fe(Ⅲ)、Mn(Ⅱ)200 mg；W、Mo(Ⅵ)50 mg；Co(Ⅱ)20 mg，As(Ⅲ)、Sb(V)、Bi(Ⅲ)6 mg；In(Ⅲ)0.4 mg；Au 0.06 mg；Se(Ⅳ)、Te(Ⅳ)、Ge(Ⅳ)0.05 mg，经萃取分离均不干扰测定。铊还原速度缓慢，加三氯化钛需放置 10 min 以上，可以消除干扰，测量溶液中，锡量超过 160 μg 有严重负干扰。锡量在 0.5 mg 以下，用过氧化钠熔样时，脱水除硅过程中，可以呈 $SnCl_4$ 状态挥发除去，锡含量高则需提高蒸干脱水温度至 190 ℃，用浓盐酸反复处理方能除去(有氯化钠存在，镓不会损失)。

A.2 锌汞齐的制备：称取 100 g～150 g 金属锌粒，用盐酸(5＋95)洗涤锌粒表面的氧化物，以水冲洗 2 次～3 次，加入内含 2 mL～4 mL 盐酸(ρ 1.19 g/mL)的 150 mL 氯化高汞溶液(20 g/L)间歇搅拌 30 min，待锌粒表面非常明亮后，将上层溶液倾出，用水洗 4 次～5 次，将水倒尽，残留水用滤纸吸干。

A.3 三氯化钛杂质处理方法：将三氯化钛倒入新制备的锌汞齐(A.2)中，间歇搅拌 30 min 以上，倾出上层三氯化钛溶液于另一干燥的棕色瓶中，保存备用。

ICS 73.060
D 40

中华人民共和国国家标准

GB/T 14352.15—2010
代替 GB/T 14352.15—1993

钨矿石、钼矿石化学分析方法 第15部分：锗量测定

Methods for chemical analysis of tungsten ores and molybdenum ores—Part 15: Determination of germanium content

2010-11-10 发布

2011-02-01 实施

中华人民共和国国家质量监督检验检疫总局
中国国家标准化管理委员会 发布

前　言

GB/T 14352《钨矿石、钼矿石化学分析方法》共有18个部分：

——第1部分：钨量测定；
——第2部分：钼量测定；
——第3部分：铜量测定；
——第4部分：铅量测定；
——第5部分：锌量测定；
——第6部分：镉量测定；
——第7部分：钴量测定；
——第8部分：镍量测定；
——第9部分：硫量测定；
——第10部分：砷量测定；
——第11部分：铋量测定；
——第12部分：银量测定；
——第13部分：锡量测定；
——第14部分：镓量测定；
——第15部分：锗量测定；
——第16部分：硒量测定；
——第17部分：碲量测定；
——第18部分：铼量测定。

本部分为GB/T 14352的第15部分。

本部分代替GB/T 14352.15—1993《钨矿石、钼矿石化学分析方法　蒸馏分离-苯芴酮-十六烷基三甲基溴化铵光度法测定锗量》。

本部分与GB/T 14352.15—1993相比，主要变化如下：

——增加了警示、警告内容；
——修改了试样干燥温度。

本部分的附录A为资料性附录。

本部分由中华人民共和国国土资源部提出。

本部分由全国国土资源标准化技术委员会归口。

本部分负责起草单位：国家地质实验测试中心。

本部分起草单位：江苏省地质调查研究院(国土资源部南京矿产资源监督检测中心)。

本部分主要起草人：肖灵、周康民。

本部分所代替标准的历次版本发布情况为：

——GB/T 14352.15—1993。

钨矿石、钼矿石化学分析方法 第 15 部分：锗量测定

警示：使用本部分的人员应有正规实验室工作的实践经验。本部分并未指出所有可能的安全问题。使用者有责任采取适当的安全和健康措施，并保证符合国家有关法规规定的条件。

1 范围

GB/T 14352 的本部分规定了钨矿石、钼矿石中锗量的测定方法。

本部分适用于钨矿石、钼矿石中锗量的测定。

测定范围：1 μg/g～200 μg/g 的锗。

2 规范性引用文件

下列文件中的条款通过 GB/T 14352 的本部分的引用而成为本部分的条款。凡是注日期的引用文件，其随后所有的修改单(不包括勘误的内容)或修订版均不适用于本部分，然而，鼓励根据本部分达成协议的各方研究是否可使用这些文件的最新版本。凡是不注日期的引用文件，其最新版本适用于本部分。

GB/T 6682　分析实验室用水规格和试验方法

GB/T 14505　岩石和矿石化学分析方法　总则及一般规定

3 原理

试样经硝酸-氢氟酸-硫酸分解除硅，冒硫酸烟赶尽氟，再经过氧化钠碱熔，在盐酸介质中蒸馏 $GeCl_4$，与其他干扰元素分离，在稀盐酸介质中，有亚硫酸钠存在下，锗与苯芴酮-十六烷基三甲基溴化铵形成稳定的橙红色三元络合物，在分光光度计上，于波长 508 nm 处测量吸光度，计算锗量。

4 试剂

本部分除非另有说明，在分析中均使用分析纯试剂和符合 GB/T 6682 的分析实验室用水。

4.1 过氧化钠。

4.2 无水亚硫酸钠。

4.3 硝酸(ρ1.42 g/mL)。

4.4 氢氟酸(ρ1.13 g/mL)，**警告：氢氟酸有毒并有腐蚀性，操作时应戴手套，防止皮肤接触。**

4.5 磷酸(ρ1.7 g/mL)。

4.6 盐酸(ρ1.19 g/mL)。

4.7 硫酸(1+1)，**警告：不当的稀释易发生危险。**

4.8 氢氧化钠溶液 c(NaOH)=1.0 mol/L。

4.9 氢氧化钠溶液 c(NaOH)=10.0 mol/L。

4.10 亚硫酸钠溶液(200 g/L)。

4.11 十六烷基三甲基溴化铵溶液(简称 CTAB)(10 g/L)：

称取 1 g 十六烷基三甲基溴化铵溶于 100 mL 沸水中，搅拌使其溶解至清亮，冷却后使用。

4.12 苯芴酮乙醇溶液(0.6 g/L)：

称取 60 mg 苯芴酮溶于含有 2 mL 盐酸(4.6)的 100 mL 无水乙醇中，搅拌至全部溶解。

4.13　锗标准溶液：

a)　锗标准储备溶液[ρ(Ge)＝100.0 μg/mL]：称取 0.144 1 g GeO_2(99.99%)于 250 mL 烧杯中，加入 100 mL 沸水，不断搅拌溶解，冷却，用水稀释至 1 000 mL 容量瓶中，摇匀；

b)　锗标准溶液[ρ(Ge)＝10.0 μg/mL]：分取 10.00 mL 锗标准储备溶液[4.13a)]，置于 100 mL 容量瓶中，用水稀至刻度，摇匀；

c)　锗标准溶液[ρ(Ge)＝1.0 μg/mL]：分取 10.00 mL 锗标准溶液[4.13b)]，置于 100 mL 容量瓶中，用水稀至刻度，摇匀。

4.14　酚酞溶液(1 g/L)。

5　仪器和设备

5.1　分析天平：三级，感量 0.1 mg。

5.2　分光光度计。

5.3　简易蒸馏装置见图 1。

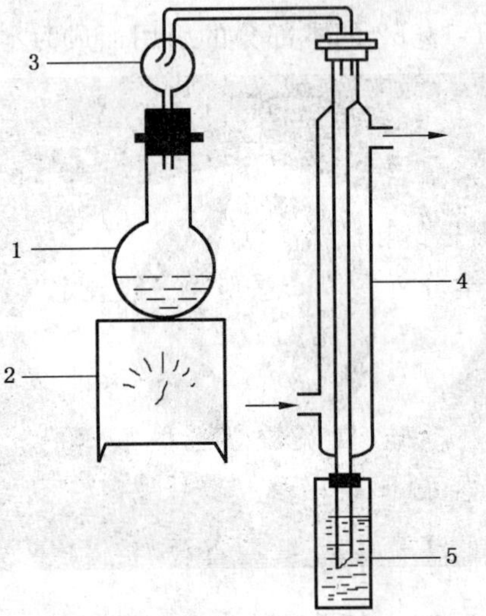

1——平底烧瓶；
2——万用电炉；
3——氮球；
4——冷凝管；
5——吸收管。

图 1　简易蒸馏装置

6　试样

6.1　按 GB/T 14505 的相关要求，加工试样粒径应小于 97 μm。

6.2　试样应在 105 ℃预干燥 2 h，含硫矿物的试样在 60 ℃～80 ℃的鼓风干燥烘箱内干燥 2 h～4 h，然后置于干燥器中，冷却至室温。

7　分析步骤

7.1　试料

根据试样中锗量按表 1 称取试料量，精确至 0.1 mg。

表 1 试料量

锗量/(μg/g)	试料量/g	分取试液体积/mL
1～10	1	25.00
＞10～20	1	25.00
＞20～40	0.5	25.00
＞40～100	0.2	25.00
＞100～200	0.1	25.00

7.2 空白试验

随同试料进行双份空白试验，所用试剂应取自同一试剂瓶，加入同等的量。

7.3 验证试验

随同试料分析同矿种、含量相近的标准物质。

7.4 试料分解

7.4.1 将试料(7.1)置于 30 mL 刚玉坩埚中，放入高温炉中，从低温升至 550 ℃，灼烧 2 h，取出冷却。加水润湿，缓慢加入 3 mL 硝酸(4.3)，放置片刻，加入 5 mL 氢氟酸(4.4)、1 mL～2 mL 硫酸(4.7)，于低温控温板上加热溶解，沿壁滴加硝酸(4.3)两次，待溶液蒸至小体积后，升高温度冒硫酸烟，取下，冷却，用水吹洗杯壁，继续蒸至硫酸烟冒尽，取下，冷却，用玻棒压碎溶块，加入 4 g～6 g 过氧化钠(4.1)，搅匀，沿壁旋转使过氧化钠盖住有样品的地方，于 680 ℃高温炉中熔融，摇动熔体至均匀，取出冷却，用 20 mL 热水在 100 mL 塑料烧杯中提取，放置过夜，次日用水和少量盐酸(4.6)洗出刚玉坩埚，滴加盐酸(4.6)中和至氢氧化物溶解。

7.4.2 将溶液转移到 250 mL 平底烧瓶中，用水洗烧杯至 40 mL 左右，加入 2 mL 磷酸(4.5)，补加等体积的盐酸(4.6)，将烧瓶迅速装在已装有冷凝水管的装置中，冷凝管的下端用 50 mL 容量瓶承接，内盛 10 mL 水收集蒸出液，打开电炉和冷凝水管，进行蒸馏，待下端收集液总体积为 35 mL 左右，揭开冷凝管上端橡皮塞，关闭电炉，用少量水吹洗冷凝管，取出溶液，加入约 0.5 g～1 g 无水亚硫酸钠(4.2)，用水稀释至刻度，摇匀。此溶液的酸度约为 3 mol/L。

7.4.3 分取 5.00 mL 溶液于 50 mL 烧杯中，滴加 1 滴酚酞溶液(4.14)，用已知浓度的氢氧化钠溶液(4.8)滴定溶液的准确酸度，确定显色时补加酸碱的毫升数。

7.4.4 分取 25.00 mL 溶液置于另一个 50 mL 容量瓶中，按照分析步骤(7.4.3)标定的酸度，补加盐酸(4.6)或氢氧化钠溶液(4.9)使溶液最后酸度为 $c(HCl)=1.2$ mol/L～1.5 mol/L，加入 1 mL 亚硫酸钠溶液(4.10)，摇匀，加入 5 mL 十六烷基三甲基溴化铵溶液(4.11)，摇匀，加入 3 mL 苯芴酮乙醇溶液(4.12)，摇匀，立即用水稀至刻度，摇匀。

注：有关说明见附录 A。

7.5 校准溶液系列配制

视锗量分取 0.00 mL、0.50 mL、1.00 mL、2.00 mL、4.00 mL、6.00 mL 或 0.00 mL、1.00 mL、2.00 mL、4.00 mL、6.00 mL、8.00 mL、10.00 mL 锗标准溶液[4.13c)]，分别置于一组 50 mL 容量瓶中，加入 20 mL 水，加入 6.3 mL 盐酸(4.6)，摇匀，加入 1 mL 亚硫酸钠溶液(4.10)，摇匀，加入 5 mL 十六烷基三甲基溴化铵溶液(4.11)，摇匀，加入 3 mL 苯芴酮乙醇溶液(4.12)，摇匀，立即用水稀至刻度，摇匀。

7.6 测定

在分光光度计上，于波长 508 nm 处，用 1 cm～3 cm 比色皿，以校准溶液系列空白溶液作参比，测量校准溶液、试料溶液、空白试验溶液和验证试验溶液的吸光度。

7.7 校准曲线绘制

以锗量为横坐标，吸光度为纵坐标，绘制校准曲线，从校准曲线上查得相应的锗量。

8 结果计算

锗量以质量分数 $w(\mathrm{Ge})$ 计，数值以 μg/g 表示，按式(1)计算：

$$w(\mathrm{Ge})=\frac{(m_1-m_0)\cdot V}{m\cdot V_1} \qquad \cdots\cdots(1)$$

式中：

m_1——从校准曲线上查得分取试料溶液的锗量，单位为微克(μg)；

m_0——从校准曲线上查得的空白溶液的锗量，单位为微克(μg)；

V——溶液总体积，单位为毫升(mL)；

m——试料量，单位为克(g)；

V_1——分取溶液体积，单位为毫升(mL)。

计算结果表示为×××、××.×、×.××。

9 精密度

方法精密度见表 2。

表 2 精密度

单位为微克每克

元 素	水平范围 m	重复性限 r	再现性限 R
锗	1.65～19.0	$r=(-0.003\,5)+0.190\,2m$	$R=0.585\,8+0.157\,9m$
注：本精密度数据是由 4 个实验室对 8 个水平的试样进行试验确定。			

附 录 A
（资料性附录）
有 关 说 明

A.1 试料若能被硝酸-氢氟酸-磷酸或硝酸-氢氟酸-硫酸分解，可采用四氯化碳萃取分离的方法。

A.2 试料中含锡 20 mg，钨、铝 100 mg 的范围内，有磷酸存在，经蒸馏分离均不干扰锗的测定。

A.3 室温在 15 ℃以下时，显色较易出现混浊，影响比色测定。

A.4 锗的含量较高时，可不加表面活性剂，以明胶作保护剂，线性范围较宽，0 μg/mL～1.2 μg/mL 符合比耳定律，最高可测定 0.×%锗量，分析手续如下：

移取 10 mL～25 mL 试料溶液置于 50 mL 容量瓶中，按标定的酸度（7.4.3）补加盐酸（4.6）或氢氧化钠溶液（4.9），使溶液最后酸度为 1.2 mol/L。加入 4 mL 明胶溶液（5 g/L），摇匀，加入 5 mL 苯芴酮乙醇溶液（4.12），摇匀，用水稀至刻度，立即摇匀，放置 30 min 后，于波长 526 nm 处，用 1 cm 比色皿，以水作参比测量吸光度。

ICS 73.060
D 40

中华人民共和国国家标准

GB/T 14352.16—2010
代替 GB/T 14352.16—1993

钨矿石、钼矿石化学分析方法
第 16 部分：硒量测定

Methods for chemical analysis of tungsten ores and molybdenum ores—Part 16: Determination of selenium content

2010-11-10 发布 2011-02-01 实施

中华人民共和国国家质量监督检验检疫总局
中国国家标准化管理委员会 发布

前　言

GB/T 14352《钨矿石、钼矿石化学分析方法》共有18个部分：

——第1部分：钨量测定；

——第2部分：钼量测定；

——第3部分：铜量测定；

——第4部分：铅量测定；

——第5部分：锌量测定；

——第6部分：镉量测定；

——第7部分：钴量测定；

——第8部分：镍量测定；

——第9部分：硫量测定；

——第10部分：砷量测定；

——第11部分：铋量测定；

——第12部分：银量测定；

——第13部分：锡量测定；

——第14部分：镓量测定；

——第15部分：锗量测定；

——第16部分：硒量测定；

——第17部分：碲量测定；

——第18部分：铼量测定。

本部分为GB/T 14352的第16部分。

本部分代替GB/T 14352.16—1993《钨矿石、钼矿石化学分析方法　3,3′-二氨基联苯胺光度法测定硒量》。

本部分与GB/T 14352.16—1993相比，主要变化如下：

——增加了警示、警告内容；

——修改了试样干燥温度。

本部分的附录A为资料性附录。

本部分由中华人民共和国国土资源部提出。

本部分由全国国土资源标准化技术委员会归口。

本部分负责起草单位：国家地质实验测试中心。

本部分起草单位：江苏省地质调查研究院（国土资源部南京矿产资源监督检测中心）。

本部分主要起草人：张培新、蔡玉曼。

本部分所代替标准的历次版本发布情况为：

——GB/T 14352.16—1993。

钨矿石、钼矿石化学分析方法
第16部分：硒量测定

警示：使用本部分的人员应有正规实验室工作的实践经验。本部分并未指出所有可能的安全问题。使用者有责任采取适当的安全和健康措施，并保证符合国家有关法规规定的条件。

1 范围

GB/T 14352的本部分规定了钨矿石、钼矿石中硒量的测定方法。

本部分适用于钨矿石、钼矿石中硒量的测定。

测定范围：2 μg/g～500 μg/g的硒。

2 规范性引用文件

下列文件中的条款通过GB/T 14352的本部分的引用而成为本部分的条款。凡是注日期的引用文件，其随后所有的修改单（不包括勘误的内容）或修订版均不适用于本部分，然而，鼓励根据本部分达成协议的各方研究是否可使用这些文件的最新版本。凡是不注日期的引用文件，其最新版本适用于本部分。

GB/T 6682　分析实验室用水规格和试验方法

GB/T 14505　岩石和矿石化学分析方法　总则及一般规定

3 原理

试料用硝酸-氢氟酸-硫酸分解，在盐酸介质中，经次亚磷酸钠还原，单体硒与砷共沉淀分离。溶液在pH2～pH3时，四价硒与3,3'-二氨基联苯胺生成深黄色络合物，在pH6～pH9时可被苯、甲苯等有机溶剂定量萃取，在分光光度计上，于波长420 nm处，测量吸光度，计算硒量。

4 试剂

本部分除非另有说明，在分析中均使用分析纯试剂和符合GB/T 6682的分析实验室用水。

4.1 次亚磷酸钠。

4.2 无水硫酸钠。

4.3 甲苯（ρ 0.863 g/mL）。

4.4 氢氟酸（ρ1.13 g/mL），**警告：氢氟酸有毒并有腐蚀性，操作时应戴手套，防止皮肤接触。**

4.5 硝酸（ρ1.40 g/mL）。

4.6 盐酸（ρ1.19 g/mL）。

4.7 盐酸（1+1）。

4.8 盐酸（1+3，含少量次亚磷酸钠）。

4.9 硫酸（1+1），**警告：不当的稀释易发生危险。**

4.10 硫酸铜溶液（156 g/L）：

称取15.6 g硫酸铜（$CuSO_4 \cdot 5H_2O$），加入4 mL去硒硫酸（1+1），用水稀释至100 mL，搅拌溶解。此溶液1 mL含硫酸铜100 mg。

注1：去硒硫酸（1+1）制备：取100 mL硫酸（4.9），加入5 mL氢溴酸（ρ1.50 g/mL），放在电炉上加热至冒三氧化硫浓烟后取下，冷却，与等体积水混合。

注2：也可用氯化铜。

4.11　砷酸氢二钠溶液(21 g/L)：

称取2.1 g砷酸氢二钠($Na_2HAsO_4 \cdot 7H_2O$)，溶解于水中，用水稀释至100 mL，摇匀。此溶液1 mL含5 mg砷。

4.12　溴-氢溴酸：

量取60 mL氢溴酸(ρ1.50 g/mL)置于250 mL容量瓶中，加入140 mL水，1 mL溴，摇动溶解。

4.13　氢溴酸(1+9)。

4.14　磺基水杨酸溶液(500 g/L)。

4.15　氨水(1+1)。

4.16　乙二胺四乙酸二钠溶液(EDTA)(100 g/L)：

称取10 g EDTA二钠，加入水，加热搅拌溶解。冷却后，用水稀释至100 mL，摇匀。

4.17　稀甲酸(1+9)。

4.18　3,3′-二氨基联苯胺溶液(5 g/L)：

称取0.5 g 3,3′-二氨基联苯胺盐酸盐，加水搅拌溶解并稀释至100 mL，现用现配。

4.19　硒标准溶液：

a)　硒标准储备溶液[ρ(Se)=100.0 μg/mL]：称取50.0 mg硒粉(99.99%)置于100 mL烧杯中，水润湿，加20 mL硝酸(4.5)，盖上表面皿，放在低温电热板上加热分解至完全，取下，加入20 mL去硒硫酸(1+1)。加热赶尽硝酸，蒸至三氧化硫冒烟，取下，冷却，用适量水洗去表面皿，并冲洗杯壁，低温赶去水分，再冒烟一次，取下，冷却，移入500 mL容量瓶中，补加30 mL去硒硫酸(1+1)，冷至室温，用水稀释至刻度，摇匀；

b)　硒标准溶液[ρ(Se)=10.0 μg/mL]：移取25.00 mL硒标准溶液[4.19a)]置于250 mL容量瓶中，用水稀至刻度，摇匀。

4.20　溴代麝香草酚蓝溶液(1 g/L)：

称取0.1 g溴代麝香草酚蓝，加入10 mL氢氧化钠溶液(4 g/L)，移入100 mL容量瓶中，用水稀释至刻度，摇匀。

5　仪器

5.1　分析天平：三级，感量0.1 mg。

5.2　分光光度计。

6　试样

6.1　按GB/T 14505的相关要求，加工试样粒径应小于97 μm。

6.2　试样应在105 ℃预干燥2 h，含硫矿物的试样在60 ℃～80 ℃的鼓风干燥烘箱内干燥2 h～4 h，然后置于干燥器中，冷却至室温。

7　分析步骤

7.1　试料

根据试样中硒量按表1称取试料，精确至0.1 mg。

表1　试料量

硒量/(μg/g)	试料量/g
2～50	1
>50～100	0.5
>100～200	0.2
>200～500	0.1

7.2 空白试验

随同试料进行双份空白试验，所用试剂应取自同一试剂瓶，加入同等的量。

7.3 验证试验

随同试料分析同矿种、含量相近的标准物质。

7.4 试料分解

7.4.1 将试料(7.1)置于100 mL聚四氟乙烯烧杯中，水润湿，加入10 mL氢氟酸(4.4)、10 mL～20 mL硝酸(4.5)、10 mL硫酸(4.9)，置于控温板上加热分解(180 ℃～200 ℃)，升高温度至300 ℃，待冒三氧化硫白烟后，取下冷却，用适量水吹洗杯壁，再加热冒烟一次，取下，冷却。

7.4.2 沿壁加入25 mL水，再加25 mL盐酸(4.6)，用玻棒搅动后盖上表面皿，在控温板上低温加热使盐类溶解。取下，放置2 h或过夜，用定性滤纸过滤。用盐酸(4.7)洗烧杯、漏斗数次，滤液体积不超过150 mL，补加15 mL盐酸(4.6)。加入1 mL硫酸铜溶液(4.10)、1 mL砷溶液(4.11)、4 g～7 g次亚磷酸钠(4.1)，搅溶后，盖上表面皿，放在控温电热板上加热至出现棕色混浊，移到低温控温板上保温4 h，至溶液清亮，放置过夜。

注：加热溶解盐类时不能沸，否则硒会损失。

7.4.3 用约0.3 g脱脂棉放入漏斗中，蒸馏水润湿后用玻棒压紧过滤，滤液弃去。用盐酸(4.8)洗烧杯、漏斗10次，然后用蒸馏水洗10次左右。去掉漏斗颈部水，分次滴加入7 mL溴-氢溴酸混合溶液(4.12)溶解沉淀，用100 mL烧杯承接，同时用玻棒擦动棉球，直至黑色沉淀完全溶解，看不到黑色斑点为止。用15 mL氢溴酸(4.13)分数次淋洗。滤液加3滴～4滴磺基水杨酸溶液(4.14)，摇动，待黄色退去。

注：蒸馏水洗涤后如杯壁上附有黑色沉淀，用适量脱脂棉擦洗。

7.4.4 向溶液中加入1滴溴代麝香草酚蓝溶液(4.20)，用氨水(4.15)中和至刚变蓝(pH6～pH7)，加入2 mL EDTA溶液(4.16)、2 mL甲酸溶液(4.17)、2 mL 3,3′-二氨基联苯胺溶液(4.18)，每加一种溶液均需摇匀。放在电炉上加热，保持近沸状态5 min～6 min，取下，流水冷却。补加1滴溴代麝香草酚蓝溶液(4.20)，用氨水(4.15)中和至溶液刚变蓝(pH6～pH7)。将溶液移入125 mL分液漏斗中，用适量水洗烧杯3次，保持总体积40 mL左右，加入10 mL甲苯(4.3)用力萃取1 min，弃去水相，有机相从漏斗上端倒入25 mL预先加有约0.5 g无水硫酸钠(4.2)干燥比色管中，放置10 min。

注1：中和试料时变色后有时并非蓝色，此时注意观察变色点，并用pH试纸检查。

注2：有关说明见附录A。

7.5 校准溶液系列配制

移取0.00 mL、0.25 mL、0.50 mL、1.00 mL、2.00 mL、4.00 mL、6.00 mL硒标准溶液[4.19b)]，分别置于一组100 mL烧杯中，加入20 mL氢溴酸(4.13)，加入1滴磺基水杨酸溶液(4.14)，以下按分析步骤(7.4.4)进行。

7.6 测定

在分光光度计上，于波长420 nm处，用1 cm～2 cm比色皿，水作参比，测量校准溶液、试料溶液、空白试验溶液和验证试验溶液的吸光度。

7.7 校准曲线绘制

以硒量为横坐标，吸光度为纵坐标，绘制校准曲线，从校准曲线上查得相应的硒量。

8 结果计算

硒量以质量分数$w(\mathrm{Se})$计，数值以μg/g表示，按式(1)计算：

$$w(\mathrm{Se})=\frac{m_1-m_0}{m} \qquad \cdots\cdots(1)$$

式中：

m_1——从校准曲线查得分取试料溶液的硒量，单位为微克(μg)；

m_0——从校准曲线上查得空白溶液的硒量，单位为微克(μg)；

m——试料量，单位为克(g)。

计算结果表示为×××、××.×、×.××。

9 精密度

方法精密度见表2。

表2 精密度

单位为微克每克

元　素	水平范围 m	重复性限 r	再现性限 R
硒	1.65～19.0	$r=0.2904+0.0971\ m$	$R=0.3144+0.2661\ m$
注：本精密度数据是由5个实验室对6个水平的试样进行试验确定。			

附 录 A
（资料性附录）
有 关 说 明

A.1 在显色过程中，硝酸根有严重干扰，不应引入。

A.2 用溴-氢溴酸溶解沉淀后即时加入磺基水杨酸，除去游离溴。

A.3 显色时亦可放置暗处发色。10 ℃～20 ℃放置 4 h 显色完全；25 ℃左右放置 2 h 显色完全。

A.4 在共沉淀时，由于钨钼也同时还原，消耗部分次亚磷酸钠，故应适当多加次亚磷酸钠。

ICS 73.060
D 40

中华人民共和国国家标准

GB/T 14352.17—2010
代替 GB/T 14352.17—1993

钨矿石、钼矿石化学分析方法 第 17 部分：碲量测定

Methods for chemical analysis of tungsten ores and molybdenum ores—Part 17: Determination of tellurium content

2010-11-10 发布

2011-02-01 实施

中华人民共和国国家质量监督检验检疫总局
中国国家标准化管理委员会 发布

前　言

GB/T 14352《钨矿石、钼矿石化学分析方法》共有18个部分法：
——第1部分：钨量测定；
——第2部分：钼量测定；
——第3部分：铜量测定；
——第4部分：铅量测定；
——第5部分：锌量测定；
——第6部分：镉量测定；
——第7部分：钴量测定；
——第8部分：镍量测定；
——第9部分：硫量测定；
——第10部分：砷量测定；
——第11部分：铋量测定；
——第12部分：银量测定；
——第13部分：锡量测定；
——第14部分：镓量测定；
——第15部分：锗量测定；
——第16部分：硒量测定；
——第17部分：碲量测定；
——第18部分：铼量测定。

本部分为GB/T 14352的第17部分。

本部分代替GB/T 14352.17—1993《钨矿石、钼矿石化学分析方法　丁基罗丹明B光度法测定碲量》。

本部分与GB/T 14352.17—1993相比，主要变化如下：
——增加了警示、警告内容；
——修改了试样干燥温度。

本部分的附录A为资料性附录。

本部分由中华人民共和国国土资源部提出。

本部分由全国国土资源标准化技术委员会归口。

本部分负责起草单位：国家地质实验测试中心。

本部分起草单位：江苏省地质调查研究院（国土资源部南京矿产资源监督检测中心）。

本部分主要起草人：蔡玉曼、张培新。

本部分所代替标准的历次版本发布情况为：
——GB/T 14352.17—1993。

钨矿石、钼矿石化学分析方法
第17部分：碲量测定

警示：使用本部分的人员应有正规实验室工作的实践经验。本部分并未指出所有可能的安全问题。使用者有责任采取适当的安全和健康措施，并保证符合国家有关法规规定的条件。

1 范围

GB/T 14352的本部分规定了钨矿石、钼矿石中碲量的测定方法。

本部分适用于钨矿石、钼矿石中碲量的测定。

测定范围：0.5 μg/g～100 μg/g的碲。

2 规范性引用文件

下列文件中的条款通过GB/T 14352的本部分的引用而成为本部分的条款。凡是注日期的引用文件，其随后所有的修改单（不包括勘误的内容）或修订版均不适用于本部分，然而，鼓励根据本部分达成协议的各方研究是否可使用这些文件的最新版本。凡是不注日期的引用文件，其最新版本适用于本部分。

GB/T 6682 分析实验室用水规格和试验方法

GB/T 14505 岩石和矿石化学分析方法 总则及一般规定

3 原理

试料经硝酸-氢氟酸-硫酸分解，盐酸介质中沉淀钨酸，过滤除去。在共沉淀剂砷的存在下，以次亚磷酸钠还原碲至单体。于硫酸和氢溴酸溶液中，溴化碲络阴离子与丁基罗丹明B生成蓝紫色固相化合物，被苯萃取。在分光光度计上，于波长565 nm处，测量有机相的吸光度，计算碲量。

4 试剂

本部分除非另有说明，在分析中均使用分析纯试剂和符合GB/T 6682的分析实验室用水。

4.1 次亚磷酸钠。

4.2 苯。

4.3 硝酸（ρ1.40 g/mL）。

4.4 氢氟酸（ρ1.13 g/mL），**警告：氢氟酸有毒并有腐蚀性，操作时应戴手套，防止皮肤接触。**

4.5 过氧化氢。

4.6 硫酸（1+1），**警告：不当的稀释易发生危险。**

4.7 盐酸（1+1）。

4.8 盐酸（15+85，含少量次亚磷酸钠）。

4.9 硫酸铜溶液（156 g/L）：

称取15.6 g硫酸铜（$CuSO_4 \cdot 5H_2O$），加入4 mL硫酸（4.6），用水稀释至100 mL，搅拌溶解。此溶液1 mL含硫酸铜100 mg。

4.10 砷酸氢二钠溶液（4.2 g/L）：

称取0.42 g砷酸氢二钠（$Na_2HAsO_4 \cdot 7H_2O$）溶解于水中，用水稀释至100 mL，摇匀，此溶液1 mL含砷1 mg。

4.11　溴-氢溴酸溶液：

量取 60 mL 氢溴酸(ρ1.50 g/mL)置于 250 mL 容量瓶中，加入 140 mL 水，1 mL 溴，摇动溶解。

4.12　溴化钠溶液 c(NaBr)=4 mol/L。

4.13　丁基罗丹明 B 溶液(2 g/L)。

4.14　碲标准溶液：

a)　碲标准储备溶液[ρ(Te)=100.0 μg/mL]：称取 0.025 0 g 金属碲(99.99%)，置于 100 mL 烧杯中，用适量水润湿，盖上表面皿，沿杯壁加入 30 mL 硝酸(4.3)，在电热板上低温加热溶解，加入 20 mL 硫酸(4.6)，继续加热至冒三氧化硫白烟。取下，冷却。用水吹洗烧杯壁，再加热至刚冒三氧化硫白烟，取下，冷却。用适量水洗去表面皿，加入 50 mL 水，移入 250 mL 容量瓶中，加入 30 mL 硫酸(4.6)、50 mL 水，冷至室温，用水稀释至刻度，摇匀；

b)　碲标准溶液[ρ(Te)=10.0 μg/mL]：移取 20.00 mL 碲标准储备溶液[4.14a)]，置于 200 mL 容量瓶中，用水稀释至刻度，摇匀。

5　仪器

5.1　分析天平：三级，感量 0.1 mg。

5.2　分光光度计。

6　试样

6.1　按 GB/T 14505 的相关要求，加工试样粒径应小于 97 μm。

6.2　试样应在 105 ℃预干燥 2 h，含硫矿物的试样在 60 ℃～80 ℃的鼓风干燥烘箱内干燥 2 h～4 h，然后置于干燥器中，冷却至室温。

7　分析步骤

7.1　试料

根据试样中碲量按表 1 称取试料量，精确至 0.1 mg。

表 1　试料量

碲量/(μg/g)	试料量/g
0.5～10	1
>10～20	0.5
>20～50	0.2
>50～100	0.1

7.2　空白试验

随同试料进行双份空白试验，所用试剂应取自同一试剂瓶，加入同等的量。

7.3　验证试验

随同试料分析同矿种、含量相近的标准物质。

7.4　试料分解

7.4.1　将试料(7.1)置于 100 mL 聚四氟乙烯烧杯中，水润湿，加入 10 mL 硝酸(4.3)、10 mL 氢氟酸(4.4)、10 mL 硫酸(4.6)，置于控温板上加热分解(180 ℃)，逐渐升高温度至 300 ℃，待冒三氧化硫白烟。取下，冷却。用水吹洗杯壁，再加热至冒三氧化硫白烟。取下，冷却。

7.4.2　加入 20 mL 盐酸(4.7)，盖上表面皿，置于控温板上低温(160 ℃)加热 10 min，取下，放置 2 h 或过夜。用定量滤纸过滤，滤液以 250 mL 烧杯承接，用盐酸(4.7)洗涤烧杯及沉淀 12 次～15 次，残渣弃去，滤液总体积控制在 150 mL，加入 1 mL 硫酸铜溶液(4.9)、2 mL 砷溶液(4.10)、4 g～7 g 次亚磷酸钠(4.1),充分搅拌,待三价铁的黄色退去,及次亚磷酸钠固体全部溶解。置于控温板上加热至出现棕色混浊,移至低温处保温至溶液清亮。

注:加热至出现棕色混浊时切忌煮沸。

7.4.3 用脱脂棉过滤,以热的盐酸(4.8)洗涤烧杯及棉球12次,最后用热水洗涤12次,去掉漏斗颈部水柱。分次加入7 mL溴-氢溴酸溶液(4.11),溶解沉淀,至黑色沉淀完全溶解。用水洗涤棉球8次,溶解液与洗液收集于25 mL烧杯中。将烧杯置于控温板上,低温蒸发至小体积,加入5.5 mL硫酸(4.6)蒸发至水分全部挥发尽,小心加入1滴过氧化氢(4.5),升高温度至刚冒三氧化硫白烟。取下,冷却。用适量水吹洗杯壁,继续蒸发至刚冒三氧化硫白烟。取下,冷却。溶液移入25 mL带塞比色管中。冷至室温,用水稀释至10 mL,摇匀。

注:溶解沉淀时可用玻棒擦动棉球上黑色沉淀助溶。

7.4.4 于比色管中加入0.5 mL溴化钠溶液(4.12),放置3 min,加入0.5 mL丁基罗丹明B溶液(4.13)摇匀。立即加入10 mL苯(4.2),萃取半分钟,放置20 min。

注:有关说明见附录A。

7.5 校准溶液系列配制

分取0.00 mL、0.10 mL、0.20 mL、0.40 mL、0.60 mL、0.80 mL、1.00 mL碲标准溶液[4.14b)],分别置于一组25 mL带塞比色管中,补加水至4 mL,加入5 mL硫酸(4.6),摇匀,冷却。以下按分析步骤(7.4.4)进行。

7.6 测定

在分光光度计上,于波长565 nm处,用1 cm比色皿,以水作参比,测量校准溶液、试料溶液、空白试验溶液和验证试验溶液有机相吸光度。

7.7 校准曲线绘制

以碲量为横坐标,吸光度为纵坐标,绘制校准曲线,从校准曲线上查得相应的碲量。

8 结果计算

碲的含量以质量分数$w(\mathrm{Te})$计,数值以μg/g表示,按式(1)计算:

$$w(\mathrm{Te})=\frac{m_1-m_0}{m} \qquad \cdots\cdots(1)$$

式中:

m_1——从校准曲线上查得分取试料溶液的碲量,单位为微克(μg);

m_0——从校准曲线上查得空白溶液的碲量,单位为微克(μg);

m——试料量,单位为克(g)。

计算结果表示为×××、××.×、×.××、0.××。

9 精密度

方法精密度见表2。

表2 精密度

单位为微克每克

元素	水平范围 m	重复性限 r	再现性限 R
碲	0.45~31.0	$r=0.2419m^{0.4883}$	$R=0.0883+0.3829m$
注:本精密度数据是由4个实验室对8个水平的试样进行试验确定。			

附 录 A
（资料性附录）
有 关 说 明

A.1 试料中若含有机物质较高，至冒三氧化硫白烟时，试液仍呈黑色或棕黑色，可盖上表面皿，分次小心滴加浓硝酸消化，至溶液呈淡黄色。

A.2 单体沉淀时，保温所需时间，视溶液是否清亮为准，一般为 4 h。

A.3 单体沉淀中若发现夹杂有淡黄色沉淀，则为残留在溶液中钨酸析出。可在经水洗净沉淀后，用 20 mL 热氢氧化钠溶液（50 g/L）分次溶解，再用热水洗 12 次，用以除去钨酸。

A.4 经用次亚磷酸钠将碲还原成单体，可与 Cu、Pb、Zn、Cd、Sb、Bi、Co、Ni、Fe、Al、Ca、Mg、K、Na、Ti、Mn 等分离。Se、Au、Hg 亦能还原成单体析出，Se 在用氢溴酸赶 As 时挥发除去。Au 在冒三氧化硫白烟时，部分还原呈单体 Au，与残渣过滤除去，0.5 μg 以下 Au，不影响测定。Hg 的含量在 0.2 μg 以下，不影响测定。实际矿石中 Hg 含量甚微。

A.5 在共沉淀时，由于钨钼也同时还原，消耗部分次亚磷酸钠，故应适当多加次亚磷酸钠。

A.6 加入苯后，能立即萃取为好。在测定份数多时，应分段分次加入苯萃取，以利控制加苯后，开始萃取的时间一致。

ICS 73.060
D 40

中华人民共和国国家标准

GB/T 14352.18—2010
代替 GB/T 14352.18—1993

钨矿石、钼矿石化学分析方法 第18部分：铼量测定

Methods for chemical analysis of tungsten ores and molybdenum ores—Part 18: Determination of rhenium content

2010-11-10 发布

2011-02-01 实施

中华人民共和国国家质量监督检验检疫总局
中国国家标准化管理委员会 发布

前　言

GB/T 14352《钨矿石、钼矿石化学分析方法》共有18个部分：

——第1部分：钨量测定；

——第2部分：钼量测定；

——第3部分：铜量测定；

——第4部分：铅量测定；

——第5部分：锌量测定；

——第6部分：镉量测定；

——第7部分：钴量测定；

——第8部分：镍量测定；

——第9部分：硫量测定；

——第10部分：砷量测定；

——第11部分：铋量测定；

——第12部分：银量测定；

——第13部分：锡量测定；

——第14部分：镓量测定；

——第15部分：锗量测定；

——第16部分：硒量测定；

——第17部分：碲量测定；

——第18部分：铼量测定。

本部分为GB/T 14352的第18部分。

本部分代替GB/T 14352.18—1993《钨矿石、钼矿石化学分析方法　硫氰酸盐光度法测定铼量》。

本部分与GB/T 14352.18—1993相比，主要变化如下：

——增加了警示内容；

——修改了试样干燥温度。

本部分的附录A为资料性附录。

本部分由中华人民共和国国土资源部提出。

本部分由全国国土资源标准化技术委员会归口。

本部分负责起草单位：国家地质实验测试中心。

本部分起草单位：江苏省地质调查研究院(国土资源部南京矿产资源监督检测中心)。

本部分主要起草人：蔡玉曼、张培新。

本部分所代替标准的历次版本发布情况为：

——GB/T 14352.18—1993。

钨矿石、钼矿石化学分析方法
第18部分:铼量测定

警示:使用本部分的人员应有正规实验室工作的实践经验。本部分并未指出所有可能的安全问题。使用者有责任采取适当的安全和健康措施,并保证符合国家有关法规规定的条件。

1 范围

GB/T 14352的本部分规定了钨矿石、钼矿石中铼量的测定方法。

本部分适用于钨矿石、钼矿石中铼量的测定。

测定范围:1 μg/g～300 μg/g的铼。

2 规范性引用标准

下列文件中的条款通过GB/T 14352的本部分的引用而成为本部分的条款。凡是注日期的引用文件,其随后所有的修改单(不包括勘误的内容)或修订版均不适用于本部分,然而,鼓励根据本部分达成协议的各方研究是否可使用这些文件的最新版本。凡是不注日期的引用文件,其最新版本适用于本部分。

GB/T 6682　分析实验室用水规格和试验方法

GB/T 14505　岩石和矿石化学分析方法　总则及一般规定

3 原理

试料用氧化镁烧结分解,水浸取液在酒石酸存在下,调节pH为8～9,用氯化四苯胂-三氯甲烷萃取分离高铼酸,将三氯甲烷分出后置于水浴上蒸干,以6 mol/L盐酸溶解高铼酸盐,以二氯化锡还原,硫氰酸盐显色,用乙酸丁酯萃取,有机相在分光光度计上,于波长430 nm处,测量吸光度,计算铼量。

4 试剂

本部分除非另有说明,在分析中均使用分析纯试剂和符合GB/T 6682的分析实验室用水。

4.1 氧化镁。

4.2 酒石酸。

4.3 三氯甲烷。

4.4 乙酸丁酯。

4.5 过氧化氢。

4.6 盐酸(ρ1.19 g/mL)。

4.7 盐酸(1+1)。

4.8 碳酸氢钠溶液(100 g/L)。

4.9 氯化钠溶液(100 g/L)。

4.10 硫氰酸钾溶液(250 g/L)。

4.11 氯化四苯胂盐酸盐溶液(TPAC)(20 g/L)。

4.12 二氯化锡溶液(350 g/L):

称取35 g二氯化锡溶解于50 mL盐酸(4.6)中,加水稀释至100 mL,投入1 g锡粒,置于棕色瓶中。

4.13 氨水(1+1)。

4.14 铼标准溶液:

a) 铼标准储备溶液[ρ(Re)=50.0 μg/mL]:称取10.00 mg金属铼粉(99.999%),置于100 mL烧杯中,加入20 mL氨水(4.13)及5 mL过氧化氢(4.5)溶解,置水浴上蒸干,加入适量水温热溶解,以水移入200 mL容量瓶中,并稀释至刻度,摇匀;

b) 铼标准溶液[ρ(Re)=5.0 μg/mL]:移取20.00 mL铼标准储备溶液[4.14a)],置于200 mL容量瓶中,用水稀释至刻度,摇匀。

4.15 酚酞溶液(1 g/L):

0.1 g酚酞溶解于100 mL乙醇中。

5 仪器

5.1 分析天平:三级,感量0.1 mg。

5.2 分光光度计。

6 试样

6.1 按GB/T 14505的相关要求,加工试样粒径应小于97 μm。

6.2 试样应在105 ℃预干燥2 h,含硫矿物的试样在60 ℃~80 ℃的鼓风干燥烘箱内干燥2 h~4 h,然后置于干燥器中,冷却至室温。

7 分析步骤

7.1 试样

根据试样中铼量按表1称取试料量,精确至0.1 mg。

表1 试料量

铼量/(μg/g)	试料量/g	显色时加入萃取剂体积/mL
1~5	2	6.00
>5~10	1	6.00
>10~30	1	10.00
>30~60	0.5	10.00
>60~100	0.3	10.00
>100~150	0.2	10.00
>150~300	0.1	10.00

7.2 空白试验

随同试料进行双份空白试验,所用试剂应取自同一试剂瓶,加入同等的量。

7.3 验证试验

随同试料分析同矿种、含量相近的标准物质。

7.4 试料分解

7.4.1 将试料(7.1)置于预先盛有2 g氧化镁(4.1)[如称取试料2 g应加入4 g氧化镁(4.1)]的20 mL瓷坩埚中,搅拌均匀,表面覆盖约0.5 g氧化镁(4.1),置于高温炉中,由室温逐渐升温至680 ℃±20 ℃,保持2 h,取出,冷却。

7.4.2 将烧结物倒入已盛有4滴～5滴过氧化氢(4.5)的100 mL烧杯中，以热水洗涤坩埚数次，倒入烧杯中，并用水稀释体积至50 mL左右，盖上表面皿，置小电炉上煮沸10 min，再移置于低温电热板上保温2 h使溶液清澈，取下，冷却。

7.4.3 用中速滤纸以倾泻法并清洗两次，滤液以100 mL烧杯承接，将残渣移入漏斗中，再用水洗5次～6次。

7.4.4 滤液置于电热板上蒸至约10 mL左右，加入1 g酒石酸(4.2)，取下，加入1滴酚酞溶液(4.15)，用氨水(4.13)调至溶液变红，用适量水移入已盛有2 mL碳酸氢钠溶液(4.8)的60 mL分液漏斗中，用水稀释至20 mL，加入1 mL TPAC(4.11)、10 mL三氯甲烷(4.3)，萃取2 min，静置分层，用干滤纸条擦净漏斗颈部可能存在的水珠，小心地将下层三氯甲烷移入干燥的20 mL烧杯中(如有水珠混入三氯甲烷中应倒回原漏斗中重新分离)，于分离后的水相中再加入5 mL三氯甲烷(4.3)萃取2 min，同上方法将第二次萃取后的三氯甲烷移入原20 mL烧杯中，合并两次萃取液，加入0.1 mL氯化钠溶液(4.9)置沸水浴上蒸干，加入6 mL盐酸(4.7)，继续置沸水浴上加热5 min，取下冷却，用10 mL盐酸(4.7)将烧杯内溶液移入25 mL带塞比色管中，摇匀。

注1：萃取液中有水珠倒回原漏斗中重新分离。

注2：不加热易偏低。

7.4.5 向比色管中加入1.5 mL硫氰酸钾溶液(4.10)，摇匀，加入1.5 mL二氯化锡溶液(4.12)，摇匀，放置20 min后，视铼量准确加入6 mL(曲线A)或10 mL(曲线B)乙酸丁酯(4.4)，萃取1.5 min，待分层后，备测。

注：有关说明见附录A。

7.5 校准溶液系列配制

视铼量分取0.00 mL、0.50 mL、1.00 mL、1.50 mL、2.00 mL(曲线A)或0.00 mL、1.00 mL、2.00 mL、3.00 mL、4.00 mL、5.00 mL、6.00 mL(曲线B)铼标准溶液[4.14b)]，分别置于一组25 mL带塞比色管中，补加水至8 mL，加入8 mL盐酸(4.6)，摇匀，流水冷却，以下按分析步骤(7.4.5)进行。

7.6 测定

在分光光度计上，于波长430 nm处，用3 cm(曲线A)或2 cm(曲线B)比色皿，以乙酸丁酯(4.4)作参比，测量校准溶液、试料溶液、空白试验溶液和验证试验溶液的吸光度。

7.7 校准曲线绘制

以铼量为横坐标，吸光度为纵坐标，绘制校准曲线，从校准曲线上查得相应的铼量。

8 结果计算

铼量以质量分数$w(\mathrm{Re})$计，数值以μg/g表示，按式(1)计算：

$$w(\mathrm{Re}) = \frac{m_1 - m_0}{m} \qquad \cdots\cdots(1)$$

式中：

m_1——从校准曲线上查得分取试料溶液的铼量，单位为微克(μg)；

m_0——从校准曲线上查得空白试验溶液的铼量，单位为微克(μg)；

m——试料量，单位为克(g)。

计算结果为×××、××.×、×.××。

9 精密度

方法精密度见表2。

表 2 精密度

单位为微克每克

元　　素	水平范围 m	重复性限 r	再现性限 R
铼	2.28～66.4	$r=0.142\ 2m^{0.725\ 0}$	$R=0.425\ 5+0.134\ 8m$
注：本精密度数据是由 4 个实验室对 3 个水平的试样进行试验确定。			

附　录　A
（资料性附录）
有　关　说　明

A.1　在本实验条件下，试样经氧化镁烧结，大量的 Fe、Mo、W、Nb、V、Ca、Mg、Al、Bi、Mn、Ag、Zn、Ni、Co、Cr、Sn、Cu、Te 经水提取后均不进入溶液或不干扰测定，如水提取液中存在有 0.2 mg V、W、Mo、Nb、Cu、Cr 等经氯化四苯胂-三氯甲烷萃取分离后均不再干扰测定。

A.2　烧结物浸取时，浸出液体积不宜太小，煮沸后体积约有 30 mL 即可，煮沸时间不要少于 5 min，否则铼浸出不完全，导致结果偏低。

A.3　高铼酸经三氯甲烷两次萃取后回收率大于 99%，故标准可不经萃取。

ICS 73.060
D 40

中华人民共和国国家标准

GB/T 14353.1—2010
代替 GB/T 14353.1—1993

铜矿石、铅矿石和锌矿石化学分析方法 第1部分:铜量测定

Methods for chemical analysis of copper ores, lead ores and zinc ores—Part 1:Determination of copper content

2010-11-10 发布

2011-02-01 实施

中华人民共和国国家质量监督检验检疫总局
中国国家标准化管理委员会 发布

前言

GB/T 14353《铜矿石、铅矿石和锌矿石化学分析方法》分为18个部分：

——第1部分：铜量测定；
——第2部分：铅量测定；
——第3部分：锌量测定；
——第4部分：镉量测定；
——第5部分：镍量测定；
——第6部分：钴量测定；
——第7部分：砷量测定；
——第8部分：铋量测定；
——第9部分：钼量测定；
——第10部分：钨量测定；
——第11部分：银量测定；
——第12部分：硫量测定；
——第13部分：镓量、铟量和铊量测定；
——第14部分：锗量测定；
——第15部分：硒量测定；
——第16部分：碲量测定；
——第17部分：铊量测定；
——第18部分：铜量、铅量、锌量、钴量和镍量测定。

本部分为GB/T 14353的第1部分。

本部分代替GB/T 14353.1—1993《铜矿石、铅矿石和锌矿石化学分析方法　铜的测定》。

本部分与GB/T 14353.1—1993相比，主要变化如下：

——增加了警示、警告内容；
——修改了试样干燥温度；
——增加了氯化铵-氨水分离碘量法；
——删除了原标准第一篇　乙二胺底液极谱法，第二篇　氢氧化铵-氯化铵底液极谱法，第四篇　双环己酮草酰二腙光度法。

本部分附录A为资料性附录。

本部分由中华人民共和国国土资源部提出。

本部分由全国国土资源标准化技术委员会归口。

本部分负责起草单位：国家地质实验测试中心。

本部分起草单位：陕西省地质矿产实验研究所。

本部分主要起草人：郭巨权、熊英、郝辉。

本部分所代替标准的历次版本发布情况为：

——GB/T 14353.1—1993。

铜矿石、铅矿石和锌矿石化学分析方法 第1部分：铜量测定

警示：使用本部分的人员应有正规实验室工作的实践经验。本部分并未指出所有可能的安全问题。使用者有责任采取适当的安全和健康措施，并保证符合国家有关法规规定的条件。

1 范围

GB/T 14353的本部分规定了铜矿石、铅矿石和锌矿石中铜量的测定方法。

本部分适用于铜矿石、铅矿石和锌矿石中铜量的测定。

测定范围：火焰原子吸收分光光度法0.001%～5%的铜，氯化铵-氨水分离碘量法0.05%～12.5%的铜。

2 规范性引用文件

下列文件中的条款通过GB/T 14353的本部分的引用而成为本部分的条款，凡是注日期的引用文件，其随后所有的修改单(不包括勘误的内容)或修订版均不适用于本部分，然而，鼓励根据本部分达成协议的各方研究是否可使用这些文件的最新版本。凡是不注日期的引用文件，其最新版本适用于本部分。

GB/T 6682 分析实验室用水规格和试验方法

GB/T 14505 岩石和矿石化学分析方法 总则及一般规定

3 火焰原子吸收分光光度法

3.1 原理

试料经盐酸、硝酸、硫酸分解，在盐酸介质中，使用空气-乙炔火焰，于波长324.7 nm处，用原子吸收分光光度计测量吸光度，计算铜量。

3.2 试剂

本部分除非另有说明，在分析中均使用分析纯试剂和符合GB/T 6682的分析实验室用水。

3.2.1 盐酸(ρ1.19 g/mL)。

3.2.2 硝酸(ρ1.42 g/mL)。

3.2.3 盐酸(1+1)。

3.2.4 硝酸(1+1)。

3.2.5 盐酸(5+95)。

3.2.6 铜标准溶液的配制：

a) 铜标准储备溶液[ρ(Cu)=1.00 mg/mL]：称取0.500 0 g金属铜(>99.99%)，置于250 mL烧杯中，盖上表面皿，沿杯壁加入10 mL硝酸(3.2.4)，微热，待全部溶解后，取下冷却，加水溶解铜盐，用水洗去表面皿，冷却后移入500 mL容量瓶中，用水稀释至刻度，摇匀；

b) 铜标准溶液[ρ(Cu)=100.0 μg/mL]：分取25.00 mL铜标准储备溶液[3.2.6a)]，置于250 mL容量瓶中，用盐酸(3.2.5)稀释至刻度，摇匀；

c) 铜标准溶液[ρ(Cu)=20.0 μg/mL]：分取50.00 mL铜标准溶液[3.2.6b)]，置于250 mL容量瓶中，用盐酸(3.2.5)稀释至刻度，摇匀。

3.3 仪器

3.3.1 原子吸收分光光度计，附铜空心阴极灯。

3.3.2 分析天平:三级,感量 0.1 mg。

3.4 试样

3.4.1 按照 GB/T 14505 的相关规定,加工试样的粒径应小于 97 μm。

3.4.2 试样在 60 ℃～80 ℃烘箱中干燥 2 h～4 h,并置于干燥器中冷却至室温备用。

3.5 分析步骤

3.5.1 试料

根据试样中铜量,按表 1 称取试料量,精确至 0.1 mg。

表 1 试料量

铜量/%	试料量/g	分取试液体积/mL
0.001～0.1	0.5	—
>0.1～0.5	0.5	10.00
>0.5～2	0.2	5.00
>2～5	0.1	5.00

3.5.2 空白试验

随同试料进行双份空白试验,所用试剂应取自同一试剂瓶,加入同等的量。

3.5.3 验证试验

随同试料分析同矿种、含量相近的标准物质。

3.5.4 试料分解

3.5.4.1 将试料(3.5.1)置于 100 mL 烧杯中,加入适量水润湿,加入 15 mL 盐酸(3.2.1),盖上表面皿,置电热板上加热 15 mim～20 min,加入 5 mL 硝酸(3.2.2),继续加热至试料分解完全(如有黑色残渣应加入数滴氢氟酸或少量氟化铵助溶),用少量水洗去表面皿,蒸发至干。

3.5.4.2 趁热加入 5 mL 盐酸(3.2.3)溶解残渣,用水冲洗杯壁,继续加热至溶液清澈,冷却,移入 50 mL 容量瓶中,用水稀释至刻度,摇匀。

3.5.4.3 根据试料中铜量,按表 1 分取试液,置于 50 mL 容量瓶中,用盐酸(3.2.5)稀释至刻度,摇匀。

3.5.5 校准溶液系列配制

分取 0.00 mL、1.00 mL、2.00 mL、3.00 mL、4.00 mL、5.00 mL、6.00 mL 铜标准溶液[3.2.6b)]或 0.00 mL、0.50 mL、1.00 mL、2.00 mL、3.00 mL、4.00 mL、5.00 mL 铜标准溶液[3.2.6c)](视试样中铜量而定),分别置于一组 50 mL 容量瓶中,加入 5 mL 盐酸(3.2.3),用水稀释至刻度,摇匀。

3.5.6 测定

警告:应按照原子吸收分光光度计的使用规定点燃或熄灭空气-乙炔火焰,以避免可能引起的爆炸危险。

用原子吸收分光光度计,参照仪器工作条件(参见附录 A),调整仪器参数至最佳状态。分别测量校准系列溶液和试料溶液的吸光度值,同时进行空白试验溶液和验证试验溶液的测定。

3.5.7 校准曲线绘制

以铜量为横坐标,吸光度为纵坐标,绘制校准曲线,从校准曲线上得到相应的铜量。

3.6 结果计算

铜量以质量分数 $w(\mathrm{Cu})$ 计,数值以%表示,按式(1)计算:

$$w(\mathrm{Cu})=\frac{(m_1-m_0)V\times 10^{-6}}{mV_1}\times 100 \quad \cdots\cdots(1)$$

式中:

m_1——从校准曲线上得到分取试料溶液中的铜量,单位为微克(μg);

m_0——从校准曲线上得到空白试验溶液中的铜量,单位为微克(μg);

V——试料溶液总体积，单位为毫升(mL)；

m——试料量，单位为克(g)；

V_1——分取试料溶液体积，单位为毫升(mL)。

计算结果表示为：0.00×、0.××、×.××。

3.7 精密度

火焰原子吸收分光光度法测定铜量的精密度见表2。

表2 火焰原子吸收分光光度法测定铜量的精密度 %

元　素	水平范围 m	重复性限 r	再现性限 R
Cu	0.005～1.73	r=0.000 8+0.056 5m	R=0.003 0+0.118 9m
注：精密度由4个实验室对4个水平的试样进行试验确定。			

4 氯化铵-氨水分离碘量法

4.1 原理

试料经盐酸、硝酸分解，在大量氯化铵的存在下，用氨水小体积沉淀分离铁、锰等元素。用冰乙酸制备成pH3.5～pH4的溶液，加入碘化钾与二价铜作用，析出的碘用淀粉作指示剂，用硫代硫酸钠标准溶液滴定铜量。

4.2 反应式

$$2Cu^{2+}+4I^{-}=2CuI+I_2$$

$$I_2+2S_2O_3^{2-}=2I^{-}+S_4O_6^{2-}$$

4.3 试剂

本部分除非另有说明，在分析中均使用分析纯试剂和符合GB/T 6682的分析实验室用水。

4.3.1 氯化铵。

4.3.2 盐酸(ρ1.19 g/mL)。

4.3.3 硝酸(ρ1.42 g/mL)。

4.3.4 氨水(ρ0.90 g/mL)。

4.3.5 冰乙酸(ρ1.05 g/mL)。

4.3.6 氨水-氯化铵溶液：

取2 mL氨水(4.3.4)和2 g氯化铵(4.3.1)用水溶解，稀释至100 mL。

4.3.7 碘化钾溶液(500 g/L)，用棕色瓶储存。

4.3.8 硫氰酸钾溶液(200 g/L)。

4.3.9 铜标准溶液[ρ(Cu)=1.00 mg/mL]：

称取0.500 0 g金属铜(>99.99%)，置于250 mL烧杯中，盖上表面皿，沿杯壁加入10 mL硝酸(1+1)，微热，待全部溶解后，取下冷却，加水溶解铜盐，用水洗去表面皿，冷却后移入500 mL容量瓶中，用水稀释至刻度，摇匀。

4.3.10 硫代硫酸钠标准溶液[$\rho(Na_2S_2O_3 \cdot 5H_2O)$=2.5 g/L]的配制与标定：

a) 配制：称取2.5 g硫代硫酸钠($Na_2S_2O_3 \cdot 5H_2O$)于1 000 mL刚煮沸并冷却的水中，加入0.1 g碳酸钠，摇匀，存储于棕色瓶中；

b) 标定：分取10.00 mL铜标准溶液(4.3.9)于125 mL三角瓶中，滴加氨水(4.3.4)至蓝色刚出现，加入4 mL冰乙酸(4.3.5)，摇匀。再加入2 mL碘化钾溶液(4.3.7)，用硫代硫酸钠标准溶液(4.3.10)滴定至淡黄色，加入1 mL淀粉溶液(4.3.11)及2 mL硫氰酸钾溶液(4.3.8)，继续滴定至蓝色消失即为终点，同时标定三份。由式(2)计算硫代硫酸钠标准溶液对铜的滴定度T。

$$T=\frac{\rho_B V_B}{V-V_0} \qquad \cdots\cdots\cdots\cdots\cdots\cdots(2)$$

式中：

T——硫代硫酸钠标准溶液对铜的滴定度，单位为毫克每毫升(mg/mL)；

ρ_B——铜标准溶液的浓度，单位为毫克每毫升(mg/mL)；

V_B——分取铜标准溶液的体积，单位为毫升(mL)；

V——滴定铜标准溶液所消耗的硫代硫酸钠标准溶液的平均体积，单位为毫升(mL)；

V_0——滴定空白试验溶液时所消耗的硫代硫酸钠标准溶液的体积，单位为毫升(mL)。

计算结果表示到小数点后三位。

4.3.11　淀粉溶液(10 g/L)。

4.4　仪器和设备

4.4.1　棕色酸式滴定管，容量50.00 mL。

4.4.2　分析天平：三级，感量0.1 mg。

4.5　试样

4.5.1　按照GB/T 14505的相关规定，加工试样的粒径应小于97 μm。

4.5.2　试样在60 ℃～80 ℃烘箱中干燥2 h～4 h，并置于干燥器中冷却至室温备用。

4.6　分析步骤

4.6.1　试料

根据试样中铜量，称取0.2 g～1 g试料，精确至0.1 mg。

4.6.2　空白试验

随同试料进行双份空白试验，所用试剂应取自同一试剂瓶，加入同等的量。

4.6.3　验证试验

随同试料分析同矿种、含量相近的标准物质。

4.6.4　试料分解

4.6.4.1　将试料(4.6.1)置于125 mL烧杯中，用适量水润湿，加入8 mL～12 mL盐酸(4.3.2)，在电热板上加热15 min～20 min，加入3 mL硝酸(4.3.3)，继续加热至样品完全分解，浓缩至2 mL～3 mL。取下冷却，加入5 g氯化铵(4.3.1)，用玻璃棒搅拌成砂粒状，加入10 mL氨水(4.3.4)，搅拌均匀。

注1：试料含硫高时，采用逆王水溶矿，待剧烈反应停止后，再加热分解，或在加入3 mL硝酸后，加入0.2 g氯酸钾，以避免单质硫的析出。

注2：当试料含锰高时，加入10 mL饱和溴水，使锰形成四价水合锰沉淀，分离除去。

注3：当试料含砷高时，加入氯化镁使砷生成砷酸铵镁沉淀与铜分离。否则，干扰铜的测定。

注4：若样品未分解完全，再补加5 mL盐酸(4.3.2)和3 mL硝酸(4.3.3)。

4.6.4.2　用快速定性滤纸过滤，滤液用250 mL三角瓶承接，用氨水-氯化铵溶液(4.3.6)洗涤烧杯和沉淀10次～12次。将三角瓶移至电热板上蒸发至30 mL～40 mL。取下，加入7 mL冰乙酸(4.3.5)，用少量水冲洗瓶壁，摇匀，冷却。

4.6.5　测定

在上述处理好的试液中(4.6.4.2)加入2 mL碘化钾溶液(4.3.7)，用硫代硫酸钠标准溶液(4.3.10)滴定至淡黄色，加入1 mL淀粉溶液(4.3.11)，2 mL碘化钾溶液(4.3.7)，继续滴定至蓝色消失即为终点，同时滴定空白试验溶液。

4.7　结果计算

铜量以质量分数$w(Cu)$计，数值以%表示，按式(3)计算：

$$w(\mathrm{Cu})=\frac{(V_1-V_0)T\times 10^{-3}}{m}\times 100 \qquad \cdots\cdots\cdots\cdots\cdots\cdots(3)$$

式中：

V_1——滴定试料溶液消耗硫代硫酸钠标准溶液的体积，单位为毫升(mL)；

V_0——滴定空白溶液(4.6.2)消耗硫代硫酸钠标准溶液的体积，单位为毫升(mL)；

T——硫代硫酸钠标准溶液对铜的滴定度，单位为毫克每毫升(mg/mL)；

m——试料量，单位为克(g)。

计算结果表示到小数点后两位。

4.8 精密度

碘量法测定铜量的精密度见表3。

表3 碘量法测定铜量的精密度

%

元　素	水平范围 m	重复性限 r	再现性限 R
Cu	0.08～12.7	$r=0.005\ 4m^{1.840\ 2}$	$R=0.009\ 8m^{1.918\ 7}$
注：精密度由7个实验室对6个水平的试样进行试验确定。			

附 录 A
（资料性附录）
仪器参考工作条件

A.1 原子吸收分光光度计参考工作条件

参考工作条件见表 A.1。

表 A.1 原子吸收分光光度计参考工作条件

波长/nm	灯电流/mA	单色器通带/nm	燃烧器高度/mm	空气压力/MPa	乙炔压力/MPa
324.7	7.5	1.3	7.5	0.16	0.03

ICS 73.060
D 40

中华人民共和国国家标准

GB/T 14353.2—2010
代替 GB/T 14353.2—1993

铜矿石、铅矿石和锌矿石化学分析方法 第2部分：铅量测定

Methods for chemical analysis of copper ores, lead ores and zinc ores—Part 2: Determination of lead content

2010-11-10 发布

2011-02-01 实施

中华人民共和国国家质量监督检验检疫总局
中国国家标准化管理委员会 发布

前　言

GB/T 14353《铜矿石、铅矿石和锌矿石化学分析方法》分为18个部分：

——第1部分：铜量测定；

——第2部分：铅量测定；

——第3部分：锌量测定；

——第4部分：镉量测定；

——第5部分：镍量测定；

——第6部分：钴量测定；

——第7部分：砷量测定；

——第8部分：铋量测定；

——第9部分：钼量测定；

——第10部分：钨量测定；

——第11部分：银量测定；

——第12部分：硫量测定；

——第13部分：镓量、铟量和铊量测定；

——第14部分：锗量测定；

——第15部分：硒量测定；

——第16部分：碲量测定；

——第17部分：铊量测定；

——第18部分：铜量、铅量、锌量、钴量和镍量测定。

本部分为GB/T 14353的第2部分。

本部分代替GB/T 14353.2—1993《铜矿石、铅矿石和锌矿石化学分析方法　铅的测定》。

本部分与GB/T 14353.2—1993相比，主要变化如下：

——增加了警示、警告内容；

——修改了试样干燥温度；

——增加了EDTA容量法；

——删除了原标准第一篇　盐酸-氯化钠底液极谱法和第二篇　钡铬酸铅容量法。

本部分附录A为资料性附录。

本部分由中华人民共和国国土资源部提出。

本部分由全国国土资源标准化技术委员会归口。

本部分负责起草单位：国家地质实验测试中心。

本部分起草单位：陕西省地质矿产实验研究所。

本部分主要起草人：郭巨权、熊英、郝辉。

本部分所代替标准的历次版本发布情况为：

——GB/T 14353.2—1993。

铜矿石、铅矿石和锌矿石化学分析方法 第2部分：铅量测定

警示：使用本部分的人员应有正规实验室工作的实践经验。本部分并未指出所有可能的安全问题。使用者有责任采取适当的安全和健康措施，并保证符合国家有关法规规定的条件。

1 范围

GB/T 14353 的本部分规定了铜矿石、铅矿石、锌矿石中铅量的测定方法。

本部分适用于铜矿石、铅矿石、锌矿石中铅量的测定。

测定范围：火焰原子吸收分光光度法 0.001%～5%的铅，EDTA 容量法 0.50%～20%的铅。

2 规范性引用文件

下列文件中的条款通过 GB/T 14353 的本部分的引用而成为本部分的条款，凡是注日期的引用文件，其随后所有的修改单(不包括勘误的内容)或修订版均不适用于本部分，然而，鼓励根据本部分达成协议的各方研究是否可使用这些文件的最新版本。凡是不注日期的引用文件，其最新版本适用于本部分。

GB/T 6682　分析实验室用水规格和试验方法

GB/T 14505　岩石和矿石化学分析方法　总则及一般规定

3 火焰原子吸收分光光度法

3.1 原理

试料经王水(或氢氟酸、王水、高氯酸)分解，在硝酸(5＋95)介质中(或硝酸-硼酸介质)，使用空气-乙炔火焰，于波长 283.3 nm 处，用原子吸收分光光度计测量吸光度，计算铅量。

3.2 试剂

本部分除非另有说明，在分析中均使用分析纯试剂和符合 GB/T 6682 的分析实验室用水。

3.2.1 盐酸(ρ1.19 g/mL)。

3.2.2 硝酸(ρ1.42 g/mL)。

3.2.3 氢氟酸(ρ1.13 g/mL)**警告：氢氟酸有毒、有腐蚀性，操作时应戴手套，防止与皮肤接触！**

3.2.4 王水(盐酸＋硝酸＝3＋1)新鲜配制。

3.2.5 高氯酸(ρ1.67 g/mL)**警告：易爆品，小心操作！**

3.2.6 硝酸(1＋1)。

3.2.7 硝酸(5＋95)。

3.2.8 硼酸溶液(60 g/L)。

3.2.9 铅标准溶液配制：

a) 铅标准储备溶液[ρ(Pb)＝1.00 mg/mL]：称取 1.000 0 g 金属铅(≥99.99%)，置于 250 mL 烧杯中，盖上表面皿，沿烧杯壁加入 10 mL 硝酸(3.2.6)加热溶解后，用少量水洗去表面皿，移至 1 000 mL 容量瓶中，用水稀释至刻度，摇匀；

b) 铅标准溶液[ρ(Pb)＝20.0 μg/mL]：分取 20.00 mL 铅标准储备溶液[3.2.9a)]，置于1 000 mL容量瓶中，用水稀释至刻度，摇匀。

3.3 仪器

3.3.1 原子吸收分光光度计，配铅元素空心阴极灯。

3.3.2 分析天平:三级,感量0.1 mg。

3.4 试样

3.4.1 按照GB/T 14505的相关规定,加工试样的粒径应小于97 μm。

3.4.2 试样在60 ℃～80 ℃烘箱中干燥2 h～4 h,并置于干燥器中冷却至室温备用。

3.5 分析步骤

3.5.1 试料

根据试样中铅量,按表1称取试料,精确至0.1 mg。

表1 试料量

铅量/%	试料量/g	分取试液体积/mL
0.01～0.1	0.5	—
>0.1～0.25	0.2	—
>0.25～0.5	0.1	—
>0.5～2.5	0.1	10.00
>2.5～5	0.1	5.00

3.5.2 空白试验

随同试料进行双份空白试验,所用试剂应取自同一试剂瓶,加入同等的量。

3.5.3 验证试验

随同试料分析同矿种、含量相近的标准物质。

3.5.4 试料分解

3.5.4.1 一般试料分解:

将试料(3.5.1)置于100 mL烧杯中,用水润湿,加入20 mL盐酸(3.2.1),盖上表面皿,于电热板上加热溶解20 min,加入5 mL硝酸(3.2.2),继续加热溶解,待试料溶解后,用少量水洗去表面皿,蒸发至干,加入5 mL硝酸(3.2.6),少许水,盖上表面皿,加热溶解盐类,取下,用少量水洗去表面皿,冷却至室温,用水移入50 mL容量瓶中,并稀释至刻度,摇匀,澄清。

3.5.4.2 含硅高试料分解:

将试料(3.5.1)置于聚四氟乙烯烧杯中,加入10 mL氢氟酸(3.2.3),加盖,放置过夜,移去盖子,加入10 mL王水(3.2.4),0.5 mL高氯酸(3.2.5),加盖,在低温电热板上微沸30 min,用少量水洗去盖子,继续在电热板上加热至高氯酸白烟冒尽,取下冷却,加入5 mL硝酸(3.2.6),5 mL硼酸溶液(3.2.8),温热溶解盐类,取下,冷至室温后,用水移入50 mL容量瓶中,并稀释至刻度,摇匀,澄清。

3.5.4.3 定容

根据试料中铅量,按表1分取试液,置入50 mL容量瓶中,用硝酸(3.2.7)稀释至刻度,摇匀。

3.5.5 校准溶液系列配制

取0.00 mL、2.50 mL、5.00 mL、10.00 mL、15.00 mL、20.00 mL、25.00 mL铅标准溶液[3.2.9b)],分别置于一组50 mL容量瓶中,加入5 mL硝酸(3.2.6)用水稀释至刻度,摇匀。

注:若用氢氟酸、王水、高氯酸溶矿,补加5 mL硼酸溶液(3.2.8)。

3.5.6 测定

警告:应按照原子吸收分光光度计的使用规定点燃或熄灭空气-乙炔火焰,以避免可能引起的爆炸危险。

用原子吸收分光光度计,参照仪器工作条件,调整仪器参数至最佳状态。分别测量校准系列溶液和试料溶液的吸光度值,同时进行空白试验溶液和验证试验溶液的测定(参见附录A)。

3.5.7 校准曲线绘制

以铅量为横坐标,吸光度为纵坐标,绘制校准曲线,从校准曲线上得到相应的铅量。

3.6 结果计算

铅量以质量分数 $w(Pb)$ 计，数值以%表示，按式(1)计算：

$$w(Pb)=\frac{(m_1-m_0)\times 10^{-6}}{m}\times 100 \quad\cdots\cdots(1)$$

式中：

m_1——从校准曲线上得到试料溶液中的铅量，单位为微克(μg)；

m_0——从校准曲线上得到空白试验溶液中的铅量，单位为微克(μg)；

m——试料量，单位为克(g)。

计算结果表示为：0.00×、0.××、×.××。

3.7 精密度

火焰原子吸收分光光度法测定铅的精密度见表 2。

表 2 火焰原子吸收分光光度法测定铅的精密度

%

元　素	水平范围 m	重复性限 r	再现性限 R
Pb	0.009～3.99	$r=0.0633m^{0.8499}$	$R=0.0232+0.1657m$
注：精密度数据由 4 家实验室对 4 个水平的试样进行试验确定。			

4 EDTA 容量法

4.1 原理

试料用盐酸、硝酸分解，在硫酸存在下，使铅生成硫酸铅沉淀，与其他元素分离，用乙酸-乙酸钠缓冲液(pH5.4～pH5.9)溶解硫酸铅，以二甲酚橙为指示剂，用 EDTA 标准溶液滴定。

4.2 试剂

本部分除非另有说明，在分析中均使用分析纯试剂和符合 GB/T 6682 的分析实验室用水。

4.2.1 盐酸(ρ1.19 g/mL)。

4.2.2 硝酸(ρ1.42 g/mL)。

4.2.3 无水乙醇。

4.2.4 抗坏血酸。

4.2.5 硫酸(1+1)，**警告：不当的稀释易发生危险！**

4.2.6 硫酸(1+9)。

4.2.7 乙酸-乙酸钠缓冲液(pH5.4～pH5.9)：

称取 200 g 乙酸钠溶于水后，加 9 mL 冰乙酸，加水稀释至 1 000 mL。

4.2.8 铅标准溶液[ρ(Pb)=1.00 mg/mL]：

称取 1.000 0 g 金属铅(≥99.99%)，置于 250 mL 烧杯中，盖上表面皿，沿烧杯壁加入 10 mL 硝酸(1+1)加热溶解后，用少量水洗去表面皿，移入 1 000 mL 容量瓶中，用水稀释至刻度，摇匀。

4.2.9 EDTA 标准溶液[c(EDTA)=0.01 mol/L]的配制和标定：

a) EDTA 标准溶液配制：称取 3.72 g 乙二胺四乙酸二钠盐溶于 1 000 mL 水中。
b) EDTA 标准溶液标定：分取 20 mL 铅标准溶液(4.2.8)三份，分别置于 250 mL 烧杯中，加入 50 mL 乙酸-乙酸钠缓冲液(4.2.7)，搅拌，加入 0.1 g 抗坏血酸(4.2.4)，加水稀释至 100 mL，搅拌后，加入 3 滴～5 滴二甲酚橙溶液(4.2.10)，用 EDTA 标准溶液(4.2.9)滴定至由红色变为亮黄色为终点。取三份溶液数据的算术平均值。并同时进行空白试验。

按式(2)计算 EDTA 标准溶液对铅的滴定度。

$$T=\frac{\rho_B V_B}{V-V_0} \quad\cdots\cdots(2)$$

式中：

T——EDTA标准溶液相对于铅的滴定度，单位为毫克每毫升(mg/mL)；

ρ_B——铅标准溶液的浓度，单位为毫克每毫升(mg/mL)；

V_B——分取铅标准溶液的体积，单位为毫升(mL)；

V——滴定铅标准溶液所消耗的EDTA标准溶液的平均体积，单位为毫升(mL)；

V_0——滴定空白试验溶液消耗的EDTA标准溶液的体积，单位为毫升(mL)。

计算结果表示到小数点后三位。

4.2.10 二甲酚橙溶液(2 g/L)。

4.3 仪器

分析天平：三级，感量0.1 mg。

4.4 试样

4.4.1 按照GB/T 14505的相关规定，加工试样的粒径应小于97 μm。

4.4.2 试样在60 ℃～80 ℃烘箱中干燥2 h～4 h，并置于干燥器中冷却至室温备用。

4.5 分析步骤

4.5.1 试料

根据试样中铅量，称取0.2 g～0.5 g试料，精确至0.1 mg。

4.5.2 空白试验

随同试料进行双份空白试验，所用试剂应取自同一试剂瓶，加入同等的量。

4.5.3 验证试验

随同试料分析同矿种、含量相近的标准物质。

4.5.4 试样分解

4.5.4.1 将试料(4.5.1)置于250 mL烧杯中，用水润湿，加入15 mL盐酸(4.2.1)，盖上表面皿，于电热板上加热溶解20 min，加入5 mL硝酸(4.2.2)，继续加热溶解，待试料溶解后，用少量水洗去表面皿，蒸发至5 mL，取下冷却。

4.5.4.2 于烧杯中加入20 mL硫酸(4.2.5)加热至冒浓烟，取下冷却。用水冲洗烧杯壁，再加热蒸发至冒浓烟，取下冷却。加入50 mL水加热煮沸2 min，放置2 h或放置过夜。

注：低于1%的铅量沉淀不完全，在沉淀时加入10 mL乙醇(4.2.3)，以降低硫酸铅的溶解度，加速沉淀，并放置过夜。

4.5.4.3 用脱脂棉过滤(亦可用定性滤纸过滤)，用硫酸(4.2.6)洗涤烧杯和沉淀各5次，将沉淀连同滤饼放回原烧杯中，加入50 mL乙酸-乙酸钠缓冲液(4.2.7)搅拌加热至沸并保持5 min使硫酸铅沉淀完全溶解，取下冷却。

4.5.5 测定

在试液(4.5.4.3)中加入0.1 g抗坏血酸(4.2.4)[防止少量铁(Ⅲ)离子封闭指示剂]，加水稀释至100 mL，搅匀后，加入3滴～5滴二甲酚橙溶液(4.2.10)，用EDTA标准溶液(4.2.9)滴至由红色变为亮黄色为终点。

4.6 结果计算

铅量以质量分数$w(\mathrm{Pb})$计，数值以%表示，按式(3)计算：

$$w(\mathrm{Pb})=\frac{(V_1-V_0)T\times10^{-3}}{m}\times100 \qquad \cdots\cdots(3)$$

式中：

V_1——滴定试料溶液所消耗EDTA标准溶液的体积，单位为毫升(mL)；

V_0——滴定空白试验(4.5.2)溶液所消耗EDTA标准溶液的体积，单位为毫升(mL)；

T——EDTA 标准溶液相对于铅的滴定度，单位为毫克每毫升(mg/mL)；

m——试料量，单位为克(g)。

计算结果表示到小数点后两位。

4.7 精密度

EDTA 溶量法测定铅量的精密度见表 3。

表 3 EDTA 容量法测定铅量的精密度

%

元　素	水平范围 m	重复性限 r	再现性限 R
Pb	0.48～22.82	r=0.041 5+0.017m	R=0.008 5+0.073 4m
注：精密度数据由 7 个实验室对 5 个水平的试样进行试验确定。			

附 录 A
（资料性附录）
仪器参考工作条件及有关说明

A.1 原子吸收分光光度计参考工作条件

原子吸收分光光度计参考工作条件见表 A.1。

表 A.1 原子吸收分光光度计参考工作条件

波长/nm	灯电流/mA	单色器通带/nm	燃烧器高度/mm	空气压力/MPa	乙炔压力/MPa
283.3	7.5	1.3	7.5	0.16	0.03

A.2 本部分的有关说明

A.2.1 在本实验条件下，分别共存下列含量的元素（离子），不影响原子吸收分光光度计对铅的测定：Zn(4 000 μg/mL)；Na、K、Mg、Ca、Sr、Ba、Al、Mo、W、Fe 各(2 000 μg/mL)；Mn、Co、Ni、Cu、Si 各(1 000 μg/mL)；Sb、Bi、Ti、Cr、Cd 各(500 μg/mL)；Ag(400 μg/mL)；As、Hg 各(200 μg/mL)；Se、Te 各(60 μg/mL)；Li、Be、Zr、V 各(50 μg/mL)；Au(40 μg/mL)；Pt、Pd 各(20 μg/mL)。

A.2.2 含铁量高、铅量不高的试样，也可改用在 5%的盐酸介质中进行测定。

ICS 73.060
D 40

中华人民共和国国家标准

GB/T 14353.3—2010
代替 GB/T 14353.3—1993

铜矿石、铅矿石和锌矿石化学分析方法 第3部分：锌量测定

Methods for chemical analysis of copper ores, lead ores and zinc ores—Part 3: Determination of zinc content

2010-11-10 发布　　2011-02-01 实施

中华人民共和国国家质量监督检验检疫总局
中国国家标准化管理委员会　发布

前　言

GB/T 14353《铜矿石、铅矿石和锌矿石化学分析方法》分为18个部分：

——第1部分：铜量测定；

——第2部分：铅量测定；

——第3部分：锌量测定；

——第4部分：镉量测定；

——第5部分：镍量测定；

——第6部分：钴量测定；

——第7部分：砷量测定；

——第8部分：铋量测定；

——第9部分：钼量测定；

——第10部分：钨量测定；

——第11部分：银量测定；

——第12部分：硫量测定；

——第13部分：镓量、铟量和铊量测定；

——第14部分：锗量测定；

——第15部分：硒量测定；

——第16部分：碲量测定；

——第17部分：铊量测定；

——第18部分：铜量、铅量、锌量、钴量和镍量测定。

本部分为GB/T 14353的第3部分。

本部分代替GB/T 14353.3—1993《铜矿石、铅矿石和锌矿石化学分析方法　锌的测定》。

本部分与GB/T 14353.3—1993相比，主要变化如下：

——增加了警示、警告内容；

——修改了试样干燥温度；

——增加了EDTA容量法；

——删除了原标准第一篇　碘量法和第三篇　氢氧化铵-氯化铵底液极谱法。

本部分附录A为资料性附录。

本部分由中华人民共和国国土资源部提出。

本部分由全国国土资源标准化技术委员会归口。

本部分负责起草单位：国家地质实验测试中心。

本部分起草单位：陕西省地质矿产实验研究所。

本部分主要起草人：熊英、郭巨权、郝辉。

本部分所代替标准的历次版本发布情况为：

——GB/T 14353.3—1993。

铜矿石、铅矿石和锌矿石化学分析方法 第3部分:锌量测定

警示:使用本部分的人员应有正规实验室工作的实践经验。本部分并未指出所有可能的安全问题。使用者有责任采取适当的安全和健康措施,并保证符合国家有关法规规定的条件。

1 范围

GB/T 14353 的本部分规定了铜矿石、铅矿石和锌矿石中锌量的测定方法。

本部分适用于铜矿石、铅矿石和锌矿石中锌量的测定。

测定范围:火焰原子吸收分光光度法 0.01%~5%的锌,EDTA 容量法 0.5%~20%的锌。

2 规范性引用文件

下列文件中的条款通过 GB/T 14353 的本部分的引用而成为本部分的条款,凡是注日期的引用文件,其随后所有的修改单(不包括勘误的内容)或修订版均不适用于本部分,然而,鼓励根据本部分达成协议的各方研究是否可使用这些文件的最新版本。凡是不注日期的引用文件,其最新版本适用于本部分。

GB/T 6682 分析实验室用水规格和试验方法

GB/T 14505 岩石和矿石化学分析方法 总则及一般规定

3 火焰原子吸收分光光度法

3.1 原理

试料经王水(或氢氟酸、王水、高氯酸)分解后,在盐酸(5+95)介质中(或盐酸-硼酸介质),使用空气-乙炔火焰。于波长 213.8 nm 处,用原子吸收分光光度计测量锌的吸光度,计算锌量。

3.2 试剂

本部分除非另有说明,在分析中均使用分析纯试剂和符合 GB/T 6682 的分析实验室用水。

3.2.1 盐酸(ρ1.19 g/mL)。

3.2.2 硝酸(ρ1.42 g/mL)。

3.2.3 氢氟酸(ρ1.13 g/mL)**警告:氢氟酸有毒、具有强腐蚀性,操作时应戴手套,防止与皮肤接触!**

3.2.4 高氯酸(ρ1.67 g/mL)**警告:易爆品,小心操作!**

3.2.5 王水(盐酸+硝酸=3+1)新鲜配制。

3.2.6 盐酸(1+1)。

3.2.7 盐酸(5+95)。

3.2.8 硼酸溶液(60 g/L)。

3.2.9 锌标准溶液配制:

a) 锌标准储备溶液[ρ(Zn)=1.00 mg/mL]:称取 1.000 0 g 金属锌(≥99.99%),置于 250 mL 烧杯中,盖上表面皿,沿烧杯壁加入 10 mL 盐酸(3.2.6),放置自溶(如酸不够可补加),溶解完全后,用水洗去表面皿,移入 1 000 mL 容量瓶中,用水稀释至刻度,摇匀;

b) 锌标准溶液[ρ(Zn)=20.0 μg/mL]:分取 20.00 mL 锌标准贮备溶液[3.2.9a)],置于 1 000 mL 容量瓶中,用水稀释至刻度,摇匀。

3.3 仪器

3.3.1 原子吸收分光光度计(带塞曼效应或连续光谱灯背景校正器),配锌元素空心阴极灯。

3.3.2 分析天平：三级，感量 0.1 mg。

3.4 试样

3.4.1 按照 GB/T 14505 的相关规定，加工试样的粒径应小于 97 μm。

3.4.2 试样在 60 ℃～80 ℃烘箱中干燥 2 h～4 h，并置于干燥器中冷却至室温备用。

3.5 分析步骤

3.5.1 试料

根据试样中锌量，按表 1 称取试料量，精确至 0.1 mg。

表 1 试料量

锌量/%	试料量/g	分取试液体积/mL
0.01～0.1	0.5	—
>0.1～0.25	0.2	—
>0.25～0.5	0.1	—
>0.5～2.5	0.1	10.00
>2.5～5	0.1	5.00

3.5.2 空白试验

随同试料进行双份空白试验，所用试剂应取自同一试剂瓶，加入同等的量。

3.5.3 验证试验

随同试料分析同矿种、含量相近的标准物质。

3.5.4 试料分解

3.5.4.1 一般试料

将试料(3.5.1)置于 100 mL 烧杯中，用水润湿，加入 20 mL 盐酸(3.2.1)，盖上表面皿，于电热板上加热溶解 20 min，再加入 5 mL 硝酸(3.2.2)，继续加热溶解，待试料溶解完全后，用适量水洗去表面皿，蒸发至干，加入 5 mL 盐酸(3.2.6)，少量水，加盖表面皿，加热溶解盐类，取下，用适量水洗去表面皿，冷却至室温，用水移入 50 mL 容量瓶中，并稀释至刻度，摇匀，澄清。

3.5.4.2 含硅高试料

将试料(3.5.1)置于聚四氟乙烯烧杯中，加入 10 mL 氢氟酸(3.2.3)，加盖，放置过夜，移去盖子，加入 10 mL 王水(3.2.5)，0.5 mL 高氯酸(3.2.4)，加盖，在低温电热板上微沸 30 min，用少量水洗去盖子，继续在电热板上加热至高氯酸白烟冒尽，取下冷却，加入 5 mL 盐酸(3.2.6)，5 mL 硼酸溶液(3.2.8)，温热溶解盐类，取下，冷至室温后，用水移入 50 mL 容量瓶中，并稀释至刻度，摇匀，澄清。

注：试料溶液如果用玻璃器皿存放，宜在 2 h～4 h 内完成测定，或者将试液转移到塑料瓶中保存，否则会使结果偏高。

3.5.5 校准溶液系列配制

分取 0.00 mL、1.00 mL、2.00 mL、4.00 mL、6.00 mL、8.00 mL、10.00 mL 锌标准溶液[3.2.9b)]，分别置于一组 50 mL 容量瓶中，加入 5 mL 盐酸(3.2.6)，用水稀释至刻度，摇匀。

注：若用氢氟酸、王水、高氯酸溶矿，补加 5 mL 硼酸(3.2.8)。

3.5.6 测定

警告：应按照原子吸收分光光度计的使用规定点燃或熄灭空气-乙炔火焰，以避免可能引起的爆炸危险。

根据试样中锌量，按表 1 分取试液(3.5.4.1 或 3.5.4.2)，置于 50 mL 容量瓶中，用盐酸(3.2.7)稀释至刻度，摇匀。用原子吸收分光光度计，参照仪器工作条件，调整仪器参数至最佳状态。分别测量校准系列溶液和试料溶液的吸光度值，同时进行空白试验溶液和验证试验溶液的测定(参见附录)。

3.5.7 校准曲线绘制

以锌量为横坐标,吸光度为纵坐标,绘制锌的校准曲线,从校准曲线上得到相应的锌量。

3.6 结果计算

锌量以质量分数 $w(Zn)$ 计,数值以%表示,按式(1)计算:

$$w(Zn)=\frac{(m_1-m_0)\times 10^{-6}}{m}\times 100 \quad \cdots\cdots(1)$$

式中:

m_1——从校准曲线上得到试料溶液中的锌量,单位为微克(μg);

m_0——从校准曲线上得到空白试验溶液中的锌量,单位为微克(μg);

m——试料量,单位为克(g)。

计算结果表示为:0.00×、0.××、×.××。

3.7 精密度

原子吸收分光光度法测定锌量的精密度见表 2。

表 2 原子吸收分光光度法测定锌量的精密度

%

元素	水平范围 m	重复性限 r	再现性限 R
Zn	0.011~6.32	$r=0.0015+0.0537m$	$R=0.1132m^{0.6433}$
注:精密度数据由 4 个实验室对 4 个水平的试样进行试验确定。			

4 EDTA 容量法

4.1 原理

试料用酸分解,在有氧化剂存在下的氨性缓冲溶液中分离铁、锰等干扰元素。在 pH5~pH6 的乙酸-乙酸钠缓冲溶液中,用二甲酚橙作指示剂,用 EDTA 标准溶液滴定锌和镉的合量,因铜铅锌矿石中,镉量较低,可忽略不计。

4.2 试剂

本部分除非另有说明,在分析中均使用分析纯试剂和符合 GB/T 6682 的分析实验室用水。

4.2.1 氯酸钾。

4.2.2 硫酸铵。

4.2.3 硫氰酸钾。

4.2.4 硫代硫酸钠($Na_2S_2O_3 \cdot 5H_2O$)。

4.2.5 盐酸(ρ1.19 g/mL)。

4.2.6 硝酸(ρ1.42 g/mL)。

4.2.7 氨水(ρ0.90 g/mL)。

4.2.8 乙醇。

4.2.9 氟化钾溶液(200 g/L)。

4.2.10 盐酸(1+1)。

4.2.11 氨水(1+1)。

4.2.12 乙酸-乙酸钠缓冲溶液(pH5.5):

称取 200 g 结晶乙酸钠溶于水中,加入 9 mL 冰乙酸,用水稀释至 1 000 mL。

4.2.13 锌标准溶液[ρ(Zn)=1.00 mg/mL]:

称取 1.000 0 g 金属锌(≥99.99%),置于 250 mL 烧杯中,盖上表面皿,沿烧杯壁加入 10 mL 盐酸(4.2.5),放置自溶(如酸不够可补加),溶解完全后,用水洗去表面皿,移入 1 000 mL 容量瓶中,用水稀释至刻度,摇匀。

4.2.14 EDTA标准滴定溶液[c(EDTA)=0.01 moL/L]的配制与标定：

a) 配制

称取3.72 g乙二胺四乙酸二钠盐于500 mL烧杯中，加热水溶解，冷却，移入1 000 mL容量瓶中，用水稀释至刻度，摇匀。

b) 标定：

分取3份25 mL锌标准溶液(4.2.13)，分别置于250 mL三角瓶中，用水稀释至50 mL，加入2滴～3滴二甲酚橙溶液(4.2.15)，用氨水(4.2.11)中和至微红色，加20 mL乙酸-乙酸钠缓冲溶液(4.2.12)，用EDTA标准滴定溶液[4.2.14a)]滴定至溶液颜色由微红色转变为亮黄色，即为终点。

按式(2)计算EDTA标准溶液相对于锌的滴定度：

$$T=\frac{\rho V_1}{V_2-V_0} \quad \cdots\cdots(2)$$

式中：

T——EDTA标准溶液相对于锌的滴定度，单位为毫克每毫升(mg/mL)；

ρ——锌标准溶液的浓度，单位为毫克每毫升(mg/mL)；

V_1——分取锌标准溶液的体积，单位为毫升(mL)；

V_2——滴定锌标准溶液所消耗EDTA标准滴定溶液的体积，单位为毫升(mL)；

V_0——滴定空白试验溶液所消耗EDTA滴定溶液的体积，单位为毫升(mL)。

取三次标定结果的平均值，计算结果表示到小数点后三位数字。

4.2.15 二甲酚橙溶液(5 g/L)。

4.2.16 对硝基酚溶液(1 g/L)。

4.3 仪器

分析天平：三级，感量0.1 mg。

4.4 试样

4.4.1 按照GB/T 14505的相关规定，加工试样的粒径应小于97 μm。

4.4.2 试样在60 ℃～80 ℃烘箱中干燥2 h～4 h，并置于干燥器中冷却至室温备用。

4.5 分析步骤

4.5.1 试料

根据试样中锌量，称取0.2 g～1 g试料，精确至0.1 mg。

4.5.2 空白试验

随同试料进行双份空白试验，所用试剂应取自同一试剂瓶，加入同等的量。

4.5.3 验证试验

随同试料分析同矿种、含量接近的标准物质。

4.5.4 试料分解

4.5.4.1 将试料(4.5.1)置于250 mL烧杯中，用少量水润湿，加入10 mL盐酸(4.2.5)，盖上表面皿，置于电热板上加热5 min～10 min，再加入5 mL硝酸(4.2.6)继续加热分解10 min。稍冷，加3 g氯酸钾(4.2.1)，蒸发至溶液体积为5 mL～6 mL。取下，加入80 mL热水、3 g硫酸铵(4.2.2)，搅拌均匀，放置电炉上加热煮沸。用氨水(4.2.7)中和至大量氢氧化物析出，加10 mL氟化钾溶液(4.2.9)、15 mL氨水(4.2.7)，煮沸1 min，取下。补加5 mL氨水(4.2.7)，并加入10 mL乙醇(4.2.8)，冷却至室温。移入250 mL容量瓶中，用水稀释至刻度，摇匀。

4.5.4.2 将溶液干过滤于250 mL烧杯中，分取50 mL溶液于200 mL烧杯，加热煮沸以赶过剩的氨(控制时间以免产生氢氧化锌白色沉淀)，取下。

4.5.5 测定

加入1 g硫氰酸钾(4.2.3)、0.5 g硫代硫酸钠(4.2.4)，搅匀。加1滴对硝基酚溶液(4.2.16)，用盐酸(4.2.10)中和至无色。加入 15 mL 乙酸-乙酸钠缓冲溶液(4.2.12),滴加 15 滴二甲酚橙溶液(4.2.15),用 EDTA 标准滴定溶液(4.2.14)滴定至溶液颜色从黄色变为紫色即为终点,同时滴定空白试验溶液。

4.6 结果计算

锌量以质量分数 $w(\mathrm{Zn})$ 计,数值以%表示,按式(3)计算:

$$w(\mathrm{Zn})=\frac{(V_1-V_0)TV}{mV_2}\times 100 \qquad (3)$$

式中:

V_1——滴定试料溶液消耗 EDTA 标准滴定溶液的体积,单位为毫升(mL);

V_0——滴定空白试验溶液(4.5.2)消耗 EDTA 标准滴定溶液的体积,单位为毫升(mL);

T——EDTA 标准滴定溶液相对锌的滴定度,单位为毫克每毫升(mg/mL);

V——试料溶液的总体积,单位为毫升(mL);

m——试料量,单位为克(g);

V_2——分取试料溶液的体积,单位为毫升(mL)。

计算结果表示到小数点后两位。

4.7 精密度

EDTA 容量法测定锌量的精密度见表 3。

表 3 EDTA 容量法测定锌量的精密度

%

元　素	水平范围 m	重复性限 r	再现性限 R
Zn	0.50～30.38	$r=-0.0295+0.045m$	$R=0.028+0.0862m$
注:精密度由 7 家实验室对 5 个水平的试样进行试验确定。			

附 录 A
（资料性附录）
仪器参考工作条件及本部分的有关说明

A.1 原子吸收分光光度计参考工作条件

原子吸收分光光度计参考工作条件见表 A.1。

表 A.1 原子吸收分光光度计参考工作条件

波长/nm	灯电流/mA	单色器通带/nm	燃烧器高度/mm	空气压力/MPa	乙炔压力/MPa
213.8	10	1.3	7.5	0.16	0.02

A.2 本部分的有关说明

A.2.1 用原子吸收分光光度法测定锌量，分别共存下列含量的元素（离子），不影响锌的测定：Pb（4 000 μg/mL）；Na、K、Mg、Ca、Sr、Ba、Al、Mo、W、Fe 各（2 000 μg/mL）；Mn、Co、Ni、Cu 各（1 000 μg/mL）；Sb、Bi、Ti、Cr、Cd 各（500 μg/mL）；Ag（400 μg/mL）；As、Hg 各（200 μg/mL）；Se、Te 各（60 μg/mL）；Li、Be、Zr、V 各（50 μg/mL）；Au（40 μg/mL）；Pt、Pd 各（20 μg/mL）。Si 大于 200 μg/mL，对锌的测定有负干扰。对于含硅高的试样，可采用氢氟酸溶解试样，以消除硅对锌测定的影响。

A.2.2 EDTA 容量法测定锌，共存的 Mn、Fe、Al、Pb 等元素干扰测定，但在有氧化剂存在下的氨性缓冲溶液中将得到很好的分离，为了减少氢氧化铁对锌的吸附，氢氧化铵的浓度不能低于 2.5 mol/L。

ICS 73.060
D 40

GB

中华人民共和国国家标准

GB/T 14353.4—2010
代替 GB/T 14353.4—1993

铜矿石、铅矿石和锌矿石化学分析方法 第4部分:镉量测定

Methods for chemical analysis of copper ores, lead ores and zinc ores—Part 4: Determination of cadmium content

2010-11-10 发布

2011-02-01 实施

中华人民共和国国家质量监督检验检疫总局
中国国家标准化管理委员会
发布

前　言

GB/T 14353《铜矿石、铅矿石和锌矿石化学分析方法》分为18个部分：

——第1部分：铜量测定；

——第2部分：铅量测定；

——第3部分：锌量测定；

——第4部分：镉量测定；

——第5部分：镍量测定；

——第6部分：钴量测定；

——第7部分：砷量测定；

——第8部分：铋量测定；

——第9部分：钼量测定；

——第10部分：钨量测定；

——第11部分：银量测定；

——第12部分：硫量测定；

——第13部分：镓量、铟量和铊量测定；

——第14部分：锗量测定；

——第15部分：硒量测定；

——第16部分：碲量测定；

——第17部分：铊量测定；

——第18部分：铜量、铅量、锌量、钴量和镍量测定。

本部分为GB/T 14353的第4部分。

本部分代替GB/T 14353.4—1993《铜矿石、铅矿石和锌矿石化学分析方法　镉的测定》。

本部分与GB/T 14353.4—1993相比，主要变化如下：

——增加了警示、警告内容；

——修改了试样干燥温度。

本部分附录A为资料性附录。

本部分由中华人民共和国国土资源部提出。

本部分由全国国土资源标准化技术委员会归口。

本部分负责起草单位：国家地质实验测试中心。

本部分起草单位：陕西省地质矿产实验研究所。

本部分主要起草人：王龙山、李小寒。

本部分所代替标准的历次版本发布情况为：

——GB/T 14353.4—1993。

铜矿石、铅矿石和锌矿石化学分析方法 第4部分：镉量测定

警示：使用本部分的人员应经过相关专业的技术培训，具有一定的工作经验。本部分并未指出所有可能的安全问题，使用者有责任采取适当的安全和健康措施，并保证符合国家有关法规规定的条件。

1 范围

GB/T 14353的本部分规定了铜矿石、铅矿石、锌矿石中镉量的测定方法。

本部分适用于铜矿石、铅矿石、锌矿石中镉量的测定。

测定范围：火焰原子吸收分光光度法5 μg/g～1 000 μg/g的镉；石墨炉原子吸收分光光度法0.1 μg/g～5 μg/g的镉。

2 规范性引用文件

下列文件中的条款通过GB/T 14353的本部分的引用而成为本部分的条款，凡是注日期的引用文件，其随后所有的修改单(不包括勘误的内容)或修订版均不适用于本部分，然而，鼓励根据本部分达成协议的各方研究是否可使用这些文件的最新版本。凡是不注日期的引用文件，其最新版本适用于本部分。

GB/T 6682 分析实验室用水规格和试验方法

GB/T 14505 岩石和矿石化学分析方法 总则及一般规定

3 火焰原子吸收分光光度法

3.1 原理

试料经王水(或氢氟酸、王水、高氯酸)分解后，在5%盐酸介质中(或硼酸-盐酸介质)，使用空气-乙炔火焰。于波长228.8 nm处，用原子吸收分光光度计测定吸光度，计算镉量。

3.2 试剂

本部分除非另有说明，在分析中均使用分析纯试剂和符合GB/T 6682的分析实验室用水。

3.2.1 盐酸(ρ1.19 g/mL)。

3.2.2 硝酸(ρ1.42 g/mL)。

3.2.3 氢氟酸(ρ1.13 g/mL)，**警告：氢氟酸有毒、具有强腐蚀性，操作时应戴手套，防止与皮肤接触！**

3.2.4 高氯酸(ρ1.67 g/mL)，**警告：易爆品，使用时小心！**

3.2.5 王水($HCl+HNO_3=3+1$)新鲜配制。

3.2.6 盐酸(1+1)。

3.2.7 硼酸溶液(60 g/L)。

3.2.8 镉标准溶液配制：

a) 镉标准储备溶液[ρ(Cd)=1.00 mg/mL]：称取1.000 0 g金属镉(99.99%)，置于250 mL烧杯中，盖上表面皿，沿杯壁加入20 mL硝酸(1+1)，微热溶解，冷却至室温，用水洗去表面皿，移入1 000 mL容量瓶中，用水稀释至刻度，摇匀；

b) 镉标准溶液[ρ(Cd)=10.0 μg/mL]：移取10.00 mL镉标准储备溶液[3.2.8a)]，置于1 000 mL容量瓶中，用水稀释至刻度，摇匀。

3.3 仪器

3.3.1 原子吸收分光光度计，配镉元素空心阴极灯。

3.3.2 分析天平：三级，感量 0.1 mg。

3.4 试样

3.4.1 按照 GB/T 14505 的相关规定，加工试样的粒径应小于 97 μm。

3.4.2 试样在 60 ℃～80 ℃烘箱中干燥 2 h～4 h，并置于干燥器中冷却至室温备用。

3.5 分析步骤

3.5.1 试料

根据试样中镉量，按表 1 称取试料量，精确至 0.1 mg。

表 1 试料量

镉量/ (μg/g)	试料量/ g
5～100	1.0
＞100～200	0.5
＞200～500	0.2
＞500～1 000	0.1

3.5.2 空白试验

随同试料进行双份空白试验，所用试剂应取自同一试剂瓶，加入同等的量。

3.5.3 验证试验

随同试料分析同矿种、含量接近的标准物质。

3.5.4 试料分解

3.5.4.1 一般试料

将试料(3.5.1)置于 100 mL 烧杯中，用水润湿，加入 20 mL 盐酸(3.2.1)，盖上表面皿，于电热板上加热溶解 20 min，加入 5 mL 硝酸(3.2.2)，继续加热溶解，待试料溶解完全后，用适量水洗去表面皿，蒸发至干，加入 5 mL 盐酸(3.2.6)和适量水，盖上表面皿，加热溶解盐类，取下，用适量水洗去表面皿，冷却至室温后，移入 50 mL 容量瓶中，用水稀释至刻度，摇匀，澄清后备用。

3.5.4.2 含硅高试料

将试料(3.5.1)置于聚四氟乙烯烧杯中，加入 10 mL 氢氟酸(3.2.3)，加盖，放置过夜，移去盖子，加入 10 mL 王水(3.2.5)，0.5 mL 高氯酸(3.2.4)，加盖，在低温电热板上微沸 30 min，用适量水洗去盖子，继续在电热板上加热至高氯酸白烟冒尽，取下冷却，加入 5 mL 盐酸(3.2.6)，5 mL 硼酸溶液(3.2.7)，温热溶解盐类，取下，冷却至室温后，移入 50 mL 容量瓶中，用水稀释至刻度，摇匀，澄清。

3.5.5 校准溶液系列配制

分取 0.00 mL、0.50 mL、1.00 mL、2.00 mL、4.00 mL、6.00 mL、8.00 mL、10.00 mL 镉标准溶液[3.2.8b)]，分别置于一组 50 mL 容量瓶中，加入 5 mL 盐酸(3.2.6)，用水稀释至刻度，摇匀。

注：若用氢氟酸、王水、高氯酸分解试料，补加 5 mL 硼酸溶液(3.2.7)。

3.5.6 测定

警告：应按照原子吸收分光光度计仪器使用规程点燃和熄灭空气-乙炔火焰燃烧器，以避免可能的爆炸危险。

用原子吸收分光光度计，参照仪器工作条件(参见 A.1.1)，调整仪器参数至最佳状态。分别测量校准系列溶液和试料溶液的吸光度值，同时进行空白试验溶液和验证试验溶液的测定(参见 A.2)。

3.5.7 校准曲线绘制

以镉量为横坐标，吸光度为纵坐标，绘制镉的校准曲线，从校准曲线上得到相应的镉量。

3.6 结果计算

镉量以质量分数 $w(Cd)$ 计，数值用 μg/g 表示，按式(1)计算：

$$w(Cd)=\frac{(m_1-m_0)}{m} \qquad \cdots\cdots(1)$$

式中：

m_1——从校准曲线上得到试料溶液中的镉量，单位为微克(μg)；

m_0——从校准曲线上得到空白试验溶液的镉量，单位为微克(μg)；

m——试料量，单位为克(g)。

计算结果表示为：X. XX、XX. X、XXX。

3.7 精密度

火焰原子吸收分光光度法测定镉的方法精密度见表 2。

表 2 火焰原子吸收分光光度法测定镉的精密度

单位为微克每克

元　素	水平范围 m	重复性限 r	再现性限 R
Cd	2.57～843	$r=0.5063+0.0477m$	$R=0.8577+0.1166m$
注：精密度数据由 4 家实验室对 4 个水平的试样进行试验确定。			

4 石墨炉原子吸收分光光度法

4.1 原理

试料经氢氟酸-硫酸-硝酸分解，在 2% 的硫酸介质中，于波长 228.8 nm 处，采用石墨炉原子吸收分光光度计测定镉量。

4.2 试剂

本部分除非另有说明，在分析中均使用分析纯试剂和符合 GB/T 6682 的分析实验室用水。

4.2.1 氢氟酸(ρ1.13 g/mL)，**警告：氢氟酸有毒、有腐蚀性，操作时应戴手套，防止与皮肤接触！**

4.2.2 硝酸(ρ1.42 g/mL)。

4.2.3 硫酸(1+1)，**警告：不当的稀释易发生危险！**

4.2.4 镉标准溶液配制：

a) 镉标准储备溶液[ρ(Cd)=200.0 μg/mL]：称取 0.100 0 g 金属镉(99.99%)，置入 100 mL 烧杯中，盖上表面皿，沿杯壁加入 10 mL 硝酸(1+1)，加热溶解，低温蒸干。冷却，用少量水洗去表面皿，加 5 mL 盐酸(ρ1.19 g/mL)，赶硝酸，蒸干，重复一次。再加 10 mL 盐酸(ρ1.19 g/mL)溶解盐类，移入 500 mL 容量瓶中，用水稀释至刻度，摇匀；

b) 镉标准溶液[ρ(Cd)=0.04 μg/mL]：分取镉标准储备溶液[4.2.4a)]，用盐酸溶液(2+98)逐级稀释配制成每毫升含 0.04 μg 的镉标准溶液，用时现配。

4.3 仪器

4.3.1 石墨炉原子吸收分光光度计(带塞曼效应或连续光谱灯背景校正器)，配镉元素空心阴极灯。

4.3.2 分析天平：三级，感量 0.1 mg。

4.4 试样

4.4.1 按照 GB/T 14505 的相关要求，加工试样的粒径应小于 97 μm。

4.4.2 试样在 60 ℃～80 ℃烘箱中干燥 2 h～4 h，并置于干燥器中冷却至室温备用。

4.5 分析步骤

4.5.1 试料

根据试样中镉量，按表 3 称取试料量，精确至 0.1 mg。

表 3　试料量

镉量/(μg/g)	试料量/g	试液总体积/mL	分取试液体积/mL
0.1～0.15	0.1	10.00	—
>0.15～0.35	0.1	25.00	—
>0.35～0.7	0.1	50.00	—
>0.7～1.4	0.1	50.00	25.00
>1.4～3	0.1	50.00	10.00
>3～5	0.1	50.00	5.00

4.5.2　空白试验

随同试料进行双份空白试验，所用试剂应取自同一试剂瓶，加入同等的量。

4.5.3　验证试验

随同试料分析同矿种、含量接近的标准物质。

4.5.4　试料分解

将试料(4.5.1)置于聚四氟乙烯坩埚中，加入 3 mL 氢氟酸(4.2.1)、1 mL 硫酸(4.2.3)于中温电热板上加热分解，当硫酸刚冒烟时取下，稍冷，加 5 滴硝酸(4.2.2)继续加热冒烟至湿盐状，取下，稍冷，小心加入适量水，温热溶解盐类，冷却至室温后，用水移入 10 mL 或 50 mL 比色管(或容量瓶)中，并稀释至刻度，摇匀、澄清。

4.5.5　校准溶液系列配制

分取 0.00 mL、0.50 mL、1.00 mL、1.50 mL 镉标准溶液[4.2.4b)]，分别置于一组聚四氟乙烯坩埚中，以下按分析步骤(4.5.4)操作。

4.5.6　测定

在石墨炉原子吸收分光光度计上，按照仪器工作条件(参见 A.1.2、A.1.3)，分别测量校准系列溶液和试料溶液中镉的吸光度，同时进行空白试验和验证试验溶液的测定。每个试液测定两次，以平均值作为测量值。

4.5.7　校准曲线绘制

以镉量为横坐标，吸光度为纵坐标，绘制校准曲线，从校准曲线上得到相应的镉量。

4.6　结果计算

镉量以质量分数 $w(\mathrm{Cd})$ 计，数值用 μg/g 表示，按式(2)计算：

$$w(\mathrm{Cd})=\frac{(m_1-m_0)V}{mV_1} \qquad \cdots\cdots(2)$$

式中：

m_1——从校准曲线上得到分取试料溶液中的镉量，单位为微克(μg)；

m_0——从校准曲线上得到空白试验溶液中的镉量，单位为微克(μg)；

V——试料溶液的总体积，单位为毫升(mL)；

V_1——分取试料溶液的体积，单位为毫升(mL)；

m——试料量，单位为克(g)。

计算结果表示到小数点后两位。

4.7　精密度

石墨炉原子吸收分光光度法测定镉量的精密度见表 4。

表 4　石墨炉原子吸收分光光度计测定镉量的精密度

单位为微克每克

元　素	水平范围 m	重复性限 r	再现性限 R
Cd	0.168～3.03	r=0.021 1+0.231 9m	R=－0.059 5+0.667 5m
注：精密度由 4 个实验室对 4 个水平的试样进行试验确定。			

附　录　A
（资料性附录）
仪器工作参考条件和其他说明

A.1　仪器工作参考条件

A.1.1　火焰原子吸收分光光度计参考工作条件

见表 A.1。

表 A.1　火焰原子吸收分光光度计参考工作条件

波长/nm	灯电流/mA	单色器通带/nm	燃烧器高度/mm	空气压力/MPa	乙炔压力/MPa
228.8	7.5	1.3	7.5	0.16	0.03

A.1.2　石墨炉原子吸收分光光度计参考工作条件

见表 A.2。

表 A.2　石墨炉原子吸收分光光度计参考工作条件

波长/nm	灯电流/mA	单色器通带/nm	原子化器	氩气流量/(mL/min)	进样体积/μL
228.8	10	1.3	普通管型	200	20

A.1.3　石墨炉原子化器加热程序

见表 A.3。

表 A.3　石墨炉原子化器加热程序

步　骤	温度/℃	时间/s
干燥	80～120	30
灰化	300	30
原子化	1 000	3
清洗	2 400	3

A.2　其他有关说明

A.2.1　在本部分实验条件下，分别共存下列含量的元素（离子），不影响镉的测定：Na、K、Mg、Ca、Al、Pb、Cr、Fe、Co、Ni、Cu、Zn 各（1 000 μg/mL）；Li、Sr、Ba、Si、Sn、V、Mo、Mn 各（500 μg/mL）；As（300 μg/mL）；W（200 μg/mL）；Ga、In、Tl、Zr、Ag、Hg 各（100 μg/mL）。

A.2.2　在本部分实验条件下，不需分离富集，不加任何基体改进剂，采用低温灰化（300 ℃）以避免镉在灰化过程中的损失，采用低温光控原子化（1 000 ℃）使镉原子化信号与基体引起的背景吸收信号相分离。

ICS 73.060
D 40

中华人民共和国国家标准

GB/T 14353.5—2010
代替 GB/T 14353.5—1993

铜矿石、铅矿石和锌矿石化学分析方法 第5部分:镍量测定

Methods for chemical analysis of copper ores, lead ores and zinc ores—Part 5: Determination of nickel content

2010-11-10 发布　　　　2011-02-01 实施

中华人民共和国国家质量监督检验检疫总局
中国国家标准化管理委员会　发布

前　言

GB/T 14353《铜矿石、铅矿石和锌矿石化学分析方法》分为18个部分：

——第1部分：铜量测定；
——第2部分：铅量测定；
——第3部分：锌量测定；
——第4部分：镉量测定；
——第5部分：镍量测定；
——第6部分：钴量测定；
——第7部分：砷量测定；
——第8部分：铋量测定；
——第9部分：钼量测定；
——第10部分：钨量测定；
——第11部分：银量测定；
——第12部分：硫量测定；
——第13部分：镓量、铟量和铊量测定；
——第14部分：锗量测定；
——第15部分：硒量测定；
——第16部分：碲量测定；
——第17部分：铊量测定；
——第18部分：铜量、铅量、锌量、钴量和镍量测定。

本部分为GB/T 14353的第5部分。

本部分代替GB/T 14353.5—1993《铜矿石、铅矿石和锌矿石化学分析方法　镍的测定》。

本部分与GB/T 14353.5—1993相比，主要变化如下：

——增加了警示、警告内容；
——修改了试样干燥温度；
——删除了丁二肟-磺基水杨酸-氢氧化铵-氯化铵底液极谱法。

本部分附录A为资料性附录。

本部分由中华人民共和国国土资源部提出。

本部分由全国国土资源标准化技术委员会归口。

本部分负责起草单位：国家地质实验测试中心。

本部分起草单位：陕西省地质矿产实验研究所。

本部分主要起草人：牟乃仓，李小寒，熊英。

本部分所代替标准的历次版本发布情况为：

——GB/T 14353.5—1993。

铜矿石、铅矿石和锌矿石化学分析方法 第5部分:镍量测定

警示:使用本部分的人员应经过相关专业的技术培训,具有一定的工作经验。本部分并未指出所有可能的安全问题,使用者有责任采取适当的安全和健康措施,并保证符合国家有关法规规定的条件。

1 范围

GB/T 14353的本部分规定了铜矿石、铅矿石和锌矿石中镍量的测定方法。

本部分适用于铜矿石、铅矿石和锌矿石中镍量的测定。

测定范围:0.002%~1%的镍。

2 规范性引用文件

下列文件中的条款通过GB/T 14353的本部分的引用而成为本部分的条款,凡是注日期的引用文件,其随后所有的修改单(不包括勘误的内容)或修订版均不适用于本部分,然而,鼓励根据本部分达成协议的各方研究是否可使用这些文件的最新版本。凡是不注日期的引用文件,其最新版本适用于本部分。

GB/T 6682 分析实验室用水规格和试验方法

GB/T 14505 岩石和矿石化学分析方法 总则及一般规定

3 原理

试料经氢氟酸、王水、高氯酸分解,用盐酸、硼酸溶液溶解盐类(或用过氧化钠、氢氧化钠熔矿,水提取、过滤、沉淀用盐酸溶解),在5%的盐酸介质中,使用空气-乙炔火焰,于波长232.0 nm处,用原子吸收分光光度计测定吸光度,计算镍量。

4 试剂

本部分除非另有说明,在分析中均使用分析纯试剂和符合GB/T 6682的分析实验室用水。

4.1 过氧化钠。

4.2 氢氧化钠。

4.3 氢氟酸(ρ1.13 g/mL),**警告:氢氟酸有毒,具有强腐蚀性,操作时应戴手套,防止与皮肤接触!**

4.4 高氯酸(ρ1.67 g/mL),**警告:该试剂为易爆物品,小心操作!**

4.5 无水乙醇。

4.6 王水($HCl+HNO_3=3+1$)新鲜配制。

4.7 盐酸(1+1)。

4.8 硼酸溶液(60 g/L)。

4.9 氢氧化钠(20 g/L)。

4.10 镍标准溶液配制:

a) 镍标准储备溶液[ρ(Ni)=100.0 μg/mL]:称取0.100 0 g金属镍[w(Ni)=99.99%],置于100 mL烧杯中,盖上表面皿,沿杯壁加入20 mL硝酸溶液(1+1),加热溶解,低温蒸干,用少量水冲洗表面皿,加入5 mL盐酸(ρ1.19 g/mL),低温蒸干,重复一次。再加入10 mL盐酸(ρ1.19 g/mL)溶解镍盐,冷却,用水移入1 000 mL容量瓶中,并稀释至刻度,摇匀;

b) 镍标准溶液[ρ(Ni)=10.0 μg/mL]:移取 50.00 mL 镍标准储备溶液[4.10a)],置于 500 mL 容量瓶中,用盐酸溶液(1+99)稀释至刻度,摇匀。

5 仪器

5.1 原子吸收分光光度计(带塞曼效应或连续光谱灯背景校正器),配镍元素空心阴极灯。

5.2 分析天平:三级,感量 0.1 mg。

6 试样

6.1 按照 GB/T 14505 的相关要求,加工试样的粒径应小于 97 μm。

6.2 试样在 60 ℃~80 ℃烘箱中干燥 2 h~4 h,并置于干燥器中冷却至室温备用。

7 分析步骤

7.1 试料

根据试样中镍量,按表 1 称取试料量,精确至 0.1 mg。

表 1 试料量

镍量/%	试料量/g	分取试液体积/mL
0.001~0.025	1.0	—
0.025~0.05	0.5	—
0.05~0.125	0.2	—
0.125~0.25	0.1	—
0.25~0.5	0.1	25.00
0.5~1	0.1	10.00

7.2 空白试验

随同试料进行双份空白试验,所用试剂应取自同一试剂瓶,加入同等的量。

7.3 验证试验

随同试料分析同矿种、含量接近的标准物质。

7.4 试料的分解

7.4.1 一般试料分解

将试料(7.1)置于聚四氟乙烯坩埚中,加入 10 mL 氢氟酸(4.3),加盖,放置过夜,移去盖子,加入 10 mL王水(4.6),0.5 mL 高氯酸(4.4),加盖,在低温电热板上微沸 30 min,冲洗盖子,继续在电热板上加热至高氯酸白烟冒尽,取下冷却,加入 5 mL 盐酸(4.7),5 mL 硼酸溶液(4.8),温热溶解盐类,取下,冷却至室温后,用水移入 50 mL 容量瓶中,并稀释至刻度,摇匀,澄清。

7.4.2 难溶试料分解

将试料(7.1)置于刚玉坩埚中,加入 4 g~6 g 过氧化钠(4.1),用玻棒搅匀,上面再盖适量(约 1 g)氢氧化钠(4.2),置于 550 ℃高温炉中熔融 20 min,取出冷却,将坩埚放入 200 mL 烧杯中,加入 100 mL 温水,盖上表面皿,待激烈反应停止后,用水洗出坩埚,加入无水乙醇(4.5)数滴,煮 3 min~5 min,取下,过滤。沉淀和烧杯用热的氢氧化钠溶液(4.9)洗 10 次~15 次,将沉淀用热的盐酸(4.7)溶解于原烧杯中,将溶液在电热板上蒸干,加入 5 mL 盐酸(4.7),适量水溶解盐类,用水移入 50 mL 容量瓶中,并稀释至刻度,摇匀。

7.5 定容

当镍量大于 0.25%时,按照表 1 分取试液(7.4.1 或 7.4.2),置于 50 mL 容量瓶中,补加盐酸

(4.7)、硼酸溶液(4.8)分别至 5 mL,用水稀释至刻度,摇匀。

7.6 校准溶液系列配制

分取 0.00 mL、1.00 mL、3.00 mL、5.00 mL、10.00 mL、15.00 mL、20.00 mL、25.00 mL 镍标准溶液[4.10b)],分别置于一组 50 mL 容量瓶中,加入 5 mL 盐酸(4.7)、5 mL 硼酸溶液(4.8)(若用碱熔,可不加硼酸溶液),用水稀释至刻度,摇匀。

7.7 测定

警告:应按照原子吸收分光光度计的使用规定点燃或熄灭空气-乙炔火焰,以避免可能引起的爆炸危险。

用原子吸收分光光度计,参照仪器工作条件,调整仪器参数至最佳状态。分别测量校准系列溶液和试料溶液的吸光度值,同时进行空白试验溶液和验证试验溶液的测定(参见附录 A)。

7.8 校准曲线绘制

以镍量为横坐标,吸光度值为纵坐标,绘制校准曲线,从校准工作曲线上得到相应的镍量。

8 结果计算

镍量以质量分数 $w(\mathrm{Ni})$ 计,数值用%表示,按下式计算:

$$w(\mathrm{Ni})=\frac{(m_1-m_0)V\times 10^{-6}}{mV_1}\times 100 \qquad (1)$$

式中:

m_1——从校准曲线得到分取试料溶液的镍量,单位为微克(μg);

m_0——从校准曲线上得到空白试验溶液的镍量,单位为微克(μg);

V——试料溶液的总体积,单位为毫升(mL);

m——试料量,单位为克(g);

V_1——分取试料溶液的体积,单位为毫升(mL)。

计算结果表示为:0.00X、0.XX、X.XX。

9 精密度

方法精密度见表 2。

表 2 方法精密度

单位为微克每克

元　素	水平范围 m	重复性限 r	再现性限 R
Ni	2.8~375	r=1.173 1+0.093 9m	R=3.471 0+0.159 4m
注:方法精密度由 4 个实验室对 4 个水平的试样进行试验确定。			

附 录 A
（资料性附录）
仪器参考工作条件及有关说明

A.1 原子吸收分光光度计的参考工作条件

见表 A.1。

表 A.1 原子吸收分光光度计的参考工作条件

波长/nm	灯电流/mA	单色器通带/nm	燃烧器高度/mm	空气压力/MPa	乙炔压力/MPa
232.0	10	0.2	10.0	0.16	0.03

A.2 本部分有关说明

在本实验条件下，分别共存下列含量的元素（离子），不影响镍的测定：Ca、Mg、Fe、Zn 各（5 000 μg/g）；Mn（4 000 μg/g）；K、Al、Pb、Cr 各（2 000 μg/g）；Na、Ba、Mo、W、Cu 各（1 000 μg/g）；Li、Sr、B、Si、Sn、Ti、V、Co、Cd 各（500 μg/g）；Bi（400 μg/g）；As、Hg 各（200 μg/g）；Au、Ag 各（100 μg/g）；Be、Ga、In、Tl 各（50 μg/g）；Rb、Cs 各（30 μg/g）；Pt（20 μg/g）。

ICS 73.060
D 40

中华人民共和国国家标准

GB/T 14353.6—2010
代替 GB/T 14353.6—1993

铜矿石、铅矿石和锌矿石化学分析方法 第6部分:钴量测定

Methods for chemical analysis of copper ores, lead ores and zinc ores—Part 6: Determination of cobalt content

2010-11-10 发布　　2011-02-01 实施

中华人民共和国国家质量监督检验检疫总局
中国国家标准化管理委员会　发布

前　言

GB/T 14353《铜矿石、铅矿石和锌矿石化学分析方法》分为18个部分：

——第1部分：铜量测定；

——第2部分：铅量测定；

——第3部分：锌量测定；

——第4部分：镉量测定；

——第5部分：镍量测定；

——第6部分：钴量测定；

——第7部分：砷量测定；

——第8部分：铋量测定；

——第9部分：钼量测定；

——第10部分：钨量测定；

——第11部分：银量测定；

——第12部分：硫量测定；

——第13部分：镓量、铟量和铊量测定；

——第14部分：锗量测定；

——第15部分：硒量测定；

——第16部分：碲量测定；

——第17部分：铊量测定；

——第18部分：铜量、铅量、锌量、钴量和镍量测定。

本部分为GB/T 14353的第6部分。

本部分代替GB/T 14353.6—1993《铜矿石、铅矿石和锌矿石化学分析方法　钴的测定》。

本部分与GB/T 14353.6—1993相比，主要变化如下：

——增加了警示、警告内容；

——修改了试样干燥温度；

——删除了第一篇　丁二肟-磺基水杨酸-氢氧化铵-氯化铵底液极谱法，第二篇　5-Cl-PADAB光度法。

本部分附录A为资料性附录。

本部分由中华人民共和国国土资源部提出。

本部分由全国国土资源标准化技术委员会归口。

本部分负责起草单位：国家地质实验测试中心。

本部分起草单位：陕西省地质矿产实验研究所。

本部分主要起草人：牟乃仓，李小寒。

本部分所代替标准的历次版本发布情况为：

——GB/T 14353.6—1993。

铜矿石、铅矿石和锌矿石化学分析方法 第6部分:钴量测定

警示:使用本部分的人员应经过相关专业的技术培训,具有一定的工作经验。本部分并未指出所有可能的安全问题,使用者有责任采取适当的安全和健康措施,并保证符合国家有关法规规定的条件。

1 范围

GB/T 14353的本部分规定了铜矿石、铅矿石和锌矿石中钴量的测定方法。

本部分适用于铜矿石、铅矿石和锌矿石中钴量的测定。

测定范围:0.001%～1%的钴。

2 规范性引用文件

下列文件中的条款通过GB/T 14353的本部分的引用而成为本部分的条款。凡是注日期的引用文件,其随后所有的修改单(不包括勘误的内容)或修订版均不适用于本部分,然而,鼓励根据本部分达成协议的各方研究是否可使用这些文件的最新版本。凡是不注日期的引用文件,其最新版本适用于本部分。

GB/T 6682 分析实验室用水规格和试验方法

GB/T 14505 岩石和矿石化学分析方法 总则及一般规定

3 原理

试料经氢氟酸、王水、高氯酸(或过氧化钠、氢氧化钠)分解后,用盐酸、硼酸溶液溶解盐类(或用过氧化钠、氢氧化钠熔矿,水提取、过滤、沉淀用盐酸溶解),在5%盐酸介质中,使用空气-乙炔火焰,于波长240.7 nm处,用原子吸收分光光度计测量吸光度,计算钴量。

4 试剂

本部分除非另有说明,在分析中均使用分析纯试剂和符合GB/T 6682的分析实验室用水。

4.1 过氧化钠。

4.2 氢氧化钠。

4.3 氢氟酸(ρ1.13 g/mL),**警告:氢氟酸有毒、具有强腐蚀性,操作时应戴手套,防止与皮肤接触!**

4.4 高氯酸(ρ1.67 g/mL),**警告:该试剂为易爆物品,小心操作!**

4.5 无水乙醇。

4.6 王水($HCl+HNO_3=3+1$)新鲜配制。

4.7 盐酸(1+1)。

4.8 硼酸溶液(60 g/L)。

4.9 氢氧化钠溶液(20 g/L)。

4.10 钴标准溶液配制:

a) 钴标准储备溶液[ρ(Co)=100.0 μg/mL]:称取0.100 0 g金属钴[w(Co)=99.99%],置于100 mL烧杯中,盖上表面皿,沿杯壁加入20 mL硝酸(1+1),加热溶解,低温蒸干,用少量水冲洗表面皿,加入5 mL盐酸(ρ1.19 g/mL),低温蒸干,重复一次。加入10 mL盐酸(ρ1.19 g/mL)溶解钴盐,冷却,用水移入1 000 mL容量瓶中,并稀释至刻度,摇匀,备用。

b) 钴标准溶液[$\rho(Co)=10.0\ \mu g/mL$]:移取 50.00 mL 钴标准储备溶液[4.10a)],置于 500 mL 容量瓶中,用盐酸(1+99)稀释至刻度,摇匀。

5 仪器

5.1 原子吸收分光光度计(带塞曼效应或连续光谱灯背景校正器),配钴元素空心阴极灯。

5.2 分析天平:三级,感量 0.1 mg。

6 试样

6.1 按照 GB/T 14505 的相关要求,加工试样的粒径应小于 97 μm。

6.2 试样应在 60 ℃～80 ℃烘箱中干燥 2 h,并置于干燥器中冷却至室温备用。

7 分析步骤

7.1 试料

根据试样中钴量,按表 1 称取试料量,精确至 0.1 mg。

表 1 试料量

钴量/%	试料量/g	分取试液体积/mL
0.001～0.025	1.0	—
0.025～0.05	0.5	—
0.05～0.125	0.2	—
0.125～0.25	0.1	—
0.25～0.5	0.1	25.00
0.5～1	0.1	10.00

7.2 空白试验

随同试料进行双份空白试验,所用试剂应取自同一试剂瓶,加入同等的量。

7.3 验证试验

随同试料分析同矿种、含量接近的标准物质。

7.4 试料分解

7.4.1 一般试料分解

将试料(7.1),置于聚四氟乙烯坩埚中,加入 10 mL 氢氟酸(4.3),加盖,放置过夜,移去盖子,加入 10 mL 王水(4.6),0.5 mL 高氯酸(4.4),加盖,在低温电热板上微沸 30 min,冲洗盖子,继续在电热板上加热至高氯酸白烟冒尽,取下冷却,加入 5 mL 盐酸(4.7),5 mL 硼酸溶液(4.8),温热溶解盐类,取下,冷却至室温后,用水移入 50 mL 容量瓶中,并稀释至刻度,摇匀,澄清。

7.4.2 难溶试料分解

将试料(7.1)置于刚玉坩埚中,加入 4 g～6 g 过氧化钠(4.1),混匀,上面再覆盖 1 g 氢氧化钠(4.2),于 550 ℃高温炉中熔融 20 min,取出冷却,将坩埚放入 200 mL 烧杯中,加入 100 mL 温水,盖上表面皿,待激烈反应停止后,用水洗出坩埚,加入数滴无水乙醇(4.5),于电炉上煮 3 min～5 min,取下,过滤,沉淀和烧杯用热的氢氧化钠溶液(4.9)洗 10 次～15 次后,再用热的盐酸(4.7)溶解于原烧杯中,将溶液在电热板上蒸干,加入 5 mL 盐酸(4.7)和适量水溶解盐类,用水移入 50 mL 容量瓶中,并稀释至刻度,摇匀。

7.5 定容

当钴量大于 0.25%时,按照表 1 分取试液(7.4.1 或 7.4.2),置于 50 mL 容量瓶中,补加盐酸

(4.7)、硼酸溶液(4.8)分别至 5 mL,用水稀释至刻度,摇匀。

7.6 校准溶液系列配制

移取 0.00 mL、1.00 mL、3.00 mL、5.00 mL、10.00 mL、15.00 mL、20.00 mL、25.00 mL 钴标准溶液[4.10b)],分别置于一组 50 mL 容量瓶中,加入 5 mL 盐酸(4.7)、5 mL 硼酸溶液(4.8)(若用碱熔,可不加硼酸溶液),用水稀释至刻度,摇匀。

7.7 测定

警告:应按照原子吸收分光光度仪的使用规定点燃或熄灭空气-乙炔火焰,以避免可能引起的爆炸危险。

用原子吸收分光光度计,参照仪器工作条件,调整仪器参数至最佳状态,分别测量校准系列溶液和试料溶液中钴的吸光度值,同时进行空白试验溶液和验证试验溶液的测定(参考附录 A)。

7.8 校准曲线绘制

以钴量为横坐标,吸光度值为纵坐标,绘制校准曲线,从曲线上得到相应的钴量。

8 结果计算

钴量以质量分数 $w(\mathrm{Co})$ 计,数值用%表示,按下式计算:

$$w(\mathrm{Co})=\frac{(m_1-m_0)V\times10^{-6}}{mV_1}\times100 \qquad \cdots\cdots(1)$$

式中:

m_1——从校准曲线上得到的分取试料溶液中的钴量,单位为微克(μg);

m_0——从校准曲线上得到的空白试验溶液的钴量,单位为微克(μg);

V——试料溶液总体积,单位为毫升(mL);

m——试料量,单位为克(g);

V_1——分取试料溶液的体积,单位为毫升(mL)。

计算结果表示为:0.00×、0.××、×.××。

9 精密度

方法精密度见表 2。

表 2 方法精密度

单位为微克每克

元　素	水平范围 m	重复性限 r	再现性限 R
Co	1.47～228	$r=0.5888m^{0.4874}$	$R=1.7803+0.0804m$
注:精密度数据由 4 个实验室对 4 个水平的试样进行试验确定。			

附 录 A
（资料性附录）
参考工作条件及有关说明

A.1 原子吸收分光光度计的参考工作条件

仪器工作条件参考表 A.1。

表 A.1 原子吸收分光光度计参考工作条件

波长/nm	灯电流/mA	单色器通带/nm	燃烧器高度/mm	空气压力/MPa	乙炔压力/MPa
240.7	10	0.2	10.0	0.16	0.03

A.2 本部分有关说明

在本实验条件下，分别共存下列含量的元素（离子），不影响镍的测定：钙、镁、铁、锌各（5 000 μg/g）；锰（4 000 μg/g）；钾、铝、铅、铬各（2 000 μg/g）；钠、钡、钼、钨各（1 000 μg/g）；锂、锶、硼、硅、锡、钛、钒、钴、镉各（500 μg/g）；铋（400 μg/g）；砷、汞各（200 μg/g）；金、银各（100 μg/g）；铍、镓、铟、铊各（50 μg/g）；铷、铯各（30 μg/g）；铂（20 μg/g）。

ICS 73.060
D 40

中华人民共和国国家标准

GB/T 14353.7—2010
代替 GB/T 14353.7—1993

铜矿石、铅矿石和锌矿石化学分析方法 第7部分：砷量测定

Methods for chemical analysis of copper ores, lead ores and zinc ores— Part 7: Determination of arsenic content

2010-11-10 发布　　2011-02-01 实施

中华人民共和国国家质量监督检验检疫总局
中国国家标准化管理委员会　发布

前言

GB/T 14353《铜矿石、铅矿石和锌矿石化学分析方法》分为18个部分：

——第1部分：铜量测定；

——第2部分：铅量测定；

——第3部分：锌量测定；

——第4部分：镉量测定；

——第5部分：镍量测定；

——第6部分：钴量测定；

——第7部分：砷量测定；

——第8部分：铋量测定；

——第9部分：钼量测定；

——第10部分：钨量测定；

——第11部分：银量测定；

——第12部分：硫量测定；

——第13部分：镓量、铟量和铊量测定；

——第14部分：锗量测定；

——第15部分：硒量测定；

——第16部分：碲量测定；

——第17部分：铊量测定；

——第18部分：铜量、铅量、锌量、钴量和镍量测定。

本部分为GB/T 14353的第7部分。

本部分代替GB/T 14353.7—1993《铜矿石、铅矿石和锌矿石化学分析方法　二乙基二硫代氨基甲酸银光度法测定砷量》。

本部分与GB/T 14353.7—1993相比，主要变化如下：

——增加了警示、警告内容；

——修改了试样干燥温度。

本部分附录A为资料性附录。

本部分由中华人民共和国国土资源部提出。

本部分由全国国土资源标准化技术委员会归口。

本部分负责起草单位：国家地质实验测试中心。

本部分起草单位：陕西省地质矿产实验研究所。

本部分主要起草人：田萍、罗振岐、苏建华。

本部分所代替标准的历次版本发布情况为：

——GB/T 14353.7—1993。

铜矿石、铅矿石和锌矿石化学分析方法 第7部分:砷量测定

警示:使用本部分的人员应经过相关专业的技术培训,具有一定的工作经验。本部分并未指出所有可能的安全问题,使用者有责任采取适当的安全和健康措施,并保证符合国家有关法规规定的条件。

1 范围

GB/T 14353的本部分规定了铜矿石、铅矿石和锌矿石中砷量的测定方法。

本部分适用于铜矿石、铅矿石和锌矿石中砷量的测定。

测定范围:5 μg/g～1 500 μg/g 的砷。

2 规范性引用文件

下列文件中的条款通过GB/T 14353的本部分的引用而成为本部分的条款,凡是注日期的引用文件,其随后所有的修改单(不包括勘误的内容)或修订版均不适用于本部分,然而,鼓励根据本部分达成协议的各方研究是否可使用这些文件的最新版本。凡是不注日期的引用文件,其最新版本适用于本部分。

GB/T 6682 分析实验室用水规格和试验方法

GB/T 14505 岩石和矿石化学分析方法 总则及一般规定

3 原理

试料用硝酸、硫酸分解,于硫酸介质中,在碘化钾存在下,用氯化亚锡将五价砷还原为三价砷,再用无砷锌粒将三价砷还原为气态砷化氢。溢出的砷化氢,用含有三乙醇胺的二乙基二硫代氨基甲酸银(Ag-DDTC)的三氯甲烷溶液吸收。二乙基二硫代氨基甲酸银中的银离子被还原成红棕色胶态银,在分光光度计上,于波长530 nm处测定吸光度,间接测定砷量。

4 试剂

本部分除非另有说明,在分析中均使用分析纯试剂和符合GB/T 6682的分析实验室用水。

4.1 无砷锌粒(粒径为2 mm～3 mm)。

4.2 三氯甲烷。

4.3 三乙醇胺(ρ1.12 g/mL)。

4.4 盐酸(ρ1.19 g/mL)。

4.5 硝酸(ρ1.42 g/mL)。

4.6 硫酸(1+1),**警告:不当的稀释会产生危险!**

4.7 氢氧化钠溶液(100 g/L):

称取10 g氢氧化钠溶于100 mL水中,摇匀。

4.8 乙酸铅溶液(100 g/L):

称取10 g乙酸铅[$Pb(CH_3COO)_2 \cdot 3H_2O$],溶于100 mL水中,摇匀。

4.9 碘化钾溶液(300 g/L):

称取30 g碘化钾溶于100 mL纯水中,摇匀。现用现配。

4.10 酒石酸溶液（500 g/L）：

称取 50 g 酒石酸($C_4H_6O_6$)溶于 100 mL 纯水中，摇匀。

4.11 氯化亚锡溶液(200 g/L)：

称取 20 g 氯化亚锡($SnCl_2 \cdot 2H_2O$)，加入 20 mL 盐酸(4.4)，加热溶解，冷却后用纯水稀释至 100 mL，加入数粒金属锡，贮于棕色瓶中。

4.12 硫酸铁铵溶液［$\rho(Fe) \approx 20$ mg/mL］：

称取 173 g 硫酸铁铵［$NH_4Fe(SO_4)_2 \cdot 12H_2O$］，加入水和 10 mL 硫酸(4.6)，搅拌溶解后，移入 1 000 mL 容量瓶中，用纯水稀释至刻度，摇匀。

4.13 乙酸铅脱脂棉：将 10 g 脱脂棉浸入乙酸铅溶液(4.8)中，1 h 后取出，挤去水分，室温晾干后备用。

4.14 二乙基二硫代氨基甲酸银(Ag-DDTC)三乙醇胺-三氯甲烷吸收液：

称取 2.0 g 二乙基二硫代氨基甲酸银，用少量三氯甲烷(4.2)溶成糊状，加入 15 mL 三乙醇胺(4.3)再用三氯甲烷(4.2)稀释至 500 mL，用力振摇使之溶解后，于暗处放置 24 h，用定性滤纸过滤至棕色瓶中，在冰箱中保存。

注：二乙基二硫代氨基甲酸银(Ag-DDTC)的制备参考附录 A。

4.15 砷标准溶液配制：

a) 砷标准储备溶液[$\rho(As) = 100.0$ μg/mL]：称取 0.132 0 g 光谱纯三氧化二砷(预先在 100 ℃～105 ℃下干燥 1 h，置于干燥器中冷至室温)，置于 100 mL 烧杯中，加入 5 mL 氢氧化钠溶液(4.7)溶解，用硫酸(4.6)中和至微酸性，移入 1 000 mL 容量瓶中，用水稀释至刻度，摇匀；

警告：三氧化二砷为剧毒化学药品，用时小心！

b) 砷标准溶液[$\rho(As) = 5.0$ μg/mL]：移取 25.00 mL 砷标准储备溶液[4.15a)]，置于 500 mL 容量瓶中，用水稀释至刻度，摇匀。

5 仪器和装置

5.1 分光光度计。

5.2 分析天平：三级，感量 0.1 mg。

5.3 砷化氢发生器及吸收装置(见图 1)。

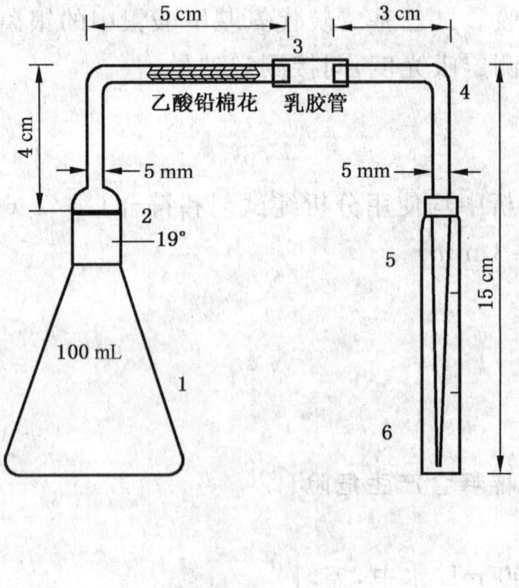

1——100 mL 锥形瓶；

2——带磨口塞玻璃球管；

3——橡胶管；

4——导气管；

5——吸收管；

6——导气管下口(内径 1 mm)。

图 1 砷化氢发生器及吸收装置

6 试样

6.1 按照 GB/T 14505 的相关要求，加工试样的粒径应小于 97 μm。

6.2 试样在 60 ℃～80 ℃烘箱中干燥 2 h～4 h，并置于干燥器中冷却至室温备用。

7 分析步骤

7.1 试料

根据试样中砷量，按表 1 称取试料量，精确至 0.1 mg。

表 1 试料量

砷量/(μg/g)	试料量/g	分取试料溶液体积/mL
1～10	1.0	20.00
10～100	0.5	20.00
100～500	0.2	10.00
500～1 000	0.1	10.00
1 000～1 500	0.1	5.00

7.2 空白试验

随同试料进行双份空白试验，所用试剂应取自同一试剂瓶，加入同等的量。

7.3 验证试验

随同试料分析同矿种、含量相近的标准物质。

7.4 试料分解

7.4.1 称取试料(7.1)置于 150 mL 烧杯中，用适量水润湿，加 10 mL～20 mL 硝酸(4.5)，盖上表面皿，加热分解完全，用适量水洗去表面皿，蒸至小体积，加入 10 mL 硫酸(4.6)继续蒸至冒三氧化硫浓白烟，取下冷却，用水吹洗杯壁，再继续蒸至冒三氧化硫浓白烟（体积约 3 mL），取下冷却。用水吹洗杯壁，加入 15 mL 水，加热溶解，冷却至室温，移入 50 mL 容量瓶中，用水稀释至刻度，摇匀。

7.4.2 按表 1 分取试液于 100 mL 砷化氢发生瓶中(图 1)，补足硫酸(4.6)至 6 mL，加入 3 mL 硫酸铁铵溶液(4.12)和 5 mL 酒石酸溶液(4.10)用水稀释至体积为 50 mL。加入 3 mL 碘化钾溶液(4.9)，3 mL 氯化亚锡溶液(4.11)，摇匀放置 15 min。

7.4.3 于砷化氢气体吸收管中加入 10 mL 吸收溶液(4.14)，加入 5 g 无砷锌粒(4.1)于砷化氢发生瓶中，立即塞紧瓶塞，接好吸收装置，在室温下反应 40 min。

警告：砷化氢是剧毒气体，整个反应应在通风橱内或通风良好处进行！

7.4.4 反应后取出气体导管，用少量三氯甲烷(4.2)冲洗气体导管，洗液合并入吸收管中，并用三氯甲烷(4.2)稀释至 10 mL，加塞摇匀。

7.5 校准溶液系列配制

分取 0.00 mL、0.50 mL、1.00 mL、2.50 mL、5.00 mL、10.00 mL、15.00 mL、20.00 mL 砷标准溶液[4.15b)]，分别置于一组砷化氢发生瓶中，加入 6 mL 硫酸(4.6)，3 mL 硫酸铁铵溶液(4.12) 和5 mL 酒石酸溶液(4.10)用水稀释至体积为 50 mL。加入 3 mL 碘化钾溶液(4.9)，3 mL 氯化亚锡溶液(4.11)，摇匀放置 15 min。以下按分析步骤(7.4.3～7.4.4)进行操作。

7.6 测定

于分光光度计上，波长 530 nm 处，用 1 cm 比色皿，以三氯甲烷作参比，分别测量校准系列溶液和试料溶液的吸光度，同时进行空白试验溶液和验证试验溶液的测定。

7.7 校准曲线绘制

以砷量为横坐标，吸光度为纵坐标，绘制校准曲线，从曲线上得到相应的砷量。

8 结果计算

砷量以质量分数 $w(\mathrm{As})$计，数值用 μg/g 表示，按下式计算：

$$w(\mathrm{As})=\frac{(m_1-m_0)V}{mV_1} \quad \cdots\cdots(1)$$

式中：

m_1——从校准曲线得到试料溶液中的砷量，单位为微克(μg)；

m_0——从校准曲线上得到空白试验溶液中的砷量，单位为微克(μg)；

V——试料溶液的总体积，单位为毫升(mL)；

V_1——分取试料溶液的体积，单位为毫升(mL)；

m——试料量，单位为克(g)。

计算结果表示为：×.××、××.×、×××。

9 精密度

方法精密度见表 2。

表 2　方法精密度

单位为微克每克

元素	水平范围 m	重复性限 r	再现性限 R
As	4.59～1 295	$r=-0.631\,2+0.159\,0\,m$	$R=-2.097\,8+0.525\,7\,m$
注：精密度由 4 个实验室对 4 个水平的试样进行试验确定。			

附　录　A
（资料性附录）
本部分有关说明

A.1　本部分加入酒石酸和三乙醇胺可消除 100 mg 铁、120 mg 镍和 35 mg 钴的干扰，加入碘化钾和氯化亚锡以确保五价砷还原成三价砷，并可消除 15 倍于砷和锑的干扰。

A.2　锌粒纯度、粒径、还原时间均影响砷的回收率。

A.3　砷的反应吸收应该控制在 25 ℃左右进行，室温高测定时，吸收管应放在冰水中，避免吸收液挥发。

A.4　在砷化氢完全释放以后，吸收管内的红色胶体溶液在 2.5 h 内是稳定的，应在这段时间内进行吸光度测定。

A.5　在测定试液中，25 mg 铜、1 mg 钴、5 mg 镍、20 mg 钛、5 mg 铅、1 mg 钨、4 mg 锰、10 mg 钙、10 mg 镁、60 mg 铁、0.2 mg 锑、0.5 mg 铋、1 000 mg 氟均不干扰测定。

A.6　二乙基二硫代氨基甲酸银（Ag-DDTC）的制备：将硝酸银溶液[$\rho(AgNO_3)=17$ g/L]在不断搅拌下徐徐倒入等体积的二乙基二硫代氨基甲酸钠溶液[$\rho(NaDDC \cdot 3H_2O)=23$ g/L]中。此时生成浅黄色的二乙基二硫代氨基甲酸银沉淀。沉淀用水倾洗三次，用布氏漏斗抽滤，并洗涤 3 次。沉淀置于 105 ℃～110 ℃烘箱内烘干，在玛瑙研钵中研细，贮存于棕色瓶中。

ICS 73.060
D 40

中华人民共和国国家标准

GB/T 14353.8—2010
代替 GB/T 14353.8—1993

铜矿石、铅矿石和锌矿石化学分析方法 第8部分：铋量测定

Methods for chemical analysis of copper ores, lead ores and zinc ores—Part 8: Determination of bismuth content

2010-11-10 发布 2011-02-01 实施

中华人民共和国国家质量监督检验检疫总局
中国国家标准化管理委员会 发布

前　言

GB/T 14353《铜矿石、铅矿石和锌矿石化学分析方法》分为18个部分：

——第1部分：铜量测定；

——第2部分：铅量测定；

——第3部分：锌量测定；

——第4部分：镉量测定；

——第5部分：镍量测定；

——第6部分：钴量测定；

——第7部分：砷量测定；

——第8部分：铋量测定；

——第9部分：钼量测定；

——第10部分：钨量测定；

——第11部分：银量测定；

——第12部分：硫量测定；

——第13部分：镓量、铟量和铊量测定；

——第14部分：锗量测定；

——第15部分：硒量测定；

——第16部分：碲量测定；

——第17部分：铊量测定；

——第18部分：铜量、铅量、锌量、钴量和镍量测定。

本部分为GB/T 14353的第8部分。

本部分代替GB/T 14353.8—1993《铜矿石、铅矿石和锌矿石化学分析方法　氢化物无色散原子荧光光度法测定铋量》。

本部分与GB/T 14353.8—1993相比，主要变化如下：

——增加了警示、警告内容；

——修改了试样干燥温度。

本部分附录A为资料性附录。

本部分由中华人民共和国国土资源部提出。

本部分由全国国土资源标准化技术委员会归口。

本部分负责起草单位：国家地质实验测试中心。

本部分起草单位：陕西省地质矿产实验研究所。

本部分主要起草人：田萍、董亚妮。

本部分所代替标准的历次版本发布情况为：

——GB/T 14353.8—1993。

铜矿石、铅矿石和锌矿石化学分析方法 第8部分:铋量测定

警示:使用本部分的人员应经过相关专业的技术培训,具有一定的工作经验。本部分并未指出所有可能的安全问题,使用者有责任采取适当的安全和健康措施,并保证符合国家有关法规规定的条件。

1 范围

GB/T 14353的本部分规定了铜矿石、铅矿石和锌矿石中铋量的测定方法。

本部分适用于铜矿石、铅矿石和锌矿石中铋量的测定。

测定范围:0.1 μg/g~200 μg/g的铋。

2 规范性引用文件

下列文件中的条款通过GB/T 14353的本部分的引用而成为本部分的条款,凡是注日期的引用文件,其随后所有的修改单(不包括勘误的内容)或修订版均不适用于本部分,然而,鼓励根据本部分达成协议的各方研究是否可使用这些文件的最新版本。凡是不注日期的引用文件,其最新版本适用于本部分。

GB/T 6682 分析实验室用水规格和试验方法

GB/T 14505 岩石和矿石化学分析方法 总则及一般规定

3 原理

试料用王水分解,在酸性条件下,以硫脲为掩蔽剂,铋与硼氢化钾反应生成氢化铋,由载气(氩气)带入石英原子化器,受热分解为原子态铋,在特制铋空心阴极灯的照射下,基态铋原子被激发至高能态,再活化回到基态时,发射出特征波长的荧光,在一定的浓度范围内,其荧光强度与铋量成正比,与标准系列比较可定量测定元素铋。

4 试剂

本部分除非另有说明,在分析中均使用分析纯试剂和符合GB/T 6682的分析实验室用水。

4.1 盐酸(ρ1.19 g/mL),优级纯。

4.2 硝酸(ρ1.42 g/mL),优级纯。

4.3 王水(1+1):

75 mL盐酸(4.1)加25 mL硝酸(4.2)与100 mL水混合,现用现配。

4.4 盐酸(1+9)。

4.5 硫脲溶液(100 g/L):

称取硫脲10.0 g溶于100 mL水中,混匀,现用现配。

4.6 氢氧化钾溶液(2 g/L):

称取2 g氢氧化钾溶于1 000 mL水中,混匀。

4.7 硼氢化钾溶液(10 g/L):

称取10 g硼氢化钾溶于1 000 mL氢氧化钾溶液(4.6)中,混匀。若有杂质,用脱脂棉过滤备用,现用现配。

4.8 铋标准溶液配制:

a) 铋标准储备溶液[$\rho(Bi)=100.0\ \mu g/mL$]:称取 0.100 0 g 金属铋[$w(Bi)=99.99\%$]于 250 mL 烧杯中,沿杯壁加入 10 mL 硝酸(4.2),加热溶解,微沸除去氮的氧化物,取下冷却,用盐酸溶液(4.4)冲洗表面皿,转入 1 000 mL 容量瓶中,用盐酸(4.4)稀释至刻度,摇匀;

b) 铋标准溶液[$\rho(Bi)=10.0\ \mu g/mL$]:吸取 10.00 mL 铋标准储备溶液[4.8a)]于 100 mL 容量瓶中,用盐酸(4.4)稀释至刻度,摇匀;

c) 铋标准溶液[$\rho(Bi)=0.25\ \mu g/mL$]:移取 2.5 mL 铋标准溶液[4.8b)]于 100 mL 容量瓶中,用盐酸(4.4)定容至刻度,摇匀,此溶液用时现配。

5 仪器

5.1 原子荧光光谱仪,配铋空心阴极灯。

5.2 分析天平:三级,感量 0.1 mg。

6 试样

6.1 按照 GB/T 14505 的相关要求,加工试样的粒径应小于 97 μm。

6.2 试样应在 60 ℃～80 ℃烘箱中干燥 2 h,并置于干燥器中冷却至室温备用。

7 分析步骤

7.1 试料

根据试样中铋量,按表 1 称取试料量,精确至 0.1 mg。

表 1 试料量

铋量/(μg/g)	试料量/g	分取试液体积/mL
<10	0.5	20.00
10～50	0.20	10.00
50～100	0.2	5.00
100～200	0.1	5.00

7.2 空白试验

随同试料进行双份空白试验,所用试剂应取自同一试剂瓶,加入同等量。

7.3 验证试验

随同试料分析同矿种、含量接近的标准物质。

7.4 试料分解

7.4.1 将试料(7.1)置于 50 mL 比色管中,用适量水吹洗管壁,加入 10 mL 王水(4.3)将底部试料摇散,在沸水浴中加热分解 1 h,其间摇动数次,取下冷却,用盐酸(4.4)稀释至刻度,盖紧管塞,摇匀,放置澄清。

7.4.2 根据试样中铋量,按表 1 分取试液(7.4.1)于 50 mL 容量瓶中,加 5 mL 硫脲溶液(4.5)用盐酸(4.4)稀释至刻度,摇匀,放置 20 min。

7.5 校准溶液系列配制

移取 0.00 mL、1.00 mL、2.00 mL、4.00 mL、6.00 mL、8.00 mL 铋标准溶液[4.8c)],分别置于一组 50 mL 容量瓶中,加入 5 mL 硫脲溶液(4.5),用盐酸(4.4)稀释至刻度,摇匀,以下按照分析步骤(7.4.2)进行。

7.6 测定

采用原子荧光光谱仪,按照仪器工作条件,分别测量校准系列溶液和试料溶液中铋的荧光强度,同时进行空白试验溶液和校准试验溶液的测定(参考附录 A)。

7.7 校准曲线绘制

以铋量为横坐标,荧光强度值为纵坐标,绘制校准曲线,从曲线上得到相应的铋量。

8 结果计算

铋量以质量分数 $w(\mathrm{Bi})$计,数值用 μg/g 表示,按下式计算:

$$w(\mathrm{Bi}) = \frac{(m_1 - m_0) \times V}{m \times V_1} \quad \cdots\cdots(1)$$

式中:

m_1——从校准曲线上得到试料溶液中的铋量,单位为微克(μg);

m_0——从校准曲线上得到空白试验溶液的铋量,单位为微克(μg);

V——试料溶液的总体积,单位为毫升(mL);

V_1——分取试料溶液的体积,单位为毫升(mL);

m——试料量,单位为克(g)。

计算结果表示为:0.××、×.××、××.×、×××。

9 精密度

方法精密度见表 2。

表 2 方法精密度

单位为微克每克

元素	水平范围 m	重复性限 r	再现性限 R
Bi	0.209～51.5	r=0.035 4+0.125 4m	R=0.489 1+0.221 0m
注:方法精密度数据由 4 个实验室对 4 个水平的试样进行试验确定。			

附 录 A
（资料性附录）
仪器参考工作条件及共存离子干扰

A.1 仪器参考工作条件

原子荧光光谱仪参考工作条件见表A.1、表A.2。

表A.1 原子荧光光谱仪参考工作条件

灯电流/ mA	负高压/ V	载气流量/ (L/min)	屏蔽气流量/ (L/min)	原子化器的高度/ mm
80	300	400	1 000	8

表A.2 断续流动程序条件

步骤	时间/ s	转速/ (r/min)	读数
1	3	0	NO
2	10	100	NO
3	3	0	NO
4	16	120	YES
5	0	0	NO

A.2 共存离子的干扰情况

在试液中分别共存下列含量的离子，不影响铋的测定：Cu(100 μg/mL)、Pb(500 μg/mL)、Zn(700 μg/mL)、Co(200 μg/mL)、Ni(200 μg/mL)、Cd(5 μg/mL)、Au(1 μg/mL)、Ag(20 μg/mL)、As(16 μg/mL)、Sb(8 μg/mL)、Sn(40 μg/mL)、Se(0.5 μg/mL)、Te(0.4 μg/mL)。

ICS 73.060
D 40

中华人民共和国国家标准

GB/T 14353.9—2010
代替 GB/T 14353.9—1993

铜矿石、铅矿石和锌矿石化学分析方法 第9部分：钼量测定

Methods for chemical analysis of copper ores, lead ores and zinc ores—Part 9: Determination of molybdenum content

2010-11-10 发布　　2011-02-01 实施

中华人民共和国国家质量监督检验检疫总局
中国国家标准化管理委员会　发布

前　言

GB/T 14353《铜矿石、铅矿石和锌矿石化学分析方法》分为18个部分：

——第1部分：铜量测定；

——第2部分：铅量测定；

——第3部分：锌量测定；

——第4部分：镉量测定；

——第5部分：镍量测定；

——第6部分：钴量测定；

——第7部分：砷量测定；

——第8部分：铋量测定；

——第9部分：钼量测定；

——第10部分：钨量测定；

——第11部分：银量测定；

——第12部分：硫量测定；

——第13部分：镓量、铟量和铊量测定；

——第14部分：锗量测定；

——第15部分：硒量测定；

——第16部分：碲量测定；

——第17部分：铊量测定；

——第18部分：铜量、铅量、锌量、钴量和镍量测定。

本部分为GB/T 14353的第9部分。

本部分代替GB/T 14353.9—1993《铜矿石、铅矿石和锌矿石化学分析方法　钼的测定》。

本部分与GB/T 14353.9—1993相比，主要变化如下：

——增加了警示、警告内容；

——修改了试样干燥温度；

——删除原附录B(补充件)醋酸丁酯萃取——硫氰酸盐光度法测定钼。

本部分附录A为资料性附录。

本部分由中华人民共和国国土资源部提出。

本部分由全国国土资源标准化技术委员会归口。

本部分起草单位：陕西省地质矿产实验研究所。

本部分主要起草人：罗振岐、胡建平、牟乃仓。

本部分所代替标准的历次版本发布情况为：

——GB/T 14353.9—1993。

铜矿石、铅矿石和锌矿石化学分析方法
第9部分:钼量测定

警示:使用本部分的人员应有正规实验室工作的实践经验。本部分并未指出所有可能的安全问题。使用者有责任采取适当的安全和健康措施,并保证符合国家有关法规规定的条件。

1 范围

GB/T 14353的本部分规定了铜矿石、铅矿石、锌矿石中钼量的测定方法。

本部分适用于铜矿石、铅矿石、锌矿石中钼量的测定。

测定范围:极谱法 0.5 μg/g~10 μg/g 的钼;硫氰酸盐光度法 0.005%~2%的钼。

2 规范性引用文件

下列文件中的条款通过本部分的引用而成为本部分的条款,凡是注日期的引用文件,其随后所有的修改单(不包括勘误的内容)或修订版均不适用于本部分,然而,鼓励根据本部分达成协议的各方研究是否可使用这些文件的最新版本。凡是不注日期的引用文件,其最新版本适用于本部分。

GB/T 6682 分析实验室用水规格和试验方法

GB/T 14505 岩石和矿石化学分析方法 总则及一般规定

3 硫酸-苯羟乙酸-辛可宁-氯酸钾体系极谱法

3.1 原理

试料经碱熔分解,热水提取。铁、钛、钴、镍等元素呈氢氧化物沉淀与钼分离,在硫酸-苯羟乙酸-辛可宁-氯酸钾体系中,钼产生灵敏的极谱催化波。在极谱仪上,起始电位为-0.02 V(饱和甘汞电极为参比),峰电位为-0.28 V处,用极谱仪导数部分测量峰电流值,计算钼量。

3.2 试剂

本部分除非另有说明,在分析中均使用分析纯试剂和符合GB/T 6682的分析实验室用水。

3.2.1 过氧化钠。

3.2.2 氢氧化钠。

3.2.3 无水乙醇。

3.2.4 硫酸(1+1),**警告:不当的稀释会发生危险!**

3.2.5 苯羟乙酸溶液(100 g/L):

称取10 g苯羟乙酸,加入50 mL水,微热助溶(如有混浊须过滤入100 mL容量瓶中,并用水洗涤滤纸),稀释至刻度,摇匀。

3.2.6 辛可宁溶液(4 g/L):

称取0.4 g辛可宁,加入4滴硫酸(3.2.4),加水溶解后,移入100 mL容量瓶中,用水稀释至刻度,摇匀。

3.2.7 氯酸钾溶液(60 g/L):

称取30 g氯酸钾,加入400 mL水,加热溶解,冷却后稀释至500 mL,搅匀。

3.2.8 钼标准溶液配制:

a) 钼标准储备溶液[$\rho(Mo)=100.0\ \mu g/mL$]:称取0.150 0 g三氧化钼(99.99%)(500 ℃灼烧1 h,冷却备用),置于100 mL烧杯中,加入10 mL氢氧化钠溶液(200 g/L)溶解,用硫酸(3.2.4)

中和,冷却后用水移入 1 000 mL 容量瓶中并稀释至刻度,摇匀;

b) 钼标准溶液[ρ(Mo)=10.0 μg/mL]:移取 50.00 mL 钼标准储备溶液[3.2.8a)],置于 500 mL 容量瓶中,用水稀释至刻度,摇匀;

c) 钼标准溶液[ρ(Mo)=1.0 μg/mL]:移取 50.00 mL 钼标准溶液[3.2.8b)],置于 500 mL 容量瓶中,用水稀释至刻度,摇匀;

d) 钼标准溶液[ρ(Mo)=0.1 μg/mL]:移取 50.00 mL 钼标准溶液[3.2.8c)],置于 500 mL 容量瓶中,用水稀释至刻度,摇匀,用时现配。

3.2.9 甲基橙溶液(1 g/L)。

3.3 仪器和设备

3.3.1 示波极谱仪。

3.3.2 参比电极:饱和甘汞电极。

3.3.3 石墨坩埚或优质高铝坩埚、银坩埚。

3.3.4 分析天平:三级,感量 0.1 mg。

3.4 试样

3.4.1 按照 GB/T 14505 的相关要求,加工试样的粒径应小于 97 μm。

3.4.2 试样在 60 ℃~80 ℃烘箱中干燥 2 h~4 h,并置于干燥器中冷却至室温备用。

3.5 分析步骤

3.5.1 试料

称取 0.5 g 试料,精确至 0.1 mg。

3.5.2 空白试验

随同试料进行空白试验,所用试剂取自同一试剂瓶,加入同等的量。将空白试验溶液合并,定容至 100 mL,供配制标准系列用。

3.5.3 验证试验

随同试料分析同矿种、含量相近的标准物质。

3.5.4 试料分解

3.5.4.1 将试料(3.5.1)置于石墨坩埚(或优质刚玉坩埚或银坩埚)中,加入 3 g 过氧化钠(3.2.1),搅匀,再覆盖一层(约 1 g)或加入 3 g 氢氧化钠(3.2.2)和 1 g 过氧化钠(3.2.1),置于高温炉中,升温至 700 ℃,熔融 10 min,取出冷却。

注 1:采用银坩埚熔解试料,高温炉经过严格校验。

注 2:试料中含硫量高时,先在高温炉中逐步升温至 500 ℃,再灼烧 1 h。

3.5.4.2 将坩埚置于 250 mL 烧杯中,加入 70 mL 沸水及几滴无水乙醇(3.2.3),立即盖上表面皿,置于高温电热板上煮沸 5 min~10 min,取下冷却。用适量水洗去表面皿,洗出坩埚,用水移入 100 mL 容量瓶中,并稀释至刻度,摇匀。放置澄清(或干过滤)。

注:试料经过氧化钠熔融分解,用热水提取,Fe、Ti、Mn、Cu、Ni、Co 等呈氢氧化物沉淀而与 Mo 分离。与 Mo 共同进入溶液的有 Cr、V、Al、Si、Pb、Zn 等。

3.5.4.3 分取 10.00 mL 上层清液或干过滤溶液,置于 25 mL 容量瓶中,加入 1 滴甲基橙溶液(3.2.9),用硫酸(3.2.4)中和至变色并过量 1 mL,冷却。加入 0.5 mL 苯羟乙酸溶液(3.2.5)和 0.5 mL 辛可宁溶液(3.2.6),摇匀;再加入 10 mL 氯酸钾溶液(3.2.7),用水稀释至刻度,摇匀。放置 30 min ,在 2 h 之内完成测量。

3.5.5 校准溶液系列配制

移取 0.00 mL、0.25 mL、0.50 mL、1.00 mL、2.00 mL、3.00 mL、4.00 mL、5.00 mL 钼标准溶液[3.2.8d)],分别置于一组 25 mL 容量瓶中,加入 5 mL 空白试验溶液(3.5.2),以下同分析步骤(3.5.4.3)。

3.5.6 测定

警告：因汞极易挥发，其蒸汽剧毒！进入极谱测定间，应先打开通风设备（排风口应在房间的下部），保持室内空气流通，并小心操作！汞中毒的预防和对滴落汞的处理参见附录A。

分取部分试料溶液(3.5.4.3)于电解池中，选择适当的电流倍率，用示波极谱仪导数部分进行测定，起始电位为－0.02 V(饱和甘汞电极为参比)，测量峰电流值，同时进行校准系列溶液、空白试验溶液和验证试验溶液的测定。

注：示波极谱仪在测定结束后，取出测定液器皿，放下汞杯，以防止毛细管汞倒吸。

3.5.7 校准曲线绘制

以钼量为横坐标，峰电流为纵坐标，绘制校准曲线，从校准曲线上得到相应的钼量。

3.6 结果计算

钼量以质量分数 $w(\mathrm{Mo})$ 计，数值用 μg/g 表示。按式(1)计算：

$$w(\mathrm{Mo}) = \frac{(m_1 - m_0)V}{mV_1} \qquad \cdots\cdots(1)$$

式中：

m_1——从校准曲线上得到分取试料溶液中的钼量，单位为微克(μg)；

m_0——从校准曲线上得到空白试验溶液中的钼量，单位为微克(μg)；

V——试料溶液总体积，单位为毫升(mL)；

m——试料量，单位为克(g)；

V_1——分取试料溶液体积，单位为毫升(mL)。

计算结果表示到小数点后两位。

3.7 精密度

极谱法测定钼量的精密度见表1。

表1 极谱法测定钼量的精密度

单位为微克每克

元　素	水平范围 m	重复性限 r	再现性限 R
Mo	0.4～2.72	r=0.141 4+0.052 2m	R=0.313 9+0.165 4m
注：精密度数据由4个实验室对4个水平的试样进行试验后确定。			

4 硫氰酸盐光度法

4.1 原理

试料经碳酸钠-过氧化钠熔融，水浸取，过滤。滤液在6%～10%的硫酸介质中以铜盐催化，用硫脲将Mo(Ⅵ)还原至Mo(Ⅴ)，Mo(Ⅴ)与硫氰酸盐结合生成可溶性桔红色硫氰酸钼络合物，在分光光度计上，于波长460 nm处，测定吸光度，计算钼量。

4.2 试剂

本部分除非另有说明，在分析中均使用分析纯试剂和符合GB/T 6682的分析实验室用水。

4.2.1 碳酸钠。

4.2.2 过氧化钠。

4.2.3 三氧化二铁。

4.2.4 氨水(1+99)。

4.2.5 硫酸-硫酸铜溶液：

称取4.0 g硫酸铜($CuSO_4 \cdot 5H_2O$)，加入500 mL水，搅拌溶解后，加入500 mL硫酸(ρ1.84 g/mL)，搅匀，冷却，用水稀释至1 000 mL，摇匀。

4.2.6 硫脲溶液(60 g/L)。

4.2.7 硫氰酸钾溶液(250 g/L)。

4.2.8 钼标准溶液[ρ(Mo)=100.0 μg/mL]:

称取 0.150 0 g 三氧化钼(99.99%)(500 ℃灼烧 1 h,冷却备用),置于 100 mL 烧杯中,加入 10 mL 氢氧化钠溶液(200 g/L)溶解,用硫酸(3.2.4)中和,冷却后用水移入 1 000 mL 容量瓶中并稀释至刻度摇匀。

4.3 仪器和设备

4.3.1 分光光度计。

4.3.2 刚玉坩埚。

4.3.3 高温炉。

4.3.4 分析天平:三级,感量 0.1 mg。

4.4 试样

4.4.1 按照 GB/T 14505 的相关要求,加工试样的粒径应小于 97 μm。

4.4.2 试样在 60 ℃~80 ℃烘箱中干燥 2 h~4 h,并置于干燥器中冷却至室温备用。

4.5 分析步骤

4.5.1 试料

根据试样中钼量,按表 2 称取试料量,精确至 0.1 mg。

表 2 试料量

钼量/%	试料量/g	试液总体积/mL	分取试液体积/mL
0.005~0.010	0.3	—	—
0.01~0.1	0.2	—	—
0.1~1	0.1	100	25.00
1~2	0.1	100	10.00

4.5.2 空白试验

随同试料进行双份空白试验,所用试剂应取自同一试剂瓶,加入同等的量。

4.5.3 验证试验

随同试料分析同矿种、含量相近的标准物质。

4.5.4 试料分解

4.5.4.1 称取试料(4.5.1),置于预先盛有 30 mg 三氧化二铁(4.2.3)的 10 mL 刚玉坩埚中,加入 0.5 g 碳酸钠(4.2.1),2 g 过氧化钠(4.2.2),用尖头玻璃棒搅匀,上面覆盖约 0.5 g 过氧化钠(4.2.2),置于预先升温至 700 ℃的高温炉中,在 650 ℃~700 ℃熔融 10 min,使坩埚内熔融物呈透明流体时,取出,冷却。

注 1:使用银坩埚熔融分解试料时,高温炉经严格校验。

注 2:试料中含硫量高时,先在高温炉中逐步升高温度至 500 ℃灼烧 1 h。

4.5.4.2 将坩埚置于 100 mL 烧杯中,盖上表面皿,加入 80 ℃~90 ℃热水约 30 mL,待坩埚内熔融体全部脱落后,用适量水冲洗表面皿,洗出坩埚,盖上表面皿,置于小电炉煮沸 2 min~3 min(如溶液呈绿色应加入数滴无水乙醇使锰的绿色褪去),直至无小气泡产生时取下。以流水冷却,用少量水冲洗表面皿,将体积控制在 30 mL~35 mL 左右,用中速滤纸过滤入 100 mL 容量瓶中,用氨水(4.2.4)冲洗烧杯两次,洗涤沉淀 5 次~6 次,此时滤液体积不应超过 57 mL。

注:试料经过氧化钠熔融分解,用热水提取,Fe、Ti、Mn、Cu、Ni、Co 等呈氢氧化物沉淀而与 Mo 分离。与 Mo 共同进入溶液的有 Cr、V、Al、Si、Pb、Zn 等。

4.5.4.3 钼含量大于 0.1%时,应先往试液(4.5.4.2)中加入 20 mL 硫酸-硫酸铜溶液(4.2.5),流水冷却并稀释至刻度,摇匀,按照表 2 分取试液,置于 100 mL 容量瓶中。

4.5.4.4 钼含量小于 0.1%时,直接向试液(4.5.4.2)中加入 18 mL 混合液(4.2.5),流水冷却后,加入

15 mL 硫脲溶液(4.2.6),放置 5 min,加入 8 mL 硫氰酸钾溶液(4.2.7),用水稀释至刻度,摇匀,放置 15 min。

4.5.5 校准溶液系列配制

移取 0.00 mL、0.20 mL、0.40 mL、0.60 mL、1.00 mL、1.50 mL、2.00 mL、2.50 mL 钼标准溶液(4.2.8),分别置于一组 100 mL 容量瓶中,用水稀释至约 50 mL,加入 18 mL 混合液(4.2.5),流水冷却,以下按照分析步骤(4.5.4.4)进行操作。

4.5.6 测定

选择波长 460 nm,用 3 cm 比色皿,以试剂空白为参比,用分光光度计分别测量校准系列溶液和试料液的吸光度值,同时进行验证试验溶液和空白试验溶液的测定。

注:室温 15 ℃～20 ℃时,硫氰酸钼络合物在 5 min 内显色完全,2 h 内稳定。如室温高于 30 ℃,将会加速硫氰酸盐的聚合,使分析结果偏低,因此在 1 h 内完成测量。

4.5.7 校准曲线绘制

以钼量为横坐标,吸光度值为纵坐标,绘制校准曲线,从校准曲线上得到相应的钼量。

4.6 结果计算

钼的含量以质量分数 $w(\mathrm{Mo})$ 计,数值用%表示。按式(2)计算:

$$w(\mathrm{Mo})=\frac{(m_1-m_0)V\times10^{-6}}{mV_1}\times100 \quad\cdots\cdots(2)$$

式中:

m_1——从校准曲线上得到分取试料溶液中的钼量,单位为微克(μg);

m_0——从校准曲线上得到空白试验溶液中的钼量,单位为微克(μg);

V——试料溶液总体积,单位为毫升(mL);

m——试料量,单位为克(g);

V_1——分取试料溶液体积,单位为毫升(mL)。

计算结果表示为:0.00××、0.×××、×.××。

4.7 精密度

硫氰酸盐光度法测定钼量的精密度见表 3。

表 3　硫氰酸盐光度法测定钼量的精密度

%

元　素	水平范围 m	重复性限 r	再现性限 R
Mo	0.004 9～1.47	$r=8.7912+0.0223m$	$R=1.3205m^{0.6560}$
注:精密度数据由 4 个实验室对 4 个水平的试样进行试验确定。			

附　录　A
（资料性附录）
汞中毒的预防和处理

A.1　当测定液器皿有汞滴存在时，应小心收集，统一存放。汞应储存于厚壁带塞的瓷瓶或玻璃瓶中，每瓶不易放得太多，以免过重使瓶破碎，为减少汞的蒸发，在瓶中加入少量水或甘油。汞的操作最好在搪瓷盘中进行。

A.2　对溅落于工作台面或地面的汞，应尽可能的收集起来。颗粒直径大于 1 mm 的汞可用滴管吸取。把散落的汞全部收拾后，再撒上硫磺或漂白粉等物质粉末。

ICS 73.060
D 40

中华人民共和国国家标准

GB/T 14353.10—2010
代替 GB/T 14353.10—1993

铜矿石、铅矿石和锌矿石化学分析方法 第10部分：钨量测定

Methods for chemical analysis of copper ores, lead ores and zinc ores—
Part 10: Determination of tungsten content

2010-11-10 发布　　2011-02-01 实施

中华人民共和国国家质量监督检验检疫总局
中国国家标准化管理委员会　发布

前 言

GB/T 14353《铜矿石、铅矿石和锌矿石化学分析方法》分为 18 个部分：

——第 1 部分：铜量测定；

——第 2 部分：铅量测定；

——第 3 部分：锌量测定；

——第 4 部分：镉量测定；

——第 5 部分：镍量测定；

——第 6 部分：钴量测定；

——第 7 部分：砷量测定；

——第 8 部分：铋量测定；

——第 9 部分：钼量测定；

——第 10 部分：钨量测定；

——第 11 部分：银量测定；

——第 12 部分：硫量测定；

——第 13 部分：镓量、铟量和铊量测定；

——第 14 部分：锗量测定；

——第 15 部分：硒量测定；

——第 16 部分：碲量测定；

——第 17 部分：铊量测定；

——第 18 部分：铜量、铅量、锌量、钴量和镍量测定。

本部分为 GB/T 14353 的第 10 部分。

本部分代替 GB/T 14353.10—1993《铜矿石、铅矿石和锌矿石化学分析方法　硫酸-苯羟乙酸-辛可宁-氯酸钾底液催化极谱法测定钨量》。

本部分与 GB/T 14353.10—1993 相比，主要变化如下：

——增加了警示、警告内容；

——修改了试样干燥温度。

本部分附录 A 为资料性附录。

本部分由中华人民共和国国土资源部提出。

本部分由全国国土资源标准化技术委员会归口。

本部分负责起草单位：国家地质实验测试中心。

本部分起草单位：陕西省地质矿产实验研究所。

本部分主要起草人：罗振岐、胡建平、牟乃仓。

本部分所代替标准的历次版本发布情况为：

——GB/T 14353.10—1993。

铜矿石、铅矿石和锌矿石化学分析方法
第10部分：钨量测定

警示：使用本部分的人员应有正规实验室工作的实践经验。本部分并未指出所有可能的安全问题。使用者有责任采取适当的安全和健康措施，并保证符合国家有关法规规定的条件。

1 范围

GB/T 14353的本部分规定了铜矿石、铅矿石和锌矿石中钨量的测定方法。

本部分适用于铜矿石、铅矿石和锌矿石中钨量的测定。

测定范围：1 μg/g～200 μg/g的钨。

2 规范性引用文件

下列文件中的条款通过GB/T 14353的本部分的引用而成为本部分的条款，凡是注日期的引用文件，其随后所有的修改单(不包括勘误的内容)或修订版均不适用于本部分，然而，鼓励根据本部分达成协议的各方研究是否可使用这些文件的最新版本。凡是不注日期的引用文件，其最新版本适用于本部分。

GB/T 6682 分析实验室用水规格和试验方法

GB/T 14505 岩石和矿石化学分析方法 总则及一般规定

3 原理

试料经碱熔分解，热水提取。铁、钛、钴、镍等元素呈氢氧化物沉淀与钨分离，在硫酸-苯羟乙酸-辛可宁-氯酸钾体系中，钨产生灵敏的极谱催化波。在极谱仪上，起始电位为－0.5 V(以甘汞电极为参比电极)，峰电位约为－0.76 V(对饱和甘汞电极)处，用极谱仪导数部分测量峰电流，计算钨量。

4 试剂

本部分除非另有说明，在分析中均使用分析纯试剂和符合GB/T 6682的分析实验室用水。

4.1 过氧化钠。

4.2 无水乙醇。

4.3 硫酸(1＋1)，**警告：不当的稀释会发生危险！**

4.4 苯羟乙酸溶液(100 g/L)。

4.5 氯酸钾溶液(60 g/L)。

4.6 辛可宁溶液(4 g/L)：

称取0.4 g辛可宁，滴加硫酸(4.3)，用水移入100 mL容量瓶中，并稀释至刻度，摇匀。

4.7 钨标准溶液配制：

a) 钨标准储备溶液[$\rho(W)$＝200.0 μg/mL]：称取0.126 1 g三氧化钨(99.99%)，置于100 mL烧杯中，加入50 mL氢氧化钠溶液(200 g/L)溶解，用水移入500 mL容量瓶中，并稀释至刻度，摇匀。立即转入塑料瓶中保存，备用；

b) 钨标准溶液[$\rho(W)$＝20.0 μg/mL]：移取50.00 mL钨标准储备溶液[4.7a)]，置于500 mL容量瓶中，用水稀释至刻度，摇匀，备用；

c) 钨标准溶液[$\rho(W)$＝2.0 μg/mL]：移取50.00 mL钨标准溶液[4.7b)]，置于500 mL容量瓶

中，加入4.5 mL氢氧化钠溶液(200 g/L)，用水稀释至刻度，摇匀；

d) 钨标准溶液[ρ(W)=0.2 μg/mL]：移取50.00 mL钨标准溶液[4.7c)]，置于500 mL容量瓶中，加入4.5 mL氢氧化钠溶液(200 g/L)，用水稀释至刻度，摇匀，此溶液用时现配。

4.8 甲基橙溶液(1 g/L)。

5 仪器和设备

5.1 示波极谱仪，参比电极：饱和甘汞电极。

5.2 分析天平：三级，感量0.1 mg。

5.3 石墨坩埚或优质高铝坩埚、银坩埚。

6 试样

6.1 按照GB/T 14505的相关要求，加工试样的粒径应小于97 μm。

6.2 试样在60 ℃～80 ℃烘箱中干燥2 h～4 h，并置于干燥器中冷却至室温备用。

7 分析步骤

7.1 试料

称取0.5 g试料。

7.2 空白试验

随同试料做双份空白试验，所用试剂取自同一试剂瓶，加入同等的量。将两份试剂空白溶液合并，定容于100 mL容量瓶(供配制校准系列溶液用)。

注：校准系列中加入相应的空白试验溶液，抵消催化极谱体系产生硫酸钠对钨极谱峰的干扰。

7.3 验证试验

随同试料分析同类型矿种、含量接近的标准物质。

7.4 试料分解

7.4.1 将试料(7.1)置于高铝坩埚(或石墨坩埚或银坩埚)，加入3 g过氧化钠(4.1)，搅匀，再覆盖一层。将坩埚置于高温炉中，升温至700 ℃，熔融10 min，取出冷却。

注：试料含硫量高，先在高温炉中逐步升高温度至500 ℃灼烧1 h。

7.4.2 将坩埚置于250 mL烧杯中，加入70 mL沸水，再加几滴无水乙醇(4.2)，立即盖上表面皿，置于高温电热板上，煮沸5 min～10 min，用适量水洗去表面皿，洗出坩埚，冷却，用水移入100 mL容量瓶中，并稀释至刻度，摇匀，放置澄清或干过滤。

7.4.3 分取10 mL上层清液或干过滤溶液(7.4.2)，置于25 mL容量瓶中，加入1滴甲基橙溶液(4.8)，用硫酸(4.3)中和至溶液变成红色并过量1 mL，冷却。加入0.5 mL苯羟乙酸溶液(4.4)，0.5 mL辛可宁溶液(4.6)及10 mL氯酸钾溶液(4.5)，用水稀释至刻度，摇匀。放置30 min，在2 h之内完成测量。

注：含钨量小于2 μg/g的试样，可改用加入6 mL氯酸钠溶液(250 g/L)代替加入10 mL氯酸钾溶液(60 g/L)。

7.5 校准溶液系列配制

移取0.00 mL、0.25 mL、0.50 mL、1.00 mL、2.00 mL、3.00 mL、4.00 mL、5.00 mL钨标准溶液[4.7d)]，置于一组25 mL容量瓶中，加入5 mL空白溶液(7.2)，以下按分析步骤(7.4.3)进行。

注：试样含钨量大于20 μg/g时，改用[4.7c)]标准溶液。

7.6 测量

警告：因汞极易挥发，其蒸汽剧毒！进入极谱测定间，应先打开通风设备(排风口应在房间的下部)，保持室内空气流通，并小心操作！汞中毒的预防和处理参见附录A。

将部分试液(7.4.3)倒入电解池中，选择适当的电流倍率，用示波极谱仪导数部分进行测定，起始电位为−0.5 V(以甘汞电极为参比电极),记录峰电流值,同时进行校准系列溶液和验证试验溶液的测定。

7.7 校准曲线绘制

以钨量为横坐标,峰电流值为纵坐标,绘制较准曲线,从校准曲线上得到相应的钨量。

8 结果计算

钨的含量以质量分数 $w(\mathrm{W})$ 计,数值用 μg/g 表示,按下式计算:

$$w(\mathrm{W})=\frac{m_1V}{mV_1} \qquad \cdots\cdots(1)$$

式中:

m_1——从校准曲线上查得分取试料溶液中的钨量,单位为微克(μg);

V——试料溶液总体积,单位为毫升(mL);

m——试料量,单位为克(g);

V_1——分取试料溶液体积,单位为毫升(mL)。

计算结果表示为:×.××,××.×,×××。

9 精密度

方法精密度见表1。

表 1 方法精密度

单位为微克每克

元　素	含量范围 m	重复性限 r	再现性限 R
W	1.27～29.4	$r=-0.0042+0.0970m$	$R=0.5061+0.2419m$
注:方法精密度由4个实验室对4个水平的试样进行试验确定。			

附 录 A
（资料性附录）
汞中毒的预防和处理

A.1 当测定液器皿有汞滴存在时，应小心收集，统一存放。汞应储存于厚壁带塞的瓷瓶或玻璃瓶中，每瓶不易放得太多，以免过重使瓶破碎，为减少汞的蒸发，在瓶中加入少量水或甘油。汞的操作最好在搪瓷盘中进行，以减少撒落机会。

A.2 对溅落于工作台面或地面的汞，应尽可能的收集起来。颗粒直径大于 1 mm 的汞可用滴管吸取。把散落的汞全部收拾后，再撒上硫磺或漂白粉等物质粉末。

ICS 73.060
D 40

中华人民共和国国家标准

GB/T 14353.11—2010
代替 GB/T 14353.11—1993

铜矿石、铅矿石和锌矿石化学分析方法 第11部分：银量测定

Methods for chemical analysis of copper ores, lead ores and zinc ores—Part 11: Determination of silver content

2010-11-10 发布　　2011-02-01 实施

中华人民共和国国家质量监督检验检疫总局
中国国家标准化管理委员会　发布

前　言

GB/T 14353《铜矿石、铅矿石和锌矿石化学分析方法》分为18个部分：

——第1部分：铜量测定；

——第2部分：铅量测定；

——第3部分：锌量测定；

——第4部分：镉量测定；

——第5部分：镍量测定；

——第6部分：钴量测定；

——第7部分：砷量测定；

——第8部分：铋量测定；

——第9部分：钼量测定；

——第10部分：钨量测定；

——第11部分：银量测定；

——第12部分：硫量测定；

——第13部分：镓量、铟量和铊量测定；

——第14部分：锗量测定；

——第15部分：硒量测定；

——第16部分：碲量测定；

——第17部分：铊量测定；

——第18部分：铜量、铅量、锌量、钴量和镍量测定。

本部分为GB/T 14353的第11部分。

本部分代替GB/T 14353.11—1993《铜矿石、铅矿石和锌矿石化学分析方法　火焰原子吸收分光光度法测定银量》。

本部分与GB/T 14353.11—1993相比，主要变化如下：

——增加了警示、警告内容；

——修改了试样干燥温度。

本部分附录A为资料性附录。

本部分由中华人民共和国国土资源部提出。

本部分由全国国土资源标准化技术委员会归口。

本部分负责起草单位：国家地质实验测试中心。

本部分起草单位：陕西省地质矿产实验研究所。

本部分主要起草人：王龙山、李小寒。

本部分所代替标准的历次版本发布情况为：

——GB/T 14353.11—1993。

铜矿石、铅矿石和锌矿石化学分析方法 第 11 部分：银量测定

警示：使用本标准的人员应经过相关专业的技术培训，具有一定的工作经验。本标准并未指出所有可能的安全问题，使用者有责任采取适当的安全和健康措施，并保证符合国家有关法规规定的条件。

1 范围

GB/T 14353 的本部分规定了铜矿石、铅矿石和锌矿石中银量的测定方法。

本部分适用于铜矿石、铅矿石和锌矿石中银量的测定。

测定范围：10 μg/g～500 μg/g 的银。

2 规范性引用文件

下列文件中的条款通过 GB/T 14353 的本部分的引用而成为本部分的条款，凡是注日期的引用文件，其随后所有的修改单（不包括勘误的内容）或修订版均不适用于本部分，然而，鼓励根据本部分达成协议的各方研究是否可使用这些文件的最新版本。凡是不注日期的引用文件，其最新版本适用于本部分。

GB/T 6682 分析实验室用水规格和试验方法

GB/T 14505 岩石和矿石化学分析方法 总则及一般规定

3 原理

试料经 600 ℃灼烧后，先用氢氟酸、高氯酸分解、蒸干。再用王水溶至糊状，氨水浸取。在 20％氨水介质中，使用空气-乙炔火焰，于波长 324.7 nm 处，用原子吸收分光光度计测量吸光度，计算银量。

4 试剂

本部分除非另有说明，在分析中均使用分析纯试剂和符合 GB/T 6682 的分析实验室用水。

4.1 高氯酸（ρ1.67 g/mL），**警告：易爆品，小心操作！**

4.2 氢氟酸（ρ1.13 g/mL），**警告：氢氟酸有毒，具有强腐蚀性，操作时应戴手套，防止与皮肤接触！**

4.3 盐酸（ρ1.19 g/mL）。

4.4 王水（$HCl+HNO_3=3+1$），新鲜配制。

4.5 氨水（1＋1）。

4.6 氨水（2＋8）。

4.7 银标准溶液配制：

a) 银标准储备溶液［ρ(Ag)＝200.0 μg/mL］：称取 0.157 5 g 硝酸银（优级纯）（在 105 ℃～110 ℃下干燥 2 h），置于 200 mL 烧杯中，加入氨水（4.6）溶解完全，并用氨水（4.6）移入 500 mL 棕色容量瓶中，稀释至刻度，摇匀；

b) 银标准溶液［ρ(Ag)＝20.0 μg/mL］：移取 20.00 mL 银标准储备溶液［4.7a)］，置于 200 mL 容量瓶中，用氨水（4.6）稀释至刻度，摇匀；

c) 银标准工作溶液［ρ(Ag)＝5.0 μg/mL］：移取 25.00 mL 银标准溶液［4.7b)］，置于 100 mL 容量瓶中，用氨水（4.6）稀至刻度，摇匀。

5 仪器

5.1 原子吸收分光光度计,配银元素空心阴极灯。

5.2 分析天平:三级,感量0.1 mg。

6 试样

6.1 按照GB/T 14505的相关要求,加工试样的粒径应小于97 μm。

6.2 试样在60 ℃～80 ℃烘箱中干燥2 h～4 h,并置于干燥器中冷却至室温备用。

7 分析步骤

7.1 试料

根据试样中银量,按表1称取试料量,精确至0.1 mg。

表1 试料量

银量/ (μg/g)	试料量/ g
10～200	1.0
＞200～400	0.5
＞400～500	0.2

7.2 空白试验

随同试料进行双份空白试验,所用试剂应取自同一试剂瓶,加入同等的量。

7.3 验证试验

随同试料分析同矿种、含量接近的标准物质。

7.4 试料分解

7.4.1 将试料(7.1)置于30 mm×60 mm的瓷舟中,铺展成薄层。放入高温炉内,升温至600 ℃左右,灼烧1 h～2 h,取下冷却。转入100 mL聚四氟乙烯塑料烧杯中,滴加适量水润湿样品。加入5 mL～10 mL氢氟酸(4.2),1 mL～2 mL高氯酸(4.1),将样品摇散,置于中温电热板上,加热分解,直至高氯酸白烟冒尽。取下稍冷,加入2 mL王水(4.4),置于低温电热板上,蒸至糊状(残余约0.5 mL酸液),取下冷却。

7.4.2 用10 mL氨水(4.5)分2次～3次浸取酸溶糊状物样品(7.4.1),转入25 mL带塞比色管中,再分次用适量水洗净塑料烧杯,一同转入比色管内,用水稀释至刻度,摇匀,澄清。

注:试液中氨水溶液浓度控制在10%～20%。

7.5 校准溶液系列配制

移取0.00 mL、0.50 mL、1.00 mL、2.00 mL银标准工作溶液[4.7c)]或0.00 mL、2.50 mL、5.00 mL、10.00 mL银标准溶液[4.7b)](视试料中银量而定),分别置于一组25 mL带塞比色管内,用氨水(4.6)稀释至刻度,摇匀。

7.6 测定

警告:应按照原子吸收分光光度仪的使用规定点燃或熄灭空气-乙炔火焰,以避免可能引起的爆炸危险。

使用原子吸收分光光度计,按照仪器工作条件,采用塞曼效应或连续光谱灯进行背景校正。分别测量校准系列溶液和试料溶液中银的吸光度值,同时进行空白试验溶液和验证试验溶液的测定(参考附录A)。

7.7 校准曲线绘制

以银量为横坐标，吸光度为纵坐标，绘制校准曲线，从校准曲线上得到相应的银量。

8 结果计算

银的含量以质量分数 $w(\mathrm{Ag})$ 计，数值用 μg/g 表示，按下式计算：

$$w(\mathrm{Ag})=\frac{(m_1-m_0)}{m} \quad\cdots\cdots(1)$$

式中：

m_1——从校准曲线上得到的试料溶液中的银量，单位为微克(μg)；

m_0——从校准曲线上得到的空白试验溶液的银量，单位为微克(μg)；

m——试料量，单位为克(g)。

计算结果表示为：X. X、XX. X、XXX。

9 精密度

方法精密度见表 2。

表 2 方法精密度

单位为微克每克

元 素	水平范围 m	重复性限 r	再现性限 R
Ag	10.6～165	$r=0.5628+0.0648m$	$R=0.0967+0.2449m$
注：精密度数据由 4 个实验室对 4 个水平的试样进行试验确定。			

附 录 A
（资料性附录）
仪器工作参考条件及有关说明

A.1 原子吸收分光光度计参考工作条件

原子吸收分光光度计参考工作条件参见表 A.1。

表 A.1 原子吸收分光光度计的参考工作条件

波长/ nm	灯电流/ mA	单色器通带/ nm	燃烧器高度/ mm	空气压力/ MPa	乙炔压力/ MPa
328.1	7.5	2.6	7.5	0.16	0.03

A.2 有关说明

A.2.1 样品经过酸溶、氨水浸提，在银浓度 $w(Ag)=0.4\ \mu g/mL$ 的试液中，下列含量的共存离子未发现明显的干扰：Cu(2 mg/mL)，Pb(6.4 mg/mL)，Zn(20 mg/mL)，Ca(16 mg/mL)，Fe(16 mg/mL)，Cd(0.8 mg/mL)，Ni(0.6 mg/mL)。

ICS 73.060
D 40

中华人民共和国国家标准

GB/T 14353.12—2010
代替 GB/T 14353.12—1993

铜矿石、铅矿石和锌矿石化学分析方法 第12部分：硫量测定

Methods for chemical analysis of copper ores, lead ores and zinc ores—Part 12: Determination of sulfur content

2010-11-10 发布　　2011-02-01 实施

中华人民共和国国家质量监督检验检疫总局
中国国家标准化管理委员会　发布

前　言

GB/T 14353《铜矿石、铅矿石和锌矿石化学分析方法》分为18个部分：

——第1部分：铜量测定；

——第2部分：铅量测定；

——第3部分：锌量测定；

——第4部分：镉量测定；

——第5部分：镍量测定；

——第6部分：钴量测定；

——第7部分：砷量测定；

——第8部分：铋量测定；

——第9部分：钼量测定；

——第10部分：钨量测定；

——第11部分：银量测定；

——第12部分：硫量测定；

——第13部分：镓量、铟量和铊量测定；

——第14部分：锗量测定；

——第15部分：硒量测定；

——第16部分：碲量测定；

——第17部分：铊量测定；

——第18部分：铜量、铅量、锌量、钴量和镍量测定。

本部分为GB/T 14353的第12部分。

本部分代替GB/T 14353.12—1993《铜矿石、铅矿石和锌矿石化学分析方法　硫的测定》。

本部分与GB/T 14353.12—1993相比，主要变化如下：

——增加了警示、警告内容；

——修改了试样干燥温度；

——修改了试料量表(原标准中的表1、表3)；

——增加了高温燃烧中和法。

本部分附录A为资料性附录。

本部分由中华人民共和国国土资源部提出。

本部分由全国国土资源标准化技术委员会归口。

本部分负责起草单位：国家地质实验测试中心。

本部分起草单位：陕西省地质矿产实验研究所。

本部分主要起草人：胡建平、牟乃仓、王晓雁。

本部分所代替标准的历次版本发布情况为：

——GB/T 14353.12—1993。

铜矿石、铅矿石和锌矿石化学分析方法 第12部分：硫量测定

警示：使用本部分的人员应有正规实验室工作的实践经验。本部分并未指出所有可能的安全问题。使用者有责任采取适当的安全和健康措施，并保证符合国家有关法规规定的条件。

1 范围

GB/T 14353 的本部分规定了铜矿石、铅矿石和锌矿石中硫量的测定方法。

本部分适用于铜矿石、铅矿石和锌矿石中硫量的测定。

测定范围：硫酸钡重量法＞0.1％的硫；高温燃烧碘量法 0.01％～10％的硫；高温燃烧中和法 1％～8％的硫。

2 规范性引用文件

下列文件中的条款通过 GB/T 14353 的本部分的引用而成为本部分的条款，凡是注日期的引用文件，其随后所有的修改单(不包括勘误的内容)或修订版均不适用于本部分，然而，鼓励根据本部分达成协议的各方研究是否可使用这些文件的最新版本。凡是不注日期的引用文件，其最新版本适用于本部分。

GB/T 6682　分析实验室用水规格和试验方法

GB/T 14505　岩石和矿石化学分析方法　总则及一般规定

3 硫酸钡重量法

3.1 原理

试料经碳酸钠-氧化锌混合熔剂烧结(或以过氧化钠-碳酸钠熔融)后，将全部硫转化为可溶性硫酸盐，用水提取，过滤。在稀盐酸介质中，加入氯化钡溶液使硫酸盐生成硫酸钡沉淀，用重量法测定。

3.2 试剂

本部分除非另有说明，在分析中均使用分析纯试剂和符合 GB/T 6682 的分析实验室用水。

3.2.1　过氧化钠。

3.2.2　碳酸钠。

3.2.3　碳酸钠-氧化锌混合熔剂(1＋2)：1 份无水碳酸钠、2 份氧化锌，分别在研钵中研细后，再仔细混匀。

3.2.4　碳酸钠溶液(10 g/L)。

3.2.5　盐酸(1＋1)。

3.2.6　氯化钡溶液(10 g/L)。

3.2.7　硝酸银溶液(10 g/L)(贮于棕色瓶中，并加入几滴硝酸)。

3.2.8　甲基橙溶液(2 g/L)。

3.3 仪器和设备

3.3.1　分析天平，三级，感量 0.1 mg。

3.3.2　干燥器。

3.4 试样

3.4.1　按照 GB/T 14505 的相关要求，加工试样的粒径应小于 97 μm。

3.4.2 试样在 60 ℃～80 ℃烘箱中干燥 2 h～4 h，并置于干燥器中冷却至室温备用。

3.5 分析步骤

3.5.1 试料

根据试样中硫量，按表 1 称取试料量，独立地进行两次测定，取其平均值。

表 1 试料量

硫量/ %	试料量/ g
<5	1
≥5～14	0.5
>14～30	0.2
>30	0.1

3.5.2 空白试验

随同试料做双份空白试验，所用试剂取自同一试剂瓶，加入同等的量。

3.5.3 验证试验

随同试料分析同矿种、含量接近的标准物质。

3.5.4 碳酸钠-氧化锌烧结半熔法

3.5.4.1 将试料(3.5.1)置于预先盛有 3 g～6 g 混合熔剂(3.2.3)的 25 mL～30 mL 瓷坩埚中，用细玻璃棒仔细混匀，并覆盖 1 g～2 g 混合熔剂(3.2.3)，置于高温炉中由低温逐渐加热至 800 ℃～850 ℃并保持 1 h。将坩埚取出，冷却后，放入 250 mL 烧杯中，用 100 mL 热水浸取，洗出坩埚。

注：在高温炉中分解试料，稍开炉门，保持空气流通，烧结物呈收缩状。

3.5.4.2 将烧杯置于电炉上，用玻棒不断搅拌，加热煮沸数分钟使熔块分散溶解。用中速定性滤纸过滤残渣，滤液用 400 mL 烧杯承接，用碳酸钠溶液(3.2.4)，采用倾泻法冲洗残渣 3 次～4 次，然后将残渣转入漏斗中，继续洗涤烧杯及滤纸 9 次～10 次。

3.5.4.3 滤液中加入 2 滴甲基橙溶液(3.2.8)，盖上表面皿，从杯嘴小心地加入盐酸(3.2.5)中和至红色，过量 4 mL，用水稀释至 300 mL，加入一小片定性滤纸用玻棒压住，置于电炉上加热煮沸几分钟。用量杯一次加入 10 mL～15 mL 氯化钡溶液(3.2.6)，继续煮沸 5 min，取下，吹洗表面皿及杯壁后，在低温电热板上保温 1 h，取下，放置过夜。硫含量高时，可放置 4 h。用致密定量滤纸过滤，用热水洗涤烧杯和沉淀，并将沉淀全部转入滤纸上，用橡皮擦棒擦洗烧杯及玻棒，继续洗涤沉淀和滤纸至无氯离子[用硝酸银溶液(3.2.7)检查滤液不发生混浊]。

注：试样中含氟大于 0.1%，在沉淀前加入 1 g 硼酸使氟生成络合物而消除干扰。

3.5.4.4 将沉淀连同滤纸放入已恒重的瓷坩埚中，移入高温炉中，稍开炉门，低温灰化(勿着火)，然后关上炉门在 800 ℃灼烧 30 min，取出坩埚。稍冷后，置于干燥器中冷却 30 min，称重，再灼烧 15 min～20 min 后称重，直至恒重。

3.5.5 过氧化钠-碳酸钠熔融法

3.5.5.1 将试料(3.5.1)置于石墨坩埚(或刚玉坩埚、铁坩埚)中，加入 5 g 过氧化钠(3.2.1)，1 g 碳酸钠(3.2.2)，搅拌均匀，再覆盖 1 g～2 g 过氧化钠(3.2.1)，置于高温炉中，升温至 700 ℃，熔融 10 min 左右，取出冷却。

3.5.5.2 将坩埚置于 250 mL 烧杯中，加入 100 mL 热水浸取，以下分析步骤同(3.5.4.3～3.5.4.4)。

注 1：迅速操作，短时间完成。

注 2：中和前先将滤液稀释至 300 mL，中和时在刚变成酸性时，立即加入 4 mL 盐酸(3.2.5)。

3.6 结果计算

硫量以质量分数 $w(\mathrm{S})$ 计，数值用%表示，按式(1)计算：

$$w(S)=\frac{(m_1-m_0)\times 0.1374}{m}\times 100 \qquad \cdots\cdots(1)$$

式中：

m_1——硫酸钡沉淀的质量，单位为克(g)；

m_0——空白试验(3.5.2)的硫酸钡质量，单位为克(g)；

m——试料量，单位为克(g)；

0.137 4——由硫酸钡换算为硫的系数。

计算结果表示到小数点后两位。

3.7 精密度

重量法测定硫的精密度见表2。

表2 重量法测定硫的精密度

%

元　素	含量范围 m	重复性 r	再现性 R
S	0.70～30.66	$r=0.0481+0.0099m$	$R=0.0950+0.0182m$
注：精密度数据由4个实验室对4个水平的试样进行试验确定。			

4 高温燃烧碘量法

4.1 原理

试料在助熔剂存在下，在氧气流中1 200 ℃～1 300 ℃高温燃烧，硫以二氧化硫形式释放，随氧气流载入盛有水的吸收容器中，以淀粉作指示剂，用碘酸钾标准溶液滴定反应生成的亚硫酸，测定硫量。

4.2 试剂

本部分除非另有说明，在分析中均使用分析纯试剂和符合GB/T 6682的分析实验室用水。

4.2.1 氧化铜(CuO)线状。

4.2.2 氧化硅(0.125 mm，经1 000 ℃灼烧2 h，应无空白)。

4.2.3 淀粉盐酸吸收液(0.4 g/L)：

称取0.4 g可溶淀粉，加水调成糊状，加入100 mL刚煮沸的水并继续煮沸1 min，使溶液透明，冷却后加水至约800 mL，加入3 mL盐酸(ρ1.19)，用水稀释至1 000 mL。

4.2.4 碘酸钾溶液配制和标定：

a) 碘酸钾标准溶液[$c(1/6KIO_3)=0.015$ mol/L]：称取0.535 0 g碘酸钾，置于1 000 mL烧杯中，用含有1 g氢氧化钾，5 g碘化钾的400 mL水溶解，稀释转入至1 000 mL棕色容量瓶，用水冲洗烧杯，稀释至刻度，摇匀；

b) 碘酸钾标准溶液[$c(1/6KIO_3)=0.005$ mol/L]：称取0.178 3 g碘酸钾，置于1 000 mL烧杯中，用含有1 g氢氧化钾，5 g碘化钾的400 mL水溶解，转入至1 000 mL棕色容量瓶，用水冲洗烧杯，稀释至刻度，摇匀；

c) 碘酸钾标准溶液[$c(1/6KIO_3)=0.001$ mol/L]：移取200 mL碘酸钾标准溶液[4.2.4b)]，于1 000 mL棕色容量瓶中，加入含有0.8 g氢氧化钾，4 g碘化钾的400 mL水溶液，用水稀释至刻度，摇匀；

d) 碘酸钾溶液标定：称取与试样组成及含硫量大致相当的标准物质样品三份，按照分析步骤(4.5.4.1～4.5.4.3)进行标定。(三份样品所消耗的碘酸钾标准溶液的极差值不超过0.20 mL，即可取其平均值)。并同时进行瓷舟，助熔剂的三份空白测定，计算碘酸钾标准溶液相当于硫的滴定度。

碘酸钾相当于硫的滴定度按式(2)计算：

$$T=\frac{cm}{100\times(V-V_0)} \qquad \cdots\cdots(2)$$

式中：

T——碘酸钾相当于硫的量，单位为克每毫升(g/mL)；

c——标准物质样品中硫的含量，单位为质量分数(%)；

m——称取标准物质的质量，单位为克(g)；

V——滴定试液所消耗的碘酸钾标准溶液的平均体积，单位为毫升(mL)；

V_0——滴定空白试验溶液时所消耗的碘酸钾标准溶液的平均体积，单位为毫升(mL)。

4.3 仪器和装置

4.3.1 管式燃烧炉。

4.3.2 瓷管：21 mm×25 mm×600 mm，未上釉的一级瓷管，一端为尖嘴形。

4.3.3 瓷舟：77 mm 或 88 mm，于 1 000 ℃灼烧 1 h，保存于干燥器中。

4.3.4 测定装置如图 1 所示。

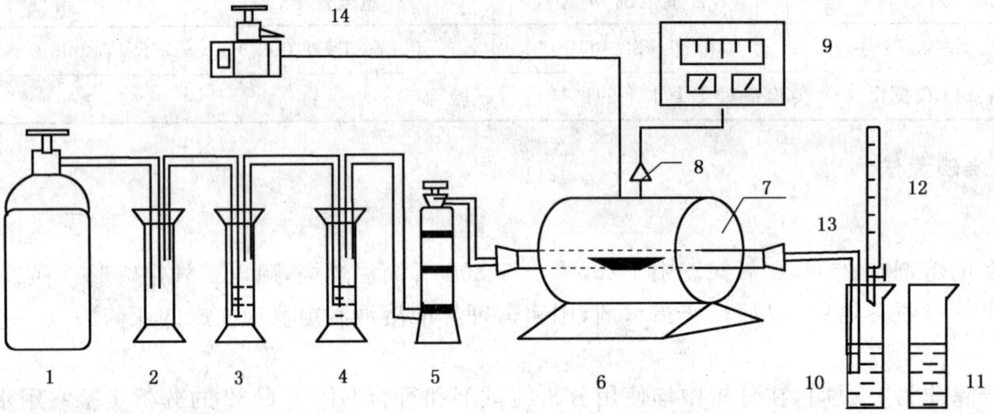

1——氧气瓶；

2——缓冲瓶；

3——装有氢氧化钾-高锰酸钾混合溶液(300 g/L～50 g/L)的洗涤瓶；

4——装有硫酸(ρ1.84 g/mL)的洗涤瓶。

5——下部装有烧碱石棉、上部装有无水氯化钙的干燥塔(塔顶及中部、底部均放有玻璃棉)；

6——管式炉；

7——瓷管；

8——铂铑-铂热电偶；

9——高温计；

10——装有淀粉盐酸吸收液的 250 mL 气体吸收瓶；

11——与(10)相同，作滴定终点参比用；

12——滴定管；

13——导气管；

14——可调变压器。

图 1 测定硫量的装置

4.3.5 分析天平：三级，感量 0.1 mg。

4.4 试样

4.4.1 按照 GB/T 14505 的相关要求，加工试样的粒径应小于 97 μm。

4.4.2 试样应在 60 ℃～80 ℃干燥 2 h～4 h，并置于干燥器中冷却至室温备用。

4.5 分析步骤

4.5.1 试料

根据试样中硫量，按表 3 称取试料量，精确至 0.1 mg。

表 3 试料量

硫量/%	试料量/g	碘酸钾浓度[$c(1/6KIO_3)$]/(mol/L)
0.01～0.05	1	0.001
>0.05～0.1	0.5	0.001
>0.1～0.5	0.5	0.005
>0.5～1	0.2	0.005
>1～2	0.1	0.005
>2～5	0.2	0.015
>5～10	0.1	0.015

4.5.2 空白试验

随同试料做双份空白试验，所用试剂应取自同一试剂瓶，加入同等的量。

4.5.3 验证试验

随同试料分析同矿种、含量接近的标准物质。

4.5.4 测定

4.5.4.1 按上图连接好测定装置，检查全部装置是否漏气，在保证仪器气密后，调节电压约 65 V 左右，待温度升至 400 ℃以后，逐渐增高电压，升高温度至 1 200 ℃～1 300 ℃，将导气管插入盛有淀粉盐酸溶液(4.2.3)的 250 mL 的气体吸收瓶中(图注 10)，调节气流为每秒 2 个～3 个气泡，滴加碘酸钾标准溶液(4.2.4 或 4.2.5 或 4.2.6)至溶液呈浅蓝色。

4.5.4.2 于另一气体吸收瓶中(图注 11)加入相同量的淀粉碘酸钾吸收液(4.2.3)，滴加碘酸钾标准溶液[4.2.4a)或 4.2.4b)或 4.2.4c)]至溶液呈浅蓝色以作参比用(不记读数)。

4.5.4.3 将试料(4.5.1)均匀地平铺于瓷舟(4.3.3)中，表面覆盖 1 倍～3 倍试料量的线状氧化铜(4.2.1)，[如试样中含重晶石，应在称样前先在瓷舟上铺上 0.5 g 氧化硅(4.2.2)]，与试料拌匀后，再覆盖线状氧化铜(4.2.1)。

4.5.4.4 取下燃烧管端的橡皮塞，用镍铬丝钩将瓷舟推入炉中最热的部分，立即塞上塞子，气流以每秒 2 个～3 个气泡通入吸收液中，当吸收液下部开始褪色时，应立即滴加碘酸钾标准溶液(参照表 3，根据含硫量选用碘酸钾标准溶液)。其滴加速度应使淀粉盐酸溶液的浅蓝色在吸收过程中保持不变，在停止褪色时，溶液颜色应和比照溶液(4.5.4.2)的颜色一致。

4.5.4.5 在滴定过程中，吸收液保持 30 s～50 s 时间不褪色，即到达到滴定终点，记录滴定所消耗碘酸钾标准溶液的体积。

4.6 结果计算

硫量以质量分数 $w(S)$ 计，数值用%表示，按式(3)计算：

$$w(S)=\frac{T(V_1-V_0)}{m}\times 100 \qquad \cdots\cdots(3)$$

式中：

T——碘酸钾标准溶液相当于硫的量，单位为克每毫升(g/mL)；

V_1——滴定试料溶液消耗碘酸钾标准溶液的体积，单位为毫升(mL)；

V_0——滴定空白试验溶液(4.5.2)消耗碘酸钾标准溶液的平均体积，单位为毫升(mL)；

m——试料量，单位为克(g)。

计算结果表示到小数点后两位。

4.7 精密度

高温燃烧碘量法测定硫的精密度见表 4。

表 4 高温燃烧碘量法的精密度 %

元 素	水平范围 m	重复性限 r	再现性限 R
S	0.37～10.7	$r=0.0318m^{0.6356}$	$R=0.0167+0.0833m$
注：精密度数据由 4 个实验室对 4 个水平的试样进行试验确定。			

5 高温燃烧中和法

5.1 原理

试料在助熔剂存在下，在空气或氧气流中，于 1 200 ℃～1 300 ℃高温燃烧，硫化物、硫酸盐、单质硫等硫元素均生成二氧化硫，随气流载入过氧化氢吸收液中，转化为硫酸，以甲基红-次甲基蓝混合溶液作指示剂，用氢氧化钠溶液滴定。

5.2 试剂

本部分除非另有说明，在分析中均使用符合国家标准的 GB/T 6682 分析实验室用水和分析纯试剂。

5.2.1 氧化铜。

5.2.2 过氧化氢吸收液(1+24)：

取过氧化氢 25 mL，用水稀释到 600 mL，摇匀，加入 25 mL 甲基红溶液(5.2.4)和 5 mL～6 mL 次甲基蓝溶液(5.2.5)，摇匀，储存于装有苏打石棉管的磨口瓶中。

5.2.3 氢氧化钠标准溶液的配制和标定：

a) 氢氧化钠标准溶液(2 g/L)的配制：称取 2 g 氢氧化钠溶解于 1 L 水中，用塑料瓶保存；

b) 标定：称取与试样同矿种且含硫量大致相当的标准物质样品三份，按照分析步骤(5.5.3～5.5.4)进行标定。(三份样品所消耗的碘酸钾标准溶液的体积极差值不超过 0.20 mL，即可取其平均值)。并同时进行瓷舟，助熔剂的三份空白测定。计算氢氧化钠标准溶液相当于硫的滴定度。

氢氧化钠标准溶液相当于硫的滴定度按式(4)计算：

$$T=\frac{cm}{100\times(V-V_0)} \qquad \cdots\cdots(4)$$

式中：

T——氢氧化钠标准溶液相当于硫的量，单位为克每毫升(g/mL)；

c——标准样品中硫的含量，单位为质量分数(%)；

m——称取标准物质的质量，单位为克(g)；

V——滴定试料溶液所消耗的氢氧化钠标准溶液的平均体积，单位为毫升(mL)；

V_0——滴定空白试验时所消耗的氢氧化钠标准溶液的平均体积，单位为毫升(mL)。

5.2.4 甲基红溶液(2 g/L)：

称取 0.2 g 甲基红指示剂，溶于 60 mL 无水乙醇中，用水稀释至 100 mL，摇匀。

5.2.5 次甲基蓝溶液(2 g/L)：

称取 0.2 g 次甲基蓝指示剂，溶于 100 mL 水中，摇匀。

5.3 仪器和设备

5.3.1 管式燃烧炉。

5.3.2 瓷管：21 mm×25 mm×600 mm，未上釉的一级瓷管，一端为尖嘴形。

5.3.3 瓷舟：77 mm 或 88 mm，于 1 000 ℃灼烧 1 h，保存在干燥器中。

5.3.4 测定装置如图 1 所示。

5.3.5 分析天平：三级，感量 0.1 mg。

5.4 试样

5.4.1 按照 GB/T 14505 的相关要求，加工试样的粒径应小于 97 μm。

5.4.2 试样应在 60 ℃～80 ℃干燥 2 h～4 h，并置于干燥器中冷却至室温备用。

5.5 分析步骤

5.5.1 试料

根据试样中硫量，称取 0.1 g～0.5 g 试料，精确至 0.1 mg。

5.5.2 空白试验

将高温管式炉升温至 1 200 ℃～1 300 ℃，通入气流，检查仪器装置是否漏气，随同试料进行双份空白试验，所用试剂应取自同一试剂瓶，加入同等的量。

5.5.3 验证试验

随同试料分析同类型矿种、含量相近的标准物质。

5.5.4 测定

5.5.4.1 将试料(5.5.1)，置于已经经高温灼烧过的瓷舟内，覆盖 0.2 g 氧化铜(5.2.1)助熔剂(参见附录 A)。

5.5.4.2 分取 100 mL 过氧化氢吸收液(5.2.2)，置于吸收瓶内，将盛有试料的瓷舟推入已升温到 1 200 ℃～1 300 ℃的瓷管内，预热 30 s，然后通入气流，调节气流速度，使吸收液每秒钟起 2 个～3 个气泡。再高温灼烧 5 min～10 min，此时，吸收液因吸收二氧化硫气体而呈红色，用氢氧化钠标准溶液(5.2.3)滴定吸收液至稳定的亮绿色为终点，记录氢氧化钠标准溶液消耗的体积数。

5.6 结果计算

硫量以质量分数 $w(\mathrm{S})$ 计，数值用%表示，按式(5)计算：

$$w(\mathrm{S})=\frac{T(V_1-V_0)\times 10^{-3}}{m}\times 100 \qquad \cdots\cdots(5)$$

式中：

T——氢氧化钠标准溶液相当于硫的量，单位为毫克每毫升(mg/mL)；

V_1——滴定试料溶液消耗氢氧化钠标准溶液的体积，单位为毫升(mL)；

V_0——滴定空白试验溶液(5.5.2)消耗的氢氧化钠标准溶液的体积，单位为毫升(mL)；

m——试料量，单位为克(g)。

计算结果表示到小数点后两位。

5.7 精密度

高温燃烧中和法测定硫量的精密度见表 5。

表 5 高温燃烧中和法精密度

%

元　素	水平范围 m	重复性限 r	再现性限 R
S	1.75～8.39	$r=0.011+0.047\,9\,m$	$R=-0.018+0.151\,6m$
注：精密度数据由 6 个实验室对 5 个水平的试样进行试验确定。			

附 录 A
（资料性附录）
本部分的有关说明

A.1 高温燃烧法测定硫量，一般都采用氧化铜作为助熔剂，这不仅降低体系的熔点，帮助矿样的分解，由于铜、铅、锌生成合金，抑制铅、锌的挥发，而且避免了阻塞现象和重现性不佳的情况。

A.2 对在高温燃烧法中难于分解的试料，加入石英粉和铜片，也可得到好的回收率。

A.3 燃烧中和法测定硫量时，高含量的 Mo、F^- 对结果有正干扰。

ICS 73.060
D 40

中华人民共和国国家标准

GB/T 14353.16—2010
代替 GB/T 14353.16—1993

铜矿石、铅矿石和锌矿石化学分析方法 第16部分：碲量测定

Methods for chemical analysis of copper ores, lead ores and zinc ores—Part 16: Determination of tellurium content

2010-11-10 发布 2011-02-01 实施

中华人民共和国国家质量监督检验检疫总局
中国国家标准化管理委员会 发布

前言

GB/T 14353《铜矿石、铅矿石和锌矿石化学分析方法》分为18个部分：

——第1部分：铜量测定；

——第2部分：铅量测定；

——第3部分：锌量测定；

——第4部分：镉量测定；

——第5部分：镍量测定；

——第6部分：钴量测定；

——第7部分：砷量测定；

——第8部分：铋量测定；

——第9部分：钼量测定；

——第10部分：钨量测定；

——第11部分：银量测定；

——第12部分：硫量测定；

——第13部分：镓量、铟量和铊量测定；

——第14部分：锗量测定；

——第15部分：硒量测定；

——第16部分：碲量测定；

——第17部分：铊量测定；

——第18部分：铜量、铅量、锌量、钴量和镍量测定。

本部分为GB/T 14353的第16部分。

本部分代替GB/T 14353.16—1993《铜矿石、铅矿石和锌矿石化学分析方法　单体分离-石墨炉原子吸收分光光度法测定碲量》。

本部分与GB/T 14353.16—1993相比，主要变化如下：

——增加了警示、警告内容；

——修改了试样干燥温度。

本部分附录A为资料性附录。

本部分由中华人民共和国国土资源部提出。

本部分由全国国土资源标准化技术委员会归口。

本部分负责起草单位：国家地质实验测试中心。

本部分起草单位：陕西省地质矿产实验研究所。

本部分主要起草人：王龙山，李小寒。

本部分所代替标准的历次版本发布情况为：

——GB/T 14353.16—1993。

铜矿石、铅矿石和锌矿石化学分析方法
第 16 部分：碲量测定

警示：使用本部分的人员应经过相关专业的技术培训，具有一定的工作经验。本部分并未指出所有可能的安全问题，使用者有责任采取适当的安全和健康措施，并保证符合国家有关法规规定的条件。

1 范围

GB/T 14353 的本部分规定了铜矿石、铅矿石和锌矿石中碲量的测定方法。

本部分适用于铜矿石、铅矿石和锌矿石中碲量的测定。

测定范围：0.2 μg/g～20 μg/g 的碲。

2 规范性引用文件

下列文件中的条款通过 GB/T 14353 的本部分的引用而成为本部分的条款，凡是注日期的引用文件，其随后所有的修改单（不包括勘误的内容）或修订版均不适用于本部分，然而，鼓励根据本部分达成协议的各方研究是否可使用这些文件的最新版本。凡是不注日期的引用文件，其最新版本适用于本部分。

GB/T 6682 分析实验室用水规格和试验方法

GB/T 14505 岩石和矿石化学分析方法 总则及一般规定

3 原理

试料经硝酸-氢氟酸-高氯酸分解后，于盐酸介质中，在共沉淀剂砷的存在下，以次亚磷酸钠还原碲和砷至单体。单体经硝酸溶解，在 1%硝酸溶液中，以镍作基体改进剂，在波长 214.3 nm 处，采用石墨炉原子吸收分光光度计测定碲。

4 试剂

本部分除非另有说明，在分析中均使用分析纯试剂和符合 GB/T 6682 的分析实验室用水。

4.1 次亚磷酸钠。

4.2 硝酸（ρ1.42 g/mL）。

4.3 氢氟酸（ρ1.13 g/mL）**警告：氢氟酸有毒，具有强腐蚀性，操作时应戴手套，防止与皮肤接触！**

4.4 高氯酸（ρ1.67 g/mL）**警告：该试剂为易爆品，小心操作！**

4.5 盐酸（ρ1.19 g/mL）。

4.6 盐酸（2+98）。

4.7 盐酸（3+17）。

4.8 硝酸（1+99）。

4.9 硫酸铜-硫酸溶液[$\rho(CuSO_4 \cdot 5H_2O)=156$ g/L]·[硫酸（2+98）]：

此溶液 1 mL 含 100 mg 的 $CuSO_4$。

4.10 砷酸氢二钠溶液[$\rho(Na_2HAsO_4 \cdot 7H_2O)=21$ g/L]（此溶液 1 mL 含 5 mg 砷）。

4.11 硝酸镍溶液[$\rho(Ni)=2$ mg/mL]：

称取 2.82 g 三氧化二镍，加入 10 mL 硝酸（4.2），加热溶解，冷却，用少量水洗去表皿，移入 1 000 mL 容量瓶中，用水稀释至刻度，摇匀。

4.12 碲标准溶液配制：

a) 碲标准储备溶液[ρ(Te)=100 μg/mL]：称取50.0 mg金属碲(99.99%)，置于100 mL烧杯中，用少量水润湿，盖上表面皿，加入30 mL硝酸(4.2)，在电热板上低温加热溶解后，加入20 mL水，温热，冷却，用水洗去表面皿，移入500 mL容量瓶中，用水稀释至刻度，摇匀；

b) 碲标准溶液[ρ(Te)=10 μg/mL]：移取20.00 mL碲标准储备溶液[4.12a)]，置于200 mL容量瓶中，加入2 mL硝酸(4.2)用水稀释至刻度，摇匀；

c) 碲标准溶液[ρ(Te)=1 μg/mL]：移取20.00 mL碲标准溶液[4.12b)]，置于200 mL容量瓶中，加入2 mL硝酸(4.2)用水稀释至刻度，摇匀；

d) 碲标准溶液[ρ(Te)=0.1 μg/mL]：移取20.00 mL碲标准溶液[4.12c)]，置于200 mL容量瓶中，加入2 mL硝酸(4.2)用水稀释至刻度，摇匀。

5 仪器

5.1 石墨炉原子吸收分光光度计(带有塞曼效应或连续光谱灯背景校正器)，碲元素空心阴极灯。

5.2 分析天平：三级，感量0.1 mg。

6 试样

6.1 按照GB/T 14505的相关要求，加工试样的粒径应小于97 μm。

6.2 试样在60 ℃～80 ℃烘箱中干燥2 h～4 h，并置于干燥器中冷却至室温备用。

7 分析步骤

7.1 试料

根据试样中碲量，按表1称取试料，精确至0.1 mg。

表1 试料量

碲量/(μg/g)	试料量/g	分取试液体积/mL
0.2～0.5	0.5	—
>0.5～1	0.2	—
>1～4	0.1	—
>4～10	0.1	4.00
>10～20	0.1	2.00

7.2 空白试验

随同试料进行双份空白试验，所用试剂应取自同一试剂瓶，加入同等的量。

7.3 验证试验

随同试料分析同类型矿种、含量接近的标准物质。

7.4 试料分解

7.4.1 将试料(7.1)置于100 mL聚四氟乙烯烧杯中，用水润湿，加入5 mL～20 mL硝酸(4.2)，5 mL～20 mL氢氟酸(4.3)，及4 mL～8 mL高氯酸(4.4)，置于低温电热板上，加热溶解试料，逐渐升高温度(约220 ℃)至出现高氯酸白烟，持续2 min～3 min，取下，稍冷。用水吹洗杯壁，再加热至冒高氯酸白烟，取下，冷却。加入20 mL～30 mL水，加热煮沸，使可溶性盐类溶解，用棉花、纸浆过滤，滤液用250 mL烧杯承接。用盐酸(4.6)洗涤烧杯及沉淀12次～15次，残渣弃去，滤液总体积不应超过70 mL。

7.4.2 加入等体积盐酸(4.5)，1 mL硫酸铜-硫酸溶液(4.9)，1 mL砷酸氢二钠溶液(4.10)及4 g次亚磷酸钠(4.1),充分搅拌,待三价铁的黄色退去,次亚磷酸钠固体全部溶解,置于电热板上加热至出现棕色浑浊(切忌煮沸),移至低温处保温 4 h 或过夜。

7.4.3 用脱脂棉过滤,用热盐酸(4.7)洗涤烧杯及棉球共 12 次~15 次,用热水洗涤 12 次,用热硝酸(4.2)[含几滴盐酸(4.5)]分次溶解沉淀于 25 mL 烧杯中,用水洗涤棉球 6 次,加入 2.5 mL 硝酸镍溶液(4.11),置于电热板上低温蒸发至干,加入 2 mL 硝酸(4.8),加热溶解盐类,取下,移入 10 mL 带塞比色管中,用硝酸(4.8)稀释至刻度,摇匀。

7.5 校准系列溶液配制

移取 0.00 mL、1.00 mL、2.00 mL、3.00 mL、4.00 mL 碲标准工作溶液[4.12d)]于一组 250 mL 烧杯中,分别加入 65 mL 水,以下按分析步骤(7.4.2~7.4.3)操作,再补加入 2.5 mL 硝酸镍溶液(4.11)摇匀。

7.6 测定

7.6.1 分取 50 μL 试液(7.4.3)置于石墨管中,按仪器工作条件,测量吸光度值。同时进行校准系列溶液、空白试验样溶液和验证试验溶液的测定(参考附录 A)。

7.6.2 当碲量大于 4 μg/g 时,按表 1 分取试液(7.4.3),置于 10 mL 带塞比色管中,补加 2.5 mL 硝酸镍溶液(4.11),用硝酸(4.8)稀释至刻度,摇匀。以下按分析步骤(7.6.1)进行测定,同时进行空白试验溶液和标准物质溶液的测定。

7.7 校准曲线绘制

以碲量为横坐标,吸光度为纵坐标,绘制校准曲线,从校准曲线上得到相应的碲量。

8 结果计算

碲量以质量分数 $w(\mathrm{Te})$ 计,数值用 μg/g 表示,按下式计算:

$$w(\mathrm{Te})=\frac{(m_1-m_0)V}{mV_1} \quad \cdots\cdots(1)$$

式中:

m_1——从校准曲线上查得的分取试料溶液中的碲量,单位为微克(μg);

m_0——从校准曲线查得的空白试验溶液的碲量,单位为微克(μg);

V——试料溶液总体积,单位为毫升(mL);

m——试料量,单位为克(g);

V_1——分取试料溶液的体积,单位为毫升(mL)。

计算结果表示到小数点后两位。

9 精密度

方法精密度见表 2。

表 2 方法的精密度

单位为微克每克

元 素	水平范围 m	重复性限 r	再现性限 R
Te	0.41~15.8	$r=0.009\,6+0.250\,0\,m$	$R=0.188\,4+0.261\,2\,m$
注:精密度数据由 4 个实验室对 4 个水平的试样进行试验确定。			

附 录 A
（资料性附录）
仪器工作参考条件及共存离子干扰情况

A.1 仪器参考工作条件

石墨炉原子吸收分光光度计参考工作条件见表 A.1、表 A.2。

表 A.1 石墨炉原子吸收分光光度计参考工作条件

波长/nm	无极灯功率/W	单色器通带/nm	原子化器	氩气流量/（mL/min）	进样体积/μL	测量方式
214.3	5.5	2	普通管型	300[1)]	50	峰高

表 A.2 石墨炉原子化器加热程序

步 骤	温度/℃	升温时间/s	保持时间/s
干燥阶段	130 350	20 15	40 30
灰化阶段	1 000	5	15
原子化阶段	2 400	1	5
清除残留	2 600	1	4

A.2 共存离子的干扰情况

矿石中金属元素 Cu、Pb、Zn、Gd、Sb、Bi、Co、Ni、Ag 等，以及基体元素 Fe、Al、Ca、Mg、K、Na、Ti、Mn 等都不被还原成单体而保留在溶液中。Se、Au、Hg 虽然还原成单体析出，而且在用硝酸溶解碲、砷单体沉淀时，以上三元素也同时溶解。但在测量液中 1 μg/g 的 Se 及 Au，对测定 Te 无影响，溶液中含砷量在 0.05 mg/mL～0.15 mg/mL 之间，碲的吸光度变化不大，可用空白试验溶液配制校准溶液系列，使校准系列溶液中砷的浓度与试料溶液一致，试料中含砷量过高时，应控制试料量或加大测量溶液的体积，使砷在测量溶液的浓度不超过上述范围。铜、铅、锌矿石中 Hg 的含量甚微，可以不予考虑。

ICS 79.120.10
J 65

中华人民共和国国家标准

GB/T 14384—2010
代替 GB/T 14384—1993

木工机床　通用技术条件

Woodworking machines—General specifications

2010-11-10 发布　　2011-03-01 实施

中华人民共和国国家质量监督检验检疫总局
中国国家标准化管理委员会　发布

前　言

本标准是对 GB/T 14384—1993《木工机床　通用技术条件》的修订。

本标准与 GB/T 14384—1993 相比有如下差异：

——增加了前言；

——标准的结构进行了调整，取消了原标准的第 4 章“制造质量”和第 5 章“外观质量”，这两章的技术内容并入本标准的第 3 章。将第 3 章标题改为“技术要求”。原标准的第 6 章改为本标准的第 4 章，原标题“验收检验方法”改为“检验与验收”；

——对原标准的部分文字作了编辑性修改；

——删除了原标准的 6.7.6；

——增加了资料性附录 A“木工机床粉尘浓度的测定方法”；

——本标准代替 GB/T 14384—1993。

本标准的附录 A 为资料性附录。

本标准由中国机械工业联合会提出。

本标准由全国木工机床与刀具标准化技术委员会(SAC/TC 84)归口。

本标准起草单位：福州木工机床研究所、邵武市振达机械制造有限责任公司、佛山市顺德区锐亚机械有限公司。

本标准起草人：郑宗鉴、肖晓晖、杨华、周华标。

本标准所代替标准的历次版本发布情况为：

——GB/T 14384—1993。

木工机床　通用技术条件

1　范围

本标准规定了木工机床(以下简称机床)设计、制造和验收的基本要求。

本标准适用于各类木工机床。

2　规范性引用文件

下列文件中的条款通过本标准的引用而成为本标准的条款。凡是注日期的引用文件,其随后所有的修改单(不包括勘误的内容)或修订版均不适用于本标准,然而,鼓励根据本标准达成协议的各方研究是否可使用这些文件的最新版本。凡是不注日期的引用文件,其最新版本适用于本标准。

GB/T 3766—2001　液压系统通用技术条件(eqv,ISO 4413:1998)

GB 5226.1—2008　机械安全　机械电气设备　第1部分:通用技术条件(IEC 60204-1:2005,IDT)

GB/T 6576—2002　机床　润滑系统(eqv,ISO 5170:1977)

GB/T 7932—2003　气动系统通用技术条件(ISO 4414:1998,IDT)

GB/T 10961　木工机床　操作指示形象化符号

GB/T 11357—2008　带轮的材质、表面粗糙度及平衡 F

GB/T 12448　木工机床　型号编制方法

GB 12557—2010　木工机床　安全通则

GB/T 13306　标牌

JB/T 4171—1999　木工机床　精度检验通则

JB/T 8356.1　机床包装　技术条件

JB/T 9875　金属切削机床　随机技术文件的编制

3　技术要求

3.1　型号、名称和参数

机床的型号、名称宜按照 GB/T 12448 和有关机床术语标准的规定进行编制和给出。机床的参数宜按照有关机床参数标准的规定。涉及结构安全的尺寸必须符合 GB 12557 和各类机床安全标准的规定。机床与工夹量具、附件等连接部位的型式和尺寸应符合有关标准的规定。

3.2　布局和造型

3.2.1　机床造型设计美观大方,外部结构与色彩匀称、和谐。外露的附件、配套件应与整机协调。

3.2.2　机床各部件及装置应布局合理、高度适中,便于操作者观察加工区域。

3.2.3　机床的手轮、手柄和按钮等布置合理、操作方便,并符合有关标准的规定。

3.2.4　机床应便于装拆、调整和维修。整体或拆分运输的机床应符合运输和装载的要求。

3.3　性能和结构

机床的性能和结构应满足用户的要求。机床的精度、刚度和工作性能应符合有关标准和技术文件的要求。机床的设计应充分考虑系列化、通用化、标准化。机构的各种结构、装置均应稳定、可靠、安全。

3.4　附件和工具

机床应具备保证基本性能和安全操作的附件和工具,安装调整的附件和拆、装用的特殊工具应配齐,并随机供应。扩大机床使用性能的特殊附件,应根据用户要求,按协议供应。附件和工具一般应标有相应的标记或规格。

机床的附件和工具,应保证连接部件的互换性和使用性能。安全进给附件应符合 GB 12557 的相应规定。

3.5 电气系统

机床的电气系统应符合 GB 5226.1 的规定。

3.6 液压、气动、冷却和润滑系统

3.6.1 机床的液压系统应符合 GB/T 3766 的规定。

3.6.2 机床的气动系统应符合 GB/T 7932 的规定。

3.6.3 机床的润滑系统应符合 GB/T 6576 的规定。一般应有观察供油情况的装置和指示油位的油标,润滑系统应能保证润滑良好。

3.6.4 机床的冷却系统应保证冷却充分、可靠,密封无泄漏。

3.6.5 机床的液压、气动、冷却和润滑系统及其他部位均不得漏(渗)油、漏(渗)水、漏气。冷却液不得混入液压系统和润滑系统。

3.7 测量装置

机床和附件的测量装置应稳定、可靠,便于观察、操作,视场清晰。有密封要求处,应设有可靠的密封装置。

3.8 安全卫生

3.8.1 机床的安全应符合 GB 12557 和有关机床安全标准的规定。

3.8.2 带轮的平衡应符合 GB/T 11357 的规定。

3.8.3 主轴、刀轴、刀头、锯轮等高速旋转零部件应按产品安全标准的规定进行动平衡或静平衡。

3.9 寿命

3.9.1 机床在单班制和遵守使用规则的条件下,其主要精度保持在相应机床精度标准规定范围内的时间应符合有关标准和技术文件的规定。

3.9.2 机床重要的及易磨损的导轨副应采取耐磨措施,并符合有关标准的规定。

3.9.3 对带锯机的锯轮、机床主轴、丝杠、蜗轮副和高速、重载齿轮以及与工件接触并作快速相对移动的工作台、导向板等主要零件也应采取措施,以提高其寿命。

3.9.4 机床导轨、丝杠等容易被尘屑磨损的部位应设防护装置。

3.10 铭牌和标牌

机床上应有铭牌和指示润滑、操纵、安全等标牌。标牌宜符合 GB/T 13306 的有关规定。铭牌和标牌上的内容应正确并符合有关规定。操作标志等指示形象化符合 GB/T 10961 及有关标准和技术文件的规定。

3.11 随机技术文件

机床随机技术文件至少应包括使用说明书、合格证明书和装箱单。机床随机技术文件的编制方法宜符合 JB/T 9875 等标准的规定。

3.12 制造质量

3.12.1 机床上各种零件材料的牌号和机械性能应符合相应标准的规定。零件的加工应符合标准、图样和工艺文件规定。

3.12.2 铸件质量应符合有关标准的规定。

3.12.3 热处理件质量应符合有关标准和技术文件的规定。

3.12.4 焊接件质量应符合有关标准的规定。

3.12.5 冷作件各平面应平整,不应翘曲,各棱边应平直。

3.12.6 机械加工件质量应符合有关标准的规定。

3.12.7 机床装配质量应符合有关标准的规定。

3.13 外观质量

3.13.1 机床外观表面不应有图样未规定的凸起、凹陷、粗糙不平和其他损伤。

3.13.2 机床的防护罩应平整、匀称，不应翘起、凹陷。

3.13.3 机床零、部件外露结合面的边缘应整齐、匀称，不应有明显的错位，其错位量及不匀称量不得超过表1的规定。

机床的门、盖与机床的结合面应贴合，其贴合缝隙值不得大于表1的规定。

机床的电气柜、电气箱等的门、盖周边与其相关件的缝隙应均匀，其缝隙不均匀值不得大于表1的规定。

表1

单位为毫米

结合面边缘及门、盖边长尺寸	≤500	＞500～1 250	＞1 250～3 150	＞3 150
错位量	1.5	2	3	4
错位不匀称量	1	1	1.5	2
贴合缝隙值	1	1.5	2	—
缝隙不均匀值	1	1.5	2	—
注：当结合面边缘及门、盖边长尺寸的长、宽不一致时，按长边尺寸确定允许值。				

3.13.4 外露的焊缝应修整平直、均匀。

3.13.5 装入沉孔的螺钉不应突出于零件表面，其头部与沉孔之间不应有明显的偏心。固定销一般应略突出于零件表面。螺栓尾端应略突出于螺母端面。外露轴端应突出于包容件的端面，突出值约为倒棱值。内孔表面与壳体凸缘间的壁厚应均匀对称，其凸缘壁厚之差不应大于实际最大壁厚的25%。

3.13.6 机床外露零件表面不应有磕碰、锈蚀，螺钉、铆钉、销子端部不得有扭伤、锤伤等缺陷。

3.13.7 金属手轮轮缘和操纵手柄应有防锈层。

3.13.8 镀件、发蓝件、发黑件色调应一致，防护层不应有褪色、脱落等现象。

3.13.9 电气、液压、润滑和冷却等管道的外露部分，应布置紧凑、排列整齐，不应产生扭曲、折叠现象。

3.13.10 机床零件未加工的表面应涂以油漆。机床的涂漆应符合有关标准和技术文件的规定。可拆卸的装配结合面的接缝处，在涂漆以后应切开，切开时不应扯破漆面。

3.13.11 机床上的各种标牌应清晰耐久。铭牌应固定在机床的明显位置，并应正确、平整牢固、不歪斜。

4 检验与验收

4.1 检验与验收条件

4.1.1 机床检验与验收时，注意防止气流、光线和热辐射的干扰。

4.1.2 机床应防止受环境温度变化的影响，有恒温要求的机床，应在规定的恒温条件下进行检验与验收，检具在使用前应等温。

4.1.3 检验与验收前，应将机床安装和调整好。一般应自然调平，使机床处于水平位置。

4.1.4 检验与验收过程中，不应调整影响机床性能、精度的机构和零件。用地脚螺栓紧固的机床，在检验过程中不应重新调整安装水平。否则，应复检调整后受到影响的有关项目。

4.1.5 检验与验收时，应按整机进行，不应拆卸机床。但对运转性能、精度无影响的零件、部件和附件除外。

4.1.6 机床由于结构上的限制或不具备规定的测试工具时，可用与标准规定同等效果的方法代替。

4.2 附件与工具的检验

检验随机附件与工具是否符合3.4的要求。

4.3 外观质量检验

4.3.1 按 3.2 评定机床的布局和造型(仅在型式试验中进行)。

4.3.2 检验机床外观质量是否符合 3.13 的要求。

4.4 参数、尺寸、标志、符号检验

检验机床参数、连接尺寸和结构安全尺寸(如工作台面离地高度、手轮手柄离地高度、安全防护装置、开口量等)是否符合 3.1 的规定。机床的安全标志、符号是否正确,并与相应机构的功能相符。

4.5 机床结构检验

4.5.1 检验机床结构是否符合 3.3 的规定。例如安全防护装置、联锁、保险装置、必要的制动、止动装置和吸尘排屑措施是否完备;机床的调整、拆卸是否方便、安全;操纵机构的运动方向是否正确等。

4.5.2 按其他有关标准和技术文件检验机床的结构。

4.6 机床的空运转试验

4.6.1 试验目的和一般要求

4.6.1.1 试验目的

空运转试验是在无负荷状态下运转机床,检验各机构的运转状态、安全性、温度变化、功率消耗、操纵机构动作是否灵活、平稳、可靠。

4.6.1.2 试验时,机床的主运动机构应从最低速度开始,依次运转,每级速度的运转时间不得少于 2 min。用交换齿轮、皮带传动变速和无级变速的机床可作低、中、高速运转。在最高速度时应运转足够的时间(不得少于 1 h),使主轴轴承(或滑枕)达到稳定温度。

4.6.1.3 进给机构应按其各项功能依次作变换进给量(或进给速度)的空运转试验。对于正常生产的产品,检验时,可仅作低、中、高进给量(或进给速度)试验。

注:对于进给机构与主运动机构有传动关系的机床解释为"进给量";对于进给机构与主运动机构无关系的单独驱动系统解释为"进给速度"。

4.6.1.4 有快速移动的机构,应作快速移动的试验。

4.6.2 温升试验

在主轴轴承达到稳定温度时,检验主轴轴承的温度和温升,其值均不得超过表 2 的规定。

表 2

轴承型式	温度/℃	温升/℃
滑动轴承	60	30
滚动轴承	70	40
注:机床经过一定时间的运转后,其测量温度上升幅度不超过每小时 5 ℃时,一般可认为已达到稳定温度。		

4.6.3 主运动和进给运动的检验(抽查)

在各级速度下检验主运动速度和进给速度(进给量)准确性。在所有速度下,机床的工作机构应平稳、可靠。

4.6.4 机构功能动作试验

机床动作试验应包括以下内容:

a) 以一种适当的速度进行主运动和进给运动机构的起动、停止(包括制动、反转和点动等);检验动作是否灵活、可靠。一般应反复动作 10 次;

b) 检验自动机构(包括自动循环机构)的调整和动作是否灵活、可靠;

c) 反复变换主运动和进给运动的速度,检查变速机构是否平稳、可靠,其指示是否正确;

d) 检验转位、定位、分度机构动作是否灵活、可靠;

e) 检验调整机构、夹紧机构、读数指示器和其他附属装置是否灵活、可靠;

f) 检验装卸工件、刀具和附件等装置是否灵活、可靠;

g) 与机床连接有传动关系的随机附件，应进行连接试运转，并检查相互关系是否符合设计要求；

h) 检验其他操纵机构动作是否灵活、可靠；

i) 检验有刻度装置的手轮反向空程量和手轮、手柄的操纵力。手轮反向空程量和手轮、手柄操纵力应符合有关标准的规定。

4.6.5 安全防护、联锁和保险装置的检验

4.6.5.1 联锁和保险装置的检验

4.6.5.1.1 通过反复数次相应动作，检验联锁动作是否可靠；

4.6.5.1.2 反复数次断开、接通旋转轴上操纵手轮、手柄，模仿工作情况起动旋转轴，检验离合装置是否可靠；

4.6.5.1.3 按各类机床相应标准检验机床超载保险装置是否可靠。

4.6.5.2 操纵力检验

检验操纵机构、手推移动工作台、可调式防护装置和自调式防护装置的操纵力是否符合 GB 12557—2010 中 5.2.3 和相应机床标准的要求。

4.6.5.3 安全防护装置的功能、动作和稳定性检验

按 GB 12557 和各类机床相应标准反复数次检验安全防护装置的功能、动作和稳定性。

4.6.6 噪声检验

4.6.6.1 运转条件

测定机床空载噪声时，运转条件按有关标准的规定。

4.6.6.2 噪声测定

按 GB 12557—2010 第 5 章及各类相关标准测定机床的噪声声压级。噪声声压级的限值应符合 GB 12557—2010 中表 5 的规定。

4.6.7 空运转功率试验(抽查)

在机床主运动机构各级速度空运转至功率稳定后，检验主传动系统的空运转功率。对于进给运动与主运动分开的机床，必要时还要检查进给系统的空运转功率。

注：检验空运转功率时，扣除电动机本身消耗的功率，但当电动机直接装在主轴上时(自驱式主轴)，则不扣除电动机本身消耗的功率。

4.6.8 电气系统的检验

检验机床的电气系统，应符合 3.5 的规定。

4.6.9 液压、气动、冷却、润滑系统的检验

检验液压、气压、冷却、润滑系统的工作情况，应符合 3.6 的规定。

4.6.10 测量装置检验

检验测量装置的工作情况，应符合 3.7 的规定。

4.6.11 整机连续空运转试验

对于自动、半自动和数控机床，应进行连续空运转试验，整个运转过程中不应发生故障。连续运转时间应符合表 3 规定。试验时，自动循环应包括所有功能和全部工作范围，各次自动循环之间休止时间不得超过 1 min。

表 3

机床控制型式		连续运转时间/h
机械控制		2
电、液控制		4
数字控制	一般数控机床	8
	加工中心	16

4.7 机床负荷试验

4.7.1 一般说明

负荷试验是检验机床在负荷状态下运转时的工作性能及安全性，即加工能力、承载能力及其运转状态（指速度的变化、机床的振动、噪声、粉尘、润滑、密封）。

不需全面作4.7试验的机床，应按专门的规定进行。

4.7.2 机床主传动系统的扭矩试验

4.7.2.1 扭矩试验包括：

a) 机床主传动系统的扭矩试验；

b) 机床短时间超过最大扭矩25%的试验（数控机床除外）。

4.7.2.2 试验时，在小于或等于机床计算转速的转速范围内选一适当转速，逐渐改变进给量或切削深度，使机床达到规定扭矩。检验机床传动系统各传动元件和变速机构是否可靠，以及机床是否平稳和运动是否准确。

4.7.2.3 对于成批生产的机床，允许在2/3最大扭矩下进行试验，但应定期进行最大扭矩和短时间超过最大扭矩25%的抽查试验。

4.7.3 机床切削抗力试验

4.7.3.1 机床切削抗力试验包括：

a) 机床最大切削抗力的试验；

b) 机床短时间超过最大切削抗力25%的试验（数控机床除外）。

4.7.3.2 试验时，选用适当的几何参数的刀具，在小于、等于机床设计转速的转速范围内选一适当转速，逐渐改变进给量或切削深度，使机床达到规定的切削抗力。检验各运动机构、传动机构是否灵活、可靠以及过载保险装置是否可靠。

4.7.3.3 对于成批生产的机床，允许在2/3最大切削抗力下进行试验，但应定期进行最大切削抗力和短时间超过最大切削抗力25%的抽查试验。

4.7.4 机床主传动系统达到最大功率的试验（抽查）

选择适当的加工方式、试件（材料和尺寸）、刀具（材料和几何参数）、切削速度、进给量，逐步改变切削深度，使机床达到最大功率（机床上主电动机的额定功率）。检验机床结构的稳定性以及电气等系统是否可靠。

4.7.5 机床负载噪声测定

4.7.5.1 运转条件

测定机床负载噪声时，运转条件按有关标准规定。

4.7.5.2 声压级测定（抽查）

按GB 12557—2010第5章和有关标准测定机床负载噪声声压级。

4.7.5.3 声功率级测定（仅在型式试验时进行）

按GB 12557—2010第5章和有关标准测定机床负载噪声声功率级。

4.7.6 机床粉尘浓度测定（仅在型式试验时进行）

4.7.6.1 按附录A测定配有单独吸尘装置的机床粉尘浓度。测定结果应符合表4的规定。

表4

机床类别	粉尘浓度值/(mg/m^3)
木工辅机	≤3
木工磨（砂）光机	
木工锯机、开榫机	
木工多用机床	
其余木工机床	≤2

4.7.6.2 机床粉尘浓度测定方法参见附录A,判断吸尘口设置是否正确。

4.8 机床振动试验(抽查)

按有关标准检验机床振动。

4.9 机床刚度试验(抽查)

按有关标准检验机床刚度。

4.10 机床精度检验

按JB/T 4171、各类机床精度标准和有关标准检验机床精度。检验结果应符合有关标准规定。

4.11 机床工作试验

4.11.1 通用机床应用不同的切削规范和加工不同类型试件的方法进行(仅在型式试验时进行)。

4.11.2 专用机床应在规定的切削规范和达到零件加工质量的条件下进行。

工作试验时,机床的所有机构、电气、液压、润滑、冷却系统工作应正常。

4.12 寿命检验(抽查)

成批生产的机床,主要精度保持期应在用户等单位进行抽查,并符合3.9.1的规定。

检查机床是否符合3.9的其他规定。

4.13 其他

按订货技术条件或其他有关规定进行检验。

4.14 检验规则

4.14.1 检验分类

4.14.1.1 机床产品检验分出厂检验和型式试验。

4.14.1.2 每台机床应在制造厂经出厂检验合格后才能出厂。在特殊情况下,也可在用户单位进行。

4.14.1.3 凡遇下列情况之一,均应进行型式试验:

a) 新产品试制;
b) 定型鉴定;
c) 机床结构、性能有较大变化时;
d) 产品转厂生产的试制定型鉴定;
e) 技术归口部门及其质量监督机构提出型式试验的要求时。

4.14.1.4 机床出厂检验内容如下:

a) 附件与工具的检验;
b) 外观质量检验;
c) 参数、尺寸、标志、符号检验;
d) 机床空运转试验;
e) 机床负荷试验;
f) 机床振动试验;
g) 机床精度检验;
h) 机床工作检验;
i) 其他。

4.14.2 检验项目规则

本标准第4章未注明仅在型式试验时进行的项目,在机床出厂检验时,抽查项目若无特殊规定,一般可按抽查处理,其余项目每台机床均应检验。

4.14.3 抽查规则

本标准中所规定的抽查项目,其抽查时间、方法、台数等按有关标准和技术文件的规定。

5 包装

5.1 机床在包装前,应进行防锈处理。

5.2 每台机床出厂,一般应供应一套随机技术文件。对于结构复杂的机床,宜提供两份使用说明书。

5.3 机床的包装应符合 JB/T 8356.1 等有关标准的规定。

6 制造厂的保证

在符合机床的运输、保管、安装、调试、保养和遵守使用规程的条件下,用户自收货之日起一年内,因设计、制造或包装质量不良等原因造成机床损坏或其不能正常使用时,制造厂应负责包修、包退、包换。

附　录　A
（资料性附录）
木工机床粉尘浓度的测定方法

A.1　测量仪器

A.1.1　测量机床粉尘浓度应采用经过产品检验合格的粉尘采样器。

A.1.2　采样器上使用的采样头、滤膜应符合有关标准的规定。

A.1.3　符合精度要求的秒表或相当于秒表的计时器和万分之一克的精密天平。

A.2　测量条件

A.2.1　测量机床粉尘浓度时，其周围产生粉尘的其他机床应停止工作。

A.2.2　机床粉尘浓度的测量，应在工人工作时进行，有吸尘装置的机床，吸尘装置应处于工作状态。

A.2.3　机床应按设计规定的切削规范进行切削试验，试件用硬杂木，含水率为15%以下，进给速度用中等机动或手动进给速度。

A.2.4　机床切削试件的切削深度（宽度或高度）为设计规定的最大切削深度（宽度或高度）的1/3。

A.3　测量方法

A.3.1　测量时，采样头应面向机床产生粉尘的粉尘源，并保持与水平面平行。

A.3.2　采样头距离地面高度为1 500 mm。

A.3.3　采样头应安放在工人经常操作的位置。距离粉尘源为500 mm，当不能在500 mm位置测量时，应使采样头安放在尽量接近粉尘源的位置处。

A.3.4　机床上有若干操作位置时，每个操作位置都应进行测量并取其中最大值作为该机床的粉尘浓度值。

A.3.5　采集在滤膜上的粉尘重量应为1 mg～10 mg，称重应在万分之一克的精密天平上进行。

A.3.6　采样时抽气流量应为15 L/min～30 L/min。

A.4　数据处理

机床粉尘浓度值按式（A.1）进行计算：

$$N=\frac{M_2-M_1}{Q\cdot T}\times 1\,000 \qquad \cdots\cdots\cdots\cdots（A.1）$$

式中：

N——粉尘浓度值，单位为毫克每立方米（mg/m^3）；

M_1——采样前滤膜重量，单位为毫克（mg）；

M_2——采样后滤膜重量，单位为毫克（mg）；

Q——采样的抽气流量，单位为升每分钟（L/min）；

T——采样时间，单位为分钟（min）。

A.5　测量记录表

A.5.1　机床粉尘浓度测量记录表格按表A.1规定的格式填写：

表 A.1 木工机床粉尘浓度测量记录表

<table>
<tr><td colspan="2">机床制造厂名称</td><td colspan="7"></td></tr>
<tr><td colspan="2">机床名称</td><td colspan="3"></td><td colspan="2">型号及规格</td><td colspan="2"></td></tr>
<tr><td colspan="2">出厂日期</td><td colspan="3"></td><td colspan="2">出厂编号</td><td colspan="2"></td></tr>
<tr><td colspan="5">测量位置简图</td><td colspan="2">主轴转速/(r/min)</td><td colspan="2"></td></tr>
<tr><td colspan="5" rowspan="7"></td><td colspan="2">进给速度/(m/min)</td><td colspan="2"></td></tr>
<tr><td colspan="2">切削深度/mm</td><td colspan="2"></td></tr>
<tr><td colspan="2">切削宽度/mm</td><td colspan="2"></td></tr>
<tr><td colspan="2">切削高度/mm</td><td colspan="2"></td></tr>
<tr><td colspan="2">工件材料</td><td colspan="2"></td></tr>
<tr><td colspan="2">工件含水率/%</td><td colspan="2"></td></tr>
<tr><td colspan="2">测量仪器名称及型号</td><td colspan="2"></td></tr>
<tr><td colspan="9">实测数据记录</td></tr>
<tr><td>滤膜号</td><td>测量
距离/
m</td><td>测量
高度/
m</td><td>采样前
滤膜重量/
mg</td><td>采样后
滤膜重量/
mg</td><td>采样流量/
(L/min)</td><td>采样时间/
min</td><td>粉尘浓
度值/
(mg/m^2)</td><td>注</td></tr>
<tr><td></td><td></td><td></td><td></td><td></td><td></td><td></td><td></td><td></td></tr>
</table>

测量日期： 测量者： （签字）

ICS 79.120.10
J 65

中华人民共和国国家标准

GB/T 14388—2010
代替 GB/T 14388—1993

木工硬质合金圆锯片

Tungsten carbide tipped circular saw blade for woodworking

2010-11-10 发布

2011-03-01 实施

中华人民共和国国家质量监督检验检疫总局
中国国家标准化管理委员会 发布

前　言

本标准是对 GB/T 14388—1993《木工硬质合金圆锯片》的修订。

本标准非等效采用 DIN 8083:1982《硬质合金圆锯片　尺寸、齿数》和 DIN 5134 第 5 部分:1982《木工圆锯片　硬质合金圆锯片的供货技术条件》。

本标准与 DIN 8083:1982《硬质合金圆锯片　尺寸、齿数》和 DIN 5134 第 5 部分:1982《木工圆锯片　硬质合金圆锯片的供货技术条件》相比作了如下修改:

——表 1 中 D 增加了括号内的数值;

——近似齿数作了修改。

本标准与 GB/T 14388—1993 相比有如下差异:

——增加了前言;

——对图 1 进行了修改和补充;

——对 4.5 的内容进行了修改;

——表 2 中增加了"对称度公差 Ts"一栏;

——本标准代替 GB/T 14388—1993。

本标准的附录 A 为资料性附录。

本标准由中国机械工业联合会提出。

本标准由全国木工机床与刀具标准化技术委员会(SAC/TC 84)归口。

本标准起草单位:哈尔滨二工具科技有限责任公司、蓝帜(南京)工具有限公司。

本标准起草人:姜士红、刘巍、马连祥。

本标准所代替标准的历次版本发布情况为:

——GB/T 14388—1993。

木工硬质合金圆锯片

1 范围

本标准规定了木工硬质合金圆锯片的型式和尺寸、技术要求、试验方法和标志包装的基本要求。

本标准适用于直径 100 mm～630 mm 锯切木材、人造板、塑料及有色金属等的木工硬质合金圆锯片(以下简称锯片)。

2 规范性引用文件

下列文件中的条款通过本标准的引用而成为本标准的条款。凡是注日期的引用文件,其随后所有的修改单(不包括勘误的内容)或修订版均不适用于本标准,然而,鼓励根据本标准达成协议的各方研究是否可使用这些文件的最新版本。凡是不注日期的引用文件,其最新版本适用于本标准。

GB/T 699—1999 优质碳素结构钢

GB/T 4897.1—2003 刨花板 第1部分:对所有板型的共同要求(EN 312-1:1997,NEQ)

GB/T 18376.1—2008 硬质合金牌号 第1部分:切削工具用硬质合金牌号

JB/T 4171—1999 木工机床 精度检验通则

3 型式和尺寸

3.1 锯片的型式和尺寸按下图和表1的规定。

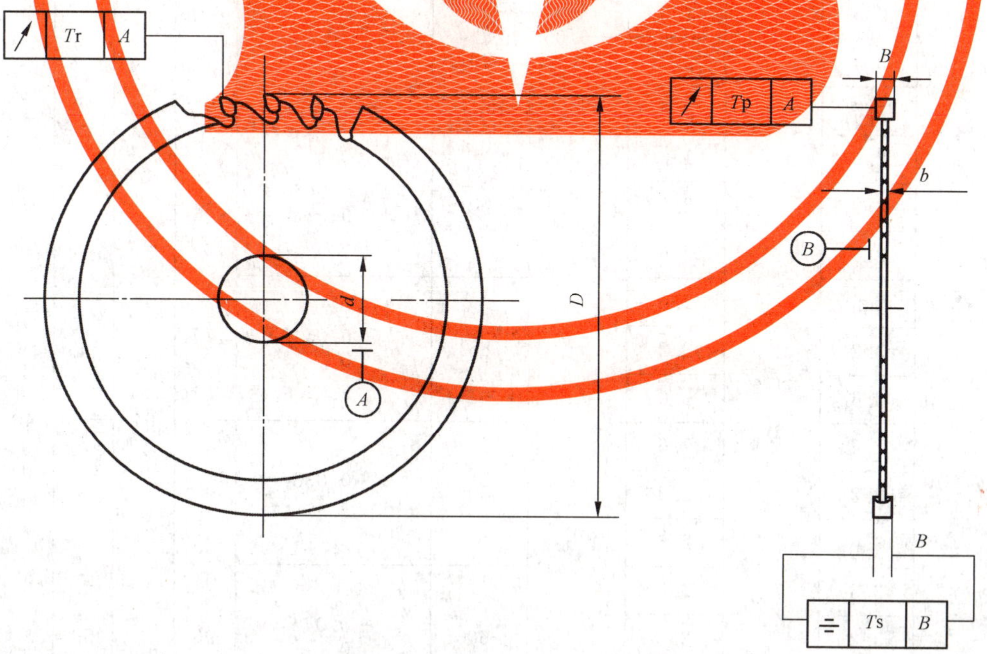

表 1

单位为毫米

D		*B*		*b*		*d*		近似齿距					
基本尺寸	极限偏差	基本尺寸	极限偏差	基本尺寸	极限偏差	基本尺寸	极限偏差(H8)	10	13	16	20	30	40
								齿数					
100	±2	2.5	±0.1	1.6	±0.05	20	$^{+0.033}_{0}$	32	24	20	16	10	8
125								40	32	24	20	12	10
(140)									36	28	24	16	12
160								48	40	32			
(180)						30		56		36	28	20	16
		3.2		2.2									
		2.5		1.6		60	$^{+0.046}_{0}$						
		3.2		2.2									
200		2.5		1.6		30	$^{+0.033}_{0}$	64	48	40	32		
		3.2		2.2									
		2.5		1.6		60	$^{+0.046}_{0}$						
		3.2		2.2									
(225)		2.5		1.6		30	$^{+0.033}_{0}$	72	56	48	36	24	
		3.2		2.2									
		2.5		1.6		60	$^{+0.046}_{0}$						
		3.2		2.2									
250		2.5		1.6		30	$^{+0.033}_{0}$	80	64		40	28	20
		3.2		2.2									
		3.6		2.6									
		2.5		1.6		60	$^{+0.046}_{0}$						
		3.2		2.2									
		3.6		2.6									
		2.5		1.6		(85)	$^{+0.054}_{0}$						
		3.2		2.2									
		3.6		2.6									
(280)		2.5		1.6		30	$^{+0.033}_{0}$	96		56			
		3.2		2.2									
		3.6		2.6									
		2.5		1.6		60	$^{+0.046}_{0}$						
		3.2		2.2									
		3.6		2.6									
		2.5		1.6		(85)	$^{+0.054}_{0}$						
		3.2		2.2									
		3.6		2.6									

表 1（续） 单位为毫米

D		B		b		d		近似齿距					
基本尺寸	极限偏差	基本尺寸	极限偏差	基本尺寸	极限偏差	基本尺寸	极限偏差（H8）	10	13	16	20	30	40
								齿数					
315	±2	2.5	±0.1	1.6	±0.07	30	$^{+0.033}_{0}$	96	72	64	48	32	24
		3.2		2.2									
		3.6		2.6									
		2.5		1.6		60	$^{+0.046}_{0}$						
		3.2		2.2									
		3.6		2.6									
		2.5		1.6		(85)	$^{+0.054}_{0}$						
		3.2		2.2									
		3.6		2.6									
(355)		2.5		2.2		30	$^{+0.033}_{0}$	112	96	72	56	36	28
		3.2		2.6									
		4.0		2.8									
		4.5		3.2									
		3.2		2.2		60	$^{+0.046}_{0}$						
		3.6		2.6									
		4.0		2.8									
		4.5		3.2									
		3.2		2.2		(85)	$^{+0.054}_{0}$						
		3.6		2.6									
		4.0		2.8									
		4.5		3.2									
400		3.2		2.2		30	$^{+0.033}_{0}$	128		80	64	40	32
		3.6		2.6									
		4.0		2.8									
		4.5		3.2									
		3.2		2.2		60	$^{+0.046}_{0}$						
		3.6		2.6									
		4.0		2.8									
		4.5		3.2									
		3.2		2.2		(85)	$^{+0.054}_{0}$						
		3.6		2.6									
		4.0		2.8									
		4.5		3.2									

表 1（续）

单位为毫米

<table>
<tr><th colspan="2">D</th><th colspan="2">B</th><th colspan="2">b</th><th colspan="2">d</th><th colspan="6">近似齿距</th></tr>
<tr><th rowspan="2">基本尺寸</th><th rowspan="2">极限偏差</th><th rowspan="2">基本尺寸</th><th rowspan="2">极限偏差</th><th rowspan="2">基本尺寸</th><th rowspan="2">极限偏差</th><th rowspan="2">基本尺寸</th><th rowspan="2">极限偏差（H8）</th><th>10</th><th>13</th><th>16</th><th>20</th><th>30</th><th>40</th></tr>
<tr><th colspan="6">齿数</th></tr>
<tr><td rowspan="8">(450)</td><td rowspan="22">±2</td><td>3.6</td><td rowspan="22">±0.1</td><td>2.6</td><td rowspan="8">±0.07</td><td rowspan="4">30</td><td rowspan="4">+0.033
0</td><td rowspan="8">—</td><td rowspan="8">112</td><td rowspan="16">96</td><td rowspan="8">72</td><td rowspan="16">48</td><td rowspan="8">36</td></tr>
<tr><td>4.0</td><td>2.8</td></tr>
<tr><td>4.5</td><td>3.2</td></tr>
<tr><td>5.0</td><td>3.6</td></tr>
<tr><td>3.6</td><td>2.6</td><td rowspan="4">85</td><td rowspan="4">+0.054
0</td></tr>
<tr><td>4.0</td><td>2.8</td></tr>
<tr><td>4.5</td><td>3.2</td></tr>
<tr><td>5.0</td><td>3.6</td></tr>
<tr><td rowspan="8">500</td><td>3.6</td><td>2.6</td><td rowspan="14">±0.1</td><td rowspan="4">30</td><td rowspan="4">+0.033
0</td><td rowspan="8">—</td><td rowspan="8">128</td><td rowspan="8">80</td><td rowspan="8">40</td></tr>
<tr><td>4.0</td><td>2.8</td></tr>
<tr><td>4.5</td><td>3.2</td></tr>
<tr><td>5.0</td><td>3.6</td></tr>
<tr><td>3.6</td><td>2.6</td><td rowspan="4">85</td><td rowspan="4">+0.054
0</td></tr>
<tr><td>4.0</td><td>2.8</td></tr>
<tr><td>4.5</td><td>3.2</td></tr>
<tr><td>5.0</td><td>3.6</td></tr>
<tr><td rowspan="4">(560)</td><td>4.5</td><td>3.2</td><td rowspan="2">30</td><td rowspan="2">+0.033
0</td><td rowspan="4">—</td><td rowspan="4">—</td><td rowspan="4">112</td><td rowspan="6">96</td><td rowspan="4">56</td><td rowspan="6">48</td></tr>
<tr><td>5.0</td><td>3.6</td></tr>
<tr><td>4.5</td><td>3.2</td><td rowspan="2">85</td><td rowspan="2">+0.054
0</td></tr>
<tr><td>5.0</td><td>3.6</td></tr>
<tr><td rowspan="2">630</td><td>4.5</td><td>3.2</td><td rowspan="2">40</td><td rowspan="2">+0.033
0</td><td rowspan="2">—</td><td rowspan="2">—</td><td rowspan="2">128</td><td rowspan="2">64</td></tr>
<tr><td>5.0</td><td>3.6</td></tr>
<tr><td colspan="14">注：括号内的尺寸尽量避免采用。</td></tr>
</table>

3.2 推荐锯齿形状参见附录 A。

3.3 标记示例

外径 D=200 mm；锯齿宽度 B=2.5 mm；孔径 d=30 mm；锯齿形状为左右斜齿；齿数为 32 的木工硬质合金圆锯片。

木工硬质合金圆锯片　200×2.5×30　$X_Z X_Y 32$　GB/T 14388—2010

4 技术要求

4.1 锯片锯身表面不许有黑皮，裂纹，锈蚀、崩刃等影响使用性能的缺陷。

4.2 锯片表面粗糙度最大允许值按以下规定：

a） 锯齿各切削表面：Rz6.3 μm；

b） 锯片内孔表面：Ra1.6 μm。

4.3 锯齿侧刃和顶刃对锯片内孔轴线的端面圆跳动、径向圆跳动公差和对称度公差按表 2 的规定。

表 2

单位为毫米

<table>
<tr><th>D</th><th>端面圆跳动公差 Tp[a]</th><th>径向圆跳动公差 Tr</th><th>对称度公差 Ts</th><th>d</th><th>检测法兰盘外径</th></tr>
<tr><td>100</td><td rowspan="4">0.12</td><td rowspan="8">0.12</td><td rowspan="16">0.10</td><td rowspan="4">20</td><td rowspan="3">60</td></tr>
<tr><td>125</td></tr>
<tr><td>140</td></tr>
<tr><td>160</td><td rowspan="5">80</td></tr>
<tr><td rowspan="2">180</td><td rowspan="6">0.15</td><td>30</td></tr>
<tr><td>60</td></tr>
<tr><td rowspan="2">200</td><td>30</td></tr>
<tr><td>60</td></tr>
<tr><td rowspan="2">225</td><td rowspan="11">0.15</td><td>30</td><td rowspan="4">120</td></tr>
<tr><td>60</td></tr>
<tr><td rowspan="3">250</td><td rowspan="9">0.20</td><td>30</td></tr>
<tr><td>60</td></tr>
<tr><td>85</td><td>160</td></tr>
<tr><td rowspan="3">280</td><td>30</td><td rowspan="2">120</td></tr>
<tr><td>60</td></tr>
<tr><td>85</td><td>160</td></tr>
<tr><td rowspan="3">315</td><td rowspan="12">0.15</td><td>30</td><td rowspan="2">120</td></tr>
<tr><td>60</td></tr>
<tr><td>85</td><td>160</td></tr>
<tr><td rowspan="3">355</td><td rowspan="6">0.25</td><td rowspan="15">0.20</td><td>30</td><td rowspan="2">120</td></tr>
<tr><td>60</td></tr>
<tr><td>85</td><td>160</td></tr>
<tr><td rowspan="3">400</td><td>30</td><td rowspan="2">120</td></tr>
<tr><td>60</td></tr>
<tr><td>85</td><td>160</td></tr>
<tr><td rowspan="3">450</td><td rowspan="9">0.30</td><td>30</td><td rowspan="2">140</td></tr>
<tr><td>60</td></tr>
<tr><td>85</td><td>180</td></tr>
<tr><td rowspan="2">500</td><td rowspan="6">0.20</td><td>30</td><td>140</td></tr>
<tr><td>85</td><td>180</td></tr>
<tr><td rowspan="2">560</td><td>30</td><td>140</td></tr>
<tr><td>85</td><td>200</td></tr>
<tr><td rowspan="2">630</td><td>40</td><td>160</td></tr>
<tr><td>85</td><td>200</td></tr>
<tr><td colspan="6">[a] 锯齿的端面圆跳动公差，应在锯齿侧面上距锯片外径 2 mm 处测量。</td></tr>
</table>

4.4 锯片应进行静平衡，其许用不平衡量不得大于表3的规定。

表 3

D/mm	≤250	315	355	400	450	500	560	630
许用不平衡量/(g·mm)	250	400		500	550	600	700	750

4.5 锯齿材料用符合 GB/T 18376.1—2008 规定的 K30 或不低于其材料性能的其他牌号硬质合金制造。锯身用符合 GB/T 699—1999 规定的 65Mn 或不低于其性能的其他牌号材料制造，其硬度不低于 38HRC。

4.6 焊缝的剪切强度不得低于 120 MPa。

5 试验方法

5.1 锯片的性能试验应在符合 JB/T 4171 精度标准规定的机床上进行。

5.2 锯切材料为刨花板，并应符合 GB/T 4897.1 的规定，锯切厚度为 16 mm～22 mm。

5.3 切削规范按表4的规定。

表 4

锯片外径 D/mm	锯齿形状	切削速度/(m/s)	进给速度/(m/min)	锯切长度/m
180～355	X_ZX_Y	40～70	8～15	50
400、450			18～24	

5.4 试验后的锯片刀头不得有崩刃、裂纹和显著磨钝现象，锯身不得有裂纹，并能继续使用。

6 标志包装

6.1 标志

6.1.1 锯片上应标志：制造厂商标、锯片外径、锯齿宽度、孔径、锯齿形状代号(参见附录A)和工作最大转速。

6.1.2 包装盒上应标志：产品名称、标准号、制造厂名称和商标、锯片外径、锯齿宽度、孔径、齿数、锯齿形状代号、件数、制造年月。

6.2 包装

锯片在包装前应经防锈处理，包装后的产品应能防止运输过程中损伤。

附 录 A
（资料性附录）
锯 齿 形 状

A.1 锯齿基本形状见表 A.1。

表 A.1

代　号	P	T	X_Z	X_Y
名　称	平齿	梯形齿	左斜齿	右斜齿
形　状	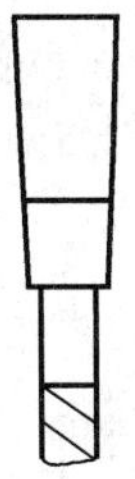	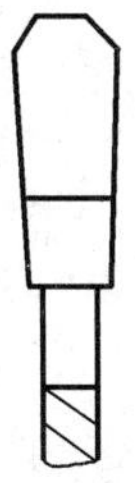	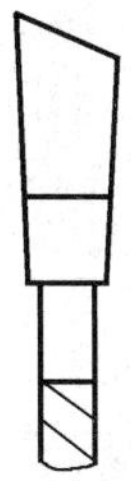	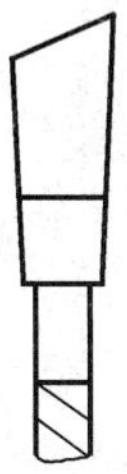

A.2 锯齿形状的组合举例见表 A.2。

表 A.2

代　号	TP	X_Z X_Y	X_Z PX_Y
名　称	梯形齿和平齿	左右斜齿	左右斜齿和平齿
形　状	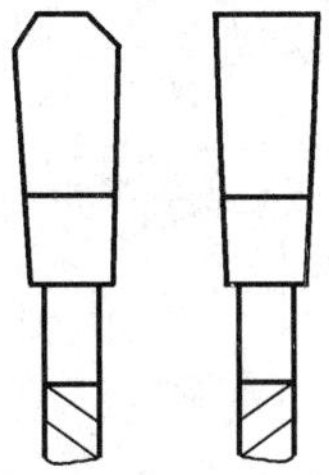	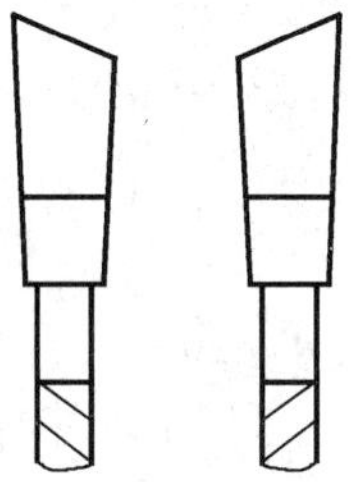	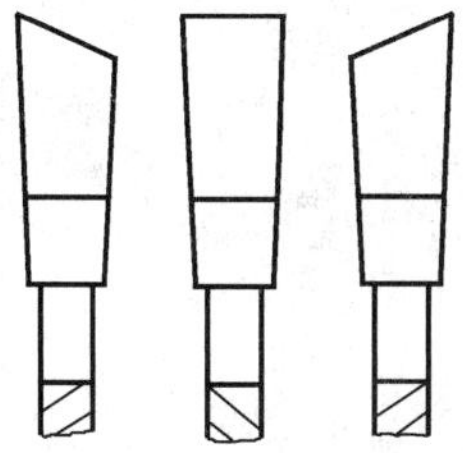

ICS 27.100
F 24

中华人民共和国国家标准

GB/T 14416—2010
代替 GB/T 14416—1993

锅炉蒸汽的采样方法

Methods for sampling boiler steam

2010-12-23 发布　　2011-05-01 实施

中华人民共和国国家质量监督检验检疫总局
中国国家标准化管理委员会　发布

前　言

本标准代替 GB/T 14416—1993《锅炉蒸汽的采样方法》。

本标准与 GB/T 14416—1993 相比主要变化如下：

——修改了适用范围；

——增补了术语和定义部分；

——重新编写了方法概要；

——重新编写了采样装置；

——采样装置改用等速采样装置；

——调整了采样装置的安装位置；

——重新编写了采样；

——增加了样品的存放与运输；

——删除了注意事项。

本标准由中国电力企业联合会提出并归口。

本标准起草单位：西安热工研究院有限公司、华北电力科学研究院有限责任公司。

本标准主要起草人：孙巍伟、田利、王应高、李贺全、史庆琳、黄善锋、王广珠。

本标准于 1993 年第一次发布，本次为第一次修订。

锅炉蒸汽的采样方法

1 范围

本标准规定了电站锅炉和工业锅炉采集蒸汽试样的方法。

本标准适用于电站锅炉和工业锅炉采集蒸汽试样。

2 规范性引用文件

下列文件中的条款通过本标准的引用而成为本标准的条款。凡是注日期的引用文件,其随后所有的修改单(不包括勘误的内容)或修订版均不适用于本标准,然而,鼓励根据本标准达成协议的各方研究是否可使用这些文件的最新版本。凡是不注日期的引用文件,其最新版本适用于本标准。

GB/T 6682 分析实验室用水规格和试验方法

GB/T 14976 流体输送用不锈钢无缝钢管

DL/T 665 水汽集中取样分析装置验收导则

DL/T 752 火力发电厂异种钢焊接技术规程

DL/T 869 火力发电厂焊接技术规程

3 术语和定义

下列术语和定义适用于本标准。

3.1

等速采样 isokinetic sampling

蒸汽试样以同管路中蒸汽的流速和方向完全相同的方式进入采样器入口的采样技术。

3.2

一级冷却器 primary condenser

将采集的蒸汽试样冷却为凝结水的冷却器。

3.3

二级冷却器 secondary cooler

将经过一级冷却器冷却的试样冷却至规定温度的冷却器。

4 方法概要

应用专门设计、制造和安装的采样器,以设计的流量从蒸汽管路中采集蒸汽试样。蒸汽试样经过采样器、管路、一级冷却器、减压器、二级冷却器等,冷却成水后得到有代表性的蒸汽试样。

5 采样装置

5.1 采样器

5.1.1 饱和蒸汽通常为两相流体,由蒸汽和水滴组成,为保证样品的代表性,应使用等速采样器采样。

5.1.2 过热蒸汽中带有少量颗粒,这些颗粒会含有各种可溶解性的离子,对蒸汽品质有影响。应使用等速采样器采样。

5.1.3 等速采样器的设计和安装。

5.1.3.1 一般情况下,等速采样器的材料可选择 S316O8(AISI 316)或 S316O3(AISI 316L)。用于超临界、超超临界机组高温、高压区段的,也可选择与采样蒸汽管道相同的材料。

5.1.3.2 等速采样器设计应考虑流量变化、热应力等因素的影响。一般地，等速采样器宜采用锥形的外形，以减少对蒸汽流的扰动。

5.1.3.3 等速采样器入口的直径按式(1)计算，且不小于3.2 mm。

$$D=1\,000\sqrt{\frac{4\cdot q_{m}}{v\cdot\rho\cdot\pi}} \quad \cdots\cdots(1)$$

式中：

q_m——蒸汽的采样流量(手动采样流量与各种在线分析仪表流量的和)，kg/s；

D——采样器入口的直径，mm；

v——管道中蒸汽的流速(锅炉额定负荷条件下)，m/s；

ρ——蒸汽密度，kg/m^3。

5.1.3.4 等速采样器宜安装在垂直下行的蒸汽管道。当采样器安装在水平管道时，应尽量靠近管道前端且水平安装。

5.1.3.5 采样器应安装在管道的直管段，远离阻流件(如弯头、三通、阀门、节流孔等)。一般地，直管段长度应满足上游35D(D为蒸汽管道内径)和下游4D的原则。如无法保证此长度的直管段，也应按上、下游直管段长度为9∶1的原则安装。

5.1.3.6 安装时，等速采样器的入口朝向与管道中蒸汽的流动方向相反，入口中心线与蒸汽管壁保持一定距离(一般为蒸汽管内径的0.12倍，见图1)，使采样器入口处蒸汽的流速与管道内的平均流速相同并防止管道内壁液膜的影响。

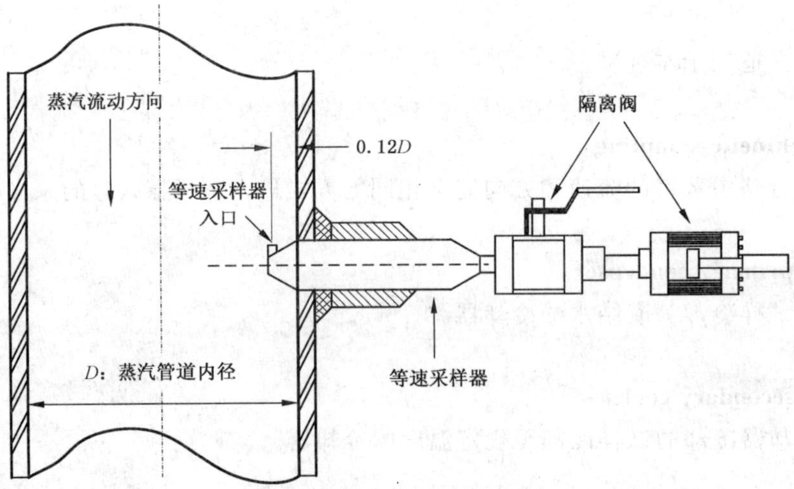

图1 等速采样器及其安装示意图

5.1.3.7 等速采样器从蒸汽管壁插入并焊接在管壁(或管道附件)上，焊接应能满足相应材质的焊接工艺要求，并符合DL/T 752或DL/T 869规定。

5.1.3.8 等速采样器出口应直接与隔离阀相连。高温、高压环境下，应使用双隔离阀。

5.2 试样输送管路

5.2.1 试样输送管路应尽可能短，制作工艺及安装应符合DL/T 665的规定。

5.2.2 试样输送管路应使用不锈钢材质，符合GB/T 14976、DL/T 665的规定。一般情况下，可选择S316O8(AISI 316)、S316O3(AISI 316L)或S304O8(AISI 304)。

5.2.3 等速采样器入口直径、隔离阀、连接至一级冷却器的管路宜采用相同内径。

5.2.4 饱和蒸汽试样输送管路的设计应考虑试样输送过程的影响，防止试样组成变化(如条件许可，采样器出口至一级冷却器的距离在6 m以内可更好地消除试样输送过程的影响)。

5.2.5 过热蒸汽宜在等速采样器冷却套管中通冷却水使试样冷却为饱和蒸汽，再按饱和蒸汽的方法输送试样(如条件许可，试样从采样器出口经过隔离阀后立即进入一级冷却器可更好地消除试样输送过程的影响)。

5.2.6 试样经过一级冷却器后，输送管路的内径应保证试样有适宜的流速(一般可选择 1.8 m/s 左右)。

5.2.7 蒸汽试样输送管路示意图见图 2。

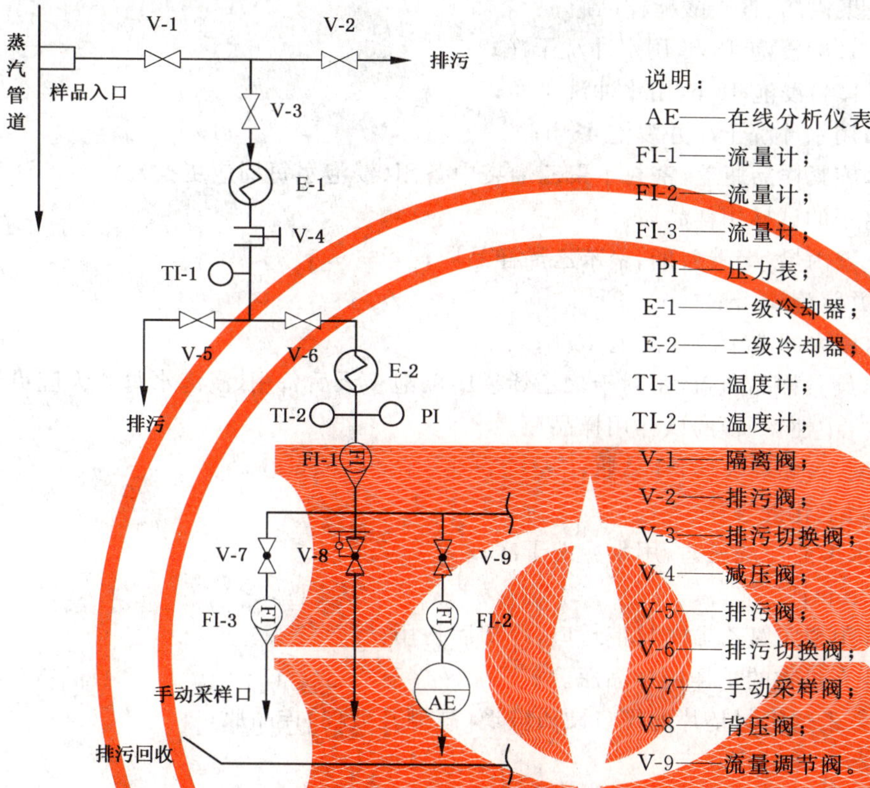

图 2 试样输送管路示意图

5.3 冷却器

5.3.1 在正常的采样流速条件下，一级冷却器应满足试样出口温度不高于冷却水入口温度的 6.0 ℃的换热能力；二级冷却器应符合 DL/T 665 的规定或在线仪表的入口温度要求。

5.3.2 典型的采样冷却器为蛇管式冷却器，冷却盘管应使用不锈钢材质，符合 GB/T 14976、DL/T 665 的规定。一般情况下，可选择 S31608(AISI 316)、S31603(AISI 316L)或 S30408(AISI 304)。

5.3.3 冷却盘管应使用整根管子制造，中间无焊缝及接口，管路的强度能承受采样蒸汽的压力和温度。

6 采样

6.1 试剂与材料

除非另有规定，仅使用分析纯或优级纯试剂。

6.1.1 水，GB/T 6682，一级。

6.1.2 硝酸：优级纯硝酸经亚沸蒸馏或相当纯度(高纯)。

6.1.3 盐酸溶液：1+1。

6.1.4 硝酸溶液：1+1。

6.1.5 容量 500 mL 或其他规格的聚乙烯瓶、聚丙烯瓶、聚碳酸酯瓶、聚苯乙烯瓶、硬质玻璃(高硼硅玻璃)瓶、螺口硬质玻璃(高硼硅玻璃，带聚四氟乙烯密封垫片)瓶。

6.1.6 一次性聚乙烯手套。

6.1.7　聚乙烯自封袋。

6.1.8　聚四氟乙烯密封带。

6.2　样品容器的选择与处理

6.2.1　根据分析项目的不同,使用不同种类的样品瓶及处理方式。

6.2.2　分析痕量金属离子(不包括碱金属离子及碱土金属离子)的试样用样品瓶。

a)　应使用聚乙烯、聚丙烯、聚碳酸酯样品瓶;

b)　用盐酸溶液(6.1.3)浸泡 48 h,用水冲洗干净;

c)　用硝酸溶液(6.1.4)浸泡 48 h,用水冲洗干净;

d)　戴聚乙烯手套,用水冲洗干净并浸泡 48 h;

e)　重新用水浸泡,旋紧样品瓶盖,密封于聚乙烯袋中备用(浸泡水每周应更换)。

6.2.3　分析其他痕量离子的试样用样品瓶。

a)　应使用聚乙烯、聚丙烯、聚碳酸酯、聚苯乙烯样品瓶;

b)　用水冲洗干净并浸泡 48 h;

c)　戴聚乙烯手套,用水冲洗干净并浸泡 48 h;

d)　重新用水浸泡,旋紧样品瓶盖,密封于聚乙烯袋中浸泡 1 天后备用(浸泡水每 5 天应更换)。

6.2.4　分析痕量有机物(中性物质)的试样用样品瓶。

a)　应使用硬质玻璃(高硼硅玻璃)样品瓶;

b)　新样品瓶应进行老化处理;

c)　用热的洗涤剂水溶液冲洗三遍,用水冲洗干净;

d)　400 ℃烘干 30 min;

e)　盖好样品瓶盖,用聚四氟乙烯密封带封口,冷却后备用。

6.2.5　分析痕量挥发性有机物的试样用样品瓶。

a)　应使用带聚四氟乙烯密封垫片的螺口硬质玻璃(高硼硅玻璃)样品瓶;

b)　新样品瓶应进行老化处理;

c)　用热的洗涤剂水溶液冲洗三遍,用水冲洗干净;

d)　105 ℃干燥 1 h,在密封条件下冷却;

e)　旋紧样品瓶盖,用聚四氟乙烯密封带封口,备用。

6.3　蒸汽样品的采集

6.3.1　新投入的采样装置(包括新安装或检修后投入使用),应充分冲洗 24 h 后才能采样。

6.3.2　蒸汽采样阀门应常开,使试样连续流出。

6.3.3　采样区域应保持洁净,避免烟尘、挥发性有机物。

6.3.4　蒸汽试样采样时,应至少提前 45 min 调节好流量并维持恒定,采样流量宜控制在 500 mL/min。

6.3.5　戴聚乙烯手套拿取样品瓶。将样品瓶用试样冲洗 3 遍,采样至样品瓶的肩部并立即旋紧样品瓶盖。同时取平行试样。

6.3.6　采集用于分析金属离子(不包括碱金属或碱土金属离子)的试样时,先按每 1 mL 对应 500 mL 试样的比例在样品瓶中加入硝酸(6.1.2),立即采样并旋紧样品瓶盖。同时取平行试样。

6.3.7　采集用于分析挥发性有机物的试样时,应接满样品至溢出,立即盖上聚四氟乙烯密封垫片,旋紧样品瓶盖。同时取平行试样。

6.3.8　采样后,样品密封于聚乙烯袋中。

6.4　采样量

采样量应根据分析项目确定,宜不少于 500 mL。

6.5　样品标签

样品应粘贴标签,注明试样名称、采样地点、采样人姓名、时间、温度以及其他信息(如锅炉工况)等。

7 样品存放与运输

7.1 样品采集后应尽快分析。

7.2 如果样品存放超过 24 h 即应在 4 ℃冷藏存放。分析痕量 NH_4^+、NO_3^-、SO_4^{2-}、PO_4^{3-} 的样品采样后应立即在 4 ℃冷藏存放。

7.3 样品存放与运输时，应保证样品瓶封闭严密，存放与运输条件符合相关分析方法的规定。

7.4 经存放或运输的样品，应在报告中注明存放或运输的时间或温度等条件。

7.5 样品存放的有效期限应符合相关分析方法的规定。

ICS 73.080
D 53

中华人民共和国国家标准

GB/T 14505—2010
代替 GB/T 14505—1993

岩石和矿石化学分析方法 总则及一般规定

Method for chemical analysis of rocks and ores—General rules and regulations

2010-11-10 发布　　2011-02-01 实施

中华人民共和国国家质量监督检验检疫总局
中国国家标准化管理委员会　发布

前　言

本标准代替 GB/T 14505—1993《岩石和矿石化学分析方法　总则及一般规定》。

本标准与 GB/T 14505—1993 相比，主要变化如下：

——增加了岩石和矿石化学分析方法标准的构成要素；

——增加了制订岩石和矿石化学分析方法标准时对正确度试验的要求；

——增加了仪器、设备和计量器具均应在检定有效期内使用的要求；

——增加了试剂、实验用水要求和标准溶液应进行核查比对的要求；

——增加了使用标准物质(或加标回收)，使测试结果准确可靠，具有可溯源性的要求；

——增加了岩石和矿物化学分析方法标准安全注意事项，对有毒有害物质需进行处理以保护环境的要求；

——修改了分析试样加工制备的依据标准；

——修改了分析结果以质量分数 $w(B)$ 表示的内容；

——修改了用标准试样进行验证试验，确认后使用的要求。

本标准由中华人民共和国国土资源部提出。

本标准由国土资源标准化技术委员会归口。

本标准负责起草单位：国家地质实验测试中心。

本标准主要起草单位：国家地质实验测试中心、武汉综合岩矿测试中心、浙江省地质矿产研究所。

本标准主要起草人：王苏明、颜茂弘、郑存江、董高翔。

本标准所代替标准历次版本发布情况为：GB/T 14505—1993。

岩石和矿石化学分析方法
总则及一般规定

1 范围

本标准规定了岩石和矿石化学分析方法总则及一般规定。

本标准适用于岩石和矿石化学分析。

2 规范性引用文件

下列文件中的条款通过本标准的引用而成为本标准的条款。凡是注日期的引用文件,其随后所有的修改单(不包括勘误的内容)或修订版均不适用于本标准,然而,鼓励根据本标准达成协议的各方研究是否可使用这些文件的最新版本。凡是不注日期的引用文件,其最新版本适用于本标准。

GB/T 601 化学试剂 标准滴定溶液的制备

GB 3100 国际单位制及其应用

GB 3101 有关量、单位和符号的一般原则

GB 3102(所有部分) 量和单位

GB/T 6379(所有部分) 测量方法与结果的准确度(正确度和精密度)

GB/T 6682 分析实验室用水规格和试验方法

GB/T 8170 数值修约规则与极限数值的表示和判定

DZ/T 0130.2 地质矿产实验室测试质量管理规范 第2部分:岩石矿物分析试样制备

3 总则

3.1 岩石和矿石标准中所列化学分析方法,可用于仲裁分析、验证其他分析方法、标准物质定值分析及例行分析。

3.2 岩石和矿石中某个组分(元素)的化学分析方法标准超过一个以上时,应根据测量目的和试样含量范围选择使用。

3.3 岩石和矿石化学分析方法标准的构成要素:

a) 岩石和矿石化学分析方法一般应包括要素有:封面、目次、前言、引言、标准方法名称、安全警示(告)、范围、规范性引用文件、术语和定义、方法原理、试剂及材料、仪器与设备、样品、分析步骤、结果计算、精密度和正确度、不确定度、质量保证和控制、特殊情况、注意事项、废弃物处理、试验报告、附录、参考文献等;

b) 其中必备要素为:封面、前言、标准方法名称、范围、方法原理、试剂及材料、仪器与设备、样品、分析步骤、结果计算、精密度和正确度等;

c) 其中可选要素为:目次、引言、安全警示(告)、规范性引用文件、术语和定义、不确定度、质量保证和控制、特殊情况、注意事项、废弃物处理、试验报告、附录、参考文献等。

3.4 制(修)订岩石和矿石化学分析方法时,应采用国际原子量。

3.5 物质的量、单位和符号按 GB 3100、GB 3101 和 GB 3102 的要求执行。

3.6 精密度试验和正确度试验按 GB/T 6379 的要求进行。

3.7 分析测试中使用的所有对分析结果准确度有影响的仪器、设备和计量器具均应在检定有效期内。

3.8 分析测试中使用的试剂及实验用水的规格、纯度应符合 GB/T 6682 或相应化学分析方法标准的

规定；使用的基准物质、标准溶液应进行核查比对。

3.9 分析测试中每单次测量、每单个组分（元素）均应同时使用相应的标准物质（或加标回收）进行测量，使测试结果准确可靠，具有可溯源性。

3.10 分析测试中得到的结果数值，应与使用的仪器、容器等实际量值的水平一致，数字修约方法按 GB/T 8170 执行。

3.11 分析结果以质量分数 $w(B)$ 表示。主成分分析结果 $w(B)$ 以％ 或 10^{-2} 表示，可表示为××.××、×.××、0.×××。微量元素分析结果 $w(B)$ 以微克每克（μg/g）表示，大于 1 μg/g 可表示，为×.××、××.×、×××；小于 1 μg/g 可表示为，为 0.××、0.0××。

4 一般规定

4.1 岩石和矿石试样加工制备按 DZ/T 0130.2 或相应标准的要求进行，试样加工粒径随矿种不同而异。

4.1.1 一般试样应于 105 ℃～110 ℃干燥 2 h～4 h 后，置于干燥器中保存。分析结果依此干样计算。硫化矿、硼矿试样干燥温度为 60 ℃～80 ℃，石膏试样干燥温度为 55 ℃。

4.1.2 易吸水和含硫的试样，如高岭土、粘土、黄铁矿、锰矿、汞矿、芒硝、岩盐和亚铁的测定等，应取空气干燥试样分析，并同时测定吸附水进行校正。

4.2 分析天平精度级别一般不应低于三级，其感量应达到 0.1 mg。

4.3 所用的试剂，如无特殊说明，一般应采用符合国家标准或行业标准的分析纯试剂。用金属配制标准溶液时，其质量分数应不小于 99.99％。

4.4 方法标准中所列液体试剂，除说明外，均指该试剂的浓溶液，并在该试剂名称后括号内注明密度。含结晶水的固体试剂，应在其名称后的括号内写出分子式。

4.5 配制溶液与分析过程中所用的水，为蒸馏水或去离子水。

4.6 方法标准中所配制的溶液，除注明溶剂外，均指水溶液。标准溶液的浓度有如下表示方式：

a) 物质 B 的质量浓度：物质 B 的质量除以混合物之总体积，量符号为 ρ_B，其单位常用 g/L、mg/L、mg/mL、μg/mL 或 ng/mL 等表示；

b) 物质 B 的物质的量浓度或物质 B 的浓度：物质 B 的物质的量除以混合物之总体积，量符号为 c_B，其单位常用 mol/L 或 mmol/L 表示，在实际应用时必须指明溶质的基本单元形式；

c) 物质 B 的质量分数：溶质的质量与溶液（溶质＋溶剂）的质量之比，亦即物质 B 的质量与混合物的质量之比，量符号为 w_B，常用％、10^{-2}、10^{-6} 和 10^{-9} 等表示；

d) 物质 B 的体积分数：纯物质 B 与混合物在相同温度和压力下的体积之比，量符号为 φB，常用 mg/L、mg/mL、μg/mL 或 ng/mL 等表示；

e) 体积比：体积比指液体试剂与溶剂之比例；

f) 质量比：质量比指在混合物中两特定成分同类量之比，而不是与总量之比；

g) 由液体试剂配制的非标准溶液浓度以 (V_1+V_2) 表示时，V_1 指溶质体积，V_2 指溶剂体积。

4.7 方法标准中的换算因数、标准溶液的浓度（单位为摩尔每升），均应保留四位有效数字。

4.8 配制的标准溶液和校准标准系列溶液，应在使用时以标准储备溶液逐级稀释配制而成。

4.9 标定标准溶液按 GB/T 601 的要求执行，应同时进行双人、每人 4 份的测定，所得浓度结果最大值和最小值的相对误差不大于 0.4％时，可取其算术平均值，否则应重新进行标定。

4.10 配制、贮存试剂溶液，应采用硬质玻璃容器。对玻璃有腐蚀性的试剂或对试样有沾污、吸附影响的容器，以及容易分解的试剂，应指明使用何种材料的容器中贮存，贮存时的注意事项及贮存时间。如：“高压聚乙烯塑料瓶”、“棕色瓶”、“用时现配”等。

4.11 方法标准所列称取料样量可根据试样中待测元素含量高低增减，以控制称样量在分析方法最佳测量条件范围内。

4.12　方法标准所列校准溶液系列范围、标准滴定溶液的浓度，一般能适用于各组分常见量范围，如待测元素量偏高或偏低，应在所给方法测定范围内，增大或缩小显色溶液体积和配制合适浓度的标准滴定溶液，以保证方法的精密度和准确度。

4.13　方法标准中要求的“灼烧或烘干至恒重”，如无特殊说明，系指灼烧或烘干及冷却等手续重复进行至最后两次称量之差不大于0.3 mg为恒重。

4.14　方法标准中要求的的“干过滤”，系指溶液用干滤纸和干漏斗过滤于干燥容器中，并弃去最初部分滤液。

4.15　测定试料时，应平行进行空白试验。计算结果应扣除空白值。

4.16　测定前，应对所用仪器的工作条件、稳定性能、线性关系等进行验证，确认后方可使用。

4.17　本标准用摄氏温标表示温度(℃)。除另有规定外，标准温度为20 ℃，实验室室温一般指15 ℃～25 ℃。

4.18　方法标准安全注意事项，是对易燃、易爆、有毒、有害试剂和易排出的有毒气体等应设有警告标志，按国家有关规定管理。应对排放物进行处理，达到国家规定的排放标准，以保护人身安全和满足环境保护的要求。

参 考 文 献

[1] GB/T 602—2002 化学试剂 杂质测定用标准溶液的制备
[2] GB/T 603—2002 化学试剂 试验方法中所用试剂及制品的制备
[3] GB/T 27025—2008 检测和校准实验室能力的通用要求
[4] DZ/T 0130—2006 地质矿产实验室测试质量管理规范

ICS 73.080
D 53

中华人民共和国国家标准

GB/T 14506.1—2010
代替 GB/T 14506.1—1993

硅酸盐岩石化学分析方法 第1部分:吸附水量测定

Methods for chemical analysis of silicate rocks—Part 1:Determination of hygroscopic water content

2010-11-10 发布　　2011-02-01 实施

中华人民共和国国家质量监督检验检疫总局
中国国家标准化管理委员会
发布

前　言

GB/T 14506《硅酸盐岩石化学分析方法》由以下 30 部分组成：

——第 1 部分：吸附水量测定；

——第 2 部分：化合水量测定；

——第 3 部分：二氧化硅量测定；

——第 4 部分：三氧化二铝量测定；

——第 5 部分：总铁量测定；

——第 6 部分：氧化钙量测定；

——第 7 部分：氧化镁量测定；

——第 8 部分：二氧化钛量测定；

——第 9 部分：五氧化二磷量测定；

——第 10 部分：氧化锰量测定；

——第 11 部分：氧化钾和氧化钠量测定；

——第 12 部分：氟量测定；

——第 13 部分：硫量测定；

——第 14 部分：氧化亚铁量测定；

——第 15 部分：锂量测定；

——第 16 部分：铷量测定；

——第 17 部分：锶量测定；

——第 18 部分：铜量测定；

——第 19 部分：铅量测定；

——第 20 部分：锌量测定；

——第 21 部分：镍和钴量测定；

——第 22 部分：钒量测定；

——第 23 部分：铬量测定；

——第 24 部分：镉量测定；

——第 25 部分：钼和钨量测定；

——第 26 部分：钴量测定；

——第 27 部分：镍量测定；

——第 28 部分：16 个主次成分量测定；

——第 29 部分：稀土等 22 个元素量测定；

——第 30 部分：44 个元素量测定。

本部分为 GB/T 14506 的第 1 部分。

本部分代替 GB/T 14506.1—1993《硅酸盐岩石化学分析方法　重量法测定吸附水量》。

本部分与原部分相比，主要变化如下：

——增加了警示内容；

——增加了规范性引用文件。

本部分由中华人民共和国国土资源部提出。

本部分由全国国土资源标准化技术委员会归口。

本部分起草单位:国家地质实验测试中心。

本部分主要起草人:王苏明、颜茂弘。

本部分所代替标准的历次版本发布情况为:

——GB/T 14506.1—1993。

硅酸盐岩石化学分析方法
第1部分：吸附水量测定

警示——使用本部分的人员应有正规实验室工作的实践经验。本部分并未指出所有可能的安全问题。使用者有责任采取适当的安全和健康措施，并保证符合国家有关法规规定的条件。

1 范围

GB/T 14506的本部分规定了硅酸盐岩石中吸附水量的测定方法。

本部分适用于硅酸盐岩石中吸附水量的测定，也适用于土壤和水系沉积物中吸附水量的测定。

测定范围：大于0.1%的吸附水量。

2 规范性引用文件

下列文件中的条款通过GB/T 14506的本部分的引用而成为本部分的条款。凡是注日期的引用文件，其随后所有的修改单（不包括勘误的内容）或修订版均不适用于本部分，然而，鼓励根据本部分达成协议的各方研究是否可使用这些文件的最新版本。凡是不注日期的引用文件，其最新版本适用于本部分。

GB/T 14505　岩石和矿石化学分析方法　总则及一般规定

3 原理

试料经105 ℃烘干至恒重后失去的质量即为吸附水含量。

4 仪器和设备

4.1　天平：三级，感量0.1 mg。

4.2　圆柱形称量瓶（直径35 mm）。

5 试样

按GB/T 14505的要求，试样最大颗粒粒径应小于74 μm。

6 分析步骤

6.1 测定数量

同一试料，一般应进行双份测定，或按一定比例进行双份测定。

6.2 试料量

称取1 g试料，精确至0.1 mg。

6.3 测定

将试料（6.2）置于105 ℃干燥过并称至恒重后的称量瓶（4.2）内，轻轻晃动使试料（6.2）均匀平铺于底部，半开瓶盖，置于已升温至105 ℃～110 ℃的烘箱内干燥2 h。取出，盖严瓶盖，稍冷后放入干燥器中，冷却至室温，称重（称重前微启瓶盖，使瓶内压力与大气压平衡）。再放入烘箱中，在相同温度下干燥半小时，取出冷却，称重直至恒重为止。

注：也可用带盖铂坩埚代替称量瓶。

7 结果计算

计算结果以质量分数 $w(H_2O^-)$ 计，数值以%表示，按下式计算吸附水的含量：

$$w(H_2O^-)=\frac{m_1-m_2}{m}\times 100 \qquad \cdots\cdots(1)$$

式中：

m_1——干燥前试料与称量瓶的质量，单位为克(g)；

m_2——干燥后试料与称量瓶的质量，单位为克(g)；

m——试料量，单位为克(g)。

分析结果表示至小数点后第二位。

ICS 73.080
D 53

中华人民共和国国家标准

GB/T 14506.2—2010
代替 GB/T 14506.2—1993

硅酸盐岩石化学分析方法 第2部分：化合水量测定

Methods for chemical analysis of silicate rocks—Part 2: Determination of combined water content

2010-11-10 发布　　　　2011-02-01 实施

中华人民共和国国家质量监督检验检疫总局
中国国家标准化管理委员会　发布

前　言

GB/T 14506《硅酸盐岩石化学分析方法》由以下 30 部分组成：
——第 1 部分：吸附水量的测定；
——第 2 部分：化合水量测定；
——第 3 部分：二氧化硅量测定；
——第 4 部分：三氧化二铝量测定；
——第 5 部分：总铁量测定；
——第 6 部分：氧化钙量测定；
——第 7 部分：氧化镁量测定；
——第 8 部分：二氧化钛量测定；
——第 9 部分：五氧化二磷量测定；
——第 10 部分：氧化锰量测定；
——第 11 部分：氧化钾和氧化钠量测定；
——第 12 部分：氟量测定；
——第 13 部分：硫量测定；
——第 14 部分：氧化亚铁量测定；
——第 15 部分：锂量测定；
——第 16 部分：铷量测定；
——第 17 部分：锶量测定；
——第 18 部分：铜量测定；
——第 19 部分：铅量测定；
——第 20 部分：锌量测定；
——第 21 部分：镍和钴量测定；
——第 22 部分：钒量测定；
——第 23 部分：铬量测定；
——第 24 部分：镉量测定；
——第 25 部分：钼和钨量测定；
——第 26 部分：钴量测定；
——第 27 部分：镍量测定；
——第 28 部分：16 个主次成分量测定；
——第 29 部分：稀土等 22 个元素量测定；
——第 30 部分：44 个元素量测定。

本部分为 GB/T 14506 的第 2 部分。

本部分代替 GB/T 14506.2—1993《硅酸盐岩石化学分析方法　重量法测定化合水量》。

本部分与原部分相比，主要变化如下：
——增加了警示内容；
——增加了规范性引用文件。

本部分由中华人民共和国国土资源部提出。

本部分由全国国土资源标准化技术委员会归口。

本部分起草单位:国家地质实验测试中心。
本部分主要起草人:王苏明、颜茂弘。
本部分所代替标准的历次版本发布情况为:
——GB/T 14506.2—1993。

硅酸盐岩石化学分析方法
第2部分:化合水量测定

警示——使用本部分的人员应有正规实验室工作的实践经验。本部分并未指出所有可能的安全问题。使用者有责任采取适当的安全和健康措施,并保证符合国家有关法规规定的条件。

1 范围

GB/T 14506的本部分规定了硅酸盐岩石中化合水量的测定方法。

本部分适用于硅酸盐岩石中化合水量的测定,也适用于土壤和水系沉积物中化合水量的测定。

测定范围:大于0.5%的化合水量。

2 规范性引用文件

下列文件中的条款通过GB/T 14506的本部分的引用而成为本部分的条款。凡是注日期的引用文件,其随后所有的修改单(不包括勘误的内容)或修订版均不适用于本部分,然而,鼓励根据本部分达成协议的各方研究是否可使用这些文件的最新版本。凡是不注日期的引用文件,其最新版本适用于本部分。

GB/T 14506.1 硅酸盐岩石化学分析方法 第1部分:吸附水量测定

3 原理

试料置于双球管末端的圆球内,在高温灼烧,逸出的水分凝聚于中部的圆球中,称重,烘干后再称重,其质量差即为化合水含量。

4 仪器和设备

4.1 双球管,示意图见图1。

单位为毫米

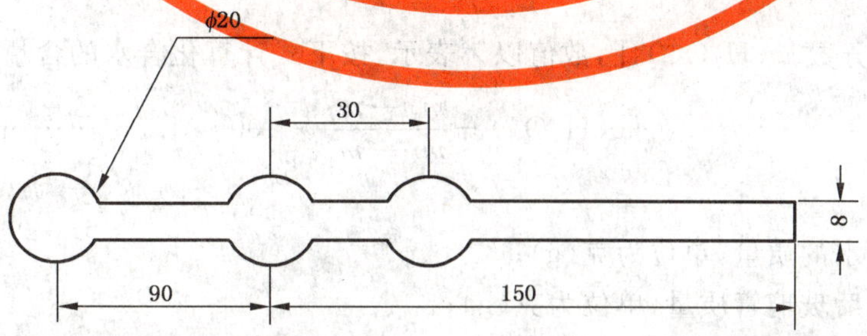

注:材料为硬质玻璃。

图1 双球管示意图

4.2 细管长颈漏斗。

4.3 有毛细玻璃管的橡皮塞。

4.4 天平:三级,感量0.1 mg。

5 试样

5.1 试样粒径应小于 74 μm。

5.2 试样应在 105 ℃预干燥 2 h～4 h，置于干燥器中，冷却至室温。

5.3 对易吸水的岩石，应取空气干燥试样，在称样的同时按 GB/T 14506.1 进行吸附水量的测定，最终以干态计算结果。

6 分析步骤

6.1 测定数量

同一试料，一般应进行双份测定，或按一定比例进行双份测定。

6.2 试料量

称取 0.5 g～1.0 g 试料，精确至 0.1 mg。

6.3 验证试验

随同试料分析同类型的标准物质。

6.4 测定

6.4.1 试料的称取

测定前将双球管、长颈漏斗洗净、烘干。双球管(4.1)称重，通过长颈漏斗(4.2)将试料(6.2)倒入双球管(4.1)末端的玻璃球中，再称重盛有试料的双球管，第二次质量与第一次质量之差即为所取试料的质量。

6.4.2 试料的灼烧与水的凝集

在双球管开口的一端塞上有毛细管的橡皮塞(4.3)，用浸过冷水的湿布缠住中间的空球，把管子放在水平的位置上，使开口一端稍微向下倾斜，用喷灯从低温到高温灼烧装有试料的玻璃球，不时转动管子，使之受热均匀，以免玻璃球软化下垂，并不时向湿布处滴冷水，使逸出的水分充分冷却。再强烈灼烧 15 min 后，将末端玻璃球烧熔拉掉(不能把试料流入玻璃管中)。取下，冷却至室温，取去湿布及橡皮塞，用干布擦干双球管外壁，称重双球管。

6.4.3 玻璃管的烘干与称重

将带水的玻璃管置于 105 ℃～110 ℃的烘箱烘 2 h～3 h 至干，取出，冷却至室温，称重。由两次质量之差，计算化合水的含量。

7 结果计算

计算结果以质量分数 $w(H_2O^+)$计，数值以%表示，按下式计算化合水的含量：

$$w(H_2O^+)=\frac{m_1-m_2}{m_3-m_4}\times 100 \qquad \cdots\cdots(1)$$

式中：

m_1——玻璃管与水的质量，单位为克(g)；

m_2——除去水分后玻璃管质量，单位为克(g)；

m_3——双球管与试料质量，单位为克(g)；

m_4——双球管空管质量，单位为克(g)。

分析结果表示至小数点后第二位。

8 精密度

硅酸盐岩石中化合水量测定结果的精密度见表 1。

表 1 精密度

%

成分	水平范围 m	重复性限 r	再现性限 R
H_2O^+	0.55～5.53	$r=0.101+0.043m$	$R=0.172+0.135m$
注：本精密度数据是由 9 个实验室对 10 个水平的试料进行实验确定的。			

ICS 73.080
D 53

中华人民共和国国家标准

GB/T 14506.3—2010
代替 GB/T 14506.3—1993

硅酸盐岩石化学分析方法 第3部分:二氧化硅量测定

Methods for chemical analysis of silicate rocks— Part 3: Determination of silicon dioxide content

2010-11-10 发布　　2011-02-01 实施

中华人民共和国国家质量监督检验检疫总局
中国国家标准化管理委员会 发布

前言

GB/T 14506《硅酸盐岩石化学分析方法》由以下30部分组成：

——第1部分：吸附水量测定；
——第2部分：化合水量测定；
——第3部分：二氧化硅量测定；
——第4部分：三氧化二铝量测定；
——第5部分：总铁量测定；
——第6部分：氧化钙量测定；
——第7部分：氧化镁量测定；
——第8部分：二氧化钛量测定；
——第9部分：五氧化二磷量测定；
——第10部分：氧化锰量测定；
——第11部分：氧化钾和氧化钠量测定；
——第12部分：氟量测定；
——第13部分：硫量测定；
——第14部分：氧化亚铁量测定；
——第15部分：锂量测定；
——第16部分：铷量测定；
——第17部分：锶量测定；
——第18部分：铜量测定；
——第19部分：铅量测定；
——第20部分：锌量测定；
——第21部分：镍和钴量测定；
——第22部分：钒量测定；
——第23部分：铬量测定；
——第24部分：镉量测定；
——第25部分：钼和钨量测定；
——第26部分：钴量测定；
——第27部分：镍量测定；
——第28部分：16个主次成分量测定；
——第29部分：稀土等22个元素量测定；
——第30部分：44个元素量测定。

本部分为GB/T 14506的第3部分。

本部分代替GB/T 14506.3—1993《硅酸盐岩石化学分析方法　二氧化硅的测定》。

本部分与原部分相比，主要变化如下：

——增加了规范性引用文件；
——增加了警示、警告内容。

本部分由中华人民共和国国土资源部提出。

本部分由全国国土资源标准化技术委员会归口。

本部分负责起草单位：国家地质实验测试中心。
本部分起草单位：浙江省地质矿产研究所。
本部分主要起草人：胡勇平、郑存江、张明杰。
本部分所代替标准的历次版本发布情况为：
——GB/T 14506.3—1993。

硅酸盐岩石化学分析方法 第3部分:二氧化硅量测定

警示——使用本部分的人员应有正规实验室工作的实践经验。本部分并未指出所有可能的安全问题。使用者有责任采取适当的安全和健康措施,并保证符合国家有关法规规定的条件。

1 范围

GB/T 14506 的本部分规定了硅酸盐岩石中二氧化硅量的测定方法。

本部分适用于硅酸盐岩石中二氧化硅量的测定,也适用于土壤和水系沉积物中二氧化硅量的测定。

测定范围:大于5%的二氧化硅量。

2 规范性引用文件

下列文件中的条款通过 GB/T 14506 的本部分的引用而成为本部分的条款。凡是注日期的引用文件,其随后所有的修改单(不包括勘误的内容)或修订版均不适用于本部分,然而,鼓励根据本部分达成协议的各方研究是否可使用这些文件的最新版本。凡是不注日期的引用文件,其最新版本适用于本部分。

GB/T 6682 分析实验室用水规格和试验方法

GB/T 14506.1 硅酸盐岩石化学分析方法 第1部分:吸附水量测定

3 聚环氧乙烷重量法

3.1 原理

试料用碳酸钠熔融,盐酸浸取,蒸发至小体积,加聚环氧乙烷凝聚硅酸,过滤,灼烧,称重。加氢氟酸、硫酸处理,使硅以四氟化硅形式除去,再灼烧称重。处理前后质量之差即为沉淀中的二氧化硅量。残渣用焦硫酸钾熔融,水提取并入二氧化硅滤液中。经解聚后用钼蓝光度法测定滤液中的残余二氧化硅,两者之和即为试料中二氧化硅量。

3.2 试剂

本部分除非另有说明,在分析中均使用分析纯试剂和符合 GB/T 6682 要求的分析实验室用水。

3.2.1 无水碳酸钠(优级纯)。

3.2.2 过氧化钠。

3.2.3 硼酸。

3.2.4 焦硫酸钾。

3.2.5 甲醇。

3.2.6 无水乙醇。

3.2.7 乙醇(6+4)。

3.2.8 盐酸(ρ1.19 g/mL),优级纯。

3.2.9 盐酸(1+1)。

3.2.10 盐酸(5+95)。

3.2.11 盐酸 c(HCl)=1 mol/L。

3.2.12 氢氟酸(ρ1.15 g/mL)。**警告——氢氟酸有毒并有腐蚀性,操作时戴手套,防止皮肤接触。**

3.2.13 硝酸(ρ1.42 g/mL),优级纯。

3.2.14 硫酸(1+1)。**警告——不当的稀释易发生危险!**

3.2.15 钼酸铵溶液(50 g/L)。贮于塑料瓶中。

3.2.16 氢氧化钠溶液(100 g/L)。贮于塑料瓶中。

3.2.17 聚环氧乙烷溶液(1 g/L):称取 0.1 g 聚环氧乙烷溶解于 100 mL 水中,搅拌,放置过夜,过滤后使用。

3.2.18 抗坏血酸溶液(50 g/L)。用时现配。

3.2.19 二氧化硅标准溶液的配制:

a) 二氧化硅标准溶液(200 μg/mL):

称取 0.200 0 g 预先经 1 000 ℃灼烧 1 h 的高纯二氧化硅,置于铂坩埚中,加 1 g 过氧化钠(3.2.2)混匀,上面再覆盖 1 g 过氧化钠(3.2.2),置于 520 ℃±10 ℃的高温炉内熔融 10 min。取出冷却,用滤纸擦净坩埚外壁,放在塑料烧杯中用热水浸取,洗出坩埚和盖,冷却至室温,移入 1 000 mL 容量瓶中,迅速用水稀释至刻度,摇匀。立即转入干燥的塑料瓶中保存;

b) 二氧化硅标准溶液(20.0 μg/mL):

分取 10 mL 二氧化硅标准溶液[3.2.19a)],置于 100 mL 容量瓶中,用水稀释至刻度,摇匀。立即转入干燥的塑料瓶中保存。用时现配。

3.2.20 硝酸银溶液(10 g/L):贮于棕色瓶中。

3.2.21 酚酞乙醇溶液(1 g/L):称取 0.1 g 酚酞溶解于 100 mL 乙醇(3.2.7)中。

3.3 仪器

3.3.1 分光光度计。

3.3.2 天平:三级,感量 0.1 mg。

3.4 试样

3.4.1 试样粒径应小于 74 μm。

3.4.2 试样应在 105 ℃预干燥 2 h~4 h,置于干燥器中,冷却至室温。

3.4.3 对易吸水的岩石,应取空气干燥试样,在称样的同时按 GB/T 14506.1 进行吸附水量的测定。最终以干态计算结果。

3.5 分析步骤

3.5.1 测定数量

同一试料,一般应进行双份测定,或按一定比例进行双份测定。

3.5.2 试料量

称取 1 g 试料,精确至 0.1 mg。

3.5.3 空白试验

随同试料进行两份空白试验,所用试剂应取自同一试剂瓶,加入同等的量。

3.5.4 验证试验

随同试料分析同类型的标准物质。

3.5.5 测定

3.5.5.1 试料的分解

将试料(3.5.2)置于预先盛有 6 g 无水碳酸钠(3.2.1)的铂坩埚中,搅拌均匀,再覆盖 1 g 无水碳酸钠(3.2.1)。盖上铂坩埚盖,放入高温炉中,于 1 000 ℃熔融 40 min,取出冷却。

注 1:如试料中重金属含量>1 mg 时,先用王水处理。将试料(3.5.2)置于 250 mL 烧杯中,加 15 mL 盐酸(3.2.8),于电热板上加热 10 min,加 5 mL 硝酸(3.2.13)。继续加热蒸发至干,再加 5 mL 盐酸(3.2.8),蒸干。加少量盐酸(3.2.9),加水至约 50 mL,加热使盐类溶解,取下,用致密定量滤纸过滤,滤液保留。滤纸和残渣置于铂坩埚中,灰化,再用无水碳酸钠(3.2.1)熔融,熔块连同坩埚在原滤液中浸取后,按(3.5.5.2)继续进行。

注 2:铝含量太高时,可适当延长熔矿时间至 1 h。

3.5.5.2 熔块的浸取和硅酸的凝聚

用滤纸擦净坩埚外壁，放入250 mL烧杯中，盖上表面皿，慢慢加入50 mL盐酸(3.2.9)，待剧烈反应停止后，加热使熔块脱落，洗出坩埚和坩埚盖。如有结块，用玻璃棒压碎。架上玻璃三角架后盖上表面皿，置于沸水浴上蒸发至约10 mL，取下，冷却，加10 mL盐酸(3.2.8)，加5 mL聚环氧乙烷溶液(3.2.17)，搅匀。放置5 min，加水约30 mL，搅拌使可溶性盐类溶解，用中速定量滤纸过滤，滤液收集于250 mL容量瓶中，将沉淀全部转入滤纸上，用盐酸(3.2.10)洗涤烧杯与滤纸各数次，并用橡皮擦头和一小片滤纸擦净玻璃棒和烧杯，再用水洗沉淀和滤纸至无氯离子[用硝酸银溶液(3.2.20)检查]。

注：如试料含氟>0.3%，在用酸浸取熔块时，加入0.5 g硼酸(3.2.3)，使氟与硼结合成HBF_4，在以后蒸发溶液时，氟以BF_3形式逸去，不影响测定。但过剩的硼在硅酸脱水时以硼酸状态混入硅酸沉淀中，灼烧成三氧化二硼，当用氢氟酸-硫酸处理时，三氧化二硼又与氟生成BF_3而逸出，使二氧化硅结果偏高。故需在沉淀灼烧后，用甲醇(3.2.5)处理，使硼全部呈硼甲醚$B(OCH_3)_3$挥发除去。

3.5.5.3 沉淀的灼烧、称重和处理

将滤纸连同沉淀放入铂坩埚中，低温灰化。将铂坩埚放入高温炉中，在1 000 ℃灼烧1 h，取出稍冷却后，放入干燥器中，冷却20 min，称重。再在1 000 ℃下反复灼烧30 min直至恒重。沿坩埚壁加3滴～5滴水润湿沉淀，加10滴硫酸(3.2.14)、5 mL氢氟酸(3.2.12)，加热蒸发至白烟冒尽，将坩埚连同残渣置于1 000 ℃高温炉中灼烧30 min，取出稍冷却后，放入干燥器中，冷却20 min，称重。再在1 000 ℃下反复灼烧30 min直至恒重。两次称重质量之差为沉淀中二氧化硅量。

3.5.5.4 残渣的熔融

残渣用1 g～2 g焦硫酸钾(3.2.4)在600 ℃～700 ℃熔融5 min，加5 mL水及1 mL盐酸(3.2.9)加热溶解，并入收集滤液移入250 mL容量瓶中，加15 mL盐酸(3.2.9)，冷却至室温，用水稀释至刻度，摇匀。此为滤液A。保留滤液A用于残余二氧化硅量、总铁量、三氧化二铝量、氧化钙量、氧化镁量、二氧化铁量、氧化锰量、五氧化二磷量的测定。

3.5.5.5 滤液中残余二氧化硅量的测定

3.5.5.5.1 硅酸的解聚

分取10 mL滤液A(3.5.5.4)置于50 mL聚四氟乙烯烧杯或30 mL～50 mL铂坩埚中，加10 mL氢氧化钠溶液(3.2.16)，搅匀。置于电热板上加热微沸数分钟，取下冷却，加1滴酚酞指示剂(3.2.21)，先用较浓的盐酸(3.2.9)中和大量的碱后，再用稀盐酸(3.2.11)中和至红色褪去并过量6 mL，移入100 mL容量瓶中。

3.5.5.5.2 校准溶液系列的配制

分取0 mL、1.00 mL、2.00 mL、3.00 mL、4.00 mL、5.00 mL二氧化硅标准溶液[3.2.19b)]，置于一系列盛有10 mL盐酸(3.2.10)的100 mL容量瓶中，加水至约40 mL，加10 mL无水乙醇(3.2.6)，摇匀。放置20 min后，加10 mL硫酸(3.2.14)，摇匀。放置10 min后，加5 mL抗坏血酸溶液(3.2.18)，摇匀。用水稀释至刻度，摇匀。

3.5.5.5.3 显色和测定

向试液(3.5.5.5.1)中加10 mL无水乙醇(3.2.6)，摇匀。加5 mL钼酸铵溶液(3.2.15)，摇匀。放置20 min后，加10 mL硫酸(3.2.14)，摇匀。放置10 min后，加5 mL抗坏血酸溶液(3.2.18)，摇匀。用水稀释至刻度，摇匀。放置1 h后，用2 cm比色皿，在分光光度计上波长660 nm处，以试剂空白为参比测量吸光度。

3.5.5.5.4 校准曲线绘制

以浓度为横坐标，吸光度为纵坐标，绘制校准曲线。从校准曲线上查得相应的二氧化硅量。

3.6 结果计算

计算结果以质量分数$w(SiO_2)$计，数值以%表示，按式(1)计算二氧化硅量。

$$w(SiO_2)=\frac{(m_1-m_2)-(m_3-m_4)}{m}\times 100+\frac{(m_5-m_0)V\times 10^{-6}}{mV_1}\times 100 \quad\cdots\cdots\cdots\cdots(1)$$

式中：

m_1——处理前沉淀与坩埚质量，单位为克(g)；

m_2——处理后残渣与坩埚质量，单位为克(g)；

m_3——处理前空白坩埚质量，单位为克(g)；

m_4——处理后空白坩埚质量，单位为克(g)；

m_5——从校准曲线上查得试料溶液的二氧化硅量，单位为微克(μg)；

m_0——从校准曲线上查得试料空白溶液的二氧化硅量，单位为微克(μg)；

V——试料溶液总体积，单位为毫升(mL)；

V_1——分取试料溶液体积，单位为毫升(mL)；

m——试料量，单位为克(g)。

分析结果保留至小数点后第二位。

3.7 精密度

聚环氧乙烷重量法测定硅酸盐岩石中二氧化硅量结果的精密度见表1。

表1 精密度

%

成分	水平范围 m	重复性限 r	再现性限 R
SiO_2	35.6～90.4	$r=0.198+0.0026m$	$R=0.346+0.0021m$
注：本精密度数据是由8个实验室对10个水平的试料进行实验确定的。			

4 动物胶凝聚重量法

4.1 原理

试料用碳酸钠熔融，盐酸浸取，蒸发至湿盐状，加盐酸，用动物胶凝聚硅酸，过滤，灼烧，称重。加氢氟酸、硫酸处理，使硅以四氟化硅形式除去，再灼烧称重。处理前后质量之差为沉淀中的二氧化硅量。残渣用焦硫酸钾熔融，水提取并入二氧化硅滤液中。经解聚后用钼蓝光度法测定滤液中残余的二氧化硅，两者之和即为试料中二氧化硅量。

4.2 试剂

本部分除非另有说明，在分析中均使用符合国家标准的分析纯试剂和二次蒸馏水，去离子水应经过蒸馏后使用。

4.2.1 无水碳酸钠，优级纯。

4.2.2 过氧化钠。

4.2.3 硼酸。

4.2.4 焦硫酸钾。

4.2.5 甲醇。

4.2.6 无水乙醇。

4.2.7 乙醇(6+4)。

4.2.8 盐酸(ρ1.19 g/mL)，优级纯。

4.2.9 盐酸(1+1)。

4.2.10 盐酸(5+95)。

4.2.11 盐酸 $c(HCl)=1$ mol/L。

4.2.12 氢氟酸(ρ1.15 g/mL)。**警告——氢氟酸有毒并有腐蚀性，操作时应戴手套，防止皮肤接触。**

4.2.13 硝酸(ρ1.42 g/mL)，优级纯。

4.2.14 硫酸(1+1)。**警告——不当的稀释易发生危险！**

4.2.15 钼酸铵溶液(50 g/L)。贮于塑料瓶中。

4.2.16　氢氧化钠溶液(100 g/L)。贮于塑料瓶中。

4.2.17　动物胶溶液(10 g/L)。称取 1 g 动物胶溶解于 70 ℃的 100 mL 水中。用时现配。

4.2.18　抗坏血酸溶液(50 g/L)。用时现配。

4.2.19　二氧化硅标准溶液的配制:

a)　二氧化硅标准溶液(200 μg/mL):

称取 0.200 0 g 预先经 1 000 ℃灼烧 1 h 的高纯二氧化硅,置于铂坩埚中,加 1 g 过氧化钠(4.2.2)混匀,上面再覆盖 1 g 过氧化钠(4.2.2),在 520 ℃±10 ℃的高温炉内熔融 10 min。取出冷却,用滤纸擦净坩埚外壁,放在塑料烧杯中用热水浸取,洗出坩埚和盖,冷却至室温,移入 1 000 mL 容量瓶中,迅速用水稀释至刻度,摇匀。立即转入干燥的塑料瓶中保存;

b)　二氧化硅标准溶液(20.0 μg/mL):

分取 10.0 mL 二氧化硅标准溶液[4.2.19a)],置于 100 mL 容量瓶中,用水稀释至刻度,摇匀。立即转入干燥的塑料瓶中保存。用时现配。

4.2.20　硝酸银溶液(10 g/L)。贮于棕色瓶中。

4.2.21　酚酞乙醇溶液(1 g/L)。称取 0.1 g 酚酞溶解于 100 mL 乙醇(4.2.7)中。

4.3　仪器

4.3.1　分光光度计。

4.3.2　天平:三级,感量 0.1 mg。

4.4　试样

4.4.1　试样粒径应小于 74 μm。

4.4.2　试样应在 105 ℃预干燥 2 h～4 h,置于干燥器中,冷却至室温。

4.4.3　对易吸水的岩石,应取空气干燥试样,在称样的同时按 GB/T 14506.1 进行吸附水量的测定。最终以干态计算结果。

4.5　分析步骤

4.5.1　测定数量

同一试料,一般应进行双份测定,或按一定比例进行双份测定。

4.5.2　试料量

称取 1 g 试料,精确至 0.1 mg。

4.5.3　空白试验

随同试料进行两份空白试验,所用试剂应取自同一试剂瓶,加入同等的量。

4.5.4　验证试验

随同试料分析同类型的标准物质。

4.5.5　测定

4.5.5.1　试料的分解

将试料(4.5.2)置于预先盛有 6 g 无水碳酸钠(4.2.1)的铂坩埚中,搅拌均匀,再覆盖 1 g 无水碳酸钠(4.2.1)。盖上铂坩埚盖,放入高温炉中,于 1 000 ℃熔融 40 min,取出冷却。

注 1:如试料中重金属含量>1 mg 时,先用王水处理。将试料(4.5.2)置于 250 mL 烧杯中,加 15 mL 盐酸(4.2.8),于电热板上加热 10 min,加 5 mL 硝酸(4.2.13),继续加热蒸发至干,再加 5 mL 盐酸(4.2.8),蒸干。加少量盐酸(4.2.9),加水至约 50 mL,加热使盐类溶解,取下,用致密定量滤纸过滤,滤液保留。滤纸和残渣置于铂坩埚中,灰化,再用无水碳酸钠(4.2.1)熔融,熔块连同坩埚在原滤液中浸取后,按(4.5.5.2)继续进行。

注 2:铝含量太高时,可适当延长熔矿时间至 1 h。

4.5.5.2　熔块的浸取和硅酸的凝聚

用滤纸擦净坩埚外壁,放入 250 mL 烧杯中,盖上表面皿,慢慢加入 50 mL 盐酸(4.2.9),待剧烈反应停止后,加热使熔块脱落,洗出坩埚和坩埚盖。如有结块,用玻璃棒压碎。架上玻璃三角架后盖上表面皿，放在沸水浴上蒸发至湿盐状，取下，冷却，用玻璃棒压碎盐类，加 20 mL 盐酸(4.2.8)，加热微沸 1 min，将烧杯置于 70 ℃水浴中，加入 10 mL 动物胶(4.2.17)，充分搅拌 1 min，并在水浴上保持 10 min，取下用水冲洗表面皿，加水至约 40 mL，搅拌使可溶性盐类溶解，用中速定量滤纸过滤，滤液收集于 250 mL 容量瓶中，将沉淀全部转入滤纸上，用盐酸(4.2.10)洗涤沉淀与烧杯各数次，并用橡皮擦头和一小片滤纸擦净玻璃棒和烧杯，再用水洗沉淀和滤纸至无氯离子[用硝酸银溶液(4.2.20)检查]。

注：如试料含氟>0.3%时，在用酸浸取熔块时，加入 0.5 g 硼酸(4.2.3)，使氟与硼结合成 HBF_4，在以后蒸发溶液时氟以 BF_3 形式逸去，不影响测定，但过剩的硼在硅酸脱水时以硼酸状态混入硅酸沉淀中，灼烧成三氧化二硼，当用氢氟酸-硫酸处理时三氧化二硼又与氟生成 BF_3 而逸出，使二氧化硅结果偏高。故需在沉淀灼烧后，用甲醇(4.2.5)处理，使硼全部呈硼甲醚 $B(OCH_3)_3$ 挥发除去。

4.5.5.3 沉淀的灼烧、称重和处理

将滤纸连同沉淀放入铂坩埚中，低温灰化。将铂坩埚放入高温炉中，在 1 000 ℃灼烧 1 h，取出稍冷却后，放入干燥器中，冷却 20 min，称重。再在同样温度下反复灼烧 30 min 直至恒重。沿坩埚壁加 3 滴～5 滴水润湿沉淀，加 10 滴硫酸(4.2.14)、5 mL 氢氟酸(4.2.12)，加热蒸发至白烟冒尽，将坩埚连同残渣置于 1 000 ℃的高温炉中灼烧 30 min，取出稍冷后，放入干燥器中，冷却 20 min，称重。再在同样温度下反复灼烧 30 min 直至恒重。两次称重质量之差为沉淀中二氧化硅量。

4.5.5.4 残渣的熔融

残渣用 1 g～2 g 焦硫酸钾(4.2.4)在 600 ℃～700 ℃熔融 5 min，加几毫升水及几滴盐酸(4.2.9)加热溶解，并入收集滤液的 250 mL 容量瓶中，冷却至室温，用水稀释至刻度，摇匀。此为滤液 A。保留滤液 A 用于残余二氧化硅量、总铁量、三氧化二铝量、氧化钙量、氧化镁量、三氧化铁量、氧化锰量、五氧化二磷量的测定。

4.5.5.5 滤液中残余二氧化硅的测定

4.5.5.5.1 硅酸的解聚

分取 10 mL 滤液 A(4.5.5.4)置于 50 mL 聚四氟乙烯烧杯或 30 mL～50 mL 铂坩埚中，加 10 mL 氢氧化钠溶液(4.2.16)搅匀。置于电热板上加热微沸数分钟，取下冷却，加 1 滴酚酞指示剂(4.2.21)，先用较浓的盐酸(4.2.9)中和大量的碱后，再用稀盐酸(4.2.11)中和至红色褪去并过量 6 mL，移入 100 mL 容量瓶中。

4.5.5.5.2 校准溶液系列的配制

取 0 mL、1.00 mL、2.00 mL、3.00 mL、4.00 mL、5.00 mL 二氧化硅标准溶液[4.2.19b)]，置于一系列盛有 10 mL 盐酸(4.2.11)的 100 mL 容量瓶中，加水至 40 mL 左右。

4.5.5.5.3 显色和测定

向试液(4.5.5.5.1，4.5.5.5.2)加 10 mL 无水乙醇(4.2.6)，摇匀。加 5 mL 钼酸铵溶液(4.2.15)，摇匀。放置 20 min 后，加 10 mL 硫酸(4.2.14)，摇匀。放置 10 min，加 5 mL 抗坏血酸溶液(4.2.18)，摇匀。用水稀释至刻度，摇匀。放置 1 h 后，在分光光度计上，用 2 cm 比色皿，波长 660 nm 处以试剂空白为参比测量吸光度。

4.5.5.5.4 校准曲线绘制

以浓度为横坐标，吸光度为纵坐标，绘制校准曲线。从校准曲线上查得相应的二氧化硅量。

4.6 结果计算

计算结果以质量分数 $w(SiO_2)$ 计，数值以%表示，按式(2)计算二氧化硅量。

$$w(SiO_2)=\frac{(m_1-m_2)-(m_3-m_4)}{m}\times 100+\frac{(m_5-m_0)V\times 10^{-6}}{mV_1}\times 100 \quad\cdots\cdots\cdots\cdots(2)$$

式中：

m_1——处理前沉淀与坩埚质量，单位为克(g)；

m_2——处理后残渣与坩埚质量，单位为克(g)；

m_3——处理前空白坩埚质量,单位为克(g);
m_4——处理后空白坩埚质量,单位为克(g);
m_5——从校准曲线上查得试料溶液的二氧化硅量,单位为微克(μg);
m_0——从校准曲线上查得试料空白溶液的二氧化硅量,单位为微克(μg);
V——试料溶液总体积,单位为毫升(mL);
m——试料量,单位为克(g);
V_1——分取试料溶液体积,单位为毫升(mL)。

分析结果保留至小数点后第二位。

4.7 精密度

动物胶凝聚重量法测定硅酸盐岩石中二氧化硅量结果的精密度见表2。

表2 精密度

%

成分	水平范围 m	重复性限 r	再现性限 R
SiO_2	35.7～90.5	$r=0.225+0.0013m$	$R=0.778+0.0039m$
注:本精密度数据是由9个实验室对10个水平的试料进行实验确定的。			

ICS 73.080
D 53

中华人民共和国国家标准

GB/T 14506.4—2010
代替 GB/T 14506.4—1993

硅酸盐岩石化学分析方法 第4部分:三氧化二铝量测定

Methods for chemical analysis of silicate rocks—Part 4:Determination of aluminium oxide content

2010-11-10 发布

2011-02-01 实施

中华人民共和国国家质量监督检验检疫总局
中国国家标准化管理委员会
发布

前　言

GB/T 14506《硅酸盐岩石化学分析方法》由以下 30 部分组成：

——第 1 部分：吸附水量测定；
——第 2 部分：化合水量测定；
——第 3 部分：二氧化硅量测定；
——第 4 部分：三氧化二铝量测定；
——第 5 部分：总铁量测定；
——第 6 部分：氧化钙量测定；
——第 7 部分：氧化镁量测定；
——第 8 部分：二氧化钛量测定；
——第 9 部分：五氧化二磷量测定；
——第 10 部分：氧化锰量测定；
——第 11 部分：氧化钾和氧化钠量测定；
——第 12 部分：氟量测定；
——第 13 部分：硫量测定；
——第 14 部分：氧化亚铁量测定；
——第 15 部分：锂量测定；
——第 16 部分：铷量测定；
——第 17 部分：锶量测定；
——第 18 部分：铜量测定；
——第 19 部分：铅量测定；
——第 20 部分：锌量测定；
——第 21 部分：镍和钴量测定；
——第 22 部分：钒量测定；
——第 23 部分：铬量测定；
——第 24 部分：镉量测定；
——第 25 部分：钼和钨量测定；
——第 26 部分：钴量测定；
——第 27 部分：镍量测定；
——第 28 部分：16 个主次成分量测定；
——第 29 部分：稀土等 22 个元素量测定；
——第 30 部分：44 个元素量测定。

本部分为 GB/T 14506 的第 4 部分。

本部分代替 GB/T 14506.4—1993《硅酸盐岩石化学分析方法　氟化物取代络合滴定法测定三氧化二铝量》。

本部分与原部分相比，主要变化如下：

——增加了规范性引用文件；
——增加了警示、警告内容。

本部分由中华人民共和国国土资源部提出。

本部分由全国国土资源标准化技术委员会归口。
本部分负责起草单位：国家地质实验测试中心。
本部分起草单位：浙江省地质矿产研究所。
本部分主要起草人：胡勇平、郑存江、张明杰。
本部分所代替标准的历次版本发布情况为：
——GB/T 14506.4—1993。

硅酸盐岩石化学分析方法
第4部分：三氧化二铝量测定

警示——使用本部分的人员应有正规实验室工作的实践经验。本部分并未指出所有可能的安全问题。使用者有责任采取适当的安全和健康措施，并保证符合国家有关法规规定的条件。

1 范围

GB/T 14506的本部分规定了硅酸盐岩石中三氧化二铝量的测定方法。

本部分适用于硅酸盐岩石中三氧化二铝量的测定，也适用于土壤和水系沉积物中三氧化二铝量的测定。

测定范围：3%～20%的三氧化二铝量。

2 规范性引用文件

下列文件中的条款通过GB/T 14506的本部分的引用而成为本部分的条款。凡是注日期的引用文件，其随后所有的修改单（不包括勘误的内容）或修订版均不适用于本部分，然而，鼓励根据本部分达成协议的各方研究是否可使用这些文件的最新版本。凡是不注日期的引用文件，其最新版本适用于本部分。

GB/T 6682 分析实验室用水规格和试验方法

GB/T 14506.1 硅酸盐岩石化学分析方法 第1部分：吸附水量测定

3 原理

试料用碳酸钠熔融，取分离二氧化硅后的滤液进行测定，或者用氢氟酸、硫酸处理，焦硫酸钾熔融制备的溶液进行测定。在盐酸介质中，加入过量EDTA使与铁、铝、钛等络合，调至pH6，以半二甲酚橙为指示剂，用锌盐标准溶液滴定过量的EDTA，然后加入氟化钾取代与铝、钛络合的EDTA，再用锌盐标准溶液滴定释放出来的EDTA，此为铝、钛合量，从中减去钛量即得铝量。

4 试剂

本部分除非另有说明，在分析中均使用分析纯试剂和符合GB/T 6682的分析实验室用水。

4.1 焦硫酸钾。

4.2 氢氟酸（ρ1.15 g/mL）。**警告——氢氟酸有毒并有腐蚀性，操作时应戴手套，防止皮肤接触。**

4.3 无水乙醇。

4.4 硫酸（1+1）。**警告——不当的稀释易发生危险！**

4.5 冰乙酸（ρ1.05 g/mL）。

4.6 乙酸（1+1）。

4.7 盐酸（1+1）。

4.8 盐酸（1+9）。

4.9 氨水（1+1）。

4.10 乙酸锌溶液（50 g/L）。

4.11 氟化钠溶液（200 g/L）。贮于塑料瓶中。

4.12 乙酸-乙酸钠缓冲溶液（pH5.7）：称取200 g乙酸钠（$NaAc \cdot 3H_2O$）溶解于水中，加6 mL冰乙酸

(4.5)，用水稀释至1 000 mL。

4.13 EDTA溶液 $c(EDTA)=0.1\ mol/L$：称取37.2 g EDTA二钠盐，加热溶解于水中，冷却后，加水至1 000 mL，摇匀。

4.14 三氧化二铝标准溶液：准确称取0.529 3 g高纯金属铝片[预先用盐酸(4.7)洗净表面，然后分别用水和无水乙醇洗涤，风干后备用]，置于烧杯中，用20 mL盐酸(4.7)溶解，移入1 000 mL容量瓶中，冷却至室温，用水稀释至刻度，摇匀。此溶液1 mL含1.000 0 mg三氧化二铝。

4.15 乙酸锌标准滴定溶液的配制和标定：

a) 乙酸锌标准滴定溶液的配制{$c[Zn(Ac)_2 \cdot 2H_2O]=0.010\ 0\ mol/L$}：
称取4.4 g乙酸锌[$Zn(Ac)_2 \cdot 2H_2O$]溶解于水中，用乙酸(4.6)调整至pH5.7，过滤，加水至2 000 mL；

b) 乙酸锌标准滴定溶液的标定：
取10.0 mL(或5.00 mL)三氧化二铝标准溶液(4.14)，置于200 mL烧杯中，以下按(6.5.2)分析步骤进行；

c) 乙酸锌标准滴定溶液对三氧化二铝滴定度按式(1)计算。

$$T=\frac{m}{V} \qquad \cdots\cdots(1)$$

式中：

T——乙酸锌标准滴定溶液对三氧化二铝的滴定度，单位为毫克每毫升(mg/mL)；

m——分取三氧化二铝量，单位为毫克(mg)；

V——消耗乙酸锌标准滴定溶液体积，单位为毫升(mL)。

4.16 刚果红试纸。

4.17 半二甲酚橙溶液(5 g/L)。

5 试样

5.1 试样粒径应小于74 μm。

5.2 试样应在105 ℃预干燥2 h～4 h，置于干燥器中，冷却至室温。

5.3 对易吸水的岩石，应取空气干燥试样。在称样的同时按GB/T 14506.1进行吸附水量的测定。最终以干态计算结果。

6 分析步骤

6.1 测定数量

同一试料，一般应进行双份测定，或按一定比例进行双份测定。

6.2 试料量

系统分析分取相当于60 mg或100 mg试料的滤液A[GB/T 14506.3中(3.5.5.4)或(4.5.5.4)分离SiO_2后的试料溶液，下同]。

单独取样，称取0.2 g试料，精确至0.1 mg。

三氧化二铝含量大于15%时分取相当于60 mg试料的溶液，含量小于15%时分取相当于100 mg试料的溶液。

6.3 空白试验

随同试料进行两份空白试验，所用试剂应取自同一试剂瓶，加入同等的量。

6.4 验证试验

随同试料分析同类型含量相近的标准物质。

6.5 测定

6.5.1 试料的分解

6.5.1.1 系统溶液中分取

由碱熔分离二氧化硅后的滤液 A 得到测定试液。

6.5.1.2 单独取样

将试料(6.2)置于铂坩埚中，用水润湿，加 1 mL 硫酸(4.4)，加 5 mL 氢氟酸(4.2)，置于电热板上加热并蒸发至冒尽白烟，取下冷却，用水冲洗坩埚内壁，补加几滴硫酸(4.4)，再蒸发至白烟冒尽。取下，加约 5 g 焦硫酸钾(4.1)，于 600 ℃～700 ℃加热使残渣熔融(或将铂坩埚置于已升温至 700 ℃的高温炉内，熔融 5 min～10 min)，取出放置冷却，擦净坩埚外壁，置于已加入 20 mL 水及 2 mL 盐酸(4.7)的 150 mL 烧杯中，加热浸取，洗出坩埚，冷却后移入 50 mL 容量瓶，用水稀释至刻度，摇匀。

6.5.2 试液的分取

根据三氧化二铝含量，按(6.2)分取 25.0 mL 或 15.0 mL 试液，置于 200 mL 烧杯中，加 10 mL EDTA 溶液(4.13)，放入一小片刚果红试纸(4.16)，用氨水(4.9)调至刚果红试纸变红色，盖上表面皿，加热煮沸 2 min～3 min，取下，加 10 mL 乙酸-乙酸钠缓冲溶液(4.12)，置于冷水中冷却，用水冲洗表面皿及烧杯壁，加 2 滴～3 滴半二甲酚橙指示剂(4.17)，滴加乙酸锌溶液(4.10)至近终点，继而再用乙酸锌标准滴定溶液(4.15)滴定至橙红色为终点(不计读数)，立即加入 5 mL 氟化钠溶液(4.11)，搅匀，用玻璃棒压住刚果红试纸(4.16)，再小心煮沸 3 min，取下立即放流水中冷却，用乙酸锌标准滴定溶液(4.15)滴定至橙红色为终点，记下读数，此为铝、钛合量。将二氧化钛量结果乘以 0.638 1，从铝、钛合量结果中减去，即为试料中三氧化二铝量。

7 结果计算

计算结果以质量分数 $w(Al_2O_3)$ 计，数值以%表示，按式(2)计算三氧化二铝量：

$$w(Al_2O_3)=\frac{(V_1-V_0)TV\times 10^{-3}}{mV_2}\times 100-w(TiO_2)\times 0.6381 \qquad \cdots\cdots(2)$$

式中：

V_1——滴定试料溶液消耗乙酸锌标准滴定溶液体积，单位为毫升(mL)；

V_0——滴定试料空白溶液消耗乙酸锌标准滴定溶液体积，单位为毫升(mL)；

T——乙酸锌标准滴定溶液对三氧化二铝的滴定度，单位为毫克每毫升(mg/mL)；

V——试料溶液总体积，单位为毫升(mL)；

m——试料量，单位为克(g)；

V_2——分取试料溶液体积，单位为毫升(mL)；

0.638 1——二氧化钛对三氧化二铝的换算因数。

分析结果保留至小数点后第二位。

8 精密度

硅酸盐岩石中三氧化二铝量测定结果的精密度见表 1。

表 1 精密度

%

成分	水平范围 m	重复性限 r	再现性限 R
Al_2O_3	3.52～18.79	$r=0.137m$	$R=0.231+0.0097m$
注：本精密度数据是由 9 个实验室对 10 个水平的试料进行实验确定的。			

参 考 文 献

[1] GB/T 14506.3 硅酸盐岩石化学分析方法 第3部分:二氧化硅量测定

ICS 73.080
D 53

中华人民共和国国家标准

GB/T 14506.5—2010
代替 GB/T 14506.5—1993

硅酸盐岩石化学分析方法 第5部分:总铁量测定

Methods for chemical analysis of silicate rocks—
Part 5: Determination of ferric oxide content

2010-11-10 发布

2011-02-01 实施

中华人民共和国国家质量监督检验检疫总局
中国国家标准化管理委员会 发布

前　　言

GB/T 14506《硅酸盐岩石化学分析方法》由以下 30 部分组成：

——第 1 部分：吸附水量测定；

——第 2 部分：化合水量测定；

——第 3 部分：二氧化硅量测定；

——第 4 部分：三氧化二铝量测定；

——第 5 部分：总铁量测定；

——第 6 部分：氧化钙量测定；

——第 7 部分：氧化镁量测定；

——第 8 部分：二氧化钛量测定；

——第 9 部分：五氧化二磷量测定；

——第 10 部分：氧化锰量测定；

——第 11 部分：氧化钾和氧化钠量测定；

——第 12 部分：氟量测定；

——第 13 部分：硫量测定；

——第 14 部分：氧化亚铁量测定；

——第 15 部分：锂量测定；

——第 16 部分：铷量测定；

——第 17 部分：锶量测定；

——第 18 部分：铜量测定；

——第 19 部分：铅量测定；

——第 20 部分：锌量测定；

——第 21 部分：镍和钴量测定；

——第 22 部分：钒量测定；

——第 23 部分：铬量测定；

——第 24 部分：镉量测定；

——第 25 部分：钼和钨量测定；

——第 26 部分：钴量测定；

——第 27 部分：镍量测定；

——第 28 部分：16 个主次成分量测定；

——第 29 部分：稀土等 22 个元素量测定；

——第 30 部分：44 个元素量测定。

本部分为 GB/T 14506 的第 5 部分。

本部分代替 GB/T 14506.5—1993《硅酸盐岩石化学分析方法　三氧化二铁测定》。

本部分与原部分相比，主要变化如下：

——增加了规范性引用文件；

——增加了警示、警告内容；

——将称取试料量和分取溶液改为列表表示。

本部分由中华人民共和国国土资源部提出。

本部分由全国国土资源标准化技术委员会归口。

本部分负责起草单位:国家地质实验测试中心。

本部分起草单位:浙江省地质矿产研究所。

本部分主要起草人:胡勇平、郑存江、孙朝阳。

本部分所代替标准的历次版本发布情况为:

——GB/T 14506.5—1993。

硅酸盐岩石化学分析方法
第5部分:总铁量测定

警示——使用本部分的人员应有正规实验室工作的实践经验。本部分并未指出所有可能的安全问题。使用者有责任采取适当的安全和健康措施,并保证符合国家有关法规规定的条件。

1 范围

GB/T 14506的本部分规定了硅酸盐岩石中总铁量(以 TFe_2O_3 计)的测定方法。

本部分适用于硅酸盐岩石中总铁量测定,也适用于土壤和水系沉积物中总铁量的测定。

测定范围:重铬酸钾容量法,大于5%的总铁量。磺基水杨酸光度法,0.05%~15%的总铁量。邻二氮杂菲光度法,0.01%~15%的总铁量。

2 规范性引用文件

下列文件中的条款通过GB/T 14506的本部分的引用而成为本部分的条款。凡是注日期的引用文件,其随后所有的修改单(不包括勘误的内容)或修订版均不适用于本部分,然而,鼓励根据本部分达成协议的各方研究是否可使用这些文件的最新版本。凡是不注日期的引用文件,其最新版本适用于本部分。

GB/T 6682 分析实验室用水规格和试验方法

GB/T 14506.1 硅酸盐岩石化学分析方法 第1部分:吸附水量测定

3 重铬酸钾容量法

3.1 原理

试料用过氧化钠熔融,水提取,盐酸酸化;或者使用分离二氧化硅后的滤液,用氨水沉淀铁,过滤分离铂,沉淀用酸溶解后制成盐酸溶液。分取制得的溶液,加入氯化亚锡将三价铁还原为二价铁,再用氯化汞氧化过量的氯化亚锡,以二苯胺磺酸钠为指示剂,用重铬酸钾标准滴定溶液滴定,计算总铁量(以 TFe_2O_3 计)。

其反应式为:

$$2Fe^{3+} + Sn^{2+} + 6Cl^{-} \longrightarrow 2Fe^{2+} + SnCl_6^{2-}$$

$$Sn^{2+} + 4Cl^{-} + 2HgCl^{2-} \longrightarrow SnCl_6^{2-} + Hg_2Cl_2\text{(甘汞沉淀)}$$

$$6Fe^{2+} + Cr_2O_7^{2-} + 14H^{+} \longrightarrow 6Fe^{3+} + 2Cr^{3+} + 7H_2O$$

3.2 试剂

本部分除非另有说明,在分析中均使用分析纯试剂和符合GB/T 6682的分析实验室用水。

3.2.1 过氧化钠。

3.2.2 氟化铵。

3.2.3 硫酸(1+1)。**警告——不当的稀释易发生危险!**

3.2.4 硫酸(5+95)。

3.2.5 盐酸(ρ1.19 g/mL)。

3.2.6 盐酸(1+1)。

3.2.7 盐酸(1+2)。

3.2.8 盐酸(5+95)。

3.2.9 饱和硼酸溶液。

3.2.10 氨水(1+1)。

3.2.11 氯化铵溶液(20 g/L):称取 2 g 氯化铵溶解于 100 mL 水中,以甲基红溶液为指示剂(3.2.17),用氨水(3.2.10)中和至黄色。

3.2.12 氯化亚锡溶液(150 g/L):称取 15 g 氯化亚锡($SnCl_2 \cdot H_2O$)溶解于 30 mL 盐酸(3.2.5)中,加水至 100 mL,混匀,加几粒锡粒,贮于棕色瓶中。

3.2.13 氯化汞溶液(50 g/L):称取 5 g 氯化汞溶解于 100 mL 水中。

3.2.14 硫-磷混合酸:将 150 mL 浓硫酸缓缓倒入 700 mL 水中,冷却后加入 150 mL 磷酸,混匀。

3.2.15 硫酸亚铁铵溶液 $c[FeSO_4(NH_4)_2SO_4 \cdot 6H_2O]$=0.005 0 mol/L:称取 0.98 g 硫酸亚铁铵溶解于硫酸(3.2.4)中,再加硫酸(3.2.4)至 500 mL。

3.2.16 重铬酸钾标准溶液:

a) 重铬酸钾标准溶液(Ⅰ):$c(K_2Cr_2O_7)$=0.002 087 mol/L

称取 0.614 1 g 预先经 150 ℃干燥 1 h 的基准重铬酸钾($K_2Cr_2O_7$),溶解于水中,移入 1 000 mL 容量瓶中,用水稀释至刻度,摇匀。此溶液 1 mL 相当于 1.000 0 mg 三氧化二铁;

b) 重铬酸钾标准溶液(Ⅱ):$c(K_2Cr_2O_7)$=0.001 044 mol/L

称取 0.307 1 g 预先经 150 ℃干燥 1 h 的基准重铬酸钾($K_2Cr_2O_7$),溶解于水中,移入 1 000 mL 容量瓶中,用水稀释至刻度,摇匀。此溶液 1 mL 相当于 0.500 0 mg 三氧化二铁。

3.2.17 甲基红乙醇溶液(1 g/L)。

3.2.18 二苯胺磺酸钠溶液(5 g/L):称取 0.5 g 二苯胺磺酸钠溶解于 100 mL 水中,加 1 滴~2 滴硫酸(3.2.4),贮于棕色瓶中,若颜色变绿则不能使用。

3.3 试样

3.3.1 试样粒径应小于 74 μm。

3.3.2 试样应在 105 ℃预干燥 2 h~4 h,置于干燥器中,冷却至室温。

3.3.3 对易吸水的岩石,应取空气干燥试样,在称样的同时按 GB/T 14506.1 进行吸附水量的测定。最终以干态计算结果。

3.4 分析步骤

3.4.1 测定数量

同一试料,一般应进行双份测定,或按一定比例进行双份测定。

3.4.2 试料量

根据总铁(TFe_2O_3)含量范围按表 1 称取试料量和选取滴定溶液。

表 1 试料量及选取滴定溶液

含量范围/ %	试料量/ g	选取滴定溶液/ (mol/L)
<5	0.2	0.001 04[3.2.16b)]
5~10	0.1	0.001 04[3.2.16b)]
>10	0.1	0.002 087[3.2.16a)]

3.4.3 空白试验

随同试料进行两份空白试验,所用试剂应取自同一试剂瓶,加入同等的量。

3.4.4 验证试验

随同试料分析同类型的标准物质。

3.4.5 测定

3.4.5.1 测定溶液的制备

3.4.5.1.1 按(3.4.2)分取相当量的分离二氧化硅后的滤液 A[GB/T 14506.3 中(3.5.5.4)或

(4.5.5.4)分离二氧化硅后的滤液，下同]，置于 250 mL 烧杯中，加水至 100 mL，加热煮沸，取下，加 2 滴甲基红指示剂(3.2.17)，滴加氨水(3.2.10)至溶液变为黄色并过量数滴，再加热煮沸，取下，趁热经中速定量滤纸过滤，用热氯化铵溶液(3.2.11)洗涤烧杯和沉淀 4 次～5 次，用热盐酸(3.2.7)溶解沉淀于原烧杯中，再用热盐酸(3.2.8)和热水交替洗至滤纸无黄色，确保全部铁溶解完全。将溶液低温加热蒸发至约 10 mL。

3.4.5.1.2　按(3.4.2)称取试料，置于刚玉坩埚中，加入 3 g 过氧化钠(3.2.1)，搅拌均匀，再覆盖 1 g 过氧化钠(3.2.1)，置于 650 ℃～700 ℃高温炉中，并在此温度下保持数分钟使试料全熔，取出冷却，将坩埚放入 250 mL 烧杯中，加 15 mL 水浸取，加入 15 mL 盐酸(3.2.5)，洗出坩埚。

3.4.5.2　铁的还原与滴定

3.4.5.2.1　一般硅酸盐岩石试料的测定

将 3.4.5.1.1 制备的溶液(或 3.4.5.1.2 制备的溶液)加热至沸，滴加氯化亚锡溶液(3.2.12)至三价铁离子的黄色消失，再过量 2 滴，置于冷水中冷却至室温，加 10 mL 氯化汞溶液(3.2.13)，搅拌，放置 3 min～5 min，加水至约 150 mL，加入 15 mL 硫-磷混合酸(3.2.14)，加 2 滴二苯胺磺酸钠指示剂(3.2.18)，用重铬酸钾标准滴定溶液滴定至紫色为终点。

注：三氧化二铁含量＞10％，用重铬酸钾标准滴定溶液(Ⅰ)[3.2.16a)]；三氧化二铁含量＜10％，用重铬酸钾标准滴定溶液(Ⅱ)[3.2.16b)]。

3.4.5.2.2　含钛量高的试料的测定

向 3.4.5.1.1 制备的溶液(或 3.4.5.1.2 制备的溶液)中加入 0.5 g 氟化铵(3.2.2)，加热煮沸，滴加氯化亚锡溶液(3.2.12)至三价铁离子的黄色消失再过量 2 滴，置于冷水中冷却，加 10 mL 饱和硼酸溶液(3.2.9)，搅拌均匀，加 10 mL 氯化汞溶液(3.2.13)，放置 3 min～5 min，加水至约 150 mL，加入 15 mL 硫-磷混合酸(3.2.14)，以下按(3.4.5.2.1)分析步骤，加 2 滴二苯胺磺酸钠指示剂，进行滴定。

3.4.6　空白值的测定

3.4.6.1　按试料操作制成待测溶液(不含试料)，加 2 滴氯化亚锡溶液(3.2.12)，置于冷水中冷却，加 10 mL 氯化汞溶液(3.2.13)，搅拌均匀。放置 5 min 后，准确加入 5.00 mL 硫酸亚铁铵溶液(3.2.15)，加水至 150 mL，加入 15 mL 硫-磷混合酸(3.2.14)，加入 2 滴二苯胺磺酸钠指示剂(3.2.18)，用重铬酸钾标准滴定溶液[3.2.16a)]或[3.2.16b)]滴定至紫色为终点。记下读数(V_1)。

3.4.6.2　准确加入 5.00 mL 硫酸亚铁铵溶液(3.2.15)，用重铬酸钾标准滴定溶液[3.2.16a)]或[3.2.16b)]滴定至紫色，记下读数(V_2)。再如此重复一次，记下读数(V_3)。

3.4.6.3　按式(1)计算空白消耗重铬酸钾标准滴定溶液体积(V_0)。

$$V_0 = V_1 - \frac{V_2 + V_3}{2} \qquad \cdots\cdots(1)$$

3.5　结果计算

计算结果以质量分数 $w(TFe_2O_3)$ 计，数值以％表示，从滤液 A 分取试料溶液，按式(2)计算 TFe_2O_3 量。

$$w(TFe_2O_3) = \frac{(V_1 - V_0)TV \times 10^{-3}}{mV_2} \times 100 \qquad \cdots\cdots(2)$$

式中：

V_1——滴定试料溶液消耗重铬酸钾标准滴定溶液体积，单位为毫升(mL)；

V_0——滴定试料空白溶液消耗重铬酸钾标准滴定溶液体积，单位为毫升(mL)；

V——试料溶液总体积，单位为毫升(mL)；

T——重铬酸钾标准滴定溶液对三氧化二铁的滴定度，单位为毫克每毫升(mg/mL)；

m——试料量，单位为克(g)；

V_2——分取试料溶液体积，单位为毫升(mL)。

单独称样的计算结果以质量分数 $w(TFe_2O_3)$计，数值以%表示，按式(3)计算 TFe_2O_3 量。

$$w(TFe_2O_3)=\frac{(V_1-V_0)T\times 10^{-3}}{m}\times 100 \quad \cdots\cdots\cdots\cdots(3)$$

式中：

V_1——滴定试料溶液消耗重铬酸钾标准滴定溶液体积，单位为毫升(mL)；

V_0——滴定试料空白溶液消耗重铬酸钾标准滴定溶液体积，单位为毫升(mL)；

T——重铬酸钾基准滴定溶液对三氧化二铁的滴定度，单位为毫克每毫升(mg/mL)；

m——试料量，单位为克(g)。

分析结果保留至小数点后第二位。

3.6 精密度

重铬酸钾容量法测定硅酸盐岩石中总铁量结果的精密度见表2。

表2 精密度 %

成分	水平范围 m	重复性限 r	再现性限 R
TFe_2O_3	2.19～24.90	$r=0.196m^{0.24}$	$R=0.241m^{0.24}$
注：本精密度数据是由8个实验室对10个水平的试料进行实验确定的。			

4 磺基水杨酸光度法

4.1 原理

在pH8～pH11的氨性溶液中，铁(Ⅲ)与磺基水杨酸生成稳定的黄色络合物，在分光光度计上，波长425 nm处测量吸光度，计算总铁量(以 TFe_2O_3 计)。

4.2 试剂

4.2.1 盐酸(ρ1.19 g/mL)。

4.2.2 氨水(1+1)。

4.2.3 磺基水杨酸溶液(200 g/L)。

4.2.4 盐酸羟胺溶液(50 g/L)。

4.2.5 三氧化二铁标准溶液的配制：

a) 三氧化二铁标准储备溶液(1.000 mg/mL)：

称取0.699 4 g高纯铁丝，置于250 mL烧杯中，加10 mL盐酸(4.2.1)，低温加热溶解，冷却至室温。移入1 000 mL容量瓶中，用水稀释至刻度，摇匀；

b) 三氧化二铁标准工作溶液(100.0 μg/mL)：

分取10.0 mL三氧化二铁标准溶液[4.2.5a)]，置于100 mL容量瓶中，用水稀释至刻度，摇匀。

4.3 仪器

4.3.1 分光光度计。

4.3.2 天平：三级，感量0.1 mg。

4.4 试样

4.4.1 试样粒径应小于74 μm。

4.4.2 试样应在105 ℃预干燥2 h～4 h，置于干燥器中，冷却至室温。

4.4.3 对易吸水的岩石，应取空气干燥试样，在称样的同时按GB/T 14506.1进行吸附水量的测定。最终以干态计算结果。

4.5 分析步骤

4.5.1 测定数量

同一试料，一般应进行双份测定，或按一定比例进行双份测定。

4.5.2 试料量

根据总铁(TFe_2O_3)含量范围按表3称取试料量和分取试料溶液。

表3 试料量与分取试料溶液

含量范围/%	试料量/g	分取试料溶液/mL	分取滤液A/mL
<1	0.2		25.00
1~5	0.1	25.00	10.00
>5~10	0.1	10.00	5.00
>10	0.1	5.00	5.00
注：滤液A为GB/T 14506.3中(3.5.5.4)或(4.5.5.4)分离二氧化硅后的滤液。			

4.5.3 空白试验

随同试料进行两份空白试验，所用试剂应取自同一试剂瓶，加入同等的量。

4.5.4 验证试验

随同试料分析同类型的标准物质。

4.5.5 测定

4.5.5.1 测定溶液的制备

按(4.5.2)分取滤液A，置于100 mL容量瓶中，加水至约50 mL，以下按(4.5.5.3)分析步骤进行。

4.5.5.2 校准溶液系列的配制

取0 mL、0.50 mL、1.00 mL、2.00 mL、4.00 mL、6.00 mL、8.00 mL、10.00 mL三氧化二铁标准溶液[4.2.5b)]，置于一系列100 mL容量瓶中，加水至约50 mL，以下按(4.5.5.3)分析步骤进行。

4.5.5.3 显色与测量

于4.5.5.1和4.5.5.2的100 mL容量瓶中，分别加入10 mL磺基水杨酸溶液(4.2.3)，摇匀，再加5 mL盐酸羟胺溶液(4.2.4)，用氨水(4.2.2)中和至黄色并过量4 mL，用水稀释至刻度，摇匀。在分光光度计上，以试剂空白为参比，波长425 nm处测量其吸光度，同时测定空白试验和验证试验溶液的吸光度。

4.5.5.4 校准曲线绘制

以浓度为横坐标，吸光度为纵坐标，绘制校准曲线。从校准曲线上查得相应的三氧化二铁量。

4.6 结果计算

计算结果以质量分数$w(TFe_2O_3)$计，数值以%表示，按式(4)计算TFe_2O_3量。

$$w(TFe_2O_3)=\frac{(m_1-m_0)V\times 10^{-6}}{mV_1}\times 100 \quad\cdots\cdots(4)$$

式中：

m_1——从校准曲线上查得试料溶液的三氧化二铁量，单位为微克(μg)；

m_0——从校准曲线上查得试料空白溶液的三氧化二铁量，单位为微克(μg)；

V——试料溶液总体积，单位为毫升(mL)；

m——试料量，单位为克(g)；

V_1——分取试料溶液体积，单位为毫升(mL)。

分析结果表示至小数点后第二位。

4.7 精密度

磺基水杨酸光度法测定硅酸盐岩石中总铁量结果的精密度见表4。

表 4 精密度

%

成分	水平范围 m	重复性限 r	再现性限 R
TFe_2O_3	2.15～24.74	$r=0.049+0.017\,0m$	$R=0.040m^{0.90}$
注：本精密度数据是由 8 个实验室对 10 个水平的试料进行实验确定的。			

5 邻二氮杂菲光度法

5.1 原理

铁(Ⅲ)离子以盐酸羟胺还原为铁(Ⅱ)，在 pH2～pH9 与邻二氮杂菲生成红色络合物，在分光光度计上，波长 510 nm 处测量其吸光度，计算总铁量(以 TFe_2O_3 计)。

5.2 试剂

5.2.1 盐酸(ρ1.19 g/mL)。

5.2.2 盐酸(1+9)。

5.2.3 乙醇(1+1)。

5.2.4 乙醇(6+4)。

5.2.5 氨水(1+1)。

5.2.6 盐酸羟胺溶液(50 g/L)。

5.2.7 酒石酸溶液(50 g/L)。

5.2.8 邻二氮杂菲溶液(5 g/L)：称取 0.5 g 邻二氮杂菲溶解于 100 mL 乙醇(5.2.3)中。

5.2.9 乙酸钠溶液(250 g/L)。

5.2.10 三氧化二铁标准溶液的配制：

a) 三氧化二铁标准储备溶液(1.000 mg/mL)：
称取 0.699 4 g 高纯铁丝，置于 250 mL 烧杯中，加 10 mL 盐酸(5.2.1)，低温加热溶解，冷却至室温，移入 1 000 mL 容量瓶中，用水稀释至刻度，摇匀；

b) 三氧化二铁标准工作溶液(100.0 μg/mL)：
分取 10.0 mL 三氧化二铁标准溶液[5.2.10a)]，置于 100 mL 容量瓶中，用水稀释至刻度，摇匀；

c) 三氧化二铁标准工作溶液(20.0 μg/mL)：
分取 20.0 mL 三氧化二铁标准溶液[5.2.10b)]，置于 100 mL 容量瓶中，用水稀释至刻度，摇匀。

5.2.11 酚酞乙醇溶液(1 g/L)：称取 0.1 g 酚酞溶解于 100 mL 乙醇(5.2.4)中。

5.3 仪器

5.3.1 分光光度计。

5.3.2 天平：三级，感量 0.1 mg。

5.4 试样

5.4.1 试样粒径应小于 74 μm。

5.4.2 试样应在 105 ℃预干燥 2 h～4 h，置于干燥器中，冷却至室温。

5.4.3 对易吸水的岩石，应取空气干燥试样，在称样的同时按 GB/T 14506.1 进行吸附水量的测定。最终以干态计算结果。

5.5 分析步骤

5.5.1 测定数量

同一试料，一般应进行双份测定，或按一定比例进行双份测定。

5.5.2 试料量

根据总铁(TFe_2O_3)含量范围按表 5 称取试料量和分取试料溶液。

表 5 试料量与分取试料溶液

含量范围/%	试料量/g	分取试料溶液/mL	分取滤液 A/mL
<1	0.2		25.00
1～5	0.1	10.00	10.00
>5	0.1	5.00	5.00
注：滤液 A 为 GB/T 14506.3 中(3.5.5.4)或(4.5.5.4)分离二氧化硅后的滤液。			

5.5.3 空白试验

随同试料进行两份空白试验，所用试剂应取自同一试剂瓶，加入同等的量。

5.5.4 验证试验

随同试料分析同类型矿种的标准物质。

5.5.5 测定

5.5.5.1 试液的分取

按(5.5.2)分取分离二氧化硅后的滤液 A，置于 100 mL 容量瓶中。

5.5.5.2 校准溶液系列的配制

取 0 mL、0.50 mL、1.00 mL、2.00 mL、3.00 mL、4.00 mL、5.00 mL 三氧化二铁标准溶液[5.2.10c)]，取 0 mL、2.00 mL、3.00 mL、4.00 mL、5.00 mL、6.00 mL、7.00 mL、8.00 mL、9.00 mL、10.00 mL 三氧化二铁标准溶液[5.2.10b)]，置于一系列 100 mL 容量瓶中，加水至约 50 mL。以下按(5.5.5.3)分析步骤进行。

5.5.5.3 显色与测量

于 5.5.5.1 和 5.5.5.2 的 100 mL 容量瓶中，分别加入 5 mL 盐酸羟胺溶液(5.2.6)，摇匀，放置片刻，加 2 mL 酒石酸溶液(5.2.7)，加 5 mL 邻二氮杂菲溶液(5.2.8)和 20 mL 乙酸钠溶液(5.2.9)，用水稀释至刻度，摇匀。在分光光度计上，以试剂空白为参比，波长 510 nm 处测量吸光度。

注：分取溶液含浓盐酸超过 2 mL 时，加盐酸羟胺和酒石酸溶液后，以酚酞为指示剂，用氨水和盐酸反复调至溶液无色，再按(5.5.5.3)分析步骤进行。

5.5.5.4 校准曲线绘制

以浓度为横坐标，吸光度为纵坐标，绘制校准曲线。从校准曲线上查得相应的三氧化二铁量。

5.6 结果计算

计算结果以质量分数 $w(TFe_2O_3)$ 计，数值以%表示，按式(5)计算 TFe_2O_3 量。

$$w(TFe_2O_3)=\frac{(m_1-m_0)V\times10^{-6}}{mV_1}\times100 \qquad \cdots\cdots(5)$$

式中：

m_1——从校准曲线上查得试料溶液的三氧化二铁量，单位为微克(μg)；

m_0——从校准曲线上查得试料空白溶液的三氧化二铁量，单位为微克(μg)；

V——试料溶液总体积，单位为毫升(mL)；

m——试料量，单位为克(g)；

V_1——分取试料溶液体积，单位为毫升(mL)。

分析结果保留至小数点后第二位。

5.7 精密度

邻二氮杂菲光度法测定硅酸盐岩石中总铁量结果的精密度见表 6。

表 6　精密度

%

成分	水平范围 m	重复性限 r	再现性限 R
TFe_2O_3	2.14～24.75	$r=0.038+0.0154m$	$R=0.015+0.0311m$
注：本精密度数据是由 8 个实验室对 10 个水平的试料进行实验确定的。			

参 考 文 献

[1] GB/T 14506.3 硅酸盐岩石化学分析方法 第3部分:二氧化硅量测定

ICS 73.080
D 53

中华人民共和国国家标准

GB/T 14506.6—2010
代替 GB/T 14506.6—1993

硅酸盐岩石化学分析方法 第6部分:氧化钙量测定

Methods for chemical analysis of silicate rocks—Part 6: Determination of calcium oxide content

2010-11-10 发布

2011-02-01 实施

中华人民共和国国家质量监督检验检疫总局
中国国家标准化管理委员会 发布

前　言

GB/T 14506《硅酸盐岩石化学分析方法》由以下 30 部分组成：

——第 1 部分：吸附水量测定；
——第 2 部分：化合水量测定；
——第 3 部分：二氧化硅量测定；
——第 4 部分：三氧化二铝量测定；
——第 5 部分：总铁量测定；
——第 6 部分：氧化钙量测定；
——第 7 部分：氧化镁量测定；
——第 8 部分：二氧化钛量测定；
——第 9 部分：五氧化二磷量测定；
——第 10 部分：氧化锰量测定；
——第 11 部分：氧化钾和氧化钠量测定；
——第 12 部分：氟量测定；
——第 13 部分：硫量测定；
——第 14 部分：氧化亚铁量测定；
——第 15 部分：锂量测定；
——第 16 部分：铷量测定；
——第 17 部分：锶量测定；
——第 18 部分：铜量测定；
——第 19 部分：铅量测定；
——第 20 部分：锌量测定；
——第 21 部分：镍和钴量测定；
——第 22 部分：钒量测定；
——第 23 部分：铬量测定；
——第 24 部分：镉量测定；
——第 25 部分：钼和钨量测定；
——第 26 部分：钴量测定；
——第 27 部分：镍量测定；
——第 28 部分：16 个主次成分量测定；
——第 29 部分：稀土等 22 个元素量测定；
——第 30 部分：44 个元素量测定。

本部分为 GB/T 14506 的第 6 部分。

本部分代替 GB/T 14506.6—1993《硅酸盐岩石化学分析方法　氧化钙的测定》。

本部分与原部分相比，主要变化如下：

——增加了规范性引用文件；
——增加了警示、警告内容；
——将称取试料量和分取溶液改为列表表示。

本部分由中华人民共和国国土资源部提出。

本部分由全国国土资源标准化技术委员会归口。

本部分负责起草单位:国家地质实验测试中心。

本部分起草单位:浙江省地质矿产研究所。

本部分主要起草人:胡勇平、郑存江、张明杰。

本部分所代替标准的历次版本发布情况为:

——GB/T 14506.6—1993。

硅酸盐岩石化学分析方法 第6部分：氧化钙量测定

警示——使用本部分的人员应有正规实验室工作的实践经验。本部分并未指出所有可能的安全问题。使用者有责任采取适当的安全和健康措施，并保证符合国家有关法规规定的条件。

1 范围

GB/T 14506 的本部分规定了硅酸盐岩石中氧化钙量的测定方法。

本部分适用于硅酸盐岩石中氧化钙量的测定，也适用于土壤和水系沉积物中氧化钙量的测定。

测定范围：乙二醇二乙醚二胺四乙酸(EGTA)络合滴定法，1%～15%的氧化钙量。火焰原子吸收分光光度法，0.1%～5%的氧化钙量。

注：EGTA 络合滴定法对锶、钡总量大于 0.4%的硅酸盐岩石样品不适用。

2 规范性引用文件

下列文件中的条款通过 GB/T 14506 的本部分的引用而成为本部分的条款。凡是注日期的引用文件，其随后所有的修改单(不包括勘误的内容)或修订版均不适用于本部分，然而，鼓励根据本部分达成协议的各方研究是否可使用这些文件的最新版本。凡是不注日期的引用文件，其最新版本适用于本部分。

GB/T 6682 分析实验室用水规格和试验方法

GB/T 14506.1 硅酸盐岩石化学分析方法 第1部分：吸附水量测定

3 EGTA 络合滴定法

3.1 原理

分离二氧化硅后的滤液，用三乙醇胺掩蔽铁、铝等干扰元素。镍、铜等元素干扰用氰化钠掩蔽，或者经六次甲基四胺、铜试剂分离干扰元素后，在 pH≥12 的条件下，以钙黄绿素-百里酚酞络合剂为指示剂，用 EGTA 标准溶液滴定，计算氧化钙量。

3.2 试剂

本部分除非另有说明，在分析中均使用分析纯试剂和符合 GB/T 6682 的分析实验室用水。

3.2.1 盐酸羟胺。

3.2.2 六次甲基四胺。

3.2.3 氢氧化钾(优级纯)。

3.2.4 氢氧化钾溶液(500 g/L)。贮于塑料瓶中。

3.2.5 乙醇。

3.2.6 盐酸(1+1)。

3.2.7 氨水(1+1)。

3.2.8 三乙醇胺(1+1)。

3.2.9 氰化钾溶液(50 g/L)。**警告——氰化钾溶液为剧毒试剂，必须严格按规定使用与保管。**

注：不能在酸性条件下加入氰化钠，使用完后，加入硫酸亚铁铵(莫氏盐)处理后方可倒入下水道。

3.2.10 蔗糖溶液(20 g/L)。

3.2.11 二乙基二硫代氨基甲酸钠(铜试剂)溶液(20 g/L)：用时现配。

3.2.12 氧化钙标准溶液：称取 0.892 4 g 预先经 120 ℃干燥 2 h 的高纯碳酸钙($CaCO_3$)，置于 400 mL

烧杯中,加10 mL水,盖上表面皿,从烧杯嘴慢慢加入30 mL盐酸(3.2.6),溶解完全后,加热煮沸1 min~2 min,取下,用水冲洗表面皿和烧杯壁,冷却至室温,移入1 000 mL容量瓶中,用水稀释至刻度,摇匀。此溶液1 mL含0.500 0 mg氧化钙。

3.2.13 EGTA标准滴定溶液 $c(\mathrm{EGTA})=0.010\,0\ \mathrm{mol/L}$。

a) EGTA标准滴定溶液的配制:

称取7.6 g EGTA(乙二醇二乙醚二胺四乙酸)置于盛有400 mL水的1 000 mL烧杯中,边搅拌边加入固体氢氧化钾(3.2.3)至溶解完全为止;

b) EGTA标准滴定溶液的标定:

取20.0 mL氧化钙标准溶液(3.2.12)置于200 mL烧杯中,加水至50 mL左右,以下按(3.4.5.1)分析步骤进行;

c) EGTA标准滴定溶液对氧化钙的滴定度按式(1)计算。

$$T=\frac{m}{V} \tag{1}$$

式中:

T——EGTA标准滴定溶液对氧化钙的滴定度,单位为毫克每毫升(mg/mL);

m——氧化钙量,单位为毫克(mg);

V——消耗EGTA标准滴定溶液体积,单位为毫升(mL)。

3.2.14 钙黄绿素-百里酚酞溶液:称取0.2 g钙黄绿素和0.1 g百里酚酞络合剂,研细混匀,贮于磨口瓶中。使用时取少许溶解于水中。用时现配。

3.2.15 甲基红乙醇溶液(1 g/L):乙醇溶液。

3.3 试样

3.3.1 试样粒径应小于74 μm。

3.3.2 试样应在105 ℃预干燥2 h~4 h,置于干燥器中,冷却至室温。

3.3.3 对易吸水的岩石,应取空气干燥试样。在称样的同时按GB/T 14506.1进行吸附水量的测定。最终以干态计算结果。

3.4 分析步骤

3.4.1 测定数量

同一试料,一般应进行双份测定,或按一定比例进行双份测定。

3.4.2 试料量

直接滴定:分取25.0 mL分离二氧化硅后的滤液A(相当于100 mg试料)进行滴定。

注:滤液A为GB/T 14506.3中(3.5.5.4)或(4.5.5.4)分离二氧化硅后的滤液,下同。

分离干扰:分取分离二氧化硅后的滤液50.0 mL进行分离,再从中分取相当于100 mg试料的溶液进行滴定。

3.4.3 空白试验

随同试料进行两份空白试验,所用试剂取自同一试剂瓶,加入同等的量。

3.4.4 验证试验

随同试料分析同类型的标准物质。

3.4.5 测定

3.4.5.1 直接滴定

按(3.4.2)分取分离二氧化硅后的滤液A,置于200 mL烧杯中,加水至约50 mL,加0.5 g~1 g盐酸羟胺(3.2.1)和2 mL~3 mL三乙醇胺(3.2.8)、2滴甲基红指示剂(3.2.15),用氨水(3.2.7)调至变黄色,加入5 mL氢氧化钾溶液(3.2.4),加入3滴~5滴氰化钾溶液(3.2.9),加几滴钙黄绿素-百里酚酞指示剂(3.2.14),杯底垫黑纸为背景,用EGTA标准滴定溶液[3.2.13a)]滴定至绿色荧光消失为终点。

注：如试料含钙量高时，加水至 100 mL，加入 1 mL～2 mL 蔗糖溶液（3.2.10），防止氢氧化镁沉淀析出影响测定结果。

3.4.5.2 分离干扰后分取溶液测定

3.4.5.2.1 干扰的分离

按（3.4.2）分取分离二氧化硅后所得的滤液 A，置于 200 mL 烧杯中，加热蒸发至湿盐状，取下冷却，加 2 g～3 g 六次甲基四胺（3.2.2），搅匀。加入 20 mL 铜试剂溶液（3.2.11）搅拌均匀，加水至约 50 mL，搅拌使可溶盐溶解，移入 100 mL 容量瓶中，用水稀释至刻度，摇匀，放置 10 min，干过滤。

注：当直接滴定终点不易判断，试料中铁、锰及有色金属离子含量较高难以掩蔽时，分离干扰后测定。

3.4.5.2.2 分取溶液测定

分取 50.00 mL 经干过滤、相当于 25.0 mL 滤液 A 的溶液（3.4.5.2.1），置于 200 mL 烧杯中，以下按（3.4.5.1）分析步骤进行。

3.5 结果计算

计算结果以质量分数 $w(CaO)$ 计，数值以%表示，按式（2）计算氧化钙量。

$$w(\mathrm{CaO})=\frac{(V_1-V_0)TV\times 10^{-3}}{mV_2}\times 100 \quad \cdots\cdots\cdots(2)$$

式中：

V_1——滴定试料溶液消耗 EGTA 标准滴定溶液体积，单位为毫升（mL）；

V_0——滴定试料空白溶液消耗 EGTA 标准滴定溶液体积，单位为毫升（mL）；

T——EGTA 标准滴定溶液对氧化钙的滴定度，单位为毫克每毫升（mg/mL）；

V——试料溶液总体积，单位为毫升（mL）；

m——试料量，单位为克（g）；

V_2——分取试料溶液体积，单位为毫升（mL）。

分析结果表示至小数点后第二位。

3.6 精密度

EGTA 络合滴定法测定硅酸盐岩石中氧化钙量结果的精密度见表 1。

表 1 精密度 %

成分	水平范围 m	重复性限 r	再现性限 R
CaO	0.33～9.73	$r=0.168m^{0.28}$	$R=0.189m^{0.31}$
注：本精密度数据是由 8 个实验室对 10 个水平的试料进行实验确定的。			

4 火焰原子吸收分光光度法

4.1 原理

分离二氧化硅后的滤液，制成 2%的盐酸溶液，以锶盐作释放剂消除干扰，在原子吸收分光光度计上，波长 422.7 nm 处，空气-乙炔火焰测量吸光度，计算氧化钙量。

4.2 试剂

4.2.1 盐酸（1+1）。

4.2.2 氯化锶溶液：称取 152 g 氯化锶（$SrCl_2 \cdot 6H_2O$）溶解于水中，再加水至 1 000 mL，摇匀。此溶液 1 mL 含 50 mg 锶。

注：如果不是专为原子吸收分光光度法测定钙、镁用的专用试剂，可按下法进行提纯：取约 200 g 氯化锶，溶解于尽可能少的 60 ℃水中，用中速滤纸过滤，稍微洗涤，放置直至有少量结晶析出，边搅拌边加 100 mL 无水乙醇，大量氯化锶析出，减压过滤，再用无水乙醇洗几次，风干后使用。

4.2.3 氧化钙标准溶液的配制：

a) 氧化钙标准溶液(0.50 mg/mL)：

称取 0.892 4 g 预先经 120 ℃干燥 2 h 的高纯碳酸钙($CaCO_3$)，置于 400 mL 烧杯中，加 10 mL 水，盖上表面皿，从烧杯嘴慢慢加入 30 mL 盐酸(4.2.1)，溶解完全后，加热煮沸除尽二氧化碳，取下冷却，移入 1 000 mL 容量瓶中，用水稀释至刻度，摇匀，此溶液 1 mL 含 0.50 mg 氧化钙；

b) 氧化钙标准溶液(50.0 μg/mL)：

分取 10.0 mL 氧化钙标准溶液[4.2.3a)]，置于 100 mL 容量瓶中，用水稀释至刻度，摇匀。此溶液 1 mL 含 50.0 μg 氧化钙。

4.3 仪器

4.3.1 原子吸收分光光度计，配有钙空心阴极灯。

4.3.2 天平：三级，感量 0.1 mg。

4.4 试样

4.4.1 试样粒径应小于 74 μm。

4.4.2 试样应在 105 ℃预干燥 2 h～4 h，置于干燥器中，冷却至室温。

4.4.3 对易吸水的岩石，应取空气干燥试样。在称样的同时按 GB/T 14506.1 进行吸附水量的测定。最终以干态计算结果。

4.5 分析步骤

4.5.1 测定数量

同一试料，一般应进行双份测定，或按一定比例进行双份测定。

4.5.2 试料量

根据 CaO 含量范围按表 2 称取试料量和分取试料溶液。

表 2 试料量与分取试料溶液

含量范围/ %	试料量/ g	分取试料溶液/ mL	分取滤液 A/ mL
＜1	0.2		25.00
1～5	0.1	25.00	10.00
＞5～10	0.1	10.00	5.00
＞10	0.1	5.00	5.00
注：滤液 A 为 GB/T 14506.3 中(3.5.5.4)或(4.5.5.4)分离二氧化硅后的滤液。			

4.5.3 空白试验

随同试料进行两份空白试验，所用试剂应取自同一试剂瓶，加入同等的量。

4.5.4 验证试验

随同试料分析同类型的标准物质。

4.5.5 测定

警告——应按照原子吸收分光光度计仪器使用规程点燃和熄灭空气-乙炔燃烧器，以避免可能的爆炸危险。

4.5.5.1 试液的处理

按(4.5.2)分取测定二氧化硅后所得的滤液 A，置于 100 mL 容量瓶中，补加盐酸(4.2.1)至酸度为 2%，加水至体积为 50 mL～60 mL，加 10 mL 氯化锶溶液(4.2.2)，用水稀释至刻度，摇匀。

注：含 1%～5%氧化钙的滤液 A，分取 25.0 mL 稀释至 100 mL，再分取所需量进行处理测定。

4.5.5.2 校准溶液系列的配制

取 0 mL、1.00 mL、2.00 mL、4.00 mL、6.00 mL、8.00 mL、10.00 mL、12.00 mL、16.00 mL、

20.00 mL 氧化钙标准溶液[4.2.3b)]于一系列 100 mL 容量瓶中，加水至 50 mL～60 mL，各加入 4 mL 盐酸(4.2.1)、10 mL 氯化锶溶液(4.2.2)，用水稀释至刻度，摇匀。

4.5.5.3 吸光度测量

在原子吸收分光光度计上，调节波长为 422.7 nm，光谱带宽为 0.7 nm～1.3 nm，点燃空气-乙炔富燃火焰，用水调零，测量钙的吸光度。先用校准溶液系列中浓度最大的调试，并调节火焰状态和燃烧器位置与高度，使测得的吸光度为最大。然后按浓度由低至高的顺序，依次测定钙校准溶液系列、待测试料溶液、空白试验溶液和验证试验溶液，测定溶液时均以水调零。

4.5.5.4 校准曲线绘制

以氧化钙量为横坐标，吸光度为纵坐标，绘制校准曲线，计算并打印出检测结果。

注：校准曲线的回归系数应大于 0.999。

4.6 结果计算

计算结果以质量分数 $w(CaO)$ 计，数值以%表示，按式(3)计算氧化钙量。

$$w(\mathrm{CaO})=\frac{(m_1-m_0)V\times 10^{-6}}{mV_1}\times 100 \qquad (3)$$

式中：

m_1——从校准曲线上查得试料溶液的氧化钙量，单位为微克(μg)；

m_0——从校准曲线上查得试料空白溶液的氧化钙量，单位为微克(μg)；

V——试料溶液总体积，单位为毫升(mL)；

m——试料量，单位为克(g)；

V_1——分取试料溶液体积，单位为毫升(mL)。

分析结果表示至小数点后第二位。

4.7 精密度

火焰原子吸收分光光度法测定硅酸盐岩石中氧化钙量结果的精密度见表 3。

表 3 精密度

%

成分	水平范围 m	重复性限 r	再现性限 R
CaO	0.28～9.74	$r=0.088+0.056\,2m$	$R=0.132+0.065\,1m$
注：本精密度数据是由 8 个实验室对 10 个水平的试料进行实验确定的。			

参 考 文 献

[1] GB/T 14506.3 硅酸盐岩石化学分析方法 第3部分:二氧化硅量测定

ICS 73.080
D 53

中华人民共和国国家标准

GB/T 14506.7—2010
代替 GB/T 14506.7—1993

硅酸盐岩石化学分析方法 第7部分：氧化镁量测定

Methods for chemical analysis of silicate rocks—
Part 7: Determination of magnesium oxide content

2010-11-10 发布 2011-02-01 实施

中华人民共和国国家质量监督检验检疫总局
中国国家标准化管理委员会 发布

前言

GB/T 14506《硅酸盐岩石化学分析方法》由以下30部分组成：

——第1部分：吸附水量测定；

——第2部分：化合水量测定；

——第3部分：二氧化硅量测定；

——第4部分：三氧化二铝量测定；

——第5部分：总铁量测定；

——第6部分：氧化钙量测定；

——第7部分：氧化镁量测定；

——第8部分：二氧化钛量测定；

——第9部分：五氧化二磷量测定；

——第10部分：氧化锰量测定；

——第11部分：氧化钾和氧化钠量测定；

——第12部分：氟量测定；

——第13部分：硫量测定；

——第14部分：氧化亚铁量测定；

——第15部分：锂量测定；

——第16部分：铷量测定；

——第17部分：锶量测定；

——第18部分：铜量测定；

——第19部分：铅量测定；

——第20部分：锌量测定；

——第21部分：镍和钴量测定；

——第22部分：钒量测定；

——第23部分：铬量测定；

——第24部分：镉量测定；

——第25部分：钼和钨量测定；

——第26部分：钴量测定；

——第27部分：镍量测定；

——第28部分：16个主次成分量测定；

——第29部分：稀土等22个元素量测定；

——第30部分：44个元素量测定。

本部分为GB/T 14506的第7部分。

本部分代替GB/T 14506.7—1993《硅酸盐岩石化学分析方法　氧化镁的测定》。

本部分与原部分相比，主要变化如下：

——增加了规范性引用文件；

——增加了警示、警告内容；

——将称取试料量和分取溶液改为列表表示。

本部分由中华人民共和国国土资源部提出。

本部分由全国国土资源标准化技术委员会归口。

本部分负责起草单位:国家地质实验测试中心。

本部分起草单位:浙江省地质矿产研究所。

本部分主要起草人:胡勇平、郑存江、安华娟。

本部分所代替标准的历次版本发布情况为:

——GB/T 14506.7—1993。

硅酸盐岩石化学分析方法
第7部分:氧化镁量测定

警示——使用本部分的人员应有正规实验室工作的实践经验。本部分并未指出所有可能的安全问题。使用者有责任采取适当的安全和健康措施,并保证符合国家有关法规规定的条件。

1 范围

GB/T 14506的本部分规定了硅酸盐岩石中氧化镁量的测定方法。

本部分适用于硅酸盐岩石中氧化镁量的测定,也适用于土壤和水系沉积物中氧化镁量的测定。

测定范围:乙二醇二乙醚二胺四乙酸(EGTA)络合滴定法,1%～10%的氧化镁量。火焰原子吸收分光光度法,0.01%～1%的氧化镁量。

2 规范性引用文件

下列文件中的条款通过GB/T 14506的本部分的引用而成为本部分的条款。凡是注日期的引用文件,其随后所有的修改单(不包括勘误的内容)或修订版均不适用于本部分,然而,鼓励根据本部分达成协议的各方研究是否可使用这些文件的最新版本。凡是不注日期的引用文件,其最新版本适用于本部分。

GB/T 6682　分析实验室用水规格和试验方法

GB/T 14506.1　硅酸盐岩石化学分析方法　第1部分:吸附水量测定

GB/T 14506.3　硅酸盐岩石化学分析方法　第3部分:二氧化硅量测定

3 EDTA络合滴定法

3.1 原理

分离二氧化硅后的滤液,用三乙醇胺掩蔽铁、铝等干扰元素。镍、铜等元素干扰用氰化钠掩蔽,或者经六次甲基四胺、铜试剂分离干扰元素后,在pH10的氨性介质中,加EGTA溶液络合钙,以酸性络蓝K-萘酚绿B为指示剂,用EDTA标准溶液滴定,计算氧化镁量。

3.2 试剂

本部分除非另有说明,在分析中均使用分析纯试剂和符合GB/T 6682的分析实验室用水。

3.2.1　盐酸羟胺。

3.2.2　六次甲基四胺。

3.2.3　氢氧化钾(优级纯)。

3.2.4　乙醇。

3.2.5　盐酸(1+1)。

3.2.6　氨水(ρ0.91 g/mL)。

3.2.7　氨水(1+1)。

3.2.8　三乙醇胺(1+1)。

3.2.9　氰化钾溶液(50 g/L)。**警告——氰化钾溶液为剧毒试剂,必须严格按规定使用与保管。**

注:不能在酸性条件下加入氰化钾,使用完后,加入硫酸亚铁铵(莫氏盐)处理后方可倒入下水道。

3.2.10　二乙基二硫代氨基甲酸钠(铜试剂)溶液(2%):用时现配。

3.2.11　氨水-氯化铵缓冲溶液(pH10):称取67.5 g氯化铵溶解于200 mL水中,加入570 mL氨水

(3.2.6)，加水至 1 000 mL。

3.2.12 氧化镁标准溶液：称取 0.500 0 g 预先经 800 ℃灼烧的高纯氧化镁（MgO），置于烧杯中，加入 20 mL～30 mL 水，再加入 20 mL 盐酸(3.2.5)，使其溶解，冷却，移入 1 000 mL 容量瓶中，用水稀释至刻度，摇匀。此溶液 1 mL 含 0.500 0 mg 氧化镁。

注：氧化镁经灼烧后置于干燥器中冷却至室温立即称取，而且尽快称量完毕，以免吸水。

3.2.13 EGTA 溶液 c(EGTA)＝0.010 mol/L：称取 3.8 g EGTA 置于 500 mL 烧杯中，加入 200 mL 水，边搅拌边加入固体氢氧化钾(3.2.3)至全部溶解。用水稀释至 1 000 mL，摇匀。

3.2.14 EDTA 标准滴定溶液 c(EDTA)＝0.015 0 mol/L。

a) EDTA 标准滴定溶液的配制：

称取 11.16 g EDTA 二钠盐溶解于 500 mL 水中，加水至 2 000 mL，摇匀。

b) EDTA 标准滴定溶液的标定：

分取 10.0 mL 氧化镁标准溶液(3.2.12)，置于 200 mL 烧杯中，加水至 50 mL 左右，以下按(3.4.5.1)分析步骤进行；

c) EDTA 标准滴定溶液对氧化镁的滴定度按式(1)计算。

$$T=\frac{m}{V} \qquad \cdots\cdots(1)$$

式中：

T——EDTA 标准滴定溶液对氧化镁的滴定度，单位为毫克每毫升(mg/mL)；

m——氧化镁量，单位为毫克(mg)；

V——消耗 EDTA 标准滴定溶液体积，单位为毫升(mL)。

3.2.15 酸性铬蓝 K-萘酚绿 B 溶液：酸性铬蓝 K：萘酚绿 B：硫酸钾(1＋3.5＋40)(因厂家及批号不同产品质量不一，配制时可适当改变比例，以获得清晰敏锐的终点为宜)。研细混匀，保存于磨口瓶中，使用时取少许溶解于水中，易于控制加入的需要量。

3.2.16 甲基红溶液(1 g/L)：乙醇溶液。

3.3 试样

3.3.1 试样粒径应小于 74 μm。

3.3.2 试样应在 105 ℃预干燥 2 h～4 h，置于干燥器中，冷却至室温。

3.3.3 对易吸水的岩石，应取空气干燥试样。在称样的同时按 GB/T 14506.1 进行吸附水量的测定。最终以干态计算结果。

3.4 分析步骤

3.4.1 测定数量

同一试料，一般应进行双份测定，或按一定比例进行双份测定。

3.4.2 试料量

直接滴定可分取 GB/T 14506.3 中(3.5.5.4)或(4.5.5.4)分离二氧化硅后的滤液 A(相当于 100 mg 试料)25.0 mL 进行测定。

分离干扰则分取 GB/T 14506.3 中(3.5.5.4)或(4.5.5.4)分离二氧化硅后的滤液 A 50.0 mL 进行分离，再从中分取相当于 100 mg 试料的滤液进行测定。

3.4.3 空白试验

随同试料进行两份空白试验，所用试剂应取自同一试剂瓶，加入同等的量。

3.4.4 验证试验

随同试料分析同类型的标准试料。

3.4.5 测定

3.4.5.1 直接滴定

按(3.4.2)分取分离二氧化硅后的滤液 A，置于 200 mL 烧杯中，加水至约 50 mL，加 0.5 g～1 g 盐酸羟胺(3.2.1)、2 mL～3 mL 三乙醇胺(3.2.8)、2 滴甲基红指示剂(3.2.16)，用氨水(3.2.7)调至变黄色，加入滴定氧化钙所需的 EGTA 溶液(3.2.13)并过量 0.5 mL(参考钙的测定用量)，搅匀。加 10 mL 氨水-氯化铵缓冲溶液(3.2.11)、3 滴～5 滴氰化钾溶液(3.2.9)，加 2 滴～5 滴酸性铬蓝 K-萘酚绿 B 指示剂(3.2.15)，用 EDTA 标准滴定溶液(3.2.14)滴定至纯蓝色(或蓝绿色)为终点。

3.4.5.2 分离干扰后分取溶液测定

3.4.5.2.1 干扰的分离

按(3.4.2)分取分离二氧化硅后所得的滤液 A，置于 200 mL 烧杯中，加热蒸发至湿盐状，取下冷却，加 2 g～3 g 六次甲基四胺(3.2.2)，搅匀。加入 20 mL 铜试剂溶液(3.2.10)，搅拌均匀，加水至约 50 mL，搅拌使可溶盐溶解，移入 100 mL 容量瓶中，用水稀释至刻度，摇匀，放置 10 min，干过滤。

注：当直接滴定终点不易判断，试料中铁、锰及有色金属离子含量较高难以掩蔽时，分离干扰后测定。

3.4.5.2.2 分取溶液测定

分取 50.0 mL 经干过滤后相当于 25.0 mL 滤液 A 的溶液(3.4.5.2.1)，置于 200 mL 烧杯中，以下按(3.4.5.1)分析步骤进行。

3.5 结果计算

计算结果以质量分数 $w(MgO)$ 计，数值以%表示，按式(2)计算氧化镁量。

$$w(MgO)=\frac{(V_1-V_0)TV\times 10^{-3}}{mV_2}\times 100 \qquad (2)$$

式中：

V_1——滴定试料溶液消耗的 EDTA 标准滴定溶液体积，单位为毫升(mL)；

V_0——滴定试料空白溶液消耗的 EDTA 标准滴定溶液体积，单位为毫升(mL)；

T——EDTA 标准滴定溶液对氧化镁的滴定度，单位为毫克每毫升(mg/mL)；

V——试料溶液总体积，单位为毫升(mL)；

m——试料量，单位为克(g)；

V_2——分取试料溶液体积，单位为毫升(mL)。

分析结果表示至小数点后第二位。

3.6 精密度

EDTA 络合滴定法测定硅酸盐岩石中氧化镁量结果的精密度见表 1。

表 1 精密度

%

成分	水平范围 m	重复性限 r	再现性限 R
MgO	0.09～7.81	$r=0.118m^{0.41}$	$R=0.086+0.0591m$
注：本精密度数据是由 8 个实验室对 10 个水平的试料进行实验确定的。			

4 火焰原子吸收分光光度法

4.1 原理

分离二氧化硅后的滤液，制成 2%的盐酸溶液，以锶盐作释放剂消除干扰，于原子吸收分光光度计上，波长 285.2 nm 处，以塞曼效应或连续光谱灯校正背景，空气-乙炔火焰测量吸光度，计算测定氧化镁量。

4.2 试剂

4.2.1 盐酸(1+1)。

4.2.2 氯化锶溶液：称取 152 g 氯化锶($SrCl_2\cdot 6H_2O$)溶解于水中，加水至 1 000 mL，摇匀。此溶液 1 mL 含 50 mg 锶。

注：如果不是为原子吸收分光光度法测定钙、镁用的专用试剂，可按下法进行提纯：称取约 200 g 氯化锶，溶解于尽可能少的 60 ℃水中，用中速滤纸过滤，稍微洗涤，放置直至有少量结晶析出，边搅拌边加约 100 mL 无水乙醇，

大量氯化锶析出，减压过滤，用无水乙醇洗几次，风干后使用。

4.2.3 氧化镁标准溶液的配制：

a) 氧化镁标准溶液(0.50 mg/mL)：称取 0.500 0 g 预先经 1 000 ℃灼烧 2 h 的高纯氧化镁(MgO)，置于 200 mL 烧杯中，加 10 mL～20 mL 水，小心加入 30 mL 盐酸(4.2.1)，溶解完全后，冷却，移入 1 000 mL 容量瓶中，用水稀释至刻度，摇匀；

注：氧化镁经过灼烧后，放入干燥器中冷却至室温立即称取，且尽快称量完毕，以免吸水。

b) 氧化镁标准溶液(20.0 μg/mL)：分取 10.0 mL 氧化镁标准溶液[4.2.3a)]，置于 250 mL 容量瓶中，用水稀释至刻度，摇匀。

4.3 仪器

4.3.1 原子吸收分光光度计，配有镁空心阴极灯。

4.3.2 天平：三级，感量 0.1 mg。

4.4 试样

4.4.1 试样粒径应小于 74 μm。

4.4.2 试样应在 105 ℃预干燥 2 h～4 h，置于干燥器中，冷却至室温。

4.4.3 对易吸水的岩石，应取空气干燥试样。在称样的同时按 GB/T 14506.1 进行吸附水量的测定。最终以干态计算结果。

4.5 分析步骤

4.5.1 测定数量

同一试料，一般应进行双份测定，或按一定比例进行双份测定。

4.5.2 试料量

根据氧化镁含量范围按表 2 称取试料量和分取试料溶液。

表 2 试料量与分取试料溶液

含量范围/%	试料量/g	分取试料溶液/mL	分取滤液 A/mL
<0.1	0.2		25.00
0.1～0.5	0.1	10.00	10.00
>0.5	0.1	5.00	5.00
注：滤液 A 为 GB/T 14506.3 中(3.5.5.4)或(4.5.5.4)分离二氧化硅后的滤液。			

4.5.3 空白试验

随同试料进行两份空白试验，所用试剂应取自同一试剂瓶，加入同等的量。

4.5.4 验证试验

随同试料分析同类型的标准物质。

4.5.5 测定

警告——应按照原子吸收分光光度计仪器使用规程点燃和熄灭空气-乙炔燃烧器，以避免可能的爆炸危险。

4.5.5.1 试液的处理

按(4.5.2)分取分离二氧化硅后的滤液 A，置于 100 mL 容量瓶中，补加盐酸(4.2.1)至酸度为 2%，加水至 50 mL～60 mL，加 10 mL 氯化锶溶液(4.2.2)，用水稀释至刻度，摇匀。

注：含 0.1%～1%MgO 的滤液 A，需经过一次稀释，即：分取 25.0 mL 滤液 A 稀释至 100 mL 后再分取所需量进行处理测定。

4.5.5.2 校准溶液系列的配制

取 0 mL、0.50 mL、1.00 mL、2.00 mL、3.00 mL、4.00 mL、5.00 mL 氧化镁标准溶液[4.2.3b)]，

置于一系列 100 mL 容量瓶中，加水至 50 mL～60 mL，各加入 4 mL 盐酸(4.2.1)，再加入 10 mL 氯化锶溶液(4.2.2)，用水稀释至刻度，摇匀。

4.5.6 吸光度测量

在原子吸收分光光度计上，调节波长为 285.2 nm，光谱带宽度为 0.7 nm～1.3 nm，点燃空气-乙炔火焰，用水调零，测量镁的吸光度。先用校准溶液系列中浓度最大的试测，并调节火焰状态和燃烧器位置与高度，使测得的吸光度为最大。然后按浓度由低至高的顺序测量试料空白溶液、校准溶液系列、待测试料溶液和验证试验溶液。

4.5.7 校准曲线绘制

以氧化镁量为横坐标，校准溶液系列吸光度为纵坐标，绘制校准曲线。从校准曲线上分别查出试料溶液和试料空白溶液中氧化镁量。

4.6 结果计算

计算结果以质量分数 $w(\mathrm{MgO})$ 计，数值以%表示，按式(3)计算氧化镁量。

$$w(\mathrm{MgO}) = \frac{(m_1 - m_0)V \times 10^{-6}}{mV_1} \times 100 \quad \cdots\cdots(3)$$

式中：

m_1——从校准曲线上查得试料溶液的氧化镁量，单位为微克(μg)；

m_0——从校准曲线上查得试料空白溶液的氧化镁量，单位为微克(μg)；

V——试料溶液总体积，单位为毫升(mL)；

m——试料量，单位为克(g)；

V_1——分取试料溶液体积，单位为毫升(mL)。

分析结果表示至小数点后第二位。

4.7 精密度

火焰原子吸收分光光度法测定硅酸盐岩石中氧化镁量结果的精密度见表 3。

表 3 精密度

%

成分	水平范围 m	重复性限 r	再现性限 R
MgO	0.07～7.72	$r=0.098m^{0.52}$	$R=0.148m^{0.58}$
注：本精密度数据是由 8 个实验室对 10 个水平的试料进行实验确定的。			

ICS 73.080
D 53

中华人民共和国国家标准

GB/T 14506.8—2010
代替 GB/T 14506.8—1993

硅酸盐岩石化学分析方法 第8部分:二氧化钛量测定

Methods for chemical analysis of silicate rocks—Part 8: Determination of titanium dioxide content

2010-11-10 发布 2011-02-01 实施

中华人民共和国国家质量监督检验检疫总局
中国国家标准化管理委员会 发布

前　　言

GB/T 14506《硅酸盐岩石化学分析方法》由以下 30 部分组成：
——第 1 部分：吸附水量测定；
——第 2 部分：化合水量测定；
——第 3 部分：二氧化硅量测定；
——第 4 部分：三氧化二铝量测定；
——第 5 部分：总铁量测定；
——第 6 部分：氧化钙量测定；
——第 7 部分：氧化镁量测定；
——第 8 部分：二氧化钛量测定；
——第 9 部分：五氧化二磷量测定；
——第 10 部分：氧化锰量测定；
——第 11 部分：氧化钾和氧化钠量测定；
——第 12 部分：氟量测定；
——第 13 部分：硫量测定；
——第 14 部分：氧化亚铁量测定；
——第 15 部分：锂量测定；
——第 16 部分：铷量测定；
——第 17 部分：锶量测定；
——第 18 部分：铜量测定；
——第 19 部分：铅量测定；
——第 20 部分：锌量测定；
——第 21 部分：镍和钴量测定；
——第 22 部分：钒量测定；
——第 23 部分：铬量测定；
——第 24 部分：镉量测定；
——第 25 部分：钼和钨量测定；
——第 26 部分：钴量测定；
——第 27 部分：镍量测定；
——第 28 部分：16 个主次成分量测定；
——第 29 部分：稀土等 22 个元素量测定；
——第 30 部分：44 个元素量测定。

本部分为 GB/T 14506 的第 8 部分。

本部分代替 GB/T 14506.8—1993《硅酸盐岩石化学分析方法　二氧化钛的测定》。

本部分与原部分相比，主要变化如下：
——增加了规范性引用文件；
——增加了警示、警告内容；
——将称取试料量和分取溶液改为列表表示。

本部分由中华人民共和国国土资源部提出。

本部分由全国国土资源标准化技术委员会归口。

本部分负责起草单位：国家地质实验测试中心。

本部分起草单位：浙江省地质矿产研究所。

本部分主要起草人：胡勇平、张秋芳、郑存江。

本部分所代替标准的历次版本发布情况为：

——GB/T 14506.8—1993。

硅酸盐岩石化学分析方法
第8部分：二氧化钛量测定

警示——使用本部分的人员应有正规实验室工作的实践经验。本部分并未指出所有可能的安全问题。使用者有责任采取适当的安全和健康措施，并保证符合国家有关法规规定的条件。

1 范围

GB/T 14506的本部分规定了硅酸盐岩石中二氧化钛量的测定方法。

本部分适用于硅酸盐岩石中二氧化钛量的测定，也适用于土壤和水系沉积物中二氧化钛量的测定。

测定范围：过氧化氢光度法，0.2%～10%的二氧化钛量。二安替比林甲烷光度法，0.05%～5%的二氧化钛量。

2 规范性引用文件

下列文件中的条款通过GB/T 14506的本部分的引用而成为本部分的条款。凡是注日期的引用文件，其随后所有的修改单(不包括勘误的内容)或修订版均不适用于本部分，然而，鼓励根据本部分达成协议的各方研究是否可使用这些文件的最新版本。凡是不注日期的引用文件，其最新版本适用于本部分。

GB/T 6682 分析实验室用水规格和试验方法

GB/T 14506.1 硅酸盐岩石化学分析方法 第1部分：吸附水量测定

3 过氧化氢光度法

3.1 原理

分离二氧化硅后的滤液，在5%的硫酸介质中，用磷酸掩蔽铁，钛与过氧化氢生成过钛酸黄色络合物，在分光光度计上，波长400 nm处测量其吸光度。计算二氧化钛量。

其反应式为：$Ti(SO_4)_2 + H_2O_2 \longrightarrow H_2[TiO_2(SO_4)_2]$

3.2 试剂

本部分除非另有说明，在分析中均使用分析纯试剂和符合GB/T 6682的分析实验室用水。

3.2.1 焦硫酸钾。

3.2.2 硫酸(1+1)。**警告——不当的稀释易发生危险！**

3.2.3 硫酸(5+95)。

3.2.4 磷酸(1+1)。

3.2.5 过氧化氢溶液(30 g/L)：10 mL过氧化氢(30%)加水至100 mL。

3.2.6 二氧化钛标准溶液的配制：

a) 二氧化钛标准溶液(0.500 0 mg/mL)：

称取0.500 0 g预先经1 000 ℃灼烧1 h的光谱纯二氧化钛(TiO_2)，置于铂坩埚中，加10 g焦硫酸钾(3.2.1)在650 ℃高温炉内熔融10 min～15 min，取出冷却，放入400 mL烧杯中，用硫酸(3.2.3)加热浸取，熔块脱落后，洗出坩埚，加热使溶液透亮，冷却，移入1 000 mL容量瓶中，用硫酸(3.2.3)稀释至刻度，摇匀；

b) 二氧化钛标准溶液(100.0 μg/mL)：

分取20.0 mL二氧化钛标准溶液[3.2.6a)]，置于100 mL容量瓶中，用硫酸(3.2.3)稀释至刻度，摇匀。

3.3 仪器

3.3.1 分光光度计。

3.3.2 天平：三级，感量 0.1 mg。

3.4 试样

3.4.1 试样粒径应小于 74 μm。

3.4.2 试样应在 105 ℃预干燥 2 h～4 h，置于干燥器中，冷却至室温。

3.4.3 对易吸水的岩石，应取空气干燥试样。在称样的同时按 GB/T 14506.1 进行吸附水量的测定。最终以干态计算结果。

3.5 分析步骤

3.5.1 测定数量

同一试料，一般应进行双份测定，或按一定比例进行双份测定。

3.5.2 试料量

根据 TiO_2 含量范围按表 1 称取试料量和分取试料溶液。

表 1 试料量与分取试料溶液

含量范围/ %	试料量/ g	分取试料溶液/ mL	分取滤液 A/ mL
<1	0.2		25.00
1～5	0.1	10.00	10.00
>5	0.1	5.00	5.00
注：滤液 A 为 GB/T 14506.3 中(3.5.5.4)或(4.5.5.4)分离二氧化硅后的滤液。			

3.5.3 空白试验

随同试料进行两份空白试验，所用试剂应取自同一试剂瓶，加入同等的量。

3.5.4 验证试验

随同试料分析同类型的标准物质。

3.5.5 校准溶液系列的配制

取 0 mL、0.50 mL、1.00 mL、2.00 mL、4.00 mL、6.00 mL、8.00 mL、10.00 mL 二氧化钛标准溶液[3.2.6a)]，置于一系列 100 mL 容量瓶中，加水至约 40 mL，加 4 mL 磷酸(3.2.4)、10 mL 硫酸(3.2.2)，摇匀。

3.5.6 测定

按(3.5.2)分取分离二氧化硅后的滤液 A 两份，分别置于 100 mL 容量瓶中，加水至 40 mL，加 4 mL 磷酸(3.2.4)、10 mL 硫酸(3.2.2)，摇匀。其中一份加入 4 mL 过氧化氢(3.2.5)，另一份不加过氧化氢。用水稀释至刻度，摇匀。于分光光度计上，波长 400 nm 处，以不加过氧化氢的一份为参比，测量加入过氧化氢一份的吸光度。

3.5.7 校准曲线绘制

以浓度为横坐标，吸光度为纵坐标，绘制校准曲线。从校准曲线上查得相应的二氧化钛量。

3.6 结果计算

计算结果以质量分数 $w(TiO_2)$ 计，数值以%表示，按式(1)计算二氧化钛量。

$$w(\mathrm{TiO_2})=\frac{(m_1-m_0)V\times10^{-6}}{mV_1}\times100 \quad\cdots\cdots(1)$$

式中：

m_1——从校准曲线上查得试料溶液的二氧化钛量，单位为微克(μg)；

m_0——从校准曲线上查得试料空白溶液的二氧化钛量，单位为微克(μg)；

V——试料溶液总体积，单位为毫升(mL)；

m——试料量，单位为克(g)；

V_1——分取试料溶液体积，单位为毫升(mL)。

分析结果表示至小数点后第二位。

3.7 精密度

过氧化氢光度法测定硅酸盐岩石中二氧化钛量结果的精密度见表2。

表2 精密度

%

成分	水平范围 m	重复性限 r	再现性限 R
TiO_2	0.27～7.29	r=0.113+0.019 7m	R=0.103+0.046 1m
注：本精密度数据是由8个实验室对10个水平的试料进行实验确定的。			

4 二安替比林甲烷光度法

4.1 原理

分离二氧化硅后的滤液，在0.5 mol/L～2 mol/L的盐酸或硫酸溶液中，四价钛与二安替比林甲烷生成黄色络合物，铁(Ⅲ)与试剂生成棕色络合物干扰测定，用抗坏血酸将其还原至低价消除其干扰。在分光光度计上，波长390 nm处测量其吸光度，计算二氧化钛量。

4.2 试剂

4.2.1 焦硫酸钾。

4.2.2 盐酸(1+1)。

4.2.3 盐酸 c(HCl)=2 mol/L。

4.2.4 硫酸(5+95)。**警告——不当的稀释易发生危险！**

4.2.5 抗坏血酸溶液(50 g/L)：用时现配。

4.2.6 二安替比林甲烷溶液(2 g/L)：称取2 g二安替比林甲烷溶解于100 mL盐酸(4.2.3)中。

4.2.7 二氧化钛标准溶液的配制：

a) 二氧化钛标准溶液(0.500 0 mg/mL)：

称取0.500 0 g预先经1 000 ℃灼烧的光谱纯二氧化钛(TiO_2)，置于铂坩埚中，加10 g焦硫酸钾(4.2.1)，于650 ℃的高温炉中熔融10 min～15 min，取出冷却，放入400 mL烧杯中，用硫酸(4.2.4)加热浸取，熔块脱落后，洗出坩埚，加热使溶液透亮，冷却，移入1 000 mL容量瓶中，用硫酸(4.2.4)稀释至刻度，摇匀。此溶液1 mL含0.500 0 mg二氧化钛；

b) 二氧化钛标准溶液(50.0 μg/mL)：

分取10 mL二氧化钛标准溶液[4.2.7a)]，置于100 mL容量瓶中，用硫酸(4.2.4)稀释至刻度，摇匀。

4.3 仪器

4.3.1 分光光度计。

4.3.2 天平：三级，感量0.1 mg。

4.4 试样

4.4.1 试样粒径应小于74 μm。

4.4.2 试样应在105 ℃预干燥2 h～4 h，置于干燥器中，冷却至室温。

4.4.3 对易吸水的岩石，应取空气干燥试样。在称样的同时按GB/T 14506.1进行吸附水量的测定。以干态计算结果。

4.5 分析步骤

4.5.1 测定数量

同一试料，一般应进行双份测定，或按一定比例进行双份测定。

4.5.2 试料量

根据二氧化钛含量范围按表3称取试料量和分取试料溶液。

表3 试料量与分取试料溶液

含量范围/ %	试料量/ g	分取试料溶液/ mL	分取滤液 A/ mL
<0.5	0.2		25.00
0.5～2	0.1	10.00	10.00
>2	0.1	5.00	5.00
注：滤液 A 为 GB/T 14506.3 中(3.5.5.4)或(4.5.5.4)分离二氧化硅后的滤液。			

4.5.3 空白试验

随同试料进行两份空白试验，所用试剂应取自同一试剂瓶，加入同等的量。

4.5.4 验证试验

随同试料分析同类型的标准物质。

4.5.5 校准溶液系列的配制

取0 mL、0.50 mL、1.00 mL、1.50 mL、2.00 mL、4.00 mL、6.00 mL、8.00 mL、10.00 mL二氧化钛标准溶液[4.2.7b)]，置于一系列100 mL容量瓶中，加水至50 mL左右，以下按(4.5.6)分析步骤进行。

4.5.6 测定

按(4.5.2)分取分离二氧化硅后的滤液A，置于100 mL容量瓶中，加水至50 mL左右，摇匀。加10 mL盐酸(4.2.2)，摇匀。加入5 mL抗坏血酸溶液(4.2.5)，摇匀。放置5 min后，加入15 mL二安替比林甲烷溶液(4.2.6)，用水稀释至刻度，摇匀。放置2 h后，在分光光度计上390 nm处测量其吸光度。

4.5.7 校准曲线绘制

以浓度为横坐标，吸光度为纵坐标，绘制校准曲线。从校准曲线上查得相应的二氧化钛量。

4.6 结果计算

计算结果以质量分数 $w(TiO_2)$ 计，数值以%表示，按式(2)计算二氧化钛量。

$$w(TiO_2)=\frac{(m_1-m_0)V\times10^{-6}}{mV_1}\times100 \qquad (2)$$

式中：

m_1——从校准曲线上查得试料溶液的二氧化钛量，单位为微克(μg)；

m_0——从校准曲线上查得试料空白溶液的二氧化钛量，单位为微克(μg)；

V——试料溶液总体积，单位为毫升(mL)；

m——试料量，单位为克(g)；

V_1——分取试料溶液体积，单位为毫升(mL)。

分析结果保留至小数点后第二位。

4.7 精密度

二安替比林甲烷光度法测定硅酸盐岩石中二氧化钛量结果的精密度见表4。

表4 精密度

%

成分	水平范围 m	重复性限 r	再现性限 R
TiO_2	0.27～7.67	$r=0.028+0.0454m$	$R=0.016+0.1006m$
注：本精密度数据是由8个实验室对10个水平的试料进行实验确定的。			

参 考 文 献

[1] GB/T 14506.3 硅酸盐岩石化学分析方法 第3部分:二氧化硅量测定

ICS 73.080
D 53

中华人民共和国国家标准

GB/T 14506.9—2010
代替 GB/T 14506.9—1993

硅酸盐岩石化学分析方法 第9部分:五氧化二磷量测定

Methods for chemical analysis of silicate rocks—Part 9:Determination of phosphorus pentoxide content

2010-11-10 发布　　2011-02-01 实施

中华人民共和国国家质量监督检验检疫总局
中国国家标准化管理委员会　发布

前　　言

GB/T 14506《硅酸盐岩石化学分析方法》由以下 30 部分组成：

——第 1 部分：吸附水量测定；
——第 2 部分：化合水量测定；
——第 3 部分：二氧化硅量测定；
——第 4 部分：三氧化二铝量测定；
——第 5 部分：总铁量测定；
——第 6 部分：氧化钙量测定；
——第 7 部分：氧化镁量测定；
——第 8 部分：二氧化钛量测定；
——第 9 部分：五氧化二磷量测定；
——第 10 部分：氧化锰量测定；
——第 11 部分：氧化钾和氧化钠量测定；
——第 12 部分：氟量测定；
——第 13 部分：硫量测定；
——第 14 部分：氧化亚铁量测定；
——第 15 部分：锂量测定；
——第 16 部分：铷量测定；
——第 17 部分：锶量测定；
——第 18 部分：铜量测定；
——第 19 部分：铅量测定；
——第 20 部分：锌量测定；
——第 21 部分：镍和钴量测定；
——第 22 部分：钒量测定；
——第 23 部分：铬量测定；
——第 24 部分：镉量测定；
——第 25 部分：钼和钨量测定；
——第 26 部分：钴量测定；
——第 27 部分：镍量测定；
——第 28 部分：16 个主次成分量测定；
——第 29 部分：稀土等 22 个元素量测定；
——第 30 部分：44 个元素量测定。

本部分为 GB/T 14506 的第 9 部分。

本部分代替 GB/T 14506.9—1993《硅酸盐岩石化学分析方法　五氧化二磷的测定》。

本部分与原部分相比，主要变化如下：

——增加了规范性引用文件；
——增加了警示、警告内容；
——将称取试料量和分取溶液改为列表表示。

本部分由中华人民共和国国土资源部提出。

本部分由全国国土资源标准化技术委员会归口。

本部分负责起草单位:国家地质实验测试中心。

本部分起草单位:浙江省地质矿产研究所。

本部分主要起草人:胡勇平、郑存江、刘清辉。

本部分所代替标准的历次版本发布情况为:

——GB/T 14506.9—1993。

硅酸盐岩石化学分析方法
第9部分：五氧化二磷量测定

警示——使用本部分的人员应有正规实验室工作的实践经验。本部分并未指出所有可能的安全问题。使用者有责任采取适当的安全和健康措施，并保证符合国家有关法规规定的条件。

1 范围

GB/T 14506 的本部分规定了硅酸盐岩石中五氧化二磷量的测定方法。

本部分适用于硅酸盐岩石中五氧化二磷量的测定，也适用于土壤和水系沉积物中五氧化二磷量的测定。

测定范围：磷钒钼黄光度法，0.2%～10%的五氧化二磷量。磷钼蓝光度法，0.05%～2%的五氧化二磷量。

2 规范性引用文件

下列文件中的条款通过 GB/T 14506 的本部分的引用而成为本部分的条款。凡是注日期的引用文件，其随后所有的修改单(不包括勘误的内容)或修订版均不适用于本部分，然而，鼓励根据本部分达成协议的各方研究是否可使用这些文件的最新版本。凡是不注日期的引用文件，其最新版本适用于本部分。

GB/T 6682　分析实验室用水规格和试验方法

GB/T 14506.1　硅酸盐岩石化学分析方法　第1部分：吸附水量测定

3 磷钒钼黄光度法

3.1 原理

试料用氢氟酸、硫酸、硝酸加热分解，制成硝酸溶液；或者分取测定二氧化硅的滤液 A，处理成硝酸溶液。在 5%～8%的硝酸中，正磷酸盐与钒酸铵、钼酸铵生成可溶性的磷钒钼黄色络合物。在分光光度计上，波长 420 nm 处测量其吸光度，计算五氧化二磷量。

其反应式为：

$$2H_3PO_4+22(NH_4)_2MoO_4+2NH_4VO_3+46HNO_3 \longrightarrow P_2O_5\cdot V_2O_5\cdot 22MoO_3\cdot nH_2O+46NH_4NO_3+(26-n)H_2O$$

3.2 试剂

本部分除非另有说明，在分析中均使用分析纯试剂和符合 GB/T 6682 的分析实验室用水。

3.2.1 硝酸(ρ1.42 g/mL)：加热煮沸除去黄色的氧化氮，冷却后使用。

3.2.2 硝酸(1+3)。

3.2.3 氢氟酸(ρ1.15 g/mL)。**警告——氢氟酸有毒并有腐蚀性，操作时应戴手套，防止皮肤接触。**

3.2.4 硫酸(1+1)。**警告——不当的稀释易发生危险！**

3.2.5 异戊醇。

3.2.6 钒钼酸铵显色剂

a) 钼酸铵溶液(100 g/L)：称取 10 g 钼酸铵溶解于 50 ℃～60 ℃的 100 mL 水中。用时现配。如有浑浊过滤后使用；

b) 钒酸铵溶液(3 g/L)：称取 0.3 g 钒酸铵溶解于 50 mL 水中，加 50 mL 硝酸(3.2.2)，搅拌使其溶解后，贮于棕色瓶中；

c) 将钼酸铵溶液[3.2.6a)]徐徐倾入钒酸铵溶液[3.2.6b)]中，边加边搅拌，再加入硝酸(3.2.1) 18 mL 搅匀。

3.2.7 五氧化二磷标准溶液的配制：

a) 五氧化二磷标准溶液(0.500 0 mg/mL)：

称取 0.958 6 g 预先经 110 ℃干燥 2 h 的高纯磷酸二氢钾(KH_2PO_4)，置于 250 mL 烧杯中，加水溶解后，移入 1 000 mL 容量瓶中，用水稀释至刻度，摇匀；

b) 五氧化二磷标准溶液(50.0 μg/mL)：

分取 10 mL 五氧化二磷标准溶液[3.2.7a)]，置于 100 mL 容量瓶中，用水稀释至刻度，摇匀。

3.3 仪器

3.3.1 分光光度计。

3.3.2 天平：三级，感量 0.1 mg。

3.4 试样

3.4.1 试样粒径应小于 74 μm。

3.4.2 试样应在 105 ℃预干燥 2 h～4 h，置于干燥器中，冷却至室温。

3.4.3 对易吸水的岩石，应取空气干燥试样，在称样的同时按 GB/T 14506.1 进行吸附水量的测定，最终以干态计算结果。

3.5 分析步骤

3.5.1 测定数量

同一试料，一般应进行双份测定，或按一定比例进行双份测定。

3.5.2 试料量

根据五氧化二磷含量范围按表 1 称取试料量和分取试料溶液。

表 1 试料量与分取试料溶液

含量范围/ %	试料量/ g	分取试料溶液/ mL	分取滤液 A/ mL
<2	0.2		25.00
2～5	0.1	10.00	10.00
>5	0.1	5.00	5.00
注：滤液 A 为 GB/T 14506.3 中(3.5.5.4)或(4.5.5.4)分离二氧化硅后的滤液。			

3.5.3 空白试验

随同试料进行两份空白试验，所用试剂应取自同一试剂瓶，加入同等的量。

3.5.4 验证试验

随同试料分析同类型的标准物质。

3.5.5 测定

3.5.5.1 试料的分解

3.5.5.1.1 碱熔法

按(3.5.2)分取分离二氧化硅后的滤液 A，置于 50 mL 烧杯中，加 5 mL 硝酸(3.2.1)，加热蒸发至干，再用硝酸(3.2.1)反复处理 2 次～3 次，赶净氯离子，加 5 mL 硝酸(3.2.1)，再加水至约 50 mL，加热使可溶盐溶解，移入 100 mL 容量瓶中。

3.5.5.1.2 酸溶法

将试料(3.5.2)置于铂坩埚中，以水润湿，加入 1 mL 硫酸(3.2.4)、1 mL 硝酸(3.2.1)、10 mL 氢氟酸(3.2.3)。将坩埚置于低温电热板上加热分解，蒸发至冒白烟，取下冷却，用水冲洗坩埚内壁，再加热至白烟冒尽，取下冷却，加入 1 mL 硝酸(3.2.1)，加 10 mL 水，加热浸取，移入 50 mL 容量瓶中。

按(3.5.2)分取分离二氧化硅后的滤液 A，置于 100 mL 容量瓶中，补加硝酸(3.2.1)至为 5%的酸度。

3.5.5.2 **校准溶液系列的配制**

取 0 mL、1.00 mL、2.00 mL、4.00 mL、6.00 mL、8.00 mL、10.00 mL、15.00 mL 五氧化二磷标准溶液[3.2.7b)]和 0 mL、1.00 mL、2.00 mL、3.00 mL、4.00 mL 五氧化二磷标准溶液[3.2.7a)]，置于一系列 100 mL 容量瓶中，以下按(3.5.6)分析步骤进行。

3.5.6 **显色与测量**

向试料溶液(3.5.5.1.1)或(3.5.5.1.2)中加入 20 mL 钒钼酸铵显色剂[3.2.6c)]，用水稀释至刻度，摇匀。放置 30 min 后，在分光光度计上于波长 420 nm 处，以试剂空白为参比测量其吸光度。

3.5.7 **校准曲线绘制**

以浓度为横坐标，吸光度为纵坐标，绘制校准曲线。从校准曲线上查得相应的五氧化二磷量。

注：当五氧化二磷含量<0.2%，其他有色离子较多时，可用异戊醇萃取，在有机相中测定磷的吸光度，校准溶液系列也应加异戊醇萃取。

3.6 结果计算

计算结果以质量分数 $w(P_2O_5)$ 计，数值以%表示，按式(1)计算五氧化二磷量。

$$w(P_2O_5)=\frac{(m_1-m_0)V\times 10^{-6}}{mV_1}\times 100 \qquad \cdots\cdots(1)$$

式中：

m_1——从校准曲线上查得试料溶液的五氧化二磷量，单位为微克(μg)；

m_0——从校准曲线上查得试料空白溶液的五氧化二磷量，单位为微克(μg)；

V——试料溶液总体积，单位为毫升(mL)；

m——试料量，单位为克(g)；

V_1——分取试料溶液体积，单位为毫升(mL)。

分析结果表示至小数点后第三位。

3.7 精密度

磷钒钼黄光度法测定硅酸盐岩石中五氧化二磷量结果的精密度见表 2。

表 2 精密度

%

成　分	水平范围 m	重复性限 r	再现性限 R
P_2O_5	0.03～0.95	r=0.013+0.075 7m	R=0.023+0.104m
注：本精密度数据是由 8 个实验室对 10 个水平的试料进行实验确定的。			

4 磷钼蓝光度法

4.1 原理

试料经硫酸、氢氟酸分解，制成盐酸溶液，在 1.0 mol/L～1.4 mol/L 盐酸介质中，有酒石酸钾钠存在下，以乙醇作稳定剂，加入钼酸铵使磷酸根离子生成磷钼杂多酸，再用抗坏血酸将磷钼杂多酸还原为磷钼蓝。在分光光度计上，波长 700 nm 处测量其吸光度，计算五氧化二磷量。

4.2 试剂

4.2.1 氢氟酸(ρ1.15 g/mL)。**警告——氢氟酸有毒并有腐蚀性，操作时应戴手套，防止皮肤接触。**

4.2.2 硫酸(1+1)。**警告——不当的稀释易发生危险！**

4.2.3 盐酸(1+1)。

4.2.4 钼酸铵溶液(50 g/L)：称取 5 g 钼酸铵溶解于水中，过滤，加水至 100 mL。

4.2.5 酒石酸钾钠溶液(400 g/L)：称取 40 g 酒石酸钾钠溶解于水中，过滤，加水至 100 mL。

4.2.6 抗坏血酸溶液(50 g/L)。用时现配。

4.2.7 乙醇。

4.2.8 异戊醇。

4.2.9 五氧化二磷标准溶液的配制:

a) 五氧化二磷标准溶液(100.0 μg/mL):
称取0.191 7 g预先经105 ℃干燥的高纯磷酸二氢钾(K_2HPO_4),置于250 mL烧杯中,加水溶解后,移入1 000 mL容量瓶中,用水稀释至刻度,摇匀;

b) 五氧化二磷标准溶液(10.0 μg/mL):
分取20.0 mL五氧化二磷标准溶液[4.2.9a)],置于200 mL容量瓶中,用水稀释至刻度,摇匀。

4.3 仪器

4.3.1 分光光度计。

4.3.2 天平:三级,感量0.1 mg。

4.4 试样

4.4.1 试样粒径应小于74 μm。

4.4.2 试样应在105 ℃预干燥2 h~4 h,置于干燥器中,冷却至室温。

4.4.3 对易吸水的岩石,应取空气干燥试样,在称样的同时按GB/T 14506.1进行吸附水量的测定,最终以干态计算结果。

4.5 分析步骤

4.5.1 测定数量

同一试料,一般应进行双份测定,或按一定比例进行双份测定。

4.5.2 试料量

根据五氧化二磷含量范围按表3称取试料量和分取试料溶液。

表3 试料量与分取试料溶液

含量范围/%	试料量/g	分取试料溶液/mL	分取滤液 A/mL
<0.5	0.2		25.00
0.5~1	0.1	10.00	10.00
>1	0.1	5.00	5.00
注:滤液A为GB/T 14506.3中3.5.5.4或4.5.5.4分离二氧化硅后的滤液。			

4.5.3 空白试验

随同试料进行两份空白试验,所用试剂应取自同一试剂瓶,加入同等的量。

4.5.4 验证试验

随同试料分析同类型的标准试料。

4.5.5 测定

4.5.5.1 试料的分解

将试料(4.5.2)置于铂坩埚中,以水润湿,加入1 mL硫酸(4.2.2),加10 mL氢氟酸(4.2.1)。置于电热板上低温加热分解,并蒸发至冒白烟,取下,冷却,用水冲洗坩埚内壁,再低温加热至硫酸烟冒尽。取下,加2 mL盐酸(4.2.3)及5 mL~10 mL水,加热提取,移入50 mL容量瓶中。用水稀释至刻度,摇匀,放置澄清。

4.5.5.2 校准溶液系列的配制

取0 mL、0.50 mL、1.00 mL、2.00 mL、3.00 mL、4.00 mL、5.00 mL、7.50 mL、10.00 mL五氧化

二磷标准溶液[4.2.9b)]和 0 mL、1.00 mL、2.00 mL、3.00 mL、4.00 mL、5.00 mL 五氧化二磷标准溶液[4.2.9a)]，置于一系列 100 mL 容量瓶中。加 20 mL 盐酸(4.2.3)、2 mL 酒石酸钾钠溶液(4.2.5)、10 mL 钼酸铵溶液(4.2.4)、10 mL 乙醇(4.2.7)，每加一种试剂都应摇匀。控制体积为 60 mL 左右，置于沸水浴上加热 5 min。取下，立即加入 10 mL 抗坏血酸溶液(4.2.6)，摇匀，放置 5 min～10 min 后，放入冷水中冷却，用水稀释至刻度，摇匀。以下按(4.5.6)分析步骤进行。

4.5.6 显色与测量

按(4.5.2)分取清液(4.5.5.1)置于 100 mL 容量瓶中，加 20 mL 盐酸(4.2.3)、2 mL 酒石酸钾钠溶液(4.2.5)、10 mL 钼酸铵溶液(4.2.4)、10 mL 乙醇(4.2.7)，每加一种试剂后摇匀。控制体积为 60 mL 左右，置于沸水浴上加热 5 min。取下，立即加入 10 mL 抗坏血酸溶液(4.2.6)，摇匀，放置 5 min～10 min 后，放入冷水中冷却，用水稀释至刻度，摇匀。在分光光度计上，以试剂空白为参比，于 700 nm 处测量其吸光度。

注：根据试料含磷量确定显色体积，低含量磷可置于 50 mL 或 25 mL 比色管中显色比色，所加试剂按比例相应减少。五氧化二磷含量＜0.05％的试料，在显色后再用 5 mL 异戊醇萃取测定，校准溶液系列也同样加异戊醇萃取。

4.5.7 校准曲线绘制

以浓度为横坐标，吸光度为纵坐标，绘制校准曲线。从校准曲线上查得相应的五氧化二磷量。

4.6 结果计算

计算结果以质量分数 $w(P_2O_5)$ 计，数值以％表示，按式(2)计算五氧化二磷量。

$$w(P_2O_5)=\frac{(m_1-m_0)V\times10^{-6}}{mV_1}\times100 \qquad (2)$$

式中：

m_1——从校准曲线上查得试料溶液的五氧化二磷量，单位为微克(μg)；

m_0——从校准曲线上查得试料空白溶液的五氧化二磷量，单位为微克(μg)；

V——试料溶液总体积，单位为毫升(mL)；

m——试料量，单位为克(g)；

V_1——分取试料溶液体积，单位为毫升(mL)。

分析结果表示至小数点后第三位。

4.7 精密度

磷钼蓝光度法测定硅酸盐岩石中五氧化二磷量结果的精密度见表 4。

表 4 精密度

％

成　分	水平范围 m	重复性限 r	再现性限 R
P_2O_5	0.03～0.95	$r=0.015+0.0482m$	$R=0.030+0.0466m$
注：本精密度数据是由 8 个实验室对 10 个水平的试料进行实验确定的。			

参 考 文 献

[1] GB/T 14506.3 硅酸盐岩石化学分析方法 第3部分:二氧化硅量测定

ICS 73.080
D 53

GB

中华人民共和国国家标准

GB/T 14506.10—2010
代替 GB/T 14506.10—1993

硅酸盐岩石化学分析方法 第10部分：氧化锰量测定

Methods for chemical analysis of silicate rocks—Part 10: Determination of manganese oxide content

2010-11-10 发布

2011-02-01 实施

中华人民共和国国家质量监督检验检疫总局
中国国家标准化管理委员会 发布

前　言

GB/T 14506《硅酸盐岩石化学分析方法》由以下 30 部分组成：
——第 1 部分：吸附水量测定；
——第 2 部分：化合水量测定；
——第 3 部分：二氧化硅量测定；
——第 4 部分：三氧化二铝量测定；
——第 5 部分：总铁量测定；
——第 6 部分：氧化钙量测定；
——第 7 部分：氧化镁量测定；
——第 8 部分：二氧化钛量测定；
——第 9 部分：五氧化二磷量测定；
——第 10 部分：氧化锰量测定；
——第 11 部分：氧化钾和氧化钠量测定；
——第 12 部分：氟量测定；
——第 13 部分：硫量测定；
——第 14 部分：氧化亚铁量测定；
——第 15 部分：锂量测定；
——第 16 部分：铷量测定；
——第 17 部分：锶量测定；
——第 18 部分：铜量测定；
——第 19 部分：铅量测定；
——第 20 部分：锌量测定；
——第 21 部分：镍和钴量测定；
——第 22 部分：钒量测定；
——第 23 部分：铬量测定；
——第 24 部分：镉量测定；
——第 25 部分：钼和钨量测定；
——第 26 部分：钴量测定；
——第 27 部分：镍量测定；
——第 28 部分：16 个主次成分量测定；
——第 29 部分：稀土等 22 个元素量测定；
——第 30 部分：44 个元素量测定。

本部分为 GB/T 14506 的第 10 部分。

本部分代替 GB/T 14506.10—1993《硅酸盐岩石化学分析方法　氧化锰的测定》。

本部分与原部分相比，主要变化如下：
——增加了规范性引用文件；
——增加了警示、警告内容；
——将称取试料量和分取溶液改为列表表示。

本部分由中华人民共和国国土资源部提出。

本部分由全国国土资源标准化技术委员会归口。

本部分负责起草单位：国家地质实验测试中心。

本部分起草单位：黑龙江省地质矿产测试应用研究所。

本部分主要起草人：邢云秋、葛艳梅、董波。

本部分所代替标准的历次版本发布情况为：

——GB/T 14506.10—1993。

硅酸盐岩石化学分析方法 第10部分：氧化锰量测定

警示——使用本部分的人员应有正规实验室工作的实践经验。本部分并未指出所有可能的安全问题。使用者有责任采取适当的安全和健康措施，并保证符合国家有关法规规定的条件。

1 范围

GB/T 14506的本部分规定了硅酸盐岩石中氧化锰量的测定方法。

本部分适用于硅酸盐岩石中氧化锰量的测定，也适用于土壤和水系沉积物中氧化锰量的测定。

测定范围：高碘酸钾光度法，0.02%～2%的氧化锰量。火焰原子吸收分光光度法，0.005%～1%的氧化锰量。

2 规范性引用文件

下列文件中的条款通过GB/T 14506的本部分的引用而成为本部分的条款。凡是注日期的引用文件，其随后所有的修改单(不包括勘误的内容)或修订版均不适用于本部分，然而，鼓励根据本部分达成协议的各方研究是否可使用这些文件的最新版本。凡是不注日期的引用文件，其最新版本适用于本部分。

GB/T 6682 分析实验室用水规格和试验方法

GB/T 14506.1 硅酸盐岩石化学分析方法 第1部分：吸附水量测定

3 高碘酸钾光度法

3.1 原理

分离二氧化硅后的滤液，用硫酸冒烟赶尽氯离子，用硝酸破坏有机物；或者称样用硫酸、氢氟酸、硝酸处理。制成5%～10%的硫酸溶液，加高碘酸钾将二价锰氧化成紫红色的高锰酸，在分光光度计上，波长525 nm处测量其吸光度，计算氧化锰量。

其反应式为：$2Mn^{2+} + 5IO_4^- + 3H_2O \rightarrow 2MnO_4^- + 5IO_3^- + 6H^+$

3.2 试剂

本部分除非另有说明，在分析中均使用分析纯试剂和符合GB/T 6682的分析实验室用水。

3.2.1 高碘酸钾。

3.2.2 乙醇。

3.2.3 氢氟酸(ρ1.15 g/mL)。**警告——氢氟酸有毒并有腐蚀性，操作时应戴手套，防止皮肤接触。**

3.2.4 硝酸(ρ1.42 g/mL)。

3.2.5 硫酸(1+1)。**警告——不当的稀释易发生危险！**

3.2.6 硫酸(5+95)。

3.2.7 磷酸(1+1)。

3.2.8 氧化锰标准溶液的配制：

a) 氧化锰标准储备溶液(1.000 0 mg/mL)：

称取0.774 5 g预先经稀硫酸(3.2.6)处理，再用乙醇(3.2.2)洗净，风干后的高纯金属锰，置于烧杯中，加100 mL硫酸(3.2.6)，加热溶解，冷却，移入1 000 mL容量瓶中，用水稀释至刻度，摇匀；

b) 氧化锰标准工作溶液(100.0 μg/mL):

分取 20.0 mL 氧化锰标准溶液[3.2.8a)],置于 200 mL 容量瓶中,用水稀释至刻度,摇匀;

c) 氧化锰标准工作溶液(20.0 μg/mL):

分取 20.0 mL 氧化锰标准溶液[3.2.8b)],置于 10.0 mL 容量瓶中,用水稀释至刻度,摇匀。

3.3 仪器

3.3.1 分光光度计。

3.3.2 天平:三级,感量 0.1 mg。

3.4 试样

3.4.1 试样粒径应小于 74 μm。

3.4.2 试样应在 105 ℃预干燥 2 h～4 h,置于干燥器中,冷却至室温。

3.4.3 对易吸水的岩石,应取空气干燥试样,在称样的同时按 GB/T 14506.1 进行吸附水量的测定,最终以干态计算结果。

3.5 分析步骤

3.5.1 测定数量

同一试料,一般应进行双份测定,或按一定比例进行双份测定。

3.5.2 试料量

根据氧化锰含量范围按表 1 称取试料量和分取试料溶液。

表 1 试料量与分取试料溶液

含量范围/ %	试料量/ g	分取试料溶液/ mL	分取滤液 A/ mL
<1	0.2		25.00
>1	0.2	10.00	10.00
注:滤液 A 为 GB/T 14506.3 中(3.5.5.4)或(4.5.5.4)分离二氧化硅后的滤液。			

3.5.3 空白试验

随同试料进行两份空白试验,所用试剂应取自同一试剂瓶,加入同等的量。

3.5.4 验证试验

随同试料分析同类型的标准物质。

3.5.5 测定

3.5.5.1 试料的分解

3.5.5.1.1 碱熔分解试料

按二氧化硅测定方法(第 3 部分)分析步骤进行。

3.5.5.1.2 酸分解试料

将试料(3.5.2)置于铂坩埚中,以水润湿,加入 1 mL 硫酸(3.2.5)、1 mL 硝酸(3.2.4)、10 mL 氢氟酸(3.2.3)。将坩埚置于电热板上加热分解,蒸发至冒白烟,取下冷却,用水冲洗坩埚内壁,再加热至硫酸烟冒尽,取下,冷却。

3.5.5.2 试液的处理

3.5.5.2.1 按(3.5.2)分取分离二氧化硅后的滤液 A,置于 100 mL 烧杯中,加 2 mL 硫酸(3.2.5)、2 mL 硝酸(3.2.4),加热至冒浓厚白烟,取下冷却,用水冲洗烧杯壁,再蒸发至冒浓厚白烟(以除尽氯离子),取下冷却。

3.5.5.2.2 向坩埚(3.5.5.1.2)内加 1 mL 硫酸(3.2.5),加 10 mL 水,加热溶解至溶液透明,移入 50 mL 容量瓶中,用水稀释至刻度,摇匀。按(3.5.2)分离二氧化硅后的滤液 A,置于 100 mL 烧杯中。

3.5.5.3 校准溶液系列的配制

取 0 mL、1.00 mL、2.00 mL、3.00 mL、4.00 mL、5.00 mL 氧化锰标准溶液[3.2.8c)]或 0 mL、0.50 mL、1.00 mL、2.00 mL、3.00 mL、4.00 mL、5.00 mL 氧化锰标准溶液[3.2.8b)]，置于一系列 100 mL 烧杯中，加水至约 70 mL，以下按分析步骤(3.5.6)进行。

3.5.6 显色与测量

向烧杯(3.5.5.2.1 或 3.5.5.2.2)加 10 mL 硫酸(3.2.5)、10 mL 磷酸(3.2.7)，加水至 70 mL 左右，加入 0.3 g 高碘酸钾(3.2.1)，盖上表面皿，置于沸水浴上加热待紫色出现后再保持半小时，取下冷却，移入 100 mL 容量瓶中，用水稀释至刻度，摇匀。在分光光度计上，以试剂空白为参比，于波长 525 nm 处测量其吸光度。

3.5.7 校准曲线绘制

以氧化锰浓度为横坐标，吸光度为纵坐标，绘制校准曲线。从校准曲线上查得相应的氧化锰量。

3.6 结果计算

计算结果以质量分数 $w(\mathrm{MnO})$ 计，数值以%表示，按式(1)计算氧化锰量。

$$w(\mathrm{MnO})=\frac{(m_1-m_0)V\times10^{-6}}{mV_1}\times100 \quad\cdots\cdots(1)$$

式中：

m_1——从校准曲线上查得试料溶液的氧化锰量，单位为微克(μg)；

m_0——从校准曲线上查得试料空白溶液的氧化锰量，单位为微克(μg)；

V——试料溶液总体积，单位为毫升(mL)；

m——试料量，单位为克(g)；

V_1——分取试料溶液体积，单位为毫升(mL)。

分析结果表示至小数点后第二位。

3.7 精密度

高碘酸钾光度法测定硅酸盐岩石中氧化锰量结果的精密度见表 2。

表 2 精密度

%

成　分	水平范围 m	重复性限 r	再现性限 R
MnO	0.02～0.20	$r=0.002+0.160m$	$R=0.007+0.192m$
注：本精密度数据是由 8 个实验室对 10 个水平的试料进行实验确定的。			

4 火焰原子吸收分光光度法

4.1 原理

分离二氧化硅后的滤液，制成 2%的盐酸溶液，在原子吸收分光光度计上，波长 279.5 nm 处，以塞曼效应或连续光谱灯校正背景，在空气-乙炔火焰中测量其吸光度，计算氧化锰量。

4.2 试剂

4.2.1 盐酸(1+1)。

4.2.2 氧化锰标准溶液的配制：

a) 氧化锰标准储备溶液(1.000 mg/mL)：
称取 2.382 5 g 高纯硫酸锰($MnSO_4\cdot H_2O$)，溶解于水中，移入 1 000 mL 容量瓶中，用水稀释至刻度，摇匀；

b) 氧化锰标准工作溶液(100.0 μg/mL)：
分取 20.00 mL 氧化锰标准溶液[4.2.2a)]，置于 200 mL 容量瓶中，用水稀释至刻度，摇匀。此溶液 1 mL 含 100.0 μg 氧化锰；

c) 氧化锰标准工作溶液(10.0 μg/mL):

分取 10.00 mL 氧化锰标准溶液[4.2.2b)],置于 100 mL 容量瓶中,用水稀释至刻度,摇匀。

此溶液 1 mL 含 10.0 μg 氧化锰。

4.3 仪器

原子吸收分光光度计,配有锰空心阴极灯。

4.4 试样

4.4.1 试样粒径应小于 74 μm。

4.4.2 试样应在 105 ℃预干燥 2 h~4 h,置于干燥器中,冷却至室温。

4.4.3 对易吸水的岩石,应取空气干燥试料,在称样的同时按 GB/T 14506.1 进行吸附水量的测定,最终以干态计算结果。

4.5 分析步骤

4.5.1 测定数量

同一试料,一般应进行双份测定,或按一定比例进行双份测定。

4.5.2 试料量

根据氧化锰含量范围按表 3 称取试料量和分取试料溶液。

表 3 试料量与分取试料溶液

含量范围/ %	试料量/ g	分取试料溶液/ mL	分取滤液 A/ mL
<0.5	0.2		25.00
>0.5	0.2	10.00	10.00
注:滤液 A 为 GB/T 14506.3 中(3.5.5.4)或(4.5.5.4)分离二氧化硅后的滤液。			

4.5.3 空白试验

随同试料进行两份空白试验,所用试剂应取自同一试剂瓶,加入同等的量。

4.5.4 验证试验

随同试料分析同类型的标准物质。

4.5.5 测定

4.5.5.1 试液的处理

按(4.5.2)分取分离二氧化硅后的滤液 A,置于 100 mL 或 50 mL 容量瓶中,补加盐酸(4.2.1)至酸度为 2%,用水稀释至刻度,摇匀。

4.5.5.2 校准溶液系列的配制

取 0 mL、0.50 mL、1.00 mL、2.00 mL、4.00 mL、6.00 mL、8.00 mL、10.00 mL 氧化锰标准溶液[4.2.2c)]或 0 mL、1.00 mL、2.00 mL、3.00 mL、4.00 mL、5.00 mL 氧化锰标准溶液[4.2.2b)],置于一系列 100 mL 或 50 mL 容量瓶中,补加盐酸(4.2.1)至酸度为 2%,用水稀释至刻度,摇匀。

4.5.5.3 吸光度测量

警告——应按照原子吸收分光光度计仪器使用规程点燃和熄灭空气-乙炔燃烧器,以避免可能的爆炸危险。

在原子吸收分光光度计上,调节波长为 279.5 nm,光谱带宽为 0.7 nm~1.3 nm,点燃空气-乙炔火焰,用水调零,测量锰的吸光度。先用校准溶液系列中浓度最大的喷测,并调节火焰状态和燃烧器位置与高度,使测得的吸光度为最大。然后按浓度由低至高的顺序,依次测量空白试料溶液、氧化锰校准溶液系列和待测试料溶液(包括标准物质溶液)的吸光度。

4.5.5.4 校准曲线绘制

以氧化锰量为横坐标,校准溶液系列的吸光度为纵坐标,绘制校准曲线。从校准曲线上分别查得相应的氧化锰量。

4.6 结果计算

计算结果以质量分数 $w(MnO)$ 计，数值以%表示，按式(2)计算氧化锰量。

$$w(\mathrm{MnO})=\frac{(m_1-m_0)V\times10^{-6}}{mV_1}\times100 \quad\cdots\cdots(2)$$

式中：

m_1——从校准曲线上查得试料溶液的氧化锰量，单位为微克(μg)；

m_0——从校准曲线上查得试料空白溶液的氧化锰量，单位为微克(μg)；

V——试料溶液总体积，单位为毫升(mL)；

m——试料量，单位为克(g)；

V_1——分取试料溶液体积，单位为毫升(mL)。

分析结果表示至小数点后第二位。

4.7 精密度

火焰原子吸收分光光度法测定硅酸盐岩石中氧化锰量结果的精密度见表4。

表4 精密度

%

成　分	水平范围 m	重复性限 r	再现性限 R
MnO	0.02～0.20	$r=0.001+0.100m$	$R=0.003+0.235m$
注：本精密度数据是由8个实验室对10个水平的试料进行实验确定的。			

参 考 文 献

[1] GB/T 14506.3 硅酸盐岩石化学分析方法 第3部分:二氧化硅量测定

ICS 73.080
D 53

中华人民共和国国家标准

GB/T 14506.11—2010
代替 GB/T 14506.11—1993

硅酸盐岩石化学分析方法 第11部分：氧化钾和氧化钠量测定

Methods for chemical analysis of silicate rocks—Part 11: Determination of potassium oxide and sodium oxide content

2010-11-10 发布　　2011-02-01 实施

中华人民共和国国家质量监督检验检疫总局
中国国家标准化管理委员会　发布

前　言

GB/T 14506《硅酸盐岩石化学分析方法》由以下 30 部分组成：

——第 1 部分：吸附水量测定；
——第 2 部分：化合水量测定；
——第 3 部分：二氧化硅量测定；
——第 4 部分：三氧化二铝量测定；
——第 5 部分：总铁量测定；
——第 6 部分：氧化钙量测定；
——第 7 部分：氧化镁量测定；
——第 8 部分：二氧化钛量测定；
——第 9 部分：五氧化二磷量测定；
——第 10 部分：氧化锰量测定；
——第 11 部分：氧化钾和氧化钠量测定；
——第 12 部分：氟量测定；
——第 13 部分：硫量测定；
——第 14 部分：氧化亚铁量测定；
——第 15 部分：锂量测定；
——第 16 部分：铷量测定；
——第 17 部分：锶量测定；
——第 18 部分：铜量测定；
——第 19 部分：铅量测定；
——第 20 部分：锌量测定；
——第 21 部分：镍和钴量测定；
——第 22 部分：钒量测定；
——第 23 部分：铬量测定；
——第 24 部分：镉量测定；
——第 25 部分：钼和钨量测定；
——第 26 部分：钴量测定；
——第 27 部分：镍量测定；
——第 28 部分：16 个主次成分量测定；
——第 29 部分：稀土等 22 个元素量测定；
——第 30 部分：44 个元素量测定。

本部分为 GB/T 14506 的第 11 部分。

本部分代替 GB/T 14506.11—1993《硅酸盐岩石化学分析方法　氧化钾和氧化钠的测定》。

本部分与 GB/T 14506.11—1993 相比主要变化如下：

——增加了规范性引用文件；
——增加了警示、警告内容；
——将称取试料量和分取溶液改为列表表示。

本部分由中华人民共和国国土资源部提出。

本部分由全国国土资源标准化技术委员会归口。

本部分负责起草单位:国家地质实验测试中心。

本部分起草单位:黑龙江省地质矿产测试应用研究所。

本部分主要起草人:邢云秋、葛艳梅、潘河。

本部分所代替标准的历次版本发布情况为:

——GB/T 14506.11—1993。

硅酸盐岩石化学分析方法
第11部分:氧化钾和氧化钠量测定

警示——使用本部分的人员应有正规实验室工作的实践经验。本部分并未指出所有可能的安全问题。使用者有责任采取适当的安全和健康措施,并保证符合国家有关法规规定的条件。

1 范围

GB/T 14506的本部分规定了硅酸盐岩石中氧化钾和氧化钠量的测定方法。

本部分适用于硅酸盐岩石中氧化钾和氧化钠量的测定,也适用于土壤和水系沉积物中氧化钾和氧化钠量的测定。

测定范围:火焰光度法,0.5%~20%的氧化钾或氧化钠量。火焰原子吸收分光光度法,0.05%~8%的氧化钾或氧化钠量。

2 规范性引用文件

下列文件中的条款通过GB/T 14506的本部分的引用而成为本部分的条款。凡是注日期的引用文件,其随后所有的修改单(不包括勘误的内容)或修订版均不适用于本部分,然而,鼓励根据本部分达成协议的各方研究是否可使用这些文件的最新版本。凡是不注日期的引用文件,其最新版本适用于本部分。

GB/T 6682　分析实验室用水规格和试验方法

GB/T 14506.1　硅酸盐岩石化学分析方法　第1部分:吸附水量测定

3 火焰光度法

3.1 原理

试料用氢氟酸、硫酸分解,制成1%的硝酸溶液,在火焰光度计上,钾用766 nm、钠用589 nm的滤光片,在空气-乙炔火焰中测量其吸光度,计算氧化钾和氧化钠量。

3.2 试剂

本部分除非另有说明,在分析中均使用分析纯试剂和符合GB/T 6682的分析实验室用水。

3.2.1 氢氟酸(ρ1.15 g/mL)。**警告——氢氟酸有毒并有腐蚀性,操作时应戴手套,防止皮肤接触。**

3.2.2 硫酸(1+1)。

3.2.3 硝酸(1+1)。

3.2.4 氧化钾标准溶液:

a) 氧化钾标准储备溶液(1.00 mg/mL):称取1.582 9 g经500 ℃~600 ℃灼烧2 h的高纯氯化钾(KCl),置于烧杯中,用水溶解,移入1 000 mL容量瓶中,用水稀释至刻度,摇匀;

b) 氧化钾标准工作溶液(100.0 μg/mL):分取20.0 mL氧化钾标准溶液[3.2.4a)],置于200 mL容量瓶中,用水稀释至刻度,摇匀。

3.2.5 氧化钠标准溶液:

a) 氧化钠标准储备溶液(1.00 mg/mL):称取1.885 9 g经过500 ℃~600 ℃灼烧2 h的高纯氯化钠(NaCl),置于烧杯中,用水溶解,移入1 000 mL容量瓶中,用水稀释至刻度,摇匀;

b) 氧化钠标准工作溶液(100.0 μg/mL):分取20.0 mL氧化钠标准溶液[3.2.5a)],置于200 mL容量瓶中,用水稀释至刻度,摇匀。

3.3 仪器

3.3.1 火焰分光光度计：应具有同时能将钾、钠的辐射线分离开来的滤光片（钾 766 nm、钠 589 nm）。

3.3.2 天平：三级，感量 0.1 mg。

3.4 试样

3.4.1 试样粒径应小于 74 μm。

3.4.2 试样应在 105 ℃预干燥 2 h～4 h，置于干燥器中，冷却至室温。

3.4.3 对易吸水的岩石，应取空气干燥试样，在称样的同时按 GB/T 14506.1 进行吸附水量的测定，最终以干态计算结果。

3.5 分析步骤

3.5.1 测定数量

同一试料，一般应进行双份测定，或按一定比例进行双份测定。

3.5.2 试料量

根据氧化钾和氧化钠含量范围按表 1 称取试料量和分取试料溶液。

表 1 试料量与分取试料溶液

含量范围/ %	试料量/ g	分取试料溶液/ mL	分取滤液 A/ mL
＜1	0.2		25.00
1～5	0.1	10.00	10.00
＞5	0.1	5.00	5.00
注：滤液 A 为 GB/T 14506.3 中（3.5.5.4）或（4.5.5.4）分离二氧化硅后的滤液。			

3.5.3 空白试验

随同试料进行两份空白试验，所用试剂应取自同一试剂瓶，加入同等的量。

3.5.4 验证试验

随同试料分析同类型的标准物质。

3.5.5 测定

3.5.5.1 试料的分解

将试料（3.5.2）置于铂坩埚中，用少许水润湿，加 1 mL 硫酸（3.2.2）、10 mL 氢氟酸（3.2.1），加 5 mL 硝酸（3.2.3），加热分解直至冒白烟，取下冷却，用水冲洗坩埚内壁，再加热蒸发至白烟冒尽，取下冷却，加 2 mL 硝酸（3.2.3），加 5 mL～10 mL 水，温热使可溶盐类溶解，取下冷却，移入 100 mL 容量瓶中，用水稀释至刻度，摇匀。

3.5.5.2 试液的分取

按（3.5.2）将全部或分取部分溶液，置于 100 mL 容量瓶中，补加硝酸（3.2.3）至为 1% 的酸度，用水稀释至刻度，摇匀。

3.5.5.3 校准溶液系列的配制

3.5.5.3.1 氧化钾校准溶液系列的配制

取 0 mL、0.50 mL、1.00 mL、2.00 mL、3.00 mL、4.00 mL、5.00 mL、6.00 mL、7.00 mL、8.00 mL、9.00 mL、10.00 mL 氧化钾标准溶液[3.2.4b)]和 0 mL、1.00 mL、2.00 mL、3.00 mL、4.00 mL、5.00 mL、6.00 mL、7.00 mL、8.00 mL、9.00 mL、10.00 mL 氧化钾标准溶液[3.2.4a)]，置于一系列 100 mL 容量瓶中，加 2 mL 硝酸（3.2.3），用水稀释至刻度，摇匀。在火焰分光光度计上，用 766 nm 滤光片按（3.5.6）分析步骤进行测定。

3.5.5.3.2 氧化钠校准溶液系列的配制

取 0 mL、0.50 mL、1.00 mL、2.00 mL、3.00 mL、4.00 mL、5.00 mL、6.00 mL、7.00 mL、

8.00 mL、9.00 mL、10.00 mL 氧化钠标准溶液[3.2.5b)]和 0 mL、1.00 mL、2.00 mL、3.00 mL、4.00 mL、5.00 mL、6.00 mL、7.00 mL、8.00 mL、9.00 mL、10.00 mL 氧化钠标准溶液[3.2.5a)]，置于一系列 100 mL 容量瓶中，加 2 mL 硝酸(3.2.3)，用水稀释至刻度，摇匀。在火焰分光光度计上，用 589 nm 滤光片，按(3.5.6)分析步骤进行测定。

3.5.6 测量

先打开空气通路，再打开乙炔(或其他燃气)通路，然后点火，调节空气和燃气比使火焰达到所需的火焰状态，调节各旋钮使达到经试验的最佳工作条件。以校准溶液系列中浓度最大的喷测，达到一个固定值。然后再依次测定校准溶液系列、空白溶液和试料溶液(包括和标准物质溶液)的吸光度。

3.5.7 校准曲线绘制

以氧化钾或氧化钠量的浓度为横坐标，其相应的吸光度为纵坐标，绘制校准曲线。从校准曲线上查得其相应的氧化钾或氧化钠量。

3.6 结果计算

计算结果以质量分数 $w(K_2O \text{或} Na_2O)$ 计，数值以%表示，按式(1)计算氧化钾或氧化钠量。

$$w(K_2O \text{或} Na_2O)=\frac{(m_1-m_0)V\times 10^{-6}}{mV_1}\times 100 \quad\cdots\cdots(1)$$

式中：

m_1——从校准曲线上查得试料溶液的氧化钾或氧化钠量，单位为微克(μg)；

m_0——从校准曲线上查得试料空白溶液的氧化钾或氧化钠量，单位为微克(μg)；

V——试料溶液总体积，单位为毫升(mL)；

m——试料量，单位为克(g)；

V_1——分取试料溶液体积，单位为毫升(mL)。

分析结果表示至小数点后第二位。

3.7 精密度

火焰光度法测定硅酸盐岩石中氧化钾和氧化钠量结果的精密度见表 2。

表 2 精密度

%

成　分	水平范围 m	重复性限 r	再现性限 R
K_2O	0.16～7.52	$r=0.046+0.0374m$	$R=0.067+0.0522m$
Na_2O	0.06～7.27	$r=0.125m^{0.46}$	$R=0.040+0.0624m$
注：本精密度数据是由 7 个实验室对 10 个水平的试料进行实验确定的。			

4 火焰原子吸收分光光度法

4.1 原理

试料用硫酸、氢氟酸分解，制成 1%的硝酸溶液，在原子吸收分光光度计上，于波长钾 766.5 nm、钠 589.6 nm 处，在空气-乙炔火焰中测量吸光度，计算氧化钾和氧化钠量。

4.2 试剂

4.2.1 氢氟酸(ρ1.15 g/mL)。**警告——氢氟酸有毒并有腐蚀性，操作时应戴手套，防止皮肤接触。**

4.2.2 硫酸(1+1)。**警告——不当的稀释易发生危险！**

4.2.3 硝酸(1+1)。

4.2.4 氧化钾标准溶液：

a) 氧化钾标准储备溶液(1.00 mg/mL)：称取 1.582 9 g 经 500 ℃～600 ℃灼烧 2 h 的高纯氯化钾(KCl)，置于烧杯中，用水溶解，移入 1 000 mL 容量瓶中，用水稀释至刻度，摇匀；

b) 氧化钾标准工作溶液(100.0 μg/mL):分取 20.0 mL 氧化钾标准溶液[4.2.4a)],置于200 mL 容量瓶中,用水稀释至刻度,摇匀。

4.2.5 氧化钠标准溶液:

a) 氧化钠标准储备溶液(1.00 mg/mL):称取 1.885 9 g 经 500 ℃～600 ℃灼烧 2 h 的高纯氯化钠(NaCl),置于烧杯中;用水溶解,移入 1 000 mL 容量瓶中,用水稀释至刻度,摇匀;

b) 氧化钠标准工作溶液(100.0 μg/mL):分取 20.0 mL 氧化钠标准溶液[4.2.5a)],置于200 mL 容量瓶中,用水稀释至刻度,摇匀。

4.3 仪器

4.3.1 原子吸收分光光度计,配有钾、钠空心阴极灯。

4.3.2 天平:三级,感量 0.1 mg。

4.4 试样

4.4.1 试样粒径应小于 74 μm。

4.4.2 试样应在 105 ℃预干燥 2 h～4 h,置于干燥器中,冷却至室温。

4.4.3 对易吸水的岩石,应取空气干燥试样,在称样的同时按 GB/T 14506.1 进行吸附水量的测定,最终以干态计算结果。

4.5 分析步骤

4.5.1 测定数量

同一试料,一般应进行双份测定,或按一定比例进行双份测定。

4.5.2 试料量

根据氧化钾和氧化钠含量范围按表 3 称取试料量和分取试料溶液。

表 3 试料量与分取试料溶液

含量范围/%	试料量/g	分取试料溶液/mL	分取滤液 A/mL
<0.5	0.2		25.00
0.5～2	0.2	25.00	10.00
>2～5	0.1	10.00	5.00
>5	0.1	5.00	5.00
注:滤液 A 为 GB/T 14506.3 中(3.5.5.4)或(4.5.5.4)分离二氧化硅后的滤液。			

4.5.3 空白试验

随同试料进行两份空白试验,所用试剂应取自同一试剂瓶,加入同等的量。

4.5.4 验证试验

随同试料分析同类型的标准物质。

4.5.5 测定

4.5.5.1 试料的分解

按(4.5.2)称取试料,置于铂坩埚中,用水润湿,加 1 mL 硫酸(4.2.2)、10 mL 氢氟酸(4.2.1),低温加热分解,待冒浓厚白烟取下,冷却,用水冲洗坩埚内壁,再加热至硫酸白烟冒尽,取下冷却,加 2 mL 硝酸(4.2.3)、5 mL～10 mL 水,加热使可溶盐类溶解,取下冷却,移入 100 mL 容量瓶中,用水稀释至刻度,摇匀。

注:如需用此溶液测定磷,则在分解试料时温度不能太高,时间也不能太长,以免磷的损失。

4.5.5.2 试液的分取

按(4.5.2)将全部或分取部分溶液于 100 mL 容量瓶中,补加硝酸(4.2.3)至 1% 的酸度,用水稀释至刻度,摇匀。

4.5.5.3 校准溶液系列的配制

氧化钾-氧化钠混合校准溶液系列的配制(用时现配):取 0 mL、0.50 mL、1.00 mL、2.00 mL、3.00 mL、4.00 mL、5.00 mL、6.00 mL、7.00 mL、8.00 mL、9.00 mL、10.00 mL 氧化钾标准溶液[4.2.4b)]和 0 mL、0.50 mL、1.00 mL、2.00 mL、3.00 mL、4.00 mL、5.00 mL、6.00 mL、7.00 mL、8.00 mL、9.00 mL、10.00 mL 氧化钠标准溶液[4.2.5b)],置于一系列 100 mL 容量瓶中,各加入 2 mL 硝酸(4.2.3),用水稀释至刻度,摇匀。

注:当试料中钾、钠含量相差超过 5 倍时,按试料中钾、钠比例配制相应的氧化钾-氧化钠混合校准溶液系列。

4.5.5.4 测量

警告——应按照原子吸收分光光度计仪器使用规程点燃和熄灭空气-乙炔燃烧器,以避免可能的爆炸危险。

在原子吸收分光光度计上,调节波长钾为 766.5 nm,钠为 589.0 nm,光谱带宽为 0.7 nm～1.3 nm,点燃空气-乙炔火焰,先用校准溶液系列中浓度最大的喷测,并调节火焰状态和燃烧器位置与高度,使测得的吸光度为最大。然后按浓度由低至高的顺序,依次喷测钾或钠校准溶液系列、空白溶液和待测试料溶液(包括标准物质溶液)的吸光度。

4.5.5.5 校准曲线绘制

以氧化钾或氧化钠的浓度为横坐标,吸光度为纵坐标,绘制校准曲线。从校准曲线上分别查得相应的氧化钾或氧化钠量。

4.6 结果计算

计算结果以质量分数 $w(K_2O$ 或 $Na_2O)$ 计,数值以%表示,按式(2)计算氧化钾或氧化钠量。

$$w(K_2O\text{ 或 }Na_2O)=\frac{(m_1-m_0)V\times10^{-6}}{mV_1}\times100 \quad\cdots\cdots\cdots\cdots(2)$$

式中:

m_1——从校准曲线上查得试料溶液的氧化钾或氧化钠量,单位为微克(μg);

m_0——从校准曲线上查得试料空白溶液的氧化钾或氧化钠量,单位为微克(μg);

V——试料溶液总体积,单位为毫升(mL);

m——试料量,单位为克(g);

V_1——分取试料溶液体积,单位为毫升(mL)。

分析结果表示至小数点后第二位。

4.7 精密度

火焰原子吸收分光光度法测定硅酸盐岩石中氧化钾和氧化钠量结果的精密度见表 4。

表 4 精密度

%

成　分	水平范围 m	重复性限 r	再现性限 R
K_2O	0.14～7.53	$r=0.048+0.0322m$	$R=0.074+0.0463m$
Na_2O	0.05～7.24	$r=0.094m^{0.49}$	$R=0.128m^{0.57}$
注:本精密度数据是由 7 个实验室对 10 个水平的试料进行实验确定的。			

参 考 文 献

[1] GB/T 14506.3 硅酸盐岩石化学分析方法 第3部分:二氧化硅量测定

ICS 73.080
D 53

中华人民共和国国家标准

GB/T 14506.12—2010
代替 GB/T 14506.12—1993

硅酸盐岩石化学分析方法 第12部分：氟量测定

Methods for chemical analysis of silicate rocks—Part 12: Determination of fluorine content

2010-11-10 发布

2011-02-01 实施

中华人民共和国国家质量监督检验检疫总局
中国国家标准化管理委员会 发布

前　言

GB/T 14506《硅酸盐岩石化学分析方法》由以下30部分组成：

——第1部分：吸附水量测定；

——第2部分：化合水量测定；

——第3部分：二氧化硅量测定；

——第4部分：三氧化二铝量测定；

——第5部分：总铁量测定；

——第6部分：氧化钙量测定；

——第7部分：氧化镁量测定；

——第8部分：二氧化钛量测定；

——第9部分：五氧化二磷量测定；

——第10部分：氧化锰量测定；

——第11部分：氧化钾和氧化钠量测定；

——第12部分：氟量测定；

——第13部分：硫量测定；

——第14部分：氧化亚铁量测定；

——第15部分：锂量测定；

——第16部分：铷量测定；

——第17部分：锶量测定；

——第18部分：铜量测定；

——第19部分：铅量测定；

——第20部分：锌量测定；

——第21部分：镍和钴量测定；

——第22部分：钒量测定；

——第23部分：铬量测定；

——第24部分：镉量测定；

——第25部分：钼和钨量测定；

——第26部分：钴量测定；

——第27部分：镍量测定；

——第28部分：16个主次成分量测定；

——第29部分：稀土等22个元素量测定；

——第30部分：44个元素量测定。

本部分为GB/T 14506的第12部分。

本部分代替GB/T 14506.12—1993《硅酸盐岩石化学分析方法　离子选择性电极法测定氟量》。

本部分与GB/T 14506.12—1993相比主要变化如下：

——增加了规范性引用文件；

——增加了警示、警告内容；

——将称取试料量和分取溶液改为列表表示。

本部分由中华人民共和国国土资源部提出。

本部分由全国国土资源标准化技术委员会归口。

本部分负责起草单位:国家地质实验测试中心。

本部分起草单位:黑龙江省地质矿产测试应用研究所、国家地质实验测试中心。

本部分主要起草人:葛艳梅、潘河、王苏明。

本部分所代替标准的历次版本发布情况为:

——GB/T 14506.12—1993。

硅酸盐岩石化学分析方法
第12部分：氟量测定

警示——使用本部分的人员应有正规实验室工作的实践经验。本部分并未指出所有可能的安全问题。使用者有责任采取适当的安全和健康措施，并保证符合国家有关法规规定的条件。

1 范围

GB/T 14506的本部分规定了硅酸盐岩石中氟量的测定方法。

本部分适用于硅酸盐岩石中氟量的测定，也适用于土壤和水系沉积物中氟量的测定。

测定范围：0.02%～2%的氟量。

2 规范性引用文件

下列文件中的条款通过GB/T 14506的本部分的引用而成为本部分的条款。凡是注日期的引用文件，其随后所有的修改单(不包括勘误的内容)或修订版均不适用于本部分，然而，鼓励根据本部分达成协议的各方研究是否可使用这些文件的最新版本。凡是不注日期的引用文件，其最新版本适用于本部分。

GB/T 6682　分析实验室用水规格和试验方法

GB/T 14506.1　硅酸盐岩石化学分析方法　第1部分：吸附水量测定

3 原理

试料用碱熔，水提取分离大部分金属离子，在pH6～pH8的柠檬酸钠介质中，以氟离子选择性电极为指示电极，饱和甘汞电极为参比电极，在离子计上测量溶液的电位差，计算氟量。

4 试剂

本部分除非另有说明，在分析中均使用分析纯试剂和符合GB/T 6682的分析实验室用水。

4.1 过氧化钠。

4.2 氢氧化钠。

4.3 乙醇。

4.4 乙醇(1+1)。

4.5 硝酸(1+1)。

4.6 氢氧化钾溶液(100 g/L)。

4.7 柠檬酸钠缓冲溶液 $c(Na_3C_6H_5O_7 \cdot 2H_2O)=1$ mol/L：称取294 g柠檬酸钠溶解于900 mL水中，加10 mL硝酸(4.5)，加水至1 000 mL，pH为6.5±0.1。

4.8 氟标准溶液：

a) 氟标准储备溶液(1.00 mg/mL)：称取2.210 1 g预先经105 ℃干燥2 h的优级纯氟化钠(NaF)，置于塑料烧杯中，用水溶解，移入1 000 mL容量瓶中，立即用水稀释至刻度，摇匀。迅速转入干塑料瓶中保存；

b) 氟标准工作溶液(100.0 μg/mL)：分取20.0 mL氟标准溶液[4.8a)]，置于200 mL容量瓶中，用水稀释至刻度，摇匀。转入干塑料瓶中保存；

c) 氟标准工作溶液(10.0 μg/mL)：分取10.0 mL氟标准溶液[4.8b)]，置于100 mL容量瓶中，用水稀释至刻度，摇匀。转入干塑料瓶中保存。用时现配。

4.9 酚红乙醇溶液(5 g/L):称取 0.5 g 酚红指示剂溶解于 100 mL 乙醇(4.4)中。

5 仪器和设备

5.1 天平:三级,感量 0.1 mg。

5.2 氟电极。

5.3 甘汞参比电极。

5.4 离子计或 pH 计。

5.5 电磁搅拌器。

6 试样

6.1 试样粒径应小于 74 μm。

6.2 试样应在 105 ℃预干燥 2 h~4 h,置于干燥器中,冷却至室温。

6.3 对易吸水的岩石,应取空气干燥试样,在称样的同时按 GB/T 14506.1 进行吸附水量的测定,最终以干态计算结果。

7 分析步骤

7.1 测定数量

同一试料,一般应进行双份测定,或按一定比例进行双份测定。

7.2 试料量

根据 F 含量范围按表 1 称取试料量和分取试料溶液。

表 1 试料量与分取试料溶液

含量范围/ %	试料量/ g	分取滤液 A/ mL
<0.5	0.5	25.00
0.5~1	0.5	10.00
>1~2	0.5	5.00

7.3 空白试验

随同试料进行两份空白试验,所用试剂应取自同一试剂瓶,加入同等的量。

7.4 验证试验

随同试料分析同类型的标准物质。

7.5 测定

7.5.1 试料的分解

将试料(7.2)置于预先加入 2 g 过氧化钠(4.1)的镍坩埚中,混匀,加 3 g 氢氧化钠(4.2),盖上坩埚盖,放入已升温至 650 ℃的高温炉中熔融 10 min,取出冷却。放入 200 mL 烧杯中,用 50 mL 热水加热浸取,作用完后,洗出坩埚与坩埚盖,加几滴乙醇(4.3),加热煮沸 3 min~5 min,取下冷却,移入 100 mL 容量瓶中,用水稀释至刻度,摇匀。

注:为了控制溶液离子强度一致,所加入的各种试剂应定量称准加入。

7.5.2 测定溶液的准备

按(7.2)分取经过滤或澄清的溶液(7.5.1)于 50 mL 容量瓶中,加 5.0 mL 柠檬酸钠溶液(4.7),摇匀。加 2 滴酚红指示剂(4.9),用硝酸(4.5)中和至由红变黄色,补加 10.0 mL 柠檬酸钠溶液(4.7),用水稀释至刻度,摇匀。

注:由于氟含量高低不一,分取溶液体积也就不一致,为此不足部分应补加空白溶液使体积相同。

7.5.3 校准溶液系列的配制

取 0 mL、0.10 mL、0.50 mL、1.00 mL、5.00 mL、10.00 mL 氟标准溶液[4.8c)]和 5.00 mL、7.00 mL、10.00 mL 氟标准溶液[4.8b)]，置于一系列 50 mL 容量瓶中，加入与分取试料溶液相同体积的空白溶液，以下按(7.5.2)分析步骤进行。

7.6 测量

将溶液(7.5.2)倒入 50 mL 烧杯中，插入氟电极和参比电极，接好离子计，开动搅拌器，4 min 后读取电位值。

注 1：为了得到准确结果，先快速初测一遍，记下读数，然后由低浓度至高浓度的顺序，标准溶液与试料溶液穿插排列依次进行测量。

注 2：电极响应时间与氟含量有关，随着浓度减低，响应时间随之增加。一般氟的浓度 $c(F)=1\times10^{-3}$ mol/L，氟在 4 min 内可基本稳定。

7.7 校准曲线绘制

在半对数坐标纸上，以氟浓度为横坐标，测量的电位值(mV)为纵坐标，绘制校准曲线，从校准曲线上查得相应的氟量。

8 结果计算

计算结果以质量分数 $w(F)$ 计，数值以%表示，按下式计算氟量。

$$w(F)=\frac{m_1V\times10^{-6}}{mV_1}\times100$$

式中：

m_1——从校准曲线上查得试料溶液的氟量，单位为微克(μg)；

V——试料溶液总体积，单位为毫升(mL)；

m——试料量，单位为克(g)；

V_1——分取试料溶液体积，单位为毫升(mL)。

分析结果表示至小数点后第二位。

9 精密度

硅酸盐岩石中氟量测定结果的精密度见表 2。

表 2 精密度

%

成 分	水平范围 m	重复性限 r	再现性限 R
F	0.10～0.24	$r=0.003+0.0990m$	$R=0.008+0.0896m$
注：本精密度数据是由 8 个实验室对 10 个水平的试料进行实验确定的。			

ICS 73.080
D 53

中华人民共和国国家标准

GB/T 14506.13—2010
代替 GB/T 14506.13—1993

硅酸盐岩石化学分析方法 第13部分：硫量测定

Methods for chemical analysis of silicate rocks— Part 13: Determination of sulfur content

2010-11-10 发布　　2011-02-01 实施

中华人民共和国国家质量监督检验检疫总局
中国国家标准化管理委员会　发布

前 言

GB/T 14506《硅酸盐岩石化学分析方法》由以下 30 部分组成：

——第 1 部分：吸附水量测定；
——第 2 部分：化合水量测定；
——第 3 部分：二氧化硅量测定；
——第 4 部分：三氧化二铝量测定；
——第 5 部分：总铁量测定；
——第 6 部分：氧化钙量测定；
——第 7 部分：氧化镁量测定；
——第 8 部分：二氧化钛量测定；
——第 9 部分：五氧化二磷量测定；
——第 10 部分：氧化锰量测定；
——第 11 部分：氧化钾和氧化钠量测定；
——第 12 部分：氟量测定；
——第 13 部分：硫量测定；
——第 14 部分：氧化亚铁量测定；
——第 15 部分：锂量测定；
——第 16 部分：铷量测定；
——第 17 部分：锶量测定；
——第 18 部分：铜量测定；
——第 19 部分：铅量测定；
——第 20 部分：锌量测定；
——第 21 部分：镍和钴量测定；
——第 22 部分：钒量测定；
——第 23 部分：铬量测定；
——第 24 部分：镉量测定；
——第 25 部分：钼和钨量测定；
——第 26 部分：钴量测定；
——第 27 部分：镍量测定；
——第 28 部分：16 个主次成分量测定；
——第 29 部分：稀土等 22 个元素量测定；
——第 30 部分：44 个元素量测定。

本部分为 GB/T 14506 的第 13 部分。

本部分代替 GB/T 14506.13—1993《硅酸盐岩石化学分析方法　燃烧碘量法测定硫量》。

本部分与 GB/T 14506.13—1993 相比主要变化如下：

——增加了规范性引用文件；
——增加了警示、警告内容；
——将称取试料量和分取溶液改为列表表示。

本部分由中华人民共和国国土资源部提出。

本部分由全国国土资源标准化技术委员会归口。

本部分负责起草单位:国家地质实验测试中心。

本部分起草单位:浙江省地质矿产研究所。

本部分主要起草人:郑存江、戴雪峰、陆丁荣。

本部分所代替标准的历次版本发布情况为:

——GB/T 14506.13—1993。

硅酸盐岩石化学分析方法
第 13 部分：硫量测定

警示——使用本部分的人员应有正规实验室工作的实践经验。本部分并未指出所有可能的安全问题。使用者有责任采取适当的安全和健康措施，并保证符合国家有关法规规定的条件。

1 范围

GB/T 14506 的本部分规定了硅酸盐岩石中硫量的测定方法。

本部分适用于硅酸盐岩石中硫量的测定，也适用于土壤和水系沉积物中硫量的测定。

测定范围：0.01%～1%的硫量。

2 规范性引用文件

下列文件中的条款通过 GB/T 14506 的本部分的引用而成为本部分的条款。凡是注日期的引用文件，其随后所有的修改单（不包括勘误的内容）或修订版均不适用于本部分，然而，鼓励根据本部分达成协议的各方研究是否可使用这些文件的最新版本。凡是不注日期的引用文件，其最新版本适用于本部分。

GB /T 6682　分析实验室用水规格和试验方法

GB/T 14506.1　硅酸盐岩石化学分析方法　第 1 部分：吸附水量测定

3 原理

试料与氧化铜混合，在高温管式炉（1 250 ℃～1 350 ℃）氧气流中灼烧，使各种形态的硫转化成二氧化硫气体逸出，用含有淀粉指示剂的稀盐酸溶液吸收，以含有碘化钾的碘酸钾标准滴定溶液滴定，计算硫量。

4 试剂

本部分除非另有说明，在分析中均使用分析纯试剂和符合 GB/T 6682 的分析实验室用水。

4.1　氢氧化钠。

4.2　硫酸（ρ1.84 g/mL）。**警告——不当的稀释易发生危险！**

4.3　硫酸（1+20）。

4.4　盐酸（ρ1.19 g/mL）。

4.5　盐酸 $c(HCl)=1$ mol/L。

4.6　无水氯化钙。

4.7　碘化钾。

4.8　碘化钾溶液（40 g/L）。

4.9　硫酸铜溶液（50 g/L）。

4.10　高锰酸钾溶液（50 g/L）。

4.11　线状氧化铜（含硫量小于 0.001%）。

4.12　碘酸钾标准滴定溶液配制和标定：

a)　碘酸钾标准滴定溶液 $c(KIO_3)=1.040$ mmol/L：

称取 0.222 5 g 预先经 105 ℃干燥 2 h 的碘酸钾（KIO_3），溶解于含有 1 g 碘化钾（4.7）及 1 g 氢氧化钠（4.1）的水中，移入 1 000 mL 棕色容量瓶中，用水稀释至刻度，摇匀；

b)　碘酸钾标准滴定溶液 $c(KIO_3)=0.519\ 6$ mmol/L：

称取0.111 2 g预先经105 ℃干燥2 h的碘酸钾(KIO_3),溶解于含有1 g碘化钾(4.7)及1 g氢氧化钠(4.1)的水中,移入1 000 mL棕色容量瓶中,用水稀释至刻度,摇匀;

注:用含硫量与组成和试料相近的标准物质进行标定,由其求得滴定度计算试料的含硫量。

c) 碘酸钾标准溶液的标定

称取和分析试料成分和含硫量相近的标准物质三份,按(7.5.2)分析步骤进行。根据含硫量,大于0.1%硫的用碘酸钾标准溶液[4.12a)]滴定,小于0.1%硫的用碘酸钾标准溶液[4.12b)]滴定。

$$T=\frac{S}{V-V_1} \qquad (1)$$

式中:

T——碘酸钾标准滴定溶液对硫的滴定度,单位为毫克每毫升(mg/mL);

S——称取标准试料中含硫量,单位为毫克(mg);

V——滴定标准试料消耗碘酸钾标准滴定溶液的体积,单位为毫升(mL);

V_1——滴定试料空白消耗碘酸钾标准滴定溶液的体积,单位为毫升(mL)。

4.13 吸收液:称取0.5 g淀粉用少量水调成糊状,搅拌下加入100 mL沸水,煮沸2 min,取下冷却,加5 mL盐酸(4.4),加水至1 000 mL。

5 仪器和装置

5.1 硫量测定装置

硫量测定装置见图1。

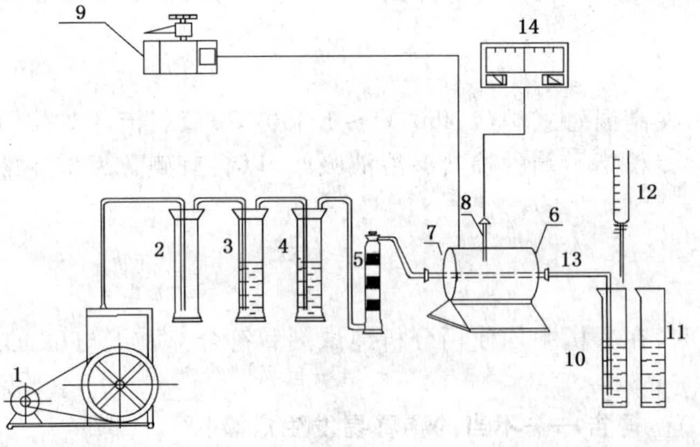

1——抽气泵;
2——缓冲瓶;
3——洗气瓶(内装5%高锰酸钾溶液);
4——洗气瓶(内装5%硫酸铜溶液);
5——干燥塔(内装无水固体氯化钙);
6——管式炉;
7——陶瓷管;
8——热电偶;
9——自动控温装置;
10、11——吸收杯(内装吸收液);
12——滴定管;
13——玻璃弯管;
14——温度指示。

图1 硫量测定装置

5.2 瓷舟：经 1 000 ℃灼烧后使用。

5.3 天平：三级，感量 0.1 mg。

6 试样

6.1 试样粒径应小于 74 μm。

6.2 试样应在 105 ℃预干燥 2 h～4 h，置于干燥器中，冷却至室温。

6.3 对易吸水的岩石，应取空气干燥试样，在称样的同时按 GB/T 14506.1 进行吸附水量的测定，最终以干态计算结果。

7 分析步骤

7.1 测定数量

同一试料，一般应进行双份测定，或按一定比例进行双份测定。

7.2 试料量

根据硫含量范围按表 1 称取试料量和分取试料溶液。

表 1 试料量及分取试料溶液

含量范围/%	试料量/g	选取滴定溶液/(mmol/L)
<0.05	1.0	0.519 6[4.12b)]
0.05～0.2	0.5	0.519 6[4.12b)]
>0.2～0.5	0.2	1.040[4.12a)]
>0.5～1	0.1	1.040[4.12a)]

7.3 空白试验

随同试料进行两份空白试验，所用试剂应取自同一试剂瓶，加入同等的量。

7.4 验证试验

随同试料分析同类型的标准物质。

7.5 测定

7.5.1 准备

在吸收瓶内加入吸收液(4.13)，滴定管充满所需用的碘酸钾标准滴定溶液[4.12a)]或[4.12b)]，将管式炉升温至 1 250 ℃～1 350 ℃，打开抽气泵让气流通过整个测定系统，控制其流量为每秒通过吸收瓶 2 个～3 个气泡，再逐段检查其密封情况，当确信其不漏气后，从滴定管向吸收器滴入碘酸钾标准滴定溶液至得到稳定的蓝色。

7.5.2 空白值的测定

向瓷舟加入 0.5 g 氧化铜(4.11)，取下陶瓷管端橡皮塞，将瓷舟放入管内，再用镍铬丝钩把瓷舟推入高温区，立即塞紧塞子，使气体通过吸收器，待吸收液褪色时，立即从滴定管加入碘酸钾标准滴定溶液，直至保持稳定的蓝色，记下读数。

7.5.3 测量

按(7.2)称取试料置于瓷舟中，加入 0.5 g 氧化铜(4.11)，以下按(7.5.2)分析步骤进行。

注：一般测定 3 次～4 次后，更换新的吸收液，以保证终点变化敏锐、清晰。

8 结果计算

计算结果以质量分数 $w(\mathrm{S})$计，数值以%表示，按式(2)计算硫量。

$$w(\mathrm{S})=\frac{(V_1-V_0)T\times10^{-3}}{m_1}\times100 \quad \cdots\cdots(2)$$

式中：

V_1——滴定试料消耗碘酸钾标准滴定溶液体积，单位为毫升(mL)；

V_0——滴定试料空白消耗碘酸钾标准滴定溶液体积，单位为毫升(mL)；

T——碘酸钾标准滴定溶液对硫的滴定度，单位为毫升每升(mg/L)；

m——试料量，单位为克(g)。

分析结果表示至小数点后第三位。

9 精密度

硅酸盐岩石中硫量测定结果的精密度见表2。

表2 精密度

%

成 分	水平范围 m	重复性限 r	再现性限 R
S	0.005～0.38	$r=0.0313m^{0.46}$	$R=0.0578m^{0.41}$
注：本精密度数据是由8个实验室对10个水平的试样进行实验确定的。			

ICS 73.080
D 53

中华人民共和国国家标准

GB/T 14506.14—2010
代替 GB/T 14506.14—1993

硅酸盐岩石化学分析方法 第14部分：氧化亚铁量测定

Methods for chemical analysis of silicate rocks—
Part 14: Determination of ferrous oxide content

2010-11-10 发布　　2011-02-01 实施

中华人民共和国国家质量监督检验检疫总局
中国国家标准化管理委员会　发布

前　言

GB/T 14506《硅酸盐岩石化学分析方法》由以下 30 部分组成：

——第 1 部分：吸附水量测定；

——第 2 部分：化合水量测定；

——第 3 部分：二氧化硅量测定；

——第 4 部分：三氧化二铝量测定；

——第 5 部分：总铁量测定；

——第 6 部分：氧化钙量测定；

——第 7 部分：氧化镁量测定；

——第 8 部分：二氧化钛量测定；

——第 9 部分：五氧化二磷量测定；

——第 10 部分：氧化锰量测定；

——第 11 部分：氧化钾和氧化钠量测定；

——第 12 部分：氟量测定；

——第 13 部分：硫量测定；

——第 14 部分：氧化亚铁量测定；

——第 15 部分：锂量测定；

——第 16 部分：铷量测定；

——第 17 部分：锶量测定；

——第 18 部分：铜量测定；

——第 19 部分：铅量测定；

——第 20 部分：锌量测定；

——第 21 部分：镍和钴量测定；

——第 22 部分：钒量测定；

——第 23 部分：铬量测定；

——第 24 部分：镉量测定；

——第 25 部分：钼和钨量测定；

——第 26 部分：钴量测定；

——第 27 部分：镍量测定；

——第 28 部分：16 个主次成分量测定；

——第 29 部分：稀土等 22 个元素量测定；

——第 30 部分：44 个元素量测定。

本部分为 GB/T 14506 的第 14 部分。

本部分代替 GB/T 14506.14—1993《硅酸盐岩石化学分析方法　重铬酸钾容量法测定氧化亚铁量》。

本部分与 GB/T 14506.14—1993 相比主要变化如下：

——增加了规范性引用文件；

——增加了警示、警告内容；

——将称取试料量和分取溶液改为列表表示。

本部分由中华人民共和国国土资源部提出。

本部分由全国国土资源标准化技术委员会归口。

本部分负责起草单位:国家地质实验测试中心。

本部分起草单位:黑龙江省地质矿产测试应用研究所、国家地质实验测试中心。

本部分主要起草人:李亚、邢云秋、王苏明。

本部分所代替标准的历次版本发布情况为:

——GB/T 14506.14—1993。

硅酸盐岩石化学分析方法 第14部分：氧化亚铁量测定

警示——使用本部分的人员应有正规实验室工作的实践经验。本部分并未指出所有可能的安全问题。使用者有责任采取适当的安全和健康措施，并保证符合国家有关法规规定的条件。

1 范围

GB/T 14506的本部分规定了硅酸盐岩石中氧化亚铁量的测定方法。

本部分适用于硅酸盐岩石中氧化亚铁量的测定，也适用于土壤和水系沉积物中氧化亚铁量的测定。

测定范围：>0.5%的氧化亚铁量。

2 规范性引用文件

下列文件中的条款通过GB/T 14506的本部分的引用而成为本部分的条款。凡是注日期的引用文件，其随后所有的修改单(不包括勘误的内容)或修订版均不适用于本部分，然而，鼓励根据本部分达成协议的各方研究是否可使用这些文件的最新版本。凡是不注日期的引用文件，其最新版本适用于本部分。

GB/T 6682 分析实验室用水规格和试验方法

GB/T 14506.1 硅酸盐岩石化学分析方法 第1部分：吸附水量测定

3 原理

试料用氢氟酸、硫酸分解。溶液中剩余的氟加入硼酸络合之。以二苯胺磺酸钠为指示剂，用基准重铬酸钾溶液滴定，计算氧化亚铁量。

4 试剂

本部分除非另有说明，在分析中均使用分析纯试剂和符合GB/T 6682的分析实验室用水。

4.1 氢氟酸(ρ1.15 g/mL)。**警告——氢氟酸有毒并有腐蚀性，操作时应戴手套，防止皮肤接触。**

4.2 硫酸(ρ1.84 g/mL)。**警告——不当的稀释易发生危险！**

4.3 硫酸(1+1)。**警告——不当的稀释易发生危险！**

4.4 硫酸(5+95)。

4.5 磷酸(ρ1.69 g/mL)。

4.6 饱和硼酸溶液。

4.7 硫-磷混合酸：取150 mL硫酸(4.2)慢慢倒入700 mL水中，冷却，加入150 mL磷酸(4.5)，搅匀。

4.8 硫酸亚铁铵溶液 $c[FeSO_4 \cdot (NH_4)_2SO_4 \cdot 6H_2O]=0.005\,0$ mol/L：

称取0.98 g硫酸亚铁铵溶解于硫酸(4.4)中，再加硫酸(4.4)至500 mL，搅匀。

4.9 重铬酸钾标准滴定溶液 $c(K_2Cr_2O_7)=0.002\,319$ mol/L：

称取0.682 5 g预先经150 ℃干燥2 h的基准重铬酸钾($K_2Cr_2O_7$)，溶解于水中，移入1 000 mL容量瓶中，用水稀释至刻度，摇匀。此溶液1 mL含1.000 0 mg氧化亚铁。

4.10 二苯胺磺酸钠溶液(5 g/L)：称取0.5 g二苯胺磺酸钠溶解于100 mL水中，加1滴～2滴硫酸(4.3)，贮于棕色瓶中，若颜色变绿则不能使用。

5 试样

5.1 单独测定亚铁，试样粒径应小于 149 μm。

5.2 应取空气干燥试样，在称样的同时按 GB/T 14506.1 进行吸附水量的测定，最终以干态计算结果。

6 分析步骤

6.1 测定数量

同一试料，一般应进行双份测定，或按一定比例进行双份测定。

6.2 试料量

根据氧化亚铁含量范围按表 1 称取试料量。

表 1 试料量

含量范围/%	试料量/g
<2	0.5
2～5	0.25
>5～10	0.2
>10	0.1

6.3 空白试验

随同试料进行两份空白试验，所用试剂应取自同一试剂瓶，加入同等的量。

6.4 验证试验

随同试料分析同类型的标准物质。

6.5 测定

6.5.1 试料的分解和滴定

将试料(6.2)置于铂坩埚中，用水润湿，加入 5 mL 氢氟酸(4.1)，再加 10 mL 近沸的硫酸(4.3)，盖上坩埚盖，置于预先预热的电炉上，加热煮沸 10 min，取下，立即将坩埚放入预先盛有 200 mL 含有 25 mL饱和硼酸溶液(4.6)的新煮沸冷却的水中，加入 15 mL 磷-硫混合酸(4.7)、2 滴二苯胺磺酸钠溶液(4.10)为指示剂，用重铬酸钾标准滴定溶液(4.9)滴定至稳定的紫色为终点。

6.5.2 空白值的测定

6.5.2.1 向随同试料空白加入 5.00 mL 硫酸亚铁铵溶液(4.8)、15 mL 磷-硫混合酸(4.7)，加水至约 100 mL，加 2 滴二苯胺磺酸钠溶液(4.10)为指示剂，用重铬酸钾标准滴定溶液(4.9)滴定至紫色为终点。记下读数(V_1)。

6.5.2.2 再加入 5.00 mL 硫酸亚铁铵溶液(4.8)，用重铬酸钾标准滴定溶液(4.9)滴定至紫色为终点。记下读数为(V_2)。

6.5.2.3 按式(1)计算空白消耗重铬酸钾标准滴定溶液体积(V_0)。

$$V_0 = V_1 - V_2 \qquad \cdots\cdots(1)$$

7 结果计算

计算结果以质量分数 $w(\mathrm{FeO})$计，数值以%表示，按式(2)计算氧化亚铁量。

$$w(\mathrm{FeO}) = \frac{(V - V_0)T \times 10^{-3}}{m} \times 100 \times \frac{100}{100 - A} \qquad \cdots\cdots(2)$$

式中：

V——滴定试料溶液消耗重铬酸钾标准滴定溶液体积，单位为毫升(mL)；

V_0——滴定试料空白消耗重铬酸钾标准滴定溶液体积，单位为毫升(mL)；

T——重铬酸钾标准滴定溶液对氧化亚铁的滴定度,单位为毫克每毫升(mg/mL);

m——试料量,单位为克(g);

A——试料吸附水的质量分数。

分析结果表示至小数点后第二位。

8 精密度

硅酸盐岩石中氧化亚铁量测定结果的精密度见表 2。

表 2 精密度

%

成　　分	水平范围 m	重复性限 r	再现性限 R
FeO	0.18～13.39	r=0.044+0.023 8 m	R=0.119+0.081 0m
注:本精密度数据是由 9 个实验室对 10 个水平的试料进行实验确定的。			

ICS 73.080
D 53

中华人民共和国国家标准

GB/T 14506.15—2010
代替 GB/T 14506.15—1993

硅酸盐岩石化学分析方法 第15部分：锂量测定

Methods for chemical analysis of silicate rocks—Part 15: Determination of lithium content

2010-11-10 发布　　2011-02-01 实施

中华人民共和国国家质量监督检验检疫总局
中国国家标准化管理委员会　发布

前　言

GB/T 14506《硅酸盐岩石化学分析方法》由以下 30 部分组成：

——第 1 部分：吸附水量测定；

——第 2 部分：化合水量测定；

——第 3 部分：二氧化硅量测定；

——第 4 部分：三氧化二铝量测定；

——第 5 部分：总铁量测定；

——第 6 部分：氧化钙量测定；

——第 7 部分：氧化镁量测定；

——第 8 部分：二氧化钛量测定；

——第 9 部分：五氧化二磷量测定；

——第 10 部分：氧化锰量测定；

——第 11 部分：氧化钾和氧化钠量测定；

——第 12 部分：氟量测定；

——第 13 部分：硫量测定；

——第 14 部分：氧化亚铁量测定；

——第 15 部分：锂量测定；

——第 16 部分：铷量测定；

——第 17 部分：锶量测定；

——第 18 部分：铜量测定；

——第 19 部分：铅量测定；

——第 20 部分：锌量测定；

——第 21 部分：镍和钴量测定；

——第 22 部分：钒量测定；

——第 23 部分：铬量测定；

——第 24 部分：镉量测定；

——第 25 部分：钼和钨量测定；

——第 26 部分：钴量测定；

——第 27 部分：镍量测定；

——第 28 部分：16 个主次成分量测定；

——第 29 部分：稀土等 22 个元素量测定；

——第 30 部分：44 个元素量测定。

本部分为 GB/T 14506 的第 15 部分。

本部分代替 GB/T 14506.15—1993《硅酸盐岩石化学分析方法　火焰原子吸收分光光度法测定锂量》。

本部分与 GB/T 14506.15—1993 相比主要变化如下：

——增加了规范性引用文件；

——增加了警示、警告内容。

本部分由中华人民共和国国土资源部提出。

本部分由全国国土资源标准化技术委员会归口。

本部分负责起草单位:国家地质实验测试中心。

本部分起草单位:黑龙江省地质矿产测试应用研究所、国家地质实验测试中心。

本部分主要起草人:潘河、李亚、王苏明。

本部分所代替标准的历次版本发布情况为:

——GB/T 14506.15—1993。

硅酸盐岩石化学分析方法
第 15 部分：锂量测定

警示——使用本部分的人员应有正规实验室工作的实践经验。本部分并未指出所有可能的安全问题。使用者有责任采取适当的安全和健康措施，并保证符合国家有关法规规定的条件。

1 范围

GB/T 14506 的本部分规定了硅酸盐岩石中锂量的测定方法。

本部分适用于硅酸盐岩石中锂量的测定，也适用于土壤和水系沉积物中锂量的测定。

测定范围：5 μg/g～250 μg/g 的锂量。

2 规范性引用文件

下列文件中的条款通过 GB/T 14506 的本部分的引用而成为本部分的条款。凡是注日期的引用文件，其随后所有的修改单（不包括勘误的内容）或修订版均不适用于本部分，然而，鼓励根据本部分达成协议的各方研究是否可使用这些文件的最新版本。凡是不注日期的引用文件，其最新版本适用于本部分。

GB/T 6682　分析实验室用水规格和试验方法

GB/T 14506.1　硅酸盐岩石化学分析方法　第 1 部分：吸附水量测定

3 原理

试料用硫酸、氢氟酸加热分解，制成 2% 硫酸溶液，以钾盐为电离缓冲剂，在原子吸收分光光度计上，于波长 670.8 nm 处，在空气-乙炔火焰中测量锂的吸光度，计算锂量。

4 试剂

本部分除非另有说明，在分析中均使用分析纯试剂和符合 GB/T 6682 的分析实验室用水。

4.1　硫酸（ρ1.84 g/mL）。**警告——不当的稀释易发生危险！**

4.2　硫酸（1+1）。**警告——不当的稀释易发生危险！**

4.3　氢氟酸（ρ1.15 g/mL）。**警告——氢氟酸有毒并有腐蚀性，操作时应戴手套，防止皮肤接触。**

4.4　钾盐溶液：称取 22.31 g 硫酸钾（K_2SO_4）溶解于适量水中，用水稀释至 500 mL，摇匀。此溶液 1 mL 含 20 mg 钾。

4.5　锂标准溶液：

a）锂标准储备溶液（1.00 mg/mL）：称取 2.661 8 g 预先经 110 ℃烘 2 h 并在干燥器中冷却的超纯碳酸锂（Li_2CO_3）于 400 mL 烧杯中，加水 200 mL，盖上表面皿，慢慢加入少量硫酸（4.1）使其溶解，溶解完全后，煮沸除去二氧化碳，冷却后移入 500 mL 容量瓶中，用水稀释至刻度，摇匀；

b）锂标准工作溶液（50.0 μg /mL）：分取 25.0 mL 锂标准溶液[4.5a)]于 500 mL 容量瓶中，用水稀释至刻度，摇匀。此溶液 1 mL 含 50.0 μg 锂。

5 仪器

5.1　原子吸收分光光度计，配有锂空心阴极灯。

5.2 天平:三级,感量 0.1 mg。

6 试样

6.1 试样粒径应小于 74 μm。

6.2 试样应在 105 ℃预干燥 2 h~4 h,置于干燥器中,冷却至室温。

6.3 对易吸水的岩石,应取空气干燥试样,在称样的同时按 GB/T 14506.1 进行吸附水量的测定,最终以干态计算结果。

7 分析步骤

7.1 测定数量

同一试料,一般应进行双份测定,或按一定比例进行双份测定。

7.2 试料量

称取 0.5 g 试料,精确至 0.1 mg。

7.3 空白试验

随同试料进行两份空白试验,所用试剂应取自同一试剂瓶,加入同等的量。

7.4 验证试验

随同试料分析同类型的标准物质。

7.5 测定

7.5.1 试料的分解

将试料(7.2)置于聚四氟乙烯坩埚中,用水润湿,加 1 mL 硫酸(4.2)、10 mL~15 mL 氢氟酸(4.3),置于电热板上加热分解,蒸干(若样品分解不完全,可在未蒸干前补加氢氟酸继续蒸干)。取下冷却,向坩埚中加 2 mL 硫酸(4.2)、10 mL~15 mL 水,加热溶解残渣,冷却,移入已盛有 5 mL 钾盐溶液(4.4)的 50 mL 容量瓶中,用水稀释至刻度,摇匀。与校准溶液系列同时测量。

注:如果含量超过校准曲线,可吸取部分清液至另一容量瓶中,补加适量硫酸(4.2)与钾盐溶液(4.4),用水稀释至刻度,摇匀,继续测量。也可用空白试验溶液(7.3)稀释后测量。

7.5.2 校准溶液系列的配制

取 0 mL、0.20 mL、0.50 mL、1.00 mL、1.50 mL、2.00 mL、2.50 mL 锂标准溶液[4.5b)]于一系列已盛有 2 mL 硫酸(4.2)和 5 mL 钾盐溶液(4.4)的 50 mL 容量瓶中,用水稀释至刻度,摇匀。

7.6 吸光度测量

警告——应按照原子吸收分光光度计仪器使用规程点燃和熄灭空气-乙炔燃烧器,以避免可能的爆炸危险。

在原子吸收分光光度计上,调节波长为 670.8 nm,光谱带宽为 1.4 nm,点燃空气-乙炔火焰,用水调零,测量锂的吸光度。先用校准溶液系列中浓度最大的喷测,并调节火焰状态和燃烧器位置与高度,使测得的吸光度为最大。然后按浓度由低至高的顺序,依次测定锂校准溶液系列、空白溶液和待测试料溶液(包括标准物质溶液)的吸光度。

7.7 校准曲线绘制

以锂校准溶液系列的浓度为横坐标,测量吸光度为纵坐标,绘制校准曲线。从校准曲线上查得相应的锂量。

8 结果计算

计算结果以质量分数 $w(\mathrm{Li})$ 计,数值以 μg/g 表示,按下式计算锂量。

$$w(\mathrm{Li})=\frac{(\rho-\rho_0)V}{m}$$

式中：

ρ——从校准曲线上查得的试料溶液中锂的浓度，单位为微克每毫升（μg/mL）；

ρ_0——从校准曲线上查得的试料空白溶液中锂的浓度，单位为微克每毫升（μg/mL）；

V——试料溶液体积，单位为毫升（mL）；

m——试料量，单位为克（g）。

分析结果表示至小数点后第一位。

9 精密度

硅酸盐岩石中锂量测定结果的精密度见表1。

表1 精密度

单位为微克每克

成　分	水平范围 m	重复性限 r	再现性限 R
Li	9.3～130.5	$r=0.602m^{0.43}$	$R=1.303+0.0909m$
注：本精密度数据是由6个实验室对9个水平的试料进行实验确定的。			

ICS 73.080
D 53

中华人民共和国国家标准

GB/T 14506.16—2010
代替 GB/T 14506.16—1993

硅酸盐岩石化学分析方法 第16部分:铷量测定

Methods for chemical analysis of silicate rocks—Part 16:Determination of rubidium content

2010-11-10 发布　　2011-02-01 实施

中华人民共和国国家质量监督检验检疫总局
中国国家标准化管理委员会　发布

前　言

GB/T 14506《硅酸盐岩石化学分析方法》由以下 30 部分组成：

——第 1 部分：吸附水量测定；

——第 2 部分：化合水量测定；

——第 3 部分：二氧化硅量测定；

——第 4 部分：三氧化二铝量测定；

——第 5 部分：总铁量测定；

——第 6 部分：氧化钙量测定；

——第 7 部分：氧化镁量测定；

——第 8 部分：二氧化钛量测定；

——第 9 部分：五氧化二磷量测定；

——第 10 部分：氧化锰量测定；

——第 11 部分：氧化钾和氧化钠量测定；

——第 12 部分：氟量测定；

——第 13 部分：硫量测定；

——第 14 部分：氧化亚铁量测定；

——第 15 部分：锂量测定；

——第 16 部分：铷量测定；

——第 17 部分：锶量测定；

——第 18 部分：铜量测定；

——第 19 部分：铅量测定；

——第 20 部分：锌量测定；

——第 21 部分：镍和钴量测定；

——第 22 部分：钒量测定；

——第 23 部分：铬量测定；

——第 24 部分：镉量测定；

——第 25 部分：钼和钨量测定；

——第 26 部分：铪量测定；

——第 27 部分：镍量测定；

——第 28 部分：16 个主次成分量测定；

——第 29 部分：稀土等 22 个元素量测定；

——第 30 部分：44 个元素量测定。

本部分为 GB/T 14506 的第 16 部分。

本部分代替 GB/T 14506.16—1993《硅酸盐岩石化学分析方法　火焰原子吸收分光光度法测定铷量》。

本部分与 GB/T 14506.16—1993 相比主要变化如下：

——增加了规范性引用文件；

——增加了警示、警告内容。

本部分由中华人民共和国国土资源部提出。

本部分由全国国土资源标准化技术委员会归口。

本部分负责起草单位:国家地质实验测试中心。

本部分起草单位:黑龙江省地质矿产测试应用研究所。

本部分主要起草人:潘河、葛艳梅、董波。

本部分所代替标准的历次版本发布情况为:

——GB/T 14506.16—1993。

硅酸盐岩石化学分析方法
第16部分:铷量测定

警示——使用本部分的人员应有正规实验室工作的实践经验。本部分并未指出所有可能的安全问题。使用者有责任采取适当的安全和健康措施,并保证符合国家有关法规规定的条件。

1 范围

GB/T 14506的本部分规定了硅酸盐岩石中铷量的测定方法。

本部分适用于硅酸盐岩石中铷量的测定,也适用于土壤和水系沉积物中铷量的测定。

测定范围:10 μg/g~500 μg/g的铷量。

2 规范性引用文件

下列文件中的条款通过GB/T 14506的本部分的引用而成为本部分的条款。凡是注日期的引用文件,其随后所有的修改单(不包括勘误的内容)或修订版均不适用于本部分,然而,鼓励根据本部分达成协议的各方研究是否可使用这些文件的最新版本。凡是不注日期的引用文件,其最新版本适用于本部分。

GB/T 6682 分析实验室用水规格和试验方法

GB/T 14506.1 硅酸盐岩石化学分析方法 第1部分:吸附水量测定

3 原理

试料用硫酸、氢氟酸加热分解,制成2%硫酸溶液,以钾盐为电离缓冲剂,在原子吸收分光光度计上,于波长780.0 nm处,在空气-乙炔火焰中测量铷的吸光度,计算铷量。

4 试剂

本部分除非另有说明,在分析中均使用分析纯试剂和符合GB/T 6682的分析实验室用水。

4.1 硫酸(ρ1.84 g/mL)。**警告——不当的稀释易发生危险!**

4.2 硫酸(1+1)。**警告——不当的稀释易发生危险!**

4.3 氢氟酸(ρ1.15 g/mL)。**警告——氢氟酸有毒并有腐蚀性,操作时应戴手套,防止皮肤接触。**

4.4 钾盐溶液:称取22.31 g硫酸钾(K_2SO_4)溶解于适量水中,用水稀释至500 mL,摇匀。此溶液1 mL含20 mg钾。

4.5 铷标准溶液:

a) 铷标准溶液(1.00 mg/mL):准确称取0.707 4 g预先经105 ℃烘2 h并在干燥器中冷却的光谱纯氯化铷(RbCl)于烧杯中,用水溶解,移入500 mL容量瓶中,用水稀释至刻度,摇匀。此溶液1 mL含1.00 mg铷;

b) 铷标准溶液(50.0 μg/mL):分取25.0 mL铷标准溶液[4.5a)]于500 mL容量瓶中,用水稀释至刻度,摇匀。此溶液1 mL含50.0 μg铷。

5 仪器

5.1 原子吸收分光光度计,配有铷空心阴极灯。

5.2 天平:三级,感量0.1 mg。

6 试样

6.1 试样粒径应小于 74 μm。

6.2 试样应在 105 ℃预干燥 2 h～4 h，置于干燥器中，冷却至室温。

6.3 对易吸水的岩石，应取空气干燥试样。在称样的同时按 GB/T 14506.1 进行吸附水量的测定，最终以干态计算结果。

7 分析步骤

7.1 测定数量

同一试料，一般应进行双份测定，或按一定比例进行双份测定。

7.2 试料量

称取 0.5 g 试料，精确至 0.1 mg。

7.3 空白试验

随同试料进行两份空白试验，所用试剂应取自同一试剂瓶，加入同等的量。

7.4 验证试验

随同试料分析同类型的标准物质。

7.5 测定

警告——应按照原子吸收分光光度计仪器使用规程点燃和熄灭空气-乙炔燃烧器，以避免可能的爆炸危险。

7.5.1 试料的分解

将试料(7.2)置于聚四氟乙烯坩埚中，用水润湿，加 1 mL 硫酸(4.2)、10 mL～15 mL 氢氟酸(4.3)，置于电热板上加热分解，蒸干(若样品分解不完全，可在未蒸干前补加氢氟酸继续蒸干)。取下冷却，向坩埚中加 2 mL 硫酸(4.2)、10 mL～15 mL 水，加热溶解残渣，冷却，移入已盛有 5 mL 钾盐溶液(4.4)的 50 mL 容量瓶中，用水稀释至刻度，摇匀。与校准溶液系列同时测量。

注：如果含量超过校准曲线，可吸取部分清液至另一容量瓶中，补加适量硫酸(4.2)与钾盐溶液(4.4)，用水稀释至刻度，摇匀，继续测量，也可用空白试验溶液(7.3)稀释后测量。

7.5.2 校准溶液系列的配制

取 0 mL、0.50 mL、1.00 mL、2.00 mL、3.00 mL、4.00 mL、5.00 mL 铷标准溶液[4.5b)]于一系列盛有 2 mL 硫酸(4.2)和 5 mL 钾盐溶液(4.4)的 50 mL 容量瓶中，用水稀释至刻度，摇匀。

7.6 吸光度测量

在原子吸收分光光度计上，调节波长为 780.0 nm，光谱带宽为 2 nm，点燃空气-乙炔火焰，用水调零，测量铷的吸光度。先用校准溶液系列中浓度最大的喷测，并调节火焰状态和燃烧器位置与高度，使测得的吸光度为最大。然后按浓度由低至高的顺序，依次喷测铷校准溶液系列、空白溶液和待测试料溶液(包括标准物质溶液)的吸光度。

7.7 校准曲线绘制

以铷校准溶液系列的浓度为横坐标，吸光度为纵坐标，绘制校准曲线。从校准曲线上查得相应的铷量。

8 结果计算

计算结果以质量分数 $w(\mathrm{Rb})$ 计，数值以 μg/g 表示，按下式计算铷量。

$$w(\mathrm{Rb})=\frac{(\rho-\rho_0)V}{m} \qquad \cdots\cdots(1)$$

式中：

ρ——从校准曲线上查得的试料溶液中铷的浓度，单位为微克每毫升(μg/mL)；

ρ_0——从校准曲线上查得的试料空白溶液中铷的浓度，单位为微克每毫升(μg/mL)；

V——试料溶液体积，单位为毫升(mL)；

m——试料量，单位为克(g)。

分析结果表示至小数点后第一位。

9 精密度

硅酸盐岩石中铷量测定结果的精密度见表1。

表1 精密度

单位为微克每克

成　分	水平范围 m	重复性限 r	再现性限 R
Rb	25～470	$r=0.274m^{0.74}$	$R=0.317m^{0.82}$
注：本精密度数据是由6个实验室对9个水平的试料进行实验确定的。			

ICS 73.080
D 53

中华人民共和国国家标准

GB/T 14506.17—2010
代替 GB/T 14506.17—1993

硅酸盐岩石化学分析方法 第17部分:锶量测定

Methods for chemical analysis of silicate rocks— Part 17:Determination of strontium content

2010-11-10 发布　　2011-02-01 实施

中华人民共和国国家质量监督检验检疫总局
中国国家标准化管理委员会　发布

前　言

GB/T 14506《硅酸盐岩石化学分析方法》由以下 30 部分组成：

——第 1 部分：吸附水量测定；

——第 2 部分：化合水量测定；

——第 3 部分：二氧化硅量测定；

——第 4 部分：三氧化二铝量测定；

——第 5 部分：总铁量测定；

——第 6 部分：氧化钙量测定；

——第 7 部分：氧化镁量测定；

——第 8 部分：二氧化钛量测定；

——第 9 部分：五氧化二磷量测定；

——第 10 部分：氧化锰量测定；

——第 11 部分：氧化钾和氧化钠量测定；

——第 12 部分：氟量测定；

——第 13 部分：硫量测定；

——第 14 部分：氧化亚铁量测定；

——第 15 部分：锂量测定；

——第 16 部分：铷量测定；

——第 17 部分：锶量测定；

——第 18 部分：铜量测定；

——第 19 部分：铅量测定；

——第 20 部分：锌量测定；

——第 21 部分：镍和钴量测定；

——第 22 部分：钒量测定；

——第 23 部分：铬量测定；

——第 24 部分：镉量测定；

——第 25 部分：钼和钨量测定；

——第 26 部分：钴量测定；

——第 27 部分：镍量测定；

——第 28 部分：16 个主次成分量测定；

——第 29 部分：稀土等 22 个元素量测定；

——第 30 部分：44 个元素量测定。

本部分为 GB/T 14506 的第 17 部分。

本部分代替 GB/T 14506.17—1993《硅酸盐岩石化学分析方法　火焰原子吸收分光光度法测定锶量》。

本部分与 GB/T 14506.17—1993 相比主要变化如下：

——增加了每个标准开头警告的内容；

——增加了警示、警告内容。

本部分由中华人民共和国国土资源部提出。

本部分由全国国土资源标准化技术委员会归口。

本部分负责起草单位：国家地质实验测试中心。

本部分起草单位：黑龙江省地质矿产测试应用研究所。

本部分主要起草人：葛艳梅、潘河、刘代敏。

本部分所代替标准的历次版本发布情况为：

——GB/T 14506.17—1993。

硅酸盐岩石化学分析方法
第17部分:锶量测定

警示——使用本部分的人员应有正规实验室工作的实践经验。本部分并未指出所有可能的安全问题。使用者有责任采取适当的安全和健康措施,并保证符合国家有关法规规定的条件。

1 范围

GB/T 14506的本部分规定了硅酸盐岩石中锶量的测定方法。

本部分适用于硅酸盐岩石中锶量的测定,也适用于土壤和水系沉积物中锶量的测定。

测定范围:10 μg/g~1 000 μg/g的锶量。

2 规范性引用文件

下列文件中的条款通过GB/T 14506的本部分的引用而成为本部分的条款。凡是注日期的引用文件,其随后所有的修改单(不包括勘误的内容)或修订版均不适用于本部分,然而,鼓励根据本部分达成协议的各方研究是否可使用这些文件的最新版本。凡是不注日期的引用文件,其最新版本适用于本部分。

GB/T 6682 分析实验室用水规格和试验方法

GB/T 14506.1 硅酸盐岩石化学分析方法 第1部分:吸附水量测定

3 原理

试料用氢氧化钠、碳酸钠熔融分解,滤出碳酸锶沉淀,制成2%硝酸溶液,以镧为释放剂,在原子吸收分光光度计上,于波长460.7 nm处,在富燃的空气-乙炔火焰中测量锶的吸光度,计算锶量。

4 试剂

本部分除非另有说明,在分析中均使用分析纯试剂和符合GB/T 6682的分析实验室用水。

4.1 氢氧化钠(颗粒状固体)。

4.2 无水碳酸钠(粉状固体)。

4.3 碳酸钠溶液(20 g/L)。

4.4 盐酸(ρ1.19 g/mL)。

4.5 盐酸(1+4)。

4.6 硝酸(ρ1.42 g/mL)。

4.7 硝酸镧溶液:称取31.2 g硝酸镧[$La(NO_3)_3 \cdot 6H_2O$]溶解于水中。此溶液1 mL含100.0 μg镧。

4.8 EDTA(乙二胺四乙酸二钠)溶液(10%)。

4.9 锶标准溶液

a) 锶标准储备溶液(1.00 mg/mL):准确称取0.842 4 g预先经110 ℃烘2 h并在干燥器中冷却的光谱纯碳酸锶($SrCO_3$)于400 mL烧杯中,加水100 mL,加盖表面皿,慢慢加入少量盐酸(4.4)使其溶解,溶解完全后,煮沸除去二氧化碳,冷却后移入500 mL容量瓶中,用水稀释至刻度,摇匀;

b) 锶标准工作溶液(100.0 μg/mL):分取25.0 mL锶标准溶液[4.9a)]于250 mL容量瓶中,用水稀释至刻度,摇匀。

5 仪器

5.1 原子吸收分光光度计,配有锶空心阴极灯。

5.2 天平:三级,感量 0.1 mg。

6 试样

6.1 试样粒径应小于 74 μm。

6.2 试样应在 105 ℃预干燥 2 h～4 h,置于干燥器中,冷却至室温。

6.3 对易吸水的岩石,应取空气干燥试样。在称样的同时按 GB/T 14506.1 进行吸附水量的测定,最终以干态计算结果。

7 分析步骤

7.1 测定数量

同一试料,一般应进行双份测定,或按一定比例进行双份测定。

7.2 试料量

称取 0.5 g 试料,精确至 0.1 mg。

7.3 空白试验

随同试料进行两份空白试验,所用试剂应取自同一试剂瓶,加入同等的量。

7.4 验证试验

随同试料分析同类型的标准物质。

7.5 测定

7.5.1 试料的分解

将试料(7.2)置于镍坩埚中,加入 4 g 氢氧化钠(4.1)与 1 g 无水碳酸钠(4.2),盖上坩埚盖,放入马弗炉中,升温至 700 ℃,熔融 20 min,取出冷却。

7.5.2 碳酸锶沉淀的分离

将坩埚连同盖子放入 150 mL 烧杯中,加 50 mL 水,加热提取熔块,洗出坩埚与坩埚盖,稀释体积至约 80 mL,用慢速滤纸过滤。用碳酸钠溶液(4.3)洗烧杯和沉淀各 4 次～5 次,水洗 1 次,弃去滤液与洗液。用盐酸(4.5)将沉淀溶解于原烧杯中,用水洗滤纸至无色。

7.5.3 试料溶液的制备

将溶液(7.5.2)加热蒸干,加 1 mL 硝酸(4.6),温热溶解盐类,用水稀释至约 20 mL,加入 5 mL 硝酸镧溶液(4.7)和 1 mL EDTA 溶液(4.8),移入 50 mL 容量瓶中,用水稀释至刻度,摇匀。与校准溶液系列同时测量。

注 1:EDTA 在酸性溶液中,放置 2 d～3 d 后,可能有结晶析出,并不影响测定。但最好在加入 EDTA 的当天完成测定。

注 2:如果含量超过校准曲线,可吸取部分溶液至另一容量瓶中,补加适量硝酸(4.6)、硝酸镧溶液(4.7)和 EDTA 溶液(4.8),用水稀释至刻度,摇匀,继续测量。也可用空白试验溶液(7.3)稀释后测量。

7.5.4 校准溶液系列的配制

取 0 mL、0.25 mL、0.50 mL、1.00 mL、2.00 mL、3.00 mL、4.00 mL、5.00 mL 锶标准溶液[4.9b)]于一系列 50 mL 容量瓶中,加入 1 mL 硝酸(4.6)、5 mL 硝酸镧溶液(4.7)和 1 mL EDTA 溶液(4.8),用水稀释至刻度,摇匀。

7.6 吸光度测量

警告——应按照原子吸收分光光度计仪器使用规程点燃和熄灭空气-乙炔燃烧器,以避免可能的爆炸危险。

在原子吸收分光光度计上，调节波长为460.7 nm，光谱带宽为1.4 nm，以富燃的空气-乙炔火焰，用水调零，测量锶的吸光度。先用校准溶液系列中浓度最大的喷测，并调节燃烧器的位置与高度，使测得的吸光度为最大。然后按浓度由低至高的顺序，依次喷测锶校准溶液系列、空白溶液和待测试料溶液（包括标准物质溶液）的吸光度。

7.7 校准曲线绘制

以锶校准溶液系列的浓度为横坐标，净吸光度为纵坐标，绘制校准曲线。从校准曲线上分别查得相应的锶量。

8 结果计算

计算结果以质量分数 $w(\mathrm{Sr})$ 计，数值以 $\mu g/g$ 表示，按下式计算锶量。

$$w(\mathrm{Sr})=\frac{(\rho-\rho_0)V}{m}$$

式中：

ρ——从校准曲线上查得的试料溶液中锶的浓度，单位为微克每毫升（$\mu g/mL$）；

ρ_0——从校准曲线上查得的试料空白溶液中锶的浓度，单位为微克每毫升（$\mu g/mL$）；

V——试料溶液体积，单位为毫升（mL）；

m——试料量，单位为克（g）。

分析结果表示至小数点后第一位。

9 精密度

硅酸盐岩石中锶量测定结果的精密度见表1。

表1 精密度

单位为微克每克

成　分	水平范围 m	重复性限 r	再现性限 R
Sr	57.1～1 090	$r=7.821+0.084\,8m$	$R=23.436+0.223m$
注：本精密度数据是由6个实验室对10个水平的试料进行实验确定的。			

ICS 73.080
D 53

中华人民共和国国家标准

GB/T 14506.18—2010
代替 GB/T 14506.18—1993

硅酸盐岩石化学分析方法 第18部分：铜量测定

Methods for chemical analysis of silicate rocks—Part 18: Determination of copper content

2010-11-10 发布　　2011-02-01 实施

中华人民共和国国家质量监督检验检疫总局
中国国家标准化管理委员会　发布

前　言

GB/T 14506《硅酸盐岩石化学分析方法》由以下 30 部分组成：
——第 1 部分：吸附水量测定；
——第 2 部分：化合水量测定；
——第 3 部分：二氧化硅量测定；
——第 4 部分：三氧化二铝量测定；
——第 5 部分：总铁量测定；
——第 6 部分：氧化钙量测定；
——第 7 部分：氧化镁量测定；
——第 8 部分：二氧化钛量测定；
——第 9 部分：五氧化二磷量测定；
——第 10 部分：氧化锰量测定；
——第 11 部分：氧化钾和氧化钠量测定；
——第 12 部分：氟量测定；
——第 13 部分：硫量测定；
——第 14 部分：氧化亚铁量测定；
——第 15 部分：锂量测定；
——第 16 部分：铷量测定；
——第 17 部分：锶量测定；
——第 18 部分：铜量测定；
——第 19 部分：铅量测定；
——第 20 部分：锌量测定；
——第 21 部分：镍和钴量测定；
——第 22 部分：钒量测定；
——第 23 部分：铬量测定；
——第 24 部分：镉量测定；
——第 25 部分：钼和钨量测定；
——第 26 部分：钴量测定；
——第 27 部分：镍量测定；
——第 28 部分：16 个主次成分量测定；
——第 29 部分：稀土等 22 个元素量测定；
——第 30 部分：44 个元素量测定。

本部分为 GB/T 14506 的第 18 部分。

本部分代替 GB/T 14506.18—1993《硅酸盐岩石化学分析方法　铜的测定》。

本部分与 GB/T 14506.18—1993 相比主要变化如下：
——增加了规范性引用文件；
——增加了警示、警告内容。

本部分由中华人民共和国国土资源部提出。

本部分由全国国土资源标准化技术委员会归口。

本部分负责起草单位:国家地质实验测试中心。

本部分起草单位:国家地质实验测试中心、黑龙江省地质矿产测试应用研究所。

本部分主要起草人:董波、李亚、王苏明。

本部分所代替标准的历次版本发布情况为:

——GB/T 14506.18—1993。

硅酸盐岩石化学分析方法
第18部分:铜量测定

警示——使用本部分的人员应有正规实验室工作的实践经验。本部分并未指出所有可能的安全问题。使用者有责任采取适当的安全和健康措施,并保证符合国家有关法规规定的条件。

1 范围

GB/T 14506的本部分规定了硅酸盐岩石中铜量的测定方法。

本部分适用于硅酸盐岩石中铜量的测定,也适用于土壤和水系沉积物中铜量的测定。

测定范围:氢氧化钠-氯化铵底液法用方波极谱仪测定为4 μg/g以上的铜量。用示波极谱导数部分测定为10 μg/g以上的铜量。硫氰酸钾-乙二胺-亚硫酸钠底液极谱法测定为5 μg/g～125 μg/g的铜量。火焰原子吸收分光光度法测定为5 μg/g～500 μg/g的铜量。

2 规范性引用文件

下列文件中的条款通过GB/T 14506的本部分的引用而成为本部分的条款。凡是注日期的引用文件,其随后所有的修改单(不包括勘误的内容)或修订版均不适用于本部分,然而,鼓励根据本部分达成协议的各方研究是否可使用这些文件的最新版本。凡是不注日期的引用文件,其最新版本适用于本部分。

GB/T 6682 分析实验室用水规格和试验方法

GB/T 14506.1 硅酸盐岩石化学分析方法 第1部分:吸附水量测定

3 氨水-氯化铵底液极谱法

3.1 原理

试料用盐酸-硝酸-氢氟酸分解,加入少量高氯酸或硫酸,加热蒸发至白烟冒尽以赶去氢氟酸。然后在3 mol/L氨水－1 mol/L氯化铵溶液中,用方波极谱仪或示波极谱仪,峰电位分别约为－0.45 V(对银棒电极)和－0.57 V(对饱和甘汞电极),导数部分测定铜的第二个还原波,计算铜量。

3.2 试剂

本部分除非另有说明,在分析中均使用分析纯试剂和符合GB/T 6682的分析实验室用水。

3.2.1 盐酸(ρ1.19 g/mL),优级纯。

3.2.2 盐酸(1+1),优级纯。

3.2.3 硝酸(ρ1.42 g/mL),优级纯。

3.2.4 硝酸(1+1),优级纯。

3.2.5 硫酸(1+1)。**警告——不当的稀释易发生危险!**

3.2.6 氢氟酸(ρ1.15 g/mL)。**警告——氢氟酸有毒并有腐蚀性,操作时应戴手套,防止皮肤接触。**

3.2.7 高氯酸(ρ1.67 g/mL),优级纯。**警告——易爆品,小心操作!**

3.2.8 氨水[$c(NH_4OH)=7.5$ mol/L]-氯化铵[$c(NH_4Cl)=2.5$ mol/L]-亚硫酸钾(2.5%)混合底液。

称取67 g氯化铵和12.5 g无水亚硫酸钠,置于600 mL烧杯中,加入约150 mL水,溶解后,加入262 mL氢氧化钠溶液(ρ0.88 g/mL),用水稀释至500 mL,搅匀。转入干塑料瓶中备用。

3.2.9 铁溶液:称取1.0 g光谱纯三氧化二铁,置于150 mL烧杯中,加入5 mL盐酸(3.2.1),加热溶解后,用水移入100 mL容量瓶中,并稀释至刻度,摇匀。此溶液1 mL含10 mg三氧化二铁。

3.2.10 铜标准溶液的配制：

a) 铜标准溶液(100 μg/mL)：

称取 0.100 0 g 高纯金属铜片[预先用(1+9)硝酸(3.2.4)洗净表面，然后分别用水和无水乙醇洗涤，风干后备用]，置于 150 mL 烧杯中，加入 10 mL(1+1)硝酸(3.2.4)，盖上表面皿，加热溶解后，用水吹洗表面皿后移去，加入 0.5 mL(1+1)硫酸(3.2.5)，蒸发至冒白烟，稍冷，用水吹洗杯壁，再蒸发至白烟冒尽，冷却。加入 10 mL 盐酸(3.2.1)溶解盐类，用水移入 1 000 mL 容量瓶中并稀释至刻度，摇匀；

b) 铜标准溶液(10.0 μg/ mL)：

分取 50.0 mL 铜标准溶液[3.2.10a)]，置于 500 mL 容量瓶中，用水稀释至刻度，摇匀；

c) 铜标准溶液(2.0 μg/mL)：

分取 50.0 mL 铜标准溶液[3.2.10b)]，置于 250 mL 容量瓶中，用水稀释至刻度，摇匀。

3.3 仪器

警告——应按照极谱仪仪器使用规程，在有良好通风条件并经活性炭吸附处理汞的设施中进行操作，以避免汞对环境的污染。

3.3.1 方波极谱仪。

参比电极：银棒电极。

3.3.2 示波极谱仪。

参比电极：饱和甘汞电极。

3.3.3 天平：三级，感量 0.1 mg。

3.4 试样

3.4.1 试样粒径应小于 74 μm。

3.4.2 试样应在 105 ℃预干燥 2 h～4 h，置于干燥器中，冷却至室温。

3.4.3 对易吸水的岩石，应取空气干燥试样，在称样的同时，按 GB/T 14506.1 进行吸附水量的测定。最终以干态计算结果。

3.5 分析步骤

3.5.1 测定数量

同一试料，一般应进行双份测定，或按一定比例进行双份测定。

3.5.2 试料量

称取 0.2 g 试料，精确至 0.1 mg。

用方波极谱仪测定时，如铜量＜10 μg/g，则称取 0.5 g 试料。

用示波极谱仪测定时，如铜量＜25 μg/g，则称取 0.5 g 试料。

3.5.3 空白试验

随同试料进行两份空白试验，所用试剂应取自同一试剂瓶，加入同等的量。

3.5.4 验证试验

随同试料分析同类型的标准物质。

3.5.5 测定

3.5.5.1 试料的分解

将试料(3.5.2)置于 50 mL 聚四氟乙烯烧杯中，以少量水润湿，加入 10 mL 盐酸(3.2.1)，盖上表面皿，置于电热板上，加热片刻，加入 3 mL 硝酸(3.2.3)，继续加热，约半小时后，用水吹洗表面皿后移去，蒸发溶液至 1 mL 左右，加入 5 mL 氢氟酸(3.2.6)及 0.5 mL 高氯酸(3.2.7)，低温加热至试料分解完全。蒸发至冒白烟，稍冷，用水吹洗杯壁，再蒸发至白烟冒尽，稍冷。

3.5.5.2 趁烧杯尚保持余热时，加入 0.5 mL 盐酸(3.2.2)及少许水溶解盐类，并盖上表面皿加热助溶。用水移入 25 mL 容量瓶中，加入 10 mL 混合底液(3.2.8)，用水稀释至刻度，摇匀。放置半小时。

3.5.5.3 校准溶液系列的配制

取0 mL、1.00 mL、2.00 mL、3.00 mL、4.00 mL、6.00 mL、8.00 mL、10.00mL 铜标准溶液[3.2.10c)]，置于一系列25 mL容量瓶中，加入1 mL铁溶液(3.2.9)及10 mL混合底液(3.2.6)，用水稀释至刻度，摇匀。以下按(3.5.6)分析步骤进行。

3.5.6 极谱测定

将部分上层澄清溶液倾入电解池中，用方波极谱仪测定时，起始电位为－0.20 V；用示波极谱仪，起始电位为－0.30 V，用导数部分的第二个还原波测定铜，同时进行校准溶液系列的极谱测定。

注：如试料中钴铜量之比小于1时，用方波极谱仪或示波极谱仪导数测定，钴量太高时则影响测定。

3.5.7 校准曲线绘制

以校准溶液系列的铜量为横坐标，测量峰高为纵坐标，绘制校准曲线。从校准曲线上查得相应的铜量。

3.6 结果计算

计算结果以质量分数 $w(\mathrm{Cu})$ 计，数值以 μg/g 表示，按式(1)计算铜量。

$$w(\mathrm{Cu})=\frac{m_1-m_0}{m} \qquad \cdots\cdots(1)$$

式中：

m_1——从校准曲线上查得试料溶液的铜量，单位为微克(μg)；

m_0——从校准曲线上查得试料空白溶液的铜量，单位为微克(μg)；

m——试料量，单位为克(g)。

分析结果表示至小数点后第一位。

3.7 精密度

氨水-氯化铵底液极谱法测定硅酸盐岩石中铜量结果的精密度见表1。

表1 精密度

单位为微克每克

成　分	水平范围 m	重复性限 r	再现性限 R
Cu	4.0～55.0	$r=0.434m^{0.75}$	$R=2.399+0.242m$
注：本精密度数据是由7个实验室对10个水平的试料进行实验确定的。			

4 硫氰酸钾-乙二胺-亚硫酸钠底液极谱法

4.1 原理

试料用盐酸-硝酸-氢氟酸分解，加入少量高氯酸，蒸发至白烟冒尽以赶去氢氟酸。用盐酸溶解盐类，然后在硫氰酸钾-乙二胺-亚硫酸钠溶液中(pH7.8～pH7.9)，在示波极谱仪上，起始电位为－0.30 V，峰电位约为－0.50 V(对饱和甘汞电极)，用导数部分测定铜的吸附催化电流，催化电流峰高与铜浓度呈线性关系，计算铜量。

4.2 试剂

4.2.1 盐酸(ρ1.19 g/mL)，优级纯。

4.2.2 盐酸(1+3)。

4.2.3 硝酸(ρ1.42 g/mL)，优级纯。

4.2.4 氢氟酸(ρ1.15 g/mL)。**警告——氢氟酸有毒并有腐蚀性，操作时应戴手套，防止皮肤接触。**

4.2.5 高氯酸(ρ1.67 g/mL)，优级纯。**警告——易爆品，小心操作！**

4.2.6 乙二胺(1+3)。

4.2.7 硫氰酸钾溶液(100 g/L)。

4.2.8 亚硫酸钠溶液(150 g/L)。用无水亚硫酸钠配制。

4.2.9　铁溶液：称取 1.000 0 g 光谱纯三氧化二铁，置于 150 mL 烧杯中，加入 5 mL 盐酸(4.2.1)，加热溶解后，用水移入 100 mL 容量瓶中，并稀释至刻度，摇匀。此溶液 1 mL 含 10 mg 三氧化二铁。

4.2.10　铜标准溶液

a)　铜标准溶液(100.0 μg/mL)：称取 0.100 0 g 纯金属铜片[预先用硝酸(1+9)洗净表面，然后分别用水和无水乙醇洗涤，风干后备用]，置于 150 mL 烧杯中，加入 10 mL 硝酸(1+1)，盖上表面皿，加热溶解后，用水吹洗表面皿后移去，加入 0.5 mL 硫酸(1+1)，蒸发至冒白烟，稍冷，用水吹洗杯壁，再蒸发至白烟冒尽，冷却。加入 10 mL 盐酸(4.2.2)溶解盐类，用水移入 1 000 mL 容量瓶中并稀释至刻度，摇匀；

b)　铜标准溶液(10.0 μg/mL)：分取 50.0 mL 铜标准溶液[4.2.10a)]，置于 500 mL 容量瓶中，用水稀释至刻度，摇匀；

c)　铜标准溶液(2.0 μg/mL)：分取 50.0 mL 铜标准溶液[4.2.10b)]，置于 250 mL 容量瓶中，用水稀释至刻度，摇匀。

4.3　仪器

警告——应按照极谱仪仪器使用规程，在有良好通风条件并经活性炭吸附处理汞的设施中进行操作，以避免汞对环境的污染。

4.3.1　示波极谱仪。

参比电极：饱和甘汞电极。

4.3.2　天平：三级，感量 0.1 mg。

4.4　试样

4.4.1　试样粒径应小于 74 μm。

4.4.2　试样应在 105 ℃预干燥 2 h～4 h，置于干燥器中，冷却至室温。

4.4.3　对易吸水的岩石，应取空气干燥试样，在称样的同时，按 GB/T 14506.1 进行吸附水量的测定。最终以干态计算结果。

4.5　分析步骤

4.5.1　测定数量同一试料，一般应进行双份测定，或按一定比例进行双份测定。

4.5.2　试料量

称取 0.2 g 试料，精确至 0.1 mg。

4.5.3　空白试验

随同试料进行两份空白试验，所用试剂应取自同一试剂瓶，加入同等的量。

4.5.4　验证试验

随同试料分析同类型的标准物质。

4.5.5　测定

4.5.5.1　试料的分解

将试料(4.5.2)置于 50 mL 聚四氟乙烯烧杯中，以少量水润湿，加入 10 mL 盐酸(4.2.1)，盖上表面皿，置于电热板上，加热片刻，加入 3 mL 硝酸(4.2.3)，继续加热，约半小时后，用水吹洗表面皿后移去，蒸发溶液至 1 mL 左右，加入 5 mL 氢氟酸(4.2.4)及 0.5 mL 高氯酸(4.2.5)，低温加热至试料分解完全。蒸发至冒白烟，稍冷，用水吹洗杯壁，再蒸发至白烟冒尽，稍冷。

4.5.5.2　趁烧杯尚保持余热时，加入 2 mL 盐酸(4.2.2)溶解盐类，并加少许水盖上表面皿加热助溶，用水移入 25 mL 容量瓶中，加入 1 mL 乙二胺(4.2.6)，摇匀。冷却至室温。再加入 1.5 mL 硫氰酸钾溶液(4.2.7)及 2.5 mL 亚硫酸钠溶液(4.2.8)，用水稀释至刻度，摇匀。放置半小时。

注：底液中各组成的浓度不同程度地影响铜的峰高，均应准确加入。

4.5.5.3　校准溶液系列的配制

取 0 mL、0.50 mL、1.00 mL、2.00 mL、4.00 mL、6.00 mL、8.00 mL、10.00mL 铜标准溶液

[4.2.10c)],置于一系列 25 mL 容量瓶中,加入 1 mL 铁溶液(4.2.9),以下按(4.5.5.2)分析步骤进行。

4.5.6 极谱测定

将试料溶液的部分上层澄清溶液倾入电解池中,在示波极谱仪上,起始电位为−0.30V,用导数部分进行测定。同时进行校准溶液系列的极谱测定。

4.5.7 以校准溶液系列的铜量为横坐标,测定峰高为纵坐标,绘制校准曲线。从校准曲线上查得相应的铜量。

4.6 结果计算

计算结果以质量分数 $w(Cu)$ 计,数值以 μg/g 表示,按式(2)计算铜量。

$$w(Cu)=\frac{m_1-m_0}{m} \qquad \cdots\cdots(2)$$

式中:

m_1——从校准曲线上查得试料溶液的铜量,单位为微克(μg);

m_0——从校准曲线上查得试料空白溶液的铜量,单位为微克(μg);

m——试料量,单位为克(g)。

分析结果以 *x.x* μg/g、*xx.x* μg/g、*xxx* μg/g 表示。

4.7 精密度

硫氰酸钾-乙二胺-亚硫酸钠底液极谱法测定硅酸盐岩石中铜量结果的精密度见表 2。

表 2 精密度

单位为微克每克

成　分	水平范围 m	重复性限 r	再现性限 R
Cu	3.6～56.0	$r=0.209+0.171m$	$R=1.770m^{0.44}$
注:本精密度数据是由 6 个实验室对 10 个水平的试料进行实验确定的。			

5 火焰原子吸收分光光度法

5.1 原理

试料用盐酸、硝酸分解,氢氟酸、高氯酸处理,蒸发至冒尽高氯酸白烟,残渣用稀盐酸加热浸取,制成 5%盐酸溶液。在原子吸收分光光度计上,于波长 324.7 nm 处,在空气-乙炔火焰中测量铜的吸光度。

5.2 试剂

5.2.1 盐酸(ρ1.19 g/mL),优级纯。

5.2.2 盐酸(1+1),优级纯。

5.2.3 硝酸(ρ1.42 g/mL),优级纯。

5.2.4 氢氟酸(ρ1.15 g/mL)。**警告——氢氟酸有毒并有腐蚀性,操作时应戴手套,防止皮肤接触。**

5.2.5 高氯酸(ρ1.68 g/mL),优级纯。**警告——易爆品,小心操作!**

5.2.6 铜标准溶液

a) 铜标准溶液(1.00 mg/mL):称取 1.000 0 g 高纯金属铜片[预先用硝酸(1+9)洗净表面,然后分别用水和无水乙醇洗涤,风干后备用]置于 400 mL 烧杯中,加 25 mL 硝酸(1+4),盖上表面皿,温热溶解完全后,在水浴上蒸发至出现结晶。用水溶解盐类,冷却后,移入 1 000 mL 容量瓶中,用水稀释至刻度,摇匀。此溶液 1 mL 含 1.00 mg 铜;

b) 铜标准溶液(20.0 μg/mL):分取 20.0 mL 铜标准溶液[5.2.6a)]置于 1 000 mL 容量瓶中,用水稀释至刻度,摇匀。此溶液 1 mL 含 20.0 μg 铜。用时现配。

5.3 仪器

5.3.1 原子吸收分光光度计,配有铜空心阴极灯。

5.3.2 天平:三级,感量 0.1 mg。

5.4 试样

5.4.1 试样粒径应小于 74 μm。

5.4.2 试样应在 105 ℃预干燥 2 h～4 h，置于干燥器中，冷却至室温。

5.4.3 对易吸水的岩石，应取空气干燥试样。在称样的同时按 GB/T 14506.1 进行吸附水量的测定。最终以干态计算结果。

5.5 分析步骤

5.5.1 测定数量

同一试料，一般应进行双份测定，或按一定比例进行双份测定。

5.5.2 试料量

称取 0.5 g 试料，精确至 0.1 mg。

5.5.3 空白试验

随同试料进行两份空白试验，所用试剂应取自同一试剂瓶，加入同等的量。

5.5.4 验证试验

随同试料分析同类型的标准物质。

5.5.5 测定

5.5.5.1 试料的分解

将试料(5.5.2)置于 100 mL 聚四氟乙烯烧杯中，用水润湿，加 15 mL 盐酸(5.2.1)，盖上表面皿，置于电热板上加热分解，煮沸 5 min，取下稍冷，加 5 mL 硝酸(5.2.3)，继续加热至剧烈反应停止，稍冷，用水冲洗表面皿并移去，加 20 mL 氢氟酸(5.2.4)、3 mL～4 mL 高氯酸(5.2.5)，于电热板上加热蒸发至高氯酸刚开始冒烟，取下冷却，用水冲洗杯壁，继续加热至高氯酸白烟冒尽(若样品分解不完全，可在未蒸干前补加氢氟酸继续蒸干)。取下冷却，沿杯壁加入 5 mL 盐酸(5.2.2)，加热使盐类溶解。冷却至室温，用水移入 50 mL 容量瓶中并稀释至刻度，摇匀。

注 1：为防止残留的痕量氟对玻璃器皿的侵蚀，使空白值增高，试料溶液应尽快测定，或在试料溶液与校准溶液系列中各加入 5 mL 饱和硼酸溶液，再用水稀释至刻度，摇匀后测量。

注 2：如果含量超过校准曲线，可吸取部分清液至另一容量瓶中，补加适量盐酸(5.2.2)至酸度为 5%，用水稀释至刻度，摇匀后继续测量。随同试料的空白试验溶液(5.5.3)也应用同样方法进行稀释。

5.5.5.2 校准溶液系列的配制

取 0 mL、1.00 mL、2.50 mL、5.00 mL、10 mL、15.00 mL、20.00 mL、25.00 mL 铜标准溶液[5.2.6b)]，置于一系列 100 mL 容量瓶中，各加入 10 mL 盐酸(5.2.2)，用水稀释至刻度，摇匀。

5.5.6 吸光度测量

在原子吸收分光光度计上，调节波长为 324.7 nm，光谱带宽为 0.7 nm～1.3 nm，点燃空气-乙炔火焰，用水调零，测量铜的吸光度。先用校准溶液系列中浓度最大的喷测，并调节火焰状态和燃烧器位置与高度，使测得的吸光度为最大。然后按浓度由低至高的顺序，依次喷测铜校准溶液系列、空白溶液和待测试料溶液(包括标准物质溶液)的吸光度。

5.5.7 校准曲线绘制

以铜校准溶液系列的浓度为横坐标，净吸光度为纵坐标，绘制校准曲线。从校准曲线上分别查得相应的铜量。

5.6 结果计算

计算结果以质量分数 $w(\mathrm{Cu})$ 计，数值以 μg/g 表示，按式(3)计算铜量。

$$w(\mathrm{Cu})=\frac{(\rho-\rho_0)V}{m} \qquad (3)$$

式中：

ρ——从校准曲线上查得的试料溶液中铜的浓度，单位为微克每毫升(μg/mL)；

ρ_0——从校准曲线上查得的试料空白溶液中铜的浓度，单位为微克每毫升(μg/mL)；

V——试料溶液体积，单位为毫升(mL)；

m——试料量，单位为克(g)。

分析结果表示至小数点后第一位。

5.7 精密度

火焰原子吸收分光光度法测定硅酸盐岩石中铜量结果的精密度见表3。

表3 精密度

单位为微克每克

成　分	水平范围 m	重复性限 r	再现性限 R
Cu	9.5～55.8	$r=1.552+0.0600m$	$R=2.572+0.107m$
注：本精密度数据是由6个实验室对9个水平的试料进行实验确定的。			

ICS 73.080
D 53

中华人民共和国国家标准

GB/T 14506.19—2010
代替 GB/T 14506.19—1993

硅酸盐岩石化学分析方法 第19部分:铅量测定

Methods for chemical analysis of silicate rocks—Part 19:Determination of lead content

2010-11-10 发布 2011-02-01 实施

中华人民共和国国家质量监督检验检疫总局
中国国家标准化管理委员会 发布

前　言

GB/T 14506《硅酸盐岩石化学分析方法》由以下30部分组成：

——第1部分：吸附水量测定；

——第2部分：化合水量测定；

——第3部分：二氧化硅量测定；

——第4部分：三氧化二铝量测定；

——第5部分：总铁量测定；

——第6部分：氧化钙量测定；

——第7部分：氧化镁量测定；

——第8部分：二氧化钛量测定；

——第9部分：五氧化二磷量测定；

——第10部分：氧化锰量测定；

——第11部分：氧化钾和氧化钠量测定；

——第12部分：氟量测定；

——第13部分：硫量测定；

——第14部分：氧化亚铁量测定；

——第15部分：锂量测定；

——第16部分：铷量测定；

——第17部分：锶量测定；

——第18部分：铜量测定；

——第19部分：铅量测定；

——第20部分：锌量测定；

——第21部分：镍和钴量测定；

——第22部分：钒量测定；

——第23部分：铬量测定；

——第24部分：镉量测定；

——第25部分：钼和钨量测定；

——第26部分：钴量测定；

——第27部分：镍量测定；

——第28部分：16个主次成分量测定；

——第29部分：稀土等22个元素量测定；

——第30部分：44个元素量测定。

本部分为GB/T 14506的第19部分。

本部分代替GB/T 14506.19—1993《硅酸盐岩石化学分析方法　铅的测定》。

本部分与GB/T 14506.19—1993相比主要变化如下：

——增加了规范性引用文件；

——增加了警示、警告内容。

本部分由中华人民共和国国土资源部提出。

本部分由全国国土资源标准化技术委员会归口。

本部分负责起草单位:国家地质实验测试中心。

本部分起草单位:国家地质实验测试中心、黑龙江省地质矿产测试应用研究所。

本部分主要起草人:刘代敏、葛艳梅、王苏明。

本部分所代替标准的历次版本发布情况为:

——GB/T 14506.19—1993。

硅酸盐岩石化学分析方法
第19部分:铅量测定

警示——使用本部分的人员应有正规实验室工作的实践经验。本部分并未指出所有可能的安全问题。使用者有责任采取适当的安全和健康措施,并保证符合国家有关法规规定的条件。

1 范围

GB/T 14506的本部分规定了硅酸盐岩石中铅量的测定方法。

本部分适用于硅酸盐岩石中铅量的测定,也适用于土壤和水系沉积物中铅量的测定。不适用于含铁、钛高的辉长岩。

测定范围:火焰原子吸收分光光度法,5 μg/mL~500 μg/mL铅量。盐酸-酒石酸-碘化钾底液极谱法,10 μg/mL~250 μg/mL的铅量。

2 规范性引用文件

下列文件中的条款通过GB/T 14506的本部分的引用而成为本部分的条款。凡是注日期的引用文件,其随后所有的修改单(不包括勘误的内容)或修订版均不适用于本部分,然而,鼓励根据本部分达成协议的各方研究是否可使用这些文件的最新版本。凡是不注日期的引用文件,其最新版本适用于本部分。

GB/T 6682 分析实验室用水规格和试验方法

GB/T 14506.1 硅酸盐岩石化学分析方法 第1部分:吸附水量测定

3 原子吸收分光光度法

3.1 原理

试料用盐酸、硝酸分解,氢氟酸、高氯酸加热分解,蒸发至冒尽高氯酸白烟,残渣用稀盐酸加热浸取,制成5%盐酸溶液。在原子吸收分光光度计上,以塞曼效应或连续光谱灯校正背景,于波长283.3 nm处,在空气-乙炔火焰中测量铅的吸光度,计算铅量。

3.2 试剂

本部分除非另有说明,在分析中均使用分析纯试剂和符合GB/T 6682的分析实验室用水。

3.2.1 盐酸(ρ1.19 g/mL),优级纯。

3.2.2 盐酸(1+1)。

3.2.3 硝酸(ρ1.42 g/mL),优级纯。

3.2.4 氢氟酸(ρ1.15 g/mL)。**警告——氢氟酸有毒并有腐蚀性,操作时应戴手套,防止皮肤接触。**

3.2.5 高氯酸(ρ1.68 g/mL),优级纯。**警告——易爆品,小心操作!**

3.2.6 铅标准溶液:

a) 铅标准溶液(1.00 mg/mL):

称取1.000 0 g高纯铅[预先用硝酸(1+9)洗净表面,然后分别用水和无水乙醇洗涤,风干后备用]于250 mL烧杯中,加入10 mL硝酸(3.2.3),盖上表面皿。加热溶解完全后,移入1 000 mL容量瓶中,用水稀释至刻度,摇匀;

b) 铅标准溶液(20.0 μg/mL):

分取20.0 mL铅标准溶液[3.2.6a)],置于1 000 mL容量瓶中,用水稀释至刻度,摇匀。用时现配。

3.3 仪器

3.3.1 原子吸收分光光度汁，配有铅空心阴极灯。

3.3.2 天平：三级，感量 0.1 mg。

3.4 试样

3.4.1 试样粒径应小于 74 μm。

3.4.2 试样应在 105 ℃预干燥 2 h～4 h，置于干燥器中，冷却至室温。

3.4.3 对易吸水的岩石，应取空气干燥试样。在称样的同时按 GB/T 14506.1 进行吸附水量的测定，最终以干态计算结果。

3.5 分析步骤

3.5.1 测定数量

同一试料，一般应进行双份测定，或按一定比例进行双份测定。

3.5.2 试料量

称取 0.5 g 试料，精确至 0.1 mg。

3.5.3 空白试验

随同试料进行两份空白试验，所用试剂应取自同一试剂瓶，加入同等的量。

3.5.4 验证试验

随同试料分析同类型的标准物质。

3.5.5 测定

3.5.5.1 试料的分解

将试料(3.5.2)置于 100 mL 聚四氟乙烯烧杯中，用水润湿，加 15 mL 盐酸(3.2.1)，盖上表面皿，置于电热板上加热分解，煮沸 5min，取下稍冷，加 5 mL 硝酸(3.2.3)，继续加热至剧烈反应停止，稍冷，用水吹洗表面皿并移去，加 20 mL 氢氟酸(3.2.4)、3 mL～4 mL 高氯酸(3.2.5)，于电热板上加热蒸发至高氯酸刚开始冒烟，取下冷却，用水冲洗杯壁，继续加热至高氯酸白烟冒尽(若样品分解不完全，可在未蒸干前补加氢氟酸继续蒸干)。取下冷却，沿杯壁加入 5 mL 盐酸(3.2.2)，加热使盐类溶解。冷却至室温，用水移入 50 mL 容量瓶中并稀释至刻度，摇匀。

注 1：为防止残留的痕量氟对玻璃器皿的侵蚀，使空白值增高，试料溶液应尽快测定，或在试料溶液与校准溶液系列溶液中各加入 5 mL 饱和硼酸溶液，再用水稀释至刻度，摇匀后测量。

注 2：如果含量超过校准曲线，可吸取部分清液至另一容量瓶中，补加适量盐酸(3.2.2)至酸度为 5%，用水稀释至刻度，摇匀后继续测量。随同试料的空白试验溶液(3.5.3)也应用相同方法进行稀释。

3.5.5.2 校准溶液系列的配制

取 0 mL、1.00 mL、2.50 mL、5.00 mL、10.00 mL、15.00 mL、20.00 mL、25.00 mL、50.00 mL 铅标准溶液[3.2.6b)]于一系列 100 mL 容量瓶中，各加入 10 mL 盐酸(3.2.2)，用水稀释至刻度，摇匀。

3.5.6 吸光度测量

在原子吸收分光光度计上，调节波长为 283.3 nm，光谱带宽为 0.7 nm～1.3 nm，点燃空气-乙炔火焰，用水调零，测量铅的吸光度。先用校准溶液系列中浓度最大的喷测，并调节火焰状态和燃烧器位置与高度，使测得的吸光度为最大。然后按浓度由低至高的顺序，依次喷测铅校准溶液系列、空白溶液和待测试料溶液(包括标准物质溶液)的吸光度。

3.5.7 校准曲线绘制

以铅校准溶液系列的浓度为横坐标，净吸光度为纵坐标，绘制校准曲线。从校准曲线上分别查得相应的铅量。

3.6 结果计算

计算结果以质量分数 $w(\mathrm{Pb})$ 计，数值以 μg/g 表示，按式(1)计算铅量。

$$w(\mathrm{Pb})=\frac{(\rho-\rho_0)V}{m} \quad \cdots\cdots(1)$$

式中：

ρ——从校准曲线上查得的试料溶液中铅的浓度，单位为微克每毫升(μg/mL)；

ρ_0——从校准曲线上查得的试料空白溶液中铅的浓度，单位为微克每毫升(μg/mL)；

V——试料溶液体积，单位为毫升(mL)；

m——试料量，单位为克(g)。

分析结果表示至小数点后第一位。

3.7 精密度

原子吸收分光光度法测定硅酸盐岩石中铅量结果的精密度见表1。

表1 精密度

单位为微克每克

成分	水平范围 m	重复性限 r	再现性限 R
Pb	7.0～205	$r=1.183m^{0.52}$	$R=3.236+0.185m$
注：本精密度数据是由6个实验室对9个水平的试料进行实验确定的。			

4 盐酸-酒石酸-碘化钾底液极谱法

4.1 原理

试料用盐酸-硝酸-氢氟酸加热分解，加入少量高氯酸，蒸发至白烟冒尽以赶去氢氟酸和硝酸。用盐酸溶解盐类，加入铁粉还原铁、铜、砷、铋等元素，然后在5%盐酸-1.5%酒石酸-0.5%碘化钾溶液中，在示波极谱仪上，起始电位为－0.36 V，峰电位约为－0.52 V(对饱和甘汞电极)，用导数部分测定铅的吸附催化电流。吸附催化电流峰高与铅浓度呈线性关系，计算铅量。

4.2 试剂

4.2.1 铁粉：预先经空白试验不应含铅。

4.2.2 盐酸(ρ1.19 g/mL)，优级纯。

4.2.3 盐酸(1＋4)，优级纯。

4.2.4 硝酸(ρ1.42 g/mL)，优级纯。

4.2.5 氢氟酸(ρ1.15 g/mL)。**警告——氢氟酸有毒并有腐蚀性，操作时应戴手套，防止皮肤接触。**

4.2.6 高氯酸(ρ1.67 g/mL)，优级纯。**警告——易爆品，小心操作！**

4.2.7 混合底液：称取7.5 g酒石酸、2.5 g碘化钾及0.5 g抗坏血酸，置于500 mL烧杯中，加水溶解，并稀释至400 mL，搅匀。

4.2.8 铅标准溶液

a) 铅标准溶液(100.0 μg/mL)：
称取0.100 0 g高纯金属铅[预先用硝酸(1＋9)洗净表面，然后分别用水和无水乙醇洗涤，风干后备用]，置于150 mL烧杯中，加入10 mL硝酸(4.2.4)，盖上表面皿，加热溶解后，用水吹洗表面皿后移去，将溶液移入1 000 mL容量瓶中并稀释至刻度，摇匀；

b) 铅标准溶液(5.0 μg/mL)：
取25.0 mL铅标准溶液[4.2.8a)]，置于500 mL容量瓶中，用水稀释至刻度，摇匀；

c) 铅标准溶液(1.0 μg/mL)：
取50.0 mL铅标准溶液[4.2.8b)]，置于250 mL容量瓶中，用水稀释至刻度，摇匀。

4.3 仪器

4.3.1 示波极谱仪。

参比电极：饱和甘汞电极。

4.3.2 天平：三级，感量0.1 mg。

4.4 试样

4.4.1 试样粒径应小于74 μm。

4.4.2 试样应在105 ℃预干燥2 h～4 h,置于干燥器中,冷却至室温。

4.4.3 对易吸水的岩石,应取空气干燥试样,在称样的同时,按GB/T 14506.1进行吸附水量的测定。最终以干态计算结果。

4.5 分析步骤

4.5.1 测定数量

同一试料,一般应进行双份测定,或按一定比例进行双份测定。

4.5.2 试料量

称取0.2 g试料。铅量大于100 μg/g时,称取0.1 g试料。称量精确至0.1 mg。

4.5.3 空白试验

随同试料进行两份空白试验,所用试剂应取自同一试剂瓶,加入同等的量。

4.5.4 验证试验

随同试料分析同类型的标准物质。

4.5.5 测定

4.5.5.1 试料的分解

将试料(4.5.2)置于50 mL聚四氟乙烯烧杯中,以少量水润湿,加入10 mL盐酸(4.2.2),盖上表面皿,置于电热板上,加热片刻,加入3 mL硝酸(4.2.4),继续加热,约半小时后,用水吹洗表面皿后移去,蒸发溶液至1 mL左右,加入5 mL氢氟酸(4.2.5)及0.5 mL高氯酸(4.2.6),低温加热至试料分解完全。蒸发至冒白烟,稍冷,用水吹洗杯壁,再蒸发至白烟冒尽,稍冷。

注:盐酸要预先进行空白试验,选用空白最低的。

4.5.5.2 趁烧杯尚保持余热时,加入5 mL盐酸(4.2.3)溶解盐类,并盖上表面皿加热助溶,冷却。加入0.1 g铁粉(4.2.1)还原铁、铜、铋等,待高价铁的黄色基本褪去后,用混合底液(4.2.7),移入25 mL容量瓶中,并稀释至刻度,摇匀。

注:如试料中的铜、铋等元素不超过允许量时,加入1 mL抗坏血酸溶液(100 g/L)代替铁粉还原高价铁。

4.5.5.3 校准溶液系列的配制

取0 mL、0.50 mL、1.00 mL、2.00 mL、3.00 mL、4.00 mL、5.00 mL、6.00 mL铅标准溶液[4.2.8b)]和铅标准溶液[4.2.8c)]分别置于两组25 mL烧杯中,低温蒸干,加入0.5 mL盐酸(4.2.2),蒸干,以下按(4.5.5.2)分析步骤进行。

4.5.6 极谱测定

警告——应按照极谱仪仪器使用规程,在有良好通风条件并经活性炭吸附处理汞的设施中进行操作,以避免汞对环境的污染。

用磁铁在容量瓶底部吸住铁粉,将部分试料溶液倾入电解池中,在示波极谱仪上,起始电位为−0.36 V,用导数部分测定,同时进行校准溶液系列的极谱测定。

注:用二次导数测定时,允许二氧化钛存在量提高至2.5 mg。铁(Ⅲ)和超过允许量的铜、砷、铋等元素,必须加入铁粉还原至低价或单质状态以消除其干扰。

4.5.7 校准曲线绘制

以校准溶液系列的铅量为横坐标,测定峰高为纵坐标,绘制校准曲线。从校准曲线上查得相应的铅量。

4.6 结果计算

4.6.1 计算结果以质量分数$w(Pb)$计,数值以μg/g表示,按式(2)计算铅量。

$$w(\mathrm{Pb})=\frac{m_1-m_0}{m} \qquad (2)$$

式中:

m_1——从校准曲线上查得试料溶液的铅量,单位为微克(μg);

m_0——从校准曲线上查得试料空白溶液的铅量，单位为微克(μg)；

m——试料量，单位为克(g)。

4.6.2 分析结果以 $x.x$ μg/g、$xx.x$ μg/g、xxx μg/g 表示。

4.7 精密度

盐酸-酒石酸-碘化钾底液极谱法测定硅酸盐岩石中铅量结果的精密度见表 2。

表 2 精密度

单位为微克每克

成　分	水平范围 m	重复性限 r	再现性限 R
Pb	10.0～197	$r=1.115+0.0977m$	$R=1.025+0.280m$
注：本精密度数据是由 6 个实验室对 9 个水平的试料进行实验确定的。			

ICS 73.080
D 53

中华人民共和国国家标准

GB/T 14506.20—2010
代替 GB/T 14506.20—1993

硅酸盐岩石化学分析方法 第20部分:锌量测定

Methods for chemical analysis of silicate rocks—Part 20:Determination of zinc content

2010-11-10 发布

2011-02-01 实施

中华人民共和国国家质量监督检验检疫总局
中国国家标准化管理委员会 发布

前　言

GB/T 14506《硅酸盐岩石化学分析方法》由以下 30 部分组成：
——第 1 部分：吸附水量测定；
——第 2 部分：化合水量测定；
——第 3 部分：二氧化硅量测定；
——第 4 部分：三氧化二铝量测定；
——第 5 部分：总铁量测定；
——第 6 部分：氧化钙量测定；
——第 7 部分：氧化镁量测定；
——第 8 部分：二氧化钛量测定；
——第 9 部分：五氧化二磷量测定；
——第 10 部分：氧化锰量测定；
——第 11 部分：氧化钾和氧化钠量测定；
——第 12 部分：氟量测定；
——第 13 部分：硫量测定；
——第 14 部分：氧化亚铁量测定；
——第 15 部分：锂量测定；
——第 16 部分：铷量测定；
——第 17 部分：锶量测定；
——第 18 部分：铜量测定；
——第 19 部分：铅量测定；
——第 20 部分：锌量测定；
——第 21 部分：镍和钴量测定；
——第 22 部分：钒量测定；
——第 23 部分：铬量测定；
——第 24 部分：镉量测定；
——第 25 部分：钼和钨量测定；
——第 26 部分：钴量测定；
——第 27 部分：镍量测定；
——第 28 部分：16 个主次成分量测定；
——第 29 部分：稀土等 22 个元素量测定；
——第 30 部分：44 个元素量测定。

本部分为 GB/T 14506 的第 20 部分。

本部分代替 GB/T 14506.20—1993《硅酸盐岩石化学分析方法　锌的测定》。

本部分与 GB/T 14506.20—1993 相比主要变化如下：
——增加了规范性引用文件；
——增加了警示、警告内容。

本部分由中华人民共和国国土资源部提出。

本部分由全国国土资源标准化技术委员会归口。

本部分负责起草单位：国家地质实验测试中心。

本部分起草单位：国家地质实验测试中心、黑龙江省地质矿产测试应用研究所。

本部分主要起草人：李亚、董波、王苏明。

本部分所代替标准的历次版本发布情况为：

——GB/T 14506.20—1993。

硅酸盐岩石化学分析方法 第20部分：锌量测定

警示——使用本部分的人员应有正规实验室工作的实践经验。本部分并未指出所有可能的安全问题。使用者有责任采取适当的安全和健康措施，并保证符合国家有关法规规定的条件。

1 范围

GB/T 14506的本部分规定了硅酸盐岩石中锌量的测定方法。

本部分适用于硅酸盐岩石中锌量的测定，也适用于土壤和水系沉积物中锌量的测定。

测定范围：氢氧化钠-氯化铵底液极谱法，25 μg/g以上的锌量。乙二胺底液极谱法，20 μg/g～2 000 μg/g的锌量。火焰原子吸收分光光度法，5 μg/g～200 μg/g的锌量。

2 规范性引用文件

下列文件中的条款通过GB/T 14506的本部分的引用而成为本部分的条款。凡是注日期的引用文件，其随后所有的修改单(不包括勘误的内容)或修订版均不适用于本部分，然而，鼓励根据本部分达成协议的各方研究是否可使用这些文件的最新版本。凡是不注日期的引用文件，其最新版本适用于本部分。

GB/T 6682　分析实验室用水规格和试验方法

GB/T 14506.1　硅酸盐岩石化学分析方法　第1部分：吸附水量测定

3 氢氧化钠-氯化铵底液极谱法

3.1 原理

试料用盐酸-硝酸-氢氟酸分解，加入少量高氯酸，蒸发至白烟冒尽以赶去氢氟酸和硝酸。然后在3 mol/L氨水-1 mol/L氯化铵溶液中，在示波极谱仪上，峰电位约为－1.39 V(对饱和甘汞电极)，导数部分测定锌的还原波，计算锌量。

3.2 试剂

本部分除非另有说明，在分析中均使用分析纯试剂和符合GB/T 6682的分析实验室用水。

3.2.1　盐酸(ρ1.19 g/mL)，优级纯。

3.2.2　盐酸(1+1)，优级纯。

3.2.3　硝酸(ρ1.42 g/mL)，优级纯。

3.2.4　氢氟酸(ρ1.15 g/mL)。**警告——氢氟酸有毒并有腐蚀性，操作时应戴手套，防止皮肤接触。**

3.2.5　高氯酸(ρ1.67 g/mL)，优级纯。**警告——易爆品，小心操作！**

3.2.6　氨水[$c(NH_4OH)$=7.5 mol/L]-氯化铵[$c(NH_4Cl)$=2.5 mol/L]-亚硫酸钠(25 g/L)混合底液：称取67 g氯化铵及12.5 g无水亚硫酸钠，置于600 mL烧杯中，加入约150 mL水，溶解后，加入262 mL氨水(ρ0.88 g/mL，优级纯)，用水稀释至500 mL，搅匀。转入干塑料瓶中备用。

注：预先进行锌空白试验。如不符合要求时，则应先精制后再配制混合底液。具体步骤如下：将1 000 mL氨水(ρ0.88 g/mL)倾入洁净的容器中(或用干燥器代替)，置于一个盛有500 mL水的塑料烧杯中，加盖密封，24 h后，氢氧化钠浓度约达(1+1)，然后加入67 g氯化铵及12.5 g无水亚硫酸钠，搅拌使溶解。此时总体积约为560 mL，转入干塑料瓶中备用。

3.2.7　铁溶液：称取1.000 0 g光谱纯三氧化二铁，置于150 mL烧杯中，加入5 mL盐酸(3.2.1)，加热溶解后，用水移入100 mL容量瓶中，并稀释至刻度，摇匀。此溶液1 mL含10 mg三氧化二铁。

3.2.8 锌标准溶液的配制：

a) 锌标准溶液(100.0 μg/mL)：

称取0.100 0 g高纯金属锌[预先用盐酸(1+9)洗净表面，然后分别用水和无水乙醇洗涤，风干后备用]，置于150 mL烧杯中，加入10 mL盐酸(3.2.1)，盖上表面皿，加热溶解后，用水吹洗表面皿后移去，将溶液移入1 000 mL容量瓶中并稀释至刻度，摇匀；

b) 锌标准溶液(5.0 μg/mL)：

分取25.0 mL锌标准溶液[3.2.8a)]，置于500 mL容量瓶中，用水稀释至刻度，摇匀。

3.3 仪器

警告——应按照极谱仪仪器使用规程，在有良好通风条件并经活性炭吸附处理汞的设施中进行操作，以避免汞对环境的污染。

3.3.1 示波极谱仪。

参比电极：饱和甘汞电极。

3.3.2 天平：三级，感量0.1 mg。

3.4 试样

3.4.1 试样粒径应小于74 μm。

3.4.2 试样应在105 ℃预干燥2 h～4 h，置于干燥器中，冷却至室温。

3.4.3 对易吸水的岩石，应取空气干燥试样，在称样的同时，按GB/T 14506.1进行吸附水量的测定。最终以干态计算结果。

3.5 分析步骤

3.5.1 测定数量

同一试料，一般应进行双份测定，或按一定比例进行双份测定。

3.5.2 试料量

称取0.2 g试料。锌含量小于50 μg/g时，称取0.5 g试料。称量精确至0.1 mg。

3.5.3 空白试验

随同试料进行两份空白试验，所用试剂应取自同一试剂瓶，加入同等的量。

3.5.4 验证试验

随同试料分析同类型的标准试料。

3.5.5 测定

3.5.5.1 试料的分解

将试料(3.5.2)置于50 mL聚四氟乙烯烧杯中，以少量水润湿，加入10 mL盐酸(3.2.1)，盖上表面皿，置于电热板上，加热片刻，加入3 mL硝酸(3.2.3)，继续加热，约半小时后，用水吹洗表面皿后移去，蒸发溶液至1 mL左右，加入5 mL氢氟酸(3.2.4)及0.5 mL高氯酸(3.2.5)，低温加热至试料分解完全。蒸发至冒白烟，稍冷，用水吹洗杯壁，再蒸发至白烟冒尽，稍冷。

注1：氢氟酸要保证逐尽，仔细观察在烧杯内壁不再留有水珠；否则转入玻璃容量瓶后，残存的氟离子能腐蚀玻璃，引入锌而使结果偏高。

注2：用二阶导数测定时，允许钴存在量提高至10 μg，钴量再高时，两波相互影响。

3.5.5.2 定容

趁烧杯尚保持余热时，加入0.5 mL盐酸(3.2.2)及少许水溶解盐类，并盖上表面皿加热助溶，用水移入25 mL容量瓶中，加入10 mL混合底液(3.2.6)，用水稀释至刻度，摇匀。放置半小时。

注1：最好用25 mL具塞塑料比色管。以避免可能残留的氟离子引起污染。

注2：如用精制的氨水，配制底液时加入12 mL。

3.5.5.3 校准溶液系列的配制

取0 mL、1.00 mL、2.00 mL、3.00 mL、4.00 mL、5.00 mL、6.00 mL、8.00 mL锌标准溶液[3.2.8b)]，

置于一系列 25 mL 容量瓶中，加入 1 mL 铁溶液(3.2.7)及 10 mL 混合底液(3.2.6)，用水稀释至刻度，摇匀。

3.5.6 极谱测定

将试料溶液的部分上层澄清溶液倾入电解池中，在示波极谱仪上，起始电位为－1.20 V，用导数部分进行测定。同时进行校准溶液系列的极谱测定。

注：同(3.5.5.2)注 2。

3.5.7 校准曲线绘制

以校准溶液系列的锌量为横坐标，峰高为纵坐标，绘制校准曲线。从校准曲线上查得相应的锌量。

3.6 结果计算

计算结果以质量分数 $w(\mathrm{Zn})$ 计，数值以 μg/g 表示，按式(1)计算锌量。

$$w(\mathrm{Zn})=\frac{m_1-m_0}{m} \quad \cdots\cdots(1)$$

式中：

m_1——从校准曲线上查得试料溶液的锌量，单位为微克(μg)；

m_0——从校准曲线上查得试料空白溶液的锌量，单位为微克(μg)；

m——试料量，单位为克(g)。

分析结果以 $x.x$ g/g、$xx.x$ g/g、xxx μg/g 表示。

3.7 精密度

氢氧化钠-氯化铵底液极谱法测定硅酸盐岩石中锌量结果的精密度见表 1。

表 1 精密度

单位为微克每克

成　　分	水平范围 m	重复性限 r	再现性限 R
Zn	25.0～163	$r=2.192+0.163m$	$R=1.264+0.285m$
注：本精密度数据是由 7 个实验室对 10 个水平的试料进行实验确定的。			

4 乙二胺底液极谱法

4.1 原理

试料用盐酸-硝酸-氢氟酸分解，加入少量高氯酸，蒸发至白烟冒尽以赶去氢氟酸和硝酸。用盐酸溶解盐类，然后加入乙二胺、亚硫酸钠及明胶溶液后，在示波极谱仪上，峰电位约为－1.40 V(对饱和甘汞电极)，导数部分测定，峰高与锌浓度呈线性关系，计算锌量。

4.2 试剂

4.2.1 盐酸(1＋1)。

4.2.2 盐酸(ρ1.19 g/mL)，优级纯。

4.2.3 硝酸(ρ1.42 g/mL)，优级纯。

4.2.4 氢氟酸(ρ1.15 g/mL)。**警告——氢氟酸有毒并有腐蚀性，操作时应戴手套，防止皮肤接触。**

4.2.5 高氯酸(ρ1.67 g/mL)，优级纯。**警告——易爆品，小心操作！**

4.2.6 乙二胺(1＋1)。

4.2.7 亚硫酸钠溶液(200 g/L)，用无水亚硫酸钠配制。

4.2.8 明胶溶液(2.5 g/L)。

4.2.9 锌标准溶液的配制：

a) 锌标准溶液(100.0 μg/mL)：

称取 0.1 g 高纯金属锌[预先用盐酸(1＋9)洗净表面，然后分别用水和无水乙醇洗涤，风干后备用]，置于 150 mL 烧杯中，加入 10 mL 盐酸(4.2.1)，盖上表面皿，加热溶解后，用水吹洗表面皿后移去，将溶液移入1 000 mL容量瓶中并稀释至刻度，摇匀；

b) 锌标准溶液(5.0 μg/mL)：

分取25.0 mL锌标准溶液[4.2.9a)]，置于500 mL容量瓶中，用水稀释至刻度，摇匀。

4.3 仪器

警告——应按照极谱仪仪器使用规程，在有良好通风条件并经活性炭吸附处理汞的设施中进行操作，以避免汞对环境的污染。

4.3.1 示波极谱仪。

参比电极：饱和甘汞电极。

4.3.2 天平：三级，感量0.1 mg。

4.4 试样

4.4.1 试样粒径应小于74 μm。

4.4.2 试样应在105 ℃预干燥2 h～4 h，置于干燥器中，冷却至室温。

4.4.3 对易吸水的岩石，应取空气干燥试样，在称样的同时，按GB/T 14506.1进行吸附水量的测定。最终以干态计算结果。

4.5 分析步骤

4.5.1 测定数量

同一试料，一般应进行双份测定，或按一定比例进行双份测定。

4.5.2 试料量

称取0.2 g试料。锌含量大于150 μg/g时，称取0.1 g试料；锌含量小于50 μg/g时，称取0.5 g试料。称量精确至0.1 mg。

4.5.3 空白试验

随同试料进行两份空白试验，所用试剂应取自同一试剂瓶，加入同等的量。

4.5.4 验证试验

随同试料分析同类型的标准物质。

4.5.5 测定

4.5.5.1 试料的分解

将试料(4.5.2)置于50 mL聚四氟乙烯烧杯中，以少量水润湿，加入10 mL盐酸(4.2.1)；盖上表面皿，置于电热板上，加热片刻，加入3 mL硝酸(4.2.3)，继续加热，约半小时后，用水吹洗表面皿后移去，蒸发溶液至1 mL左右，加入5 mL氢氟酸(4.2.4)及0.5 mL高氯酸(4.2.5)，低温加热至试料分解完全。蒸发至冒白烟，稍冷，用水吹洗杯壁，再蒸发至白烟冒尽，稍冷。

注：赶尽氢氟酸，仔细观察在烧杯内壁不再留有水珠，否则残存的氟离子能腐蚀玻璃引入锌而使结果偏高。

4.5.5.2 定容

趁烧杯尚保持余热时，加入1.4 mL盐酸(4.2.2)溶解盐类，需要时可以加少许水盖上表面皿加热助溶，用水移入25 mL容量瓶中，立即加入1.4 mL乙二胺(4.2.6)，摇匀，冷却至室温。再加入2 mL亚硫酸钠溶液(4.2.7)及2 mL明胶溶液(4.2.8)，用水稀释至刻度，摇匀。放置半小时。

注1：最好用25 mL具塞塑料比色管。以避免可能残留的氟离子引起污染。

注2：底液中各组成的浓度不同程度地影响锌的峰高和峰电位，均应准确加入。

4.5.5.3 校准溶液系列的配制

取0 mL、0.50 mL、1.00 mL、2.00 mL、3.00 mL、4.00 mL、5.00 mL、6.00 mL锌标准溶液[4.2.9b)]，置于一系列25 mL容量瓶中，以下按(4.5.5.2)分析步骤进行。

4.5.6 极谱测定

将部分上层澄清溶液倾入电解池中，在示波极谱仪上，起始电位为－1.20 V，用导数部分进行测定。同时进行校准溶液系列的极谱测定。

4.5.7 **校准曲线绘制**

以校准溶液系列的锌量为横坐标，峰高为纵坐标，绘制校准曲线。从校准曲线上查得相应的锌量。

4.6 结果计算

4.6.1 计算结果以质量分数 $w(Zn)$计，数值以 μg/g 表示，按式(2)计算锌量。

$$w(Zn)=\frac{m_1-m_0}{m} \quad \cdots\cdots(2)$$

式中：

m_1——从校准曲线上查得试料溶液的锌量，单位为微克(μg)；

m_0——从校准曲线上查得试料空白溶液的锌量，单位为微克(μg)；

m——试料量，单位为克(g)。

4.6.2 分析结果以 $x.x$ μg/g、$xx.x$ μg/g、xxx μg/g 表示。

4.7 精密度

乙二胺底液极谱法测定硅酸盐岩石中锌量结果的精密度见表2。

表2 精密度

单位为微克每克

成　　分	水平范围 m	重复性限 r	再现性限 R
Zn	22.0～159	$r=0.721+0.179m$	$R=-2.754+0.348m$
注：本精密度数据是由7个实验室对10个水平的试料进行实验确定的。			

5 火焰原子吸收分光光度法

5.1 原理

试料用盐酸、硝酸分解，氢氟酸、高氯酸处理，蒸发至冒尽高氯酸白烟，残渣用稀盐酸加热浸取，制成5%盐酸溶液。在原子吸收分光光度计上，以塞曼效应或连续光谱灯校正背景，于波长213.9 nm处，在空气-乙炔火焰中测量锌的吸光度，计算锌量。

5.2 试剂

5.2.1 盐酸(ρ1.19 g/mL)，优级纯。

5.2.2 盐酸(1+1)。

5.2.3 硝酸(ρ1.42 g/mL)，优级纯。

5.2.4 氢氟酸(ρ1.15 g/mL)。**警告——氢氟酸有毒并有腐蚀性，操作时应戴手套，防止皮肤接触。**

5.2.5 高氯酸(ρ1.68 g/mL)，优级纯。**警告——易爆品，小心操作！**

5.2.6 饱和硼酸溶液。

5.2.7 锌标准溶液：

a) 锌标准溶液(1.00 μg/mL)：称取1.000 0 g高纯锌[预先用(1+9)盐酸洗净表面，然后分别用水和无水乙醇洗涤，风干后备用]置于250 mL烧杯中，加入25 mL盐酸(5.2.2)，盖上表面皿。加热溶解完全后，移入1 000 mL容量瓶中，用水稀释至刻度，摇匀。此溶液1 mL含1.00 mg锌；

b) 锌标准溶液(20.0 μg/mL)：分取20.0 mL锌标准溶液[5.2.7a)]，置于1 000 mL容量瓶中，用水稀释至刻度，摇匀。此溶液1 mL含20.0 μg锌。用时现配。

5.3 仪器

5.3.1 原子吸收分光光度计，配有锌空心阴极灯。

5.3.2 天平：三级，感量0.1 mg。

5.4 试样

5.4.1 试样粒径应小于74 μm。

5.4.2 试样应在105 ℃预干燥2 h～4 h，置于干燥器中，冷却至室温。

5.4.3 对易吸水的岩石，应取空气干燥试样。在称样的同时按 GB/T 14506.1 进行吸附水量的测定，最终以干态计算结果。

5.5 分析步骤

5.5.1 测定数量

同一试料，一般应进行双份测定，或按一定比例进行双份测定。

5.5.2 试料量

称取 0.5 g 试料，精确至 0.1 mg。

5.5.3 空白试验

随同试料进行两份空白试验，所用试剂应取自同一试剂瓶，加入同等的量。

5.5.4 验证试验

随同试料分析同类型的标准物质。

5.5.5 测定

5.5.5.1 试料的分解

将试料(5.5.2)置于 100 mL 聚四氟乙烯烧杯中，用水润湿，加 15 mL 盐酸(5.2.1)，盖上表面皿，置于电热板上加热分解，煮沸 5 min，取下稍冷，加 5 mL 硝酸(5.2.3)，继续加热至剧烈反应停止，稍冷，用水吹洗表面皿并移去，加 20 mL 氢氟酸(5.2.4)、3 mL～4 mL 高氯酸(5.2.5)，于电热板上加热蒸发至高氯酸刚开始冒烟，取下冷却，用水冲洗杯壁，继续加热至高氯酸白烟冒尽(若样品分解不完全，可在未蒸干前补加氢氟酸继续蒸干)。取下冷却，沿杯壁加入 5 mL 盐酸(5.2.2)，加 5 mL 饱和硼酸溶液(5.2.6)，加热使盐类溶解。冷却至室温，用水移入 50 mL 容量瓶中并稀释至刻度，摇匀，放置 20 min 后测定。

注 1：试料溶液尽快测定，以防止残留的痕量氟对玻璃器皿的侵蚀，使空白值增高。

注 2：含量超过校准曲线时，随同试料的空白试验溶液(5.5.3)进行稀释。

5.5.5.2 校准溶液系列的配制

取 0 mL、1.00 mL、2.50 mL、5.00 mL、10 mL 锌标准溶液[5.2.7b)]于一系列 100 mL 容量瓶中，各加入 10 mL 盐酸(5.2.2)，加 10 mL 饱和硼酸溶液(5.2.6)，用水稀释至刻度，摇匀。

5.5.6 吸光度测量

警告——应按照原子吸收分光光度计仪器使用规程点燃和熄灭空气-乙炔燃烧器，以避免可能的爆炸危险。

在原子吸收分光光度计上，调节波长为 213.9 nm，光谱带宽为 0.7 nm～1.3 nm，点燃空气-乙炔火焰，用水调零，测量锌的吸光度。先用校准溶液系列中浓度最大的喷测，并调节火焰状态和燃烧器位置与高度，使测得的吸光度为最大。然后按浓度由低至高的顺序，依次喷测锌校准溶液系列、空白溶液和待测试样溶液(包括标准物质溶液)的吸光度。

5.5.7 校准曲线绘制

以锌校准溶液系列的浓度为横坐标，吸光度为纵坐标，绘制校准曲线，从校准曲线上分别查得相应的锌量。

5.6 结果计算

计算结果以质量分数 $w(\mathrm{Zn})$ 计，数值以 μg/g 表示，按式(3)计算锌量。

$$w(\mathrm{Zn})=\frac{(\rho-\rho_0)V}{m} \qquad \cdots\cdots(3)$$

式中：

ρ——从校准曲线上查得的试料溶液中锌的浓度，单位为微克每毫升(μg/mL)；

ρ_0——从校准曲线上查得的试料空白溶液中锌的浓度，单位为微克每毫升(μg/mL)；

V——试料溶液体积，单位为毫升(mL)；

m——试料量，单位为克(g)。

分析结果表示至小数点后第一位。

5.7 **精密度**

火焰原子吸收分光光度法测定硅酸盐岩石中锌量结果的精密度见表 3。

表 3 精密度

单位为微克每克

成　　分	水平范围 m	重复性限 r	再现性限 R
Zn	1.96～164.3	$r=2.856+0.044m$	$R=5.937+0.206m$
注：本精密度数据是由 6 个实验室对 10 个水平的试料进行实验确定的。			

ICS 73.080
D 53

中华人民共和国国家标准

GB/T 14506.21—2010
代替 GB/T 14506.21—1993

硅酸盐岩石化学分析方法 第21部分:镍和钴量测定

Methods for chemical analysis of silicate rocks—Part 21:Determination of nickel and cobalt content

2010-11-10 发布 2011-02-01 实施

中华人民共和国国家质量监督检验检疫总局
中国国家标准化管理委员会 发布

前 言

GB/T 14506《硅酸盐岩石化学分析方法》由以下 30 部分组成：

——第 1 部分：吸附水量测定；

——第 2 部分：化合水量测定；

——第 3 部分：二氧化硅量测定；

——第 4 部分：三氧化二铝量测定；

——第 5 部分：总铁量测定；

——第 6 部分：氧化钙量测定；

——第 7 部分：氧化镁量测定；

——第 8 部分：二氧化钛量测定；

——第 9 部分：五氧化二磷量测定；

——第 10 部分：氧化锰量测定；

——第 11 部分：氧化钾和氧化钠量测定；

——第 12 部分：氟量测定；

——第 13 部分：硫量测定；

——第 14 部分：氧化亚铁量测定；

——第 15 部分：锂量测定；

——第 16 部分：铷量测定；

——第 17 部分：锶量测定；

——第 18 部分：铜量测定；

——第 19 部分：铅量测定；

——第 20 部分：锌量测定；

——第 21 部分：镍和钴量测定；

——第 22 部分：钒量测定；

——第 23 部分：铬量测定；

——第 24 部分：镉量测定；

——第 25 部分：钼和钨量测定；

——第 26 部分：钴量测定；

——第 27 部分：镍量测定；

——第 28 部分：16 个主次成分量测定；

——第 29 部分：稀土等 22 个元素量测定；

——第 30 部分：44 个元素量测定。

本部分为 GB/T 14506 的第 21 部分。

本部分代替 GB/T 14506.21—1993《硅酸盐岩石化学分析方法　氢氧化氨-氯化铵-磺基水杨酸-丁二肟底液极谱法同时测定镍量和钴量》。

本部分与 GB/T 14506.21—1993 相比主要变化如下：

——增加了规范性引用文件；

——增加了警示、警告内容。

本部分由中华人民共和国国土资源部提出。

本部分由全国国土资源标准化技术委员会归口。

本部分负责起草单位:国家地质实验测试中心。

本部分起草单位:国家地质实验测试中心、浙江省地质矿产研究所。

本部分主要起草人:胡勇平、郑存江、孙朝阳、王苏明。

本部分所代替标准的历次版本发布情况为:

——GB/T 14506.21—1993。

硅酸盐岩石化学分析方法 第21部分：镍和钴量测定

警示——使用本部分的人员应有正规实验室工作的实践经验。本部分并未指出所有可能的安全问题。使用者有责任采取适当的安全和健康措施，并保证符合国家有关法规规定的条件。

1 范围

GB/T 14506的本部分规定了硅酸盐岩石中镍和钴量的测定方法。

本部分适用于硅酸盐岩石中镍和钴量的测定，也适用于土壤和水系沉积物中镍和钴量的测定。

测定范围：5 μg/g～200 μg/g的镍和钴量。

2 规范性引用文件

下列文件中的条款通过GB/T 14506的本部分的引用而成为本部分的条款。凡是注日期的引用文件，其随后所有的修改单（不包括勘误的内容）或修订版均不适用于本部分，然而，鼓励根据本部分达成协议的各方研究是否可使用这些文件的最新版本。凡是不注日期的引用文件，其最新版本适用于本部分。

GB/T 6682 分析实验室用水规格和试验方法

GB/T 14506.1 硅酸盐岩石化学分析方法 第1部分：吸附水量测定

3 原理

在pH8～pH9的氨水-氯化铵缓冲溶液中，以磺基水杨酸络合铁、铝、钛等元素，避免了大量氢氧化物对微量镍和钴的吸附，加入少量丁二肟后，在示波极谱仪上，起始电位为－0.86 V，镍和钴的峰电位分别约为－1.03 V和－1.18 V（对饱和甘汞电极），镍和钴产生灵敏的吸附催化电流，峰高与镍和钴的浓度呈线性关系，计算镍和钴量。

4 试剂

本部分除非另有说明，在分析中均使用分析纯试剂和符合GB/T 6682的分析实验室用水。

4.1 过氧化钠。

4.2 氢氧化钠。

4.3 氢氧化钠溶液（10 g/L）。

4.4 盐酸（ρ1.19 g/mL），优级纯。

4.5 盐酸（1＋1）。

4.6 盐酸（1＋99）。

4.7 硝酸（ρ1.42 g/mL），优级纯。

4.8 氢氟酸（ρ1.15 g/mL）。**警告——氢氟酸有毒并有腐蚀性，操作时应戴手套，防止皮肤接触。**

4.9 高氯酸（ρ1.67 g/mL），优级纯。**警告——易爆品，小心操作！**

4.10 无水乙醇。

4.11 磺基水杨酸溶液：$c[HOC_6H_3(COOH)SO_3H \cdot 2H_2O = 2\ mol/L]$：称取102 g磺基水杨酸，置于250 mL烧杯中，加水溶解，稀释至200 mL，搅匀。

4.12 氨水（55＋45）。

4.13 氯化铵溶液：$c(NH_4Cl)$=5 mol/L：称取 53.5 g 氯化铵，置于 250 mL 烧杯中，加水溶解，升至室温后，稀释至 200 mL，搅匀。

4.14 丁二肟溶液(1%)：无水乙醇溶液。

4.15 三氧化二铁溶液：称取 1.430 0 g 光谱纯三氧化二铁，置于 150 mL 烧杯中，加入 5 mL 盐酸(4.4)。加热溶解后，用水移入 100 mL 容量瓶中并稀释至刻度，摇匀，此溶液 1 mL 含 10.00 mg 铁。

4.16 镍标准溶液的配制：

a) 镍标准溶液(100.0 μg/mL)：

称取 0.100 0 g 高纯金属镍，置于 150 mL 烧杯中，加入 10 mL 硝酸(1+1)，盖上表面皿，加热溶解后，用水吹洗表面皿后移去，蒸干，用盐酸(4.4)蒸干赶硝酸两次，每次 5 mL。加入 10 mL 盐酸(4.4)溶解盐类，用水移入 1 000 mL 容量瓶中并稀释至刻度，摇匀，此溶液 1 mL 含 100.0 μg镍；

b) 镍标准溶液(10.0 μg/mL)：

分取 50.0 mL 镍标准溶液[4.16a)]，置于 500 mL 容量瓶中，用水稀释至刻度，摇匀，此溶液 1 mL含 10.0 μg 镍。

4.17 钴标准溶液的配制：

a) 钴标准溶液(100.0 μg/mL)：

称取 0.100 0 g 高纯金属钴，置于 150 mL 烧杯中，加入 10 mL 盐酸(4.4)，盖上表面皿，加热溶解后，用水吹洗表面皿后移去，移入 1 000 mL 容量瓶中并稀释至刻度，摇匀，此溶液 1 mL 含 100.0 μg 钴；

b) 钴标准溶液(10.0 μg/mL)：

分取 50.0 mL 钴标准溶液[4.17a)]，置于 500 mL 容量瓶中，用水稀释至刻度，摇匀，此溶液 1 mL含 10.0 μg 钴。

4.18 镍、钴混合标准溶液

分取 50.0 mL 镍标准溶液[4.16b)]和 50.0 mL 钴标准溶液[4.17b)]，置于同一 500 mL 容量瓶中，用水稀释至刻度，摇匀，此溶液 1 mL 含 1.0 μg 镍和 1.0 μg 钴。

5 仪器

5.1 天平：三级，感量 0.1 mg。

5.2 示波极谱仪。

参比电极：饱和甘汞电极。

6 试样

6.1 试样粒径应小于 74 μm。

6.2 试样应在 105 ℃预干燥 2 h～4 h，置于干燥器中，冷却至室温。

6.3 对易吸水的岩石，应取空气干燥试样，在称样的同时按 GB/T 14506.1 进行吸附水量的测定，最终以干态计算结果。

7 分析步骤

7.1 测定数量

同一试料，一般应进行双份测定，或按一定比例进行双份测定。

7.2 试料量

7.2.1 酸溶时，称取 0.1 g 试料，精确至 0.1 mg。

注：镍钴含量大于 100 μg/g 时，称取 0.05 g 试料。

7.2.2 碱熔时，称取 0.5 g 试料，精确至 0.1 mg。

7.3 空白试验

随同试料进行两份空白试验，所用试剂应取自同一试剂瓶，加入同等的量。

7.4 验证试验

随同试料分析同类型的标准物质。

7.5 测定

7.5.1 试料的分解

7.5.1.1 酸溶：将试料（7.2.1）置于 50 mL 聚四氟乙烯烧杯中，以少量水润湿，加入 10 mL 盐酸（4.4），盖上表面皿，置于电热板上，加热片刻，加入 3 mL 硝酸（4.7），继续加热，约半小时后，用水吹洗表面皿后移去，蒸发溶液至 1 mL 左右，加入 5 mL 氢氟酸（4.8）及 0.5 mL 高氯酸（4.9），低温加热至试料分解完全，蒸发至冒白烟，稍冷，用水吹洗杯壁，再蒸发至白烟冒尽，稍冷。

7.5.1.2 碱熔：将试料（7.2.2）置于石墨或优质高铝坩埚中，加入 3 g 过氧化钠（4.1），搅匀，再覆盖约 1 g 过氧化钠（4.1），或加 3 g 氢氧化钠（4.2）和 1 g 过氧化钠（4.1），加盖，放入高温炉中，从低温升至 700 ℃，保持 10 min，取出，稍冷却；置于 200 mL 烧杯中，加入 70 mL 沸水及 0.5 mL 无水乙醇（4.10），盖上表面皿，立即置于小电炉上煮沸后移至高温电热板上，保持沸腾状态约 10 min 以赶尽过氧化氢（注意：防止跳溅），取下，用水吹洗表面皿和杯壁，并加水至体积约为 70 mL，冷却后，用中速滤纸过滤，用氢氧化钠溶液（4.3）洗涤烧杯和沉淀，此时坩埚不必取出，滤液弃去。在原烧杯内加入 10 mL 盐酸（4.5），在小电炉上预热至近沸，搅动坩埚及盖，使附着的沉淀溶解，趁热倾入漏斗中溶解沉淀，用 50 mL 容量瓶承接，用热盐酸（4.6）洗净坩埚和盖、烧杯和滤纸，最后用热水洗数次，冷却后，用水稀释至刻度，摇匀。分取 5.0 mL 或 10.0 mL 溶液，置于 50 mL 烧杯中，蒸干，低温脱水半小时，稍冷。

7.5.2 定容

趁烧杯尚保持余热时，加入 1 mL 盐酸（4.5）到烧杯（7.5.1.1 或 7.5.1.2）中，至溶解盐类，必要时加入少许水盖上表面皿加热助溶，加入 2.5 mL 磺基水杨酸溶液（4.11），搅匀，用水移入 25 mL 容量瓶中，加入 3 mL 氨水（4.12），摇匀，冷却加入 5 mL 氯化铵溶液（4.13）及 0.5 mL 丁二肟溶液（4.14），用水稀释至刻度，摇匀。放置半小时。

注：准确加入底液中的各组分。浓度不同程度影响溶液的 pH 及镍、铬的峰高和峰电位。

7.5.3 校准溶液系列的配制

取 0 mL、0.25 mL、0.50 mL、1.00 mL、2.00 mL、3.00 mL、4.00 mL、6.00 mL、8.00 mL、10.00 mL 镍和钴的混合标准溶液（4.18），置于一系列 25 mL 容量瓶中，加入 0.5 mL 铁溶液（4.15）。以下步骤按（7.5.2）分析步骤进行。

7.6 极谱测定

将试料溶液的部分溶液倾入电解池中，在示波极谱仪上，起始电位为 −0.86 V，用导数部分进行测定，同时进行校准溶液系列的极谱测定。

注 1：试料中镍和钴之比相差较大，同一溶液中的镍或钴之一与工作曲线上镍或钴量不相适应时，在测定某一元素后，将试料溶液和试料空白溶液按比例稀释后，测定另一元素。

注 2：镍与钴量之比为 1∶12 和 50∶1 时，相互不干扰。

7.7 校准曲线绘制

分别以校准溶液系列的镍和钴量为横坐标，与其对应的峰高为纵坐标，绘制镍和钴的校准曲线。从校准曲线上查得相应的镍和钴量。

8 结果计算

计算结果以质量分数 w(Ni 或 Co)计，数值以 μg/g 表示，按式（1）或式（2）计算镍和钴量。

8.1 酸溶分解试料

$$w(\text{Ni 或 Co})=\frac{m_1-m_0}{m} \quad\cdots\cdots\cdots(1)$$

式中：

m_1——从校准曲线上查得试料溶液的镍或钴量，单位为微克(μg)；

m_0——从校准曲线上查得试料空白溶液的镍或钴量，单位为微克(μg)；

m——试料量，单位为克(g)。

8.2 碱熔分解试料

$$w(\text{Ni 或 Co})=\frac{(m_1-m_0)V}{mV_1} \quad\cdots\cdots\cdots(2)$$

式中：

m_1——从校准曲线上查得试料溶液的镍或钴量，单位为微克(μg)；

m_0——从校准曲线上查得试料空白溶液的镍或钴量，单位为微克(μg)；

V——试料溶液总体积，单位为毫升(mL)；

V_1——分取试料溶液体积，单位为毫升(mL)；

m——试料量，单位为克(g)。

8.3 分析结果以 *x.x* μg/g、*xx.x* μg/g、*xxx* μg/g 表示。

9 精密度

硅酸盐岩石中镍或钴量测定结果的精密度见表1。

表1 精密度

单位为微克每克

成　　分	水平范围 m	重复性限 r	再现性限 R
Ni	5.0～134	$r=0.320+0.133m$	$R=1.5122+0.211m$
Co	5.0～92.0	$r=0.439+0.0901m$	$R=0.4275+0.252m$
注：本精密度数据是由7个实验室对10个水平的试料进行实验确定的。			

ICS 73.080
D 53

中华人民共和国国家标准

GB/T 14506.22—2010
代替 GB/T 14506.22—1993

硅酸盐岩石化学分析方法 第22部分:钒量测定

Methods for chemical analysis of silicate rocks—Part 22: Determination of vanadium content

2010-11-10 发布 2011-02-01 实施

中华人民共和国国家质量监督检验检疫总局
中国国家标准化管理委员会 发布

前　言

GB/T 14506《硅酸盐岩石化学分析方法》由以下 30 部分组成：

——第 1 部分：吸附水量测定；

——第 2 部分：化合水量测定；

——第 3 部分：二氧化硅量测定；

——第 4 部分：三氧化二铝量测定；

——第 5 部分：总铁量测定；

——第 6 部分：氧化钙量测定；

——第 7 部分：氧化镁量测定；

——第 8 部分：二氧化钛量测定；

——第 9 部分：五氧化二磷量测定；

——第 10 部分：氧化锰量测定；

——第 11 部分：氧化钾和氧化钠量测定；

——第 12 部分：氟量测定；

——第 13 部分：硫量测定；

——第 14 部分：氧化亚铁量测定；

——第 15 部分：锂量测定；

——第 16 部分：铷量测定；

——第 17 部分：锶量测定；

——第 18 部分：铜量测定；

——第 19 部分：铅量测定；

——第 20 部分：锌量测定；

——第 21 部分：镍和钴量测定；

——第 22 部分：钒量测定；

——第 23 部分：铬量测定；

——第 24 部分：镉量测定；

——第 25 部分：钼和钨量测定；

——第 26 部分：钴量测定；

——第 27 部分：镍量测定；

——第 28 部分：16 个主次成分量测定；

——第 29 部分：稀土等 22 个元素量测定；

——第 30 部分：44 个元素量测定。

本部分为 GB/T 14506 的第 22 部分。

本部分代替 GB/T 14506.22—1993《硅酸盐岩石化学分析方法　钒的测定》。

本部分与 GB/T 14506.22—1993 相比主要变化如下：

——增加了规范性引用文件；

——增加了警示、警告内容；

——将称取试料量和分取溶液改为列表表示。

本部分由中华人民共和国国土资源部提出。

本部分由全国国土资源标准化技术委员会归口。

本部分负责起草单位：国家地质实验测试中心。

本部分起草单位：国家地质实验测试中心、浙江省地质矿产研究所。

本部分主要起草人：郑存江、张明杰、胡勇平、王苏明。

本部分所代替标准的历次版本发布情况为：

——GB/T 14506.22—1993。

硅酸盐岩石化学分析方法
第22部分：钒量测定

警示——使用本部分的人员应有正规实验室工作的实践经验。本部分并未指出所有可能的安全问题。使用者有责任采取适当的安全和健康措施，并保证符合国家有关法规规定的条件。

1 范围

GB/T 14506的本部分规定了硅酸盐岩石中钒量的测定方法。

本部分适用于硅酸盐岩石中钒量的测定，也适用于土壤和水系沉积物中钒量的测定。

测定范围：极谱法，10 μg/g～800 μg/g的钒量。光度法，10 μg/g～2 000 μg/g的钒量。

2 规范性引用文件

下列文件中的条款通过GB/T 14506的本部分的引用而成为本部分的条款。凡是注日期的引用文件，其随后所有的修改单(不包括勘误的内容)或修订版均不适用于本部分，然而，鼓励根据本部分达成协议的各方研究是否可使用这些文件的最新版本。凡是不注日期的引用文件，其最新版本适用于本部分。

GB/T 6682　分析实验室用水规格和试验方法

GB/T 14506.1　硅酸盐岩石化学分析方法　第1部分：吸附水量测定

3 硫酸-苯羟乙酸-氯酸钾底液间接极谱法

3.1 原理

钒(Ⅴ)在微酸性的苯羟乙酸-氯酸钾溶液中，在加热情况下，能使苯羟乙酸分解成苯甲酸，本身被还原而生成的钒(Ⅳ)则被氯酸钾又氧化成钒(Ⅴ)。钒不被消耗仅起催化作用。在控制加热时间条件下，生成物苯甲酸的扩散电流与钒浓度成正比。在示波极谱仪上，起始电位为－0.70 V，半波电位即导数波的峰电位约为－0.96 V(对饱和甘汞电极)。测定苯甲酸的还原电流从而间接测定钒量。

3.2 试剂

本部分除非另有说明，在分析中均使用分析纯试剂和符合GB/T 6682的分析实验室用水。

3.2.1 过氧化钠。

3.2.2 无水乙醇。

3.2.3 硫酸(1＋1)，优级纯。**警告——不当的稀释易发生危险！**

3.2.4 硫酸(1＋9)，优级纯。**警告——不当的稀释易发生危险！**

3.2.5 苯羟乙酸溶液(1＋9)。

3.2.6 氯酸钾溶液(60 g/L)。

3.2.7 钒标准溶液：

a) 钒标准溶液(100.0 μg/mL)：

称取0.178 5 g预先经120 ℃烘干并已于干燥器中冷却的高纯五氧化二钒，置于150 mL烧杯中，加入5 mL氢氧化钠溶液(100 g/L)，溶解后，以硫酸(3.2.3)中和并过量5 mL，用水移入1 000 mL容量瓶中并稀释至刻度，摇匀，此溶液1 mL含100.0 μg钒；

b) 钒标准溶液(10.0 μg/mL)：

分取50.0 mL钒标准溶液[3.2.7a)]，置于500 mL容量瓶中，用水稀释至刻度，摇匀，此溶液

1 mL 含 10.0 μg 钒；

c) 钒标准溶液(1.0 μg/mL)：

分取 50.0 mL 钒标准溶液[3.2.7b)]，置于 500 mL 容量瓶中，用水稀释至刻度，摇匀，此溶液 1 mL 含 1.0 μg 钒。

3.2.8 酚酞乙醇溶液(5 g/L)：称取 0.5 g 酚酞溶解于 100 mL 无水乙醇(3.2.2)中。

3.3 仪器

警告——应按照极谱仪仪器使用规程，在有良好通风条件并经活性炭吸附处理汞的设施中进行操作，以避免汞对环境的污染。

3.3.1 天平：三级，感量 0.1 mg。

3.3.2 示波极谱仪。

参比电极：饱和甘汞电极。

3.4 试样

3.4.1 试样粒径应小于 74 μm。

3.4.2 试样应在 105 ℃预干燥 2 h～4 h，置于干燥器中，冷却至室温。

3.4.3 对易吸水的岩石，应取空气干燥试样，在称样的同时按 GB/T 14506.1 进行吸附水量的测定，最终以干态计算结果。

3.5 分析步骤

3.5.1 测定数量

同一试料，一般应进行双份测定，或按一定比例进行双份测定。

3.5.2 试料量

称取 0.5 g 试料，精确至 0.1 mg。

注：钒量大于 400 μg/g 时，称取 0.2 g 试料。

3.5.3 空白试验

随同试料进行两份空白试验，所用试剂取自同一试剂瓶，加入同等的量。

3.5.4 验证试验

随同试料分析同类型的标准物质。

3.5.5 测定

3.5.5.1 试料的分解

将试料(3.5.2)置于石墨坩埚中，加入 3 g 过氧化钠(3.2.1)，搅匀，再覆盖约 1 g 过氧化钠(3.2.1)，加盖，放入高温炉中，升温至 700 ℃，保持 10 min，取出，稍冷。

3.5.5.2 定容

将坩埚及盖置于 200 mL 烧杯中，加入 70 mL 沸水及 0.5 mL 无水乙醇(3.2.2)，盖上表面皿，立即置于小电炉上煮沸后移置于高温电热板上，保持沸腾状态约 10 min 以赶尽过氧化氢(注意：防止跳溅)，取下，用水吹洗表面皿，并洗出坩埚及盖，冷却后，用水移入 100 mL 容量瓶中，并稀释至刻度，摇匀。放置澄清。

3.5.5.3 分取溶液

分取 5.0 mL 上层清液(或干过滤的滤液)，置于 25 mL 具塞比色管中，加入 1 滴酚酞指示剂(3.2.8)，先用硫酸(3.2.3)中和，近终点时改用硫酸(3.2.4)中和至红色消失并过量 0.5 mL，冷却，加入 5 mL 苯羟乙酸溶液(3.2.5)及 2 mL 氯酸钾溶液(3.2.6)，用水稀释至刻度，摇匀。放入沸水浴中，在水浴微沸状态保持半小时(塞子冲开后，轻轻盖上，防止溶液蒸发)，取出，在流水浴中冷却至室温。

注 1：准确加入底液中各组分，浓度(包括由中和生成的硫酸钾)不同程度影响峰高。

注 2：将试料与标准系列放置在同一座架上，连同座架放入沸水浴中，到时间后同时取出以确保加热时间一致，加热时间的长短影响催化反应生成。

3.5.5.4　**校准溶液系列的配制**

取 0 mL、0.25 mL、0.50 mL、1.00 mL、2.00 mL、3.00 mL、4.00 mL、6.00 mL、8.00 mL、10.00 mL 钒标准溶液[3.2.7c)]，置于一系列 25 mL 具塞比色管中，加入 5.0 mL 空白试验溶液(3.5.3)，以下手续按(3.5.5.3)分析步骤进行。

3.5.6　**极谱测定**

将部分溶液倾入电解池中，在示波极谱仪上，起始电位为－0.70 V，用导数部分或常规部分进行测定。同时进行校准溶液系列的极谱测定。

3.5.7　**校准曲线绘制**

以钒量为横坐标，峰高为纵坐标，绘制校准曲线。从校准曲线上查得相应的钒量。

3.6　结果计算

计算结果以质量分数 $w(\mathrm{V})$ 计，数值以 μg/g 表示，按式(1)计算钒量：

$$w(\mathrm{V})=\frac{m_1 V}{m V_1} \qquad \cdots\cdots(1)$$

式中：

m_1——从校准曲线上查得试料溶液的钒量，单位为微克(μg)；

V——试料溶液总体积，单位为毫升(mL)；

V_1——分取试料溶液体积，单位为毫升(mL)；

m——试料量，单位为克(g)。

注：由于标准系列中已加入与试料相当量的试料空白溶液，故计算结果时不需再减相应的空白。

分析结果以 *x.x* μg/g、*xx.x* μg/g、*xxx* μg/g 表示。

3.7　精密度

硫酸-苯羟乙酸-氯酸钾底液间接极谱法测定硅酸盐岩石中钒量结果的精密度见表 1。

表 1　精密度

单位为微克每克

成　　分	水平范围 m	重复性限 r	再现性限 R
V	10.0～718	$r=0.396m^{0.79}$	$R=3.031+0.231m$
注：本精密度数据是由 7 个实验室对 10 个水平的试料进行实验确定的。			

4　乙酸-乙酸钠-铜铁试剂底液极谱法

4.1　原理

在乙酸-乙酸钠缓冲溶液中(pH5)，当有 0.012%铜铁试剂存在时，钒产生灵敏的吸附催化电流。当用柠檬酸钠和氟化钾作干扰掩蔽剂时，方法有很好的适应性。在示波极谱仪上，峰电位约为－0.77 V(对饱和甘汞电极)，峰高与钒浓度呈线性关系，计算钒量。

4.2　试剂

4.2.1　过氧化钠。

4.2.2　无水乙醇。

4.2.3　盐酸(1+1)。

4.2.4　氟化钾溶液(10 g/L)。贮于塑料瓶中。

4.2.5　柠檬酸钠溶液 $c(Na_3C_6H_5O_7\cdot 2H_2O)=0.5$ mol/L：称取 29.4 g 柠檬酸钠($Na_3C_6H_5O_7\cdot 2H_2O$)，置于 250 mL 烧杯中，加水溶解后，用水稀释至 200 mL，搅匀。

4.2.6　乙酸 [$c(HAc)=1$ mol/L-乙酸钠 $c(NaAc)=2$ mol/L]缓冲溶液(pH5)：称取 80 g 无水乙酸钠[或 136 g 含水乙酸钠($NaAc\cdot 3H_2O$)]，置于 600 mL 烧杯中，加入 30 mL 冰乙酸(ρ1.05 g/mL)，加水溶解后并稀释至 500 mL，搅匀。

4.2.7 铜铁试剂(N-亚硝基苯胲铵)溶液(3 g/L):在250 mL烧杯中,加入120 mL水,加热至60 ℃,在搅拌下加入片状铜铁试剂30 g,使全部溶解,加入粉末状活性炭2 g,搅拌10 min~15 min,用布氏漏斗过滤,将滤液冷却至15 ℃~20 ℃,再冷却至0 ℃并放置过夜,用4号坩埚抽滤析出的结晶,分别用10 mL无水乙醇(4.2.2)和10 mL乙醚洗涤。即得白色或浅米黄色片状纯净的铜铁试剂,置于棕色磨口试剂瓶中,放一小包用滤纸包封的固体碳酸铵以防止氧化,密封后,置于阴凉处储存备用。

注:铜铁试剂为白色或浅米黄色片状结晶,随放置时间增加而颜色逐渐变深,甚至出现少量黑色小颗粒氧化物,不利于微量钒的测定。

4.2.8 钒标准溶液:

a) 钒标准溶液(100.0 μg/mL):
称取0.178 5 g预先经120 ℃烘2 h并已于干燥器中冷却的高纯五氧化二钒,置于150 mL烧杯中,加入5 mL氢氧化钠溶液(100 g/L),溶解后,以盐酸(4.2.3)中和并过量5 mL,用水移入1 000 mL容量瓶中并稀释至刻度,摇匀,此溶液1 mL含100.0 μg钒;

b) 钒标准溶液(10.0 μg/mL):
分取50.0 mL钒标准溶液[4.2.8a)],置于500 mL容量瓶中,用水稀释至刻度,摇匀,此溶液1 mL含10.0 μg钒;

c) 钒标准溶液(10.0 μg/mL):
分取50.0 mL钒标准溶液[4.2.8b)],置于500 mL容量瓶中,用水稀释至刻度,摇匀,此溶液1 mL含1.0 μg钒。

4.2.9 2,4-二硝基酚(或甲基红)溶液(1 g/L)。

4.3 仪器

警告——应按照极谱仪仪器使用规程,在有良好通风条件并经活性炭吸附处理汞的设施中进行操作,以避免汞对环境的污染。

4.3.1 示波极谱仪,参比电极:饱和甘汞电极。

4.3.2 天平:三级,感量0.1 mg。

4.4 试样

4.4.1 试样粒径应小于74 μm。

4.4.2 试样应在105 ℃预干燥2 h~4 h,置于干燥器中,冷却至室温。

4.4.3 对易吸水的岩石,应取空气干燥试样,在称样的同时按GB/T 14506.1进行吸附水量的测定,最终以干态计算结果。

4.5 分析步骤

4.5.1 测定数量

同一试料,一般应进行双份测定,或按一定比例进行双份测定。

4.5.2 试料量

称取0.5 g试料,精确至0.1 mg。

注:钒含量大于400 μg/g时,称取0.2 g试料。

4.5.3 空白试验

随同试料进行两份空白试验,所用试剂应取自同一试剂瓶,加入同等的量。

4.5.4 验证试验

随同试料分析同类型的标准物质。

4.5.5 测定

4.5.5.1 试料的分解

将试料(4.5.2)置于石墨坩埚中,加入3 g过氧化钠(4.2.1),搅匀,再覆盖约1 g过氧化钠(4.2.1),加盖,放入高温炉中,升温至700 ℃,保持10 min,取出,稍冷却。

4.5.5.2 **定容**

将坩埚及盖置于 200 mL 烧杯中，加入 70 mL 沸水及 0.5 mL 无水乙醇(4.2.2)，盖上表面皿，立即置于小电炉上煮沸后移至高温电热板上，保持沸腾状态约 10 min 以赶尽过氧化氢(注意：防止跳溅)，取下，用水吹洗表面皿，并洗出坩埚及盖，冷却后，用水移入 100 mL 容量瓶中，并稀释至刻度，摇匀。放置澄清。

4.5.5.3 **分取溶液**

分取 5.0 mL 上层清液(或干过滤的滤液)，置于 25 mL 容量瓶中，加入 1 滴 2,4-二硝基酚(或甲基红)指示剂(4.2.9)、1 mL 氰化钾溶液(4.2.4)及 2 mL 柠檬酸钠溶液(4.2.5)，用盐酸(4.2.3)中和至溶液变色，冷却，加入 2.5 mL 乙酸-乙酸钠缓冲溶液(4.2.6)及 1 mL 铜铁试剂溶液(4.2.7)，用水稀释至刻度，摇匀。

注：准确加入底液中各组分，浓度(包括由中和生成的氯化钠)不同程度地影响钒的峰高。

4.5.5.4 **校准溶液系列的配制**

取 0 mL、0.25 mL、0.50 mL、1.00 mL、2.00 mL、3.00 mL、4.00 mL、6.00 mL、8.00 mL、10.00 mL 钒标准溶液[4.2.8c)]，置于一系列 25 mL 容量瓶中，加入 5.0 mL 空白试验溶液(4.5.3)，以下按(4.5.5.3)分析步骤进行。

4.5.6 **极谱测定**

将部分溶液倾入电解池中，用示波极谱仪。导数部分进行测定，起始电位为－0.60 V，同时进行校准曲线的极谱测定。

4.5.7 **校准曲线绘制**

以钒量为横坐标，峰高为纵坐标，绘制校准曲线。从校准曲线上查得相应的钒量。

4.6 **结果计算**

计算结果以质量分数 $w(\mathrm{V})$ 计，数值以 μg/g 表示，按式(2)计算钒量：

$$w(\mathrm{V})=\frac{m_1 V}{m V_1} \quad \cdots\cdots(2)$$

式中：

m_1——从校准曲线上查得试料溶液的钒量，单位为微克(μg)；

V_1——分取试料溶液体积，单位为毫升(mL)；

V——试料溶液总体积，单位为毫升(mL)；

m——试料量，单位为克(g)。

注：由于标准系列中已加入与试料相当量的试料空白溶液，计算结果时不再减相应的空白。

分析结果以 *x.x* μg/g、*xx.x* μg/g、*xxx* μg/g 表示。

4.7 **精密度**

乙酸-乙酸钠-铜铁试剂底液极谱法测定硅酸盐岩石中钒量结果的精密度见表 2。

表 2 精密度

单位为微克每克

成　分	水平范围 m	重复性限 r	再现性限 R
V	21.5～762	$r=0.176m^{0.95}$	$R=0.443m^{0.88}$
注：本精密度数据是由 7 个实验室对 9 个水平的试料进行实验确定的。			

5 2-[(5-溴-2-吡啶)-偶氮]-5-二乙氨基苯酚光度法

5.1 **原理**

试样用过氧化钠碱熔分解，水提取，干过滤，吸取部分滤液，在 pH1.0～pH2.5 的磷酸介质中，钒与过氧化氢-2-[(5-溴-2-吡啶-偶氮)]-5-二乙氨基苯酚(5-Br-PADAP)生成 1∶1∶1 的红色三元络合物，在分光光度计上，于波长 590 nm 处测量其吸光度，计算钒量。

5.2 试剂

5.2.1 过氧化钠。

5.2.2 氢氧化钠溶液(40 g/L)。贮于塑料瓶中。

5.2.3 硫酸(1+1)。**警告——不当的稀释易发生危险！**

5.2.4 硫酸(1+5)。**警告——不当的稀释易发生危险！**

5.2.5 磷酸(ρ1.69 g/mL)。将浓磷酸加热至冒小泡，滴加 0.1 mol/L 高锰酸钾溶液，直至呈现稳定的微红色，继续加热 2 min，取下冷却。

5.2.6 混合掩蔽剂[0.6%反式 1,2-环己二胺四乙酸(CyDTA)-1%氟化钠-5%焦磷酸钠]：称取 3 g CyDTA，先以温水溶解，然后加数滴氢氧化钠溶液，搅拌使其全部溶解，再加 5 g 氟化钠、25 g 焦磷酸钠，溶解后，用水稀释至 500 mL。贮于塑料瓶中。

5.2.7 磷酸-磷酸氢二钠缓冲溶液(pH1.7)：称取 36 g 磷酸氢二钠($Na_2HPO_4 \cdot 12H_2O$)置于 200 mL 烧杯中，加水溶解，加入 30 mL 磷酸(5.2.5)，用水稀释至 500 mL，摇匀。用 pH 计校正。

5.2.8 过氧化氢溶液(4+96)。

5.2.9 2-[(5-溴-2-吡啶)-偶氮]-5-二乙氨基苯酚(简称 5-Br-PADAP，0.05%)乙醇溶液：称取 50 mg 5-Br-PADAP置于 100 mL 烧杯中，加 50 mL 无水乙醇，于温水浴上溶解，冷却，用无水乙醇稀释至 100 mL，摇匀。

5.2.10 钒标准溶液：

a) 钒标准溶液(500.0 μg/mL)：
称取 0.446 3 g 基准五氧化二钒(预先经 500 ℃～550 ℃灼烧 1 h，置于干燥器中冷却至室温)，置于 150 mL 烧杯中，加 10 mL 氢氧化钠溶液(5.2.2)，加热溶解，冷却，慢慢加入 10 mL 硫酸(5.2.3)，移入 500 mL 容量瓶中，用水稀释至刻度，摇匀，此溶液 1 mL 含 500.0 μg 钒；

b) 钒标准溶液(20.0 μg/mL)：
分取 20 mL 钒标准溶液[5.2.10a)]，置于 500 mL 容量瓶中，用水稀释至刻度，摇匀，此溶液 1 mL 含 20.0 μg 钒；

c) 钒标准溶液(2.0 μg/mL)：
分取 25.00 mL 钒标准溶液[5.2.10b)]，置于 250 mL 容量瓶中，用水稀释至刻度，摇匀，此溶液 1 mL 含 2.0 μg 钒。

5.2.11 2,4-二硝基酚溶液(0.1%)。

5.3 仪器

5.3.1 分光光度计。

5.3.2 天平：三级，感量 0.1 mg。

5.4 试样

5.4.1 试样粒径应小于 74 μm。

5.4.2 试样应在 105 ℃预干燥 2 h～4 h，置于干燥器中，冷却至室温。

5.4.3 对易吸水的岩石，应取空气干燥试样，在称样的同时，按 GB/T 14506.1 进行吸附水量的测定。最终以干态计算结果。

5.5 分析步骤

5.5.1 测定数量

同一试料，一般应进行双份测定，或按一定比例进行双份测定。

5.5.2 试料量

根据钒含量范围按表 3 称取试料量和分取试料溶液。

表 3 试料量及分取试料溶液

含量范围/(μg/g)	试料量/g	分取试料溶液/mL	分取滤液 A/mL
＜50	1.0		25.00
50～200	0.5	25.00	10.00
＞200～500	0.2	10.00	5.00
＞500	0.1	5.00	5.00
注：滤液 A 为 GB/T 14506.3 中(3.5.5.4)或(4.5.5.4)分离二氧化硅后的滤液。			

5.5.3 空白试验

随同试料进行两份空白试验，所用试剂应取自同一试剂瓶，加入同等的量。

5.5.4 验证试验

随同试料分析同类型的标准物质。

5.5.5 测定

5.5.5.1 试料的分解

将试料(5.5.2)置于 20 mL 刚玉坩埚中，加 3 g 过氧化钠(5.2.1)，混匀，并用少量过氧化钠覆盖。置于已升温至 700 ℃的高温炉中，熔融 10 min。取出冷却，置于 200 mL 烧杯中，用 60 mL 热水提取，洗净坩埚，煮沸 5 min，取下冷却至室温，移入 100 mL 容量瓶中，用水稀释至刻度，摇匀。用中速滤纸干过滤于 50 mL 烧杯中，弃去最初滤液。

注：铁、钛、钴也与 5-Br-PADAP 生成有色络合物，可采用沉淀分离。钨、铬、铝等可加 CyDTA-焦磷酸钠-氟化钠混合掩蔽剂消除其影响。

5.5.5.2 校准溶液系列的配制

取 0 mL、0.50 mL、1.00 mL、2.00 mL、3.00 mL、4.00 mL、5.00 mL 钒标准溶液[5.2.10c)]，置于一系列 25 mL 容量瓶中，用水稀释至约 10 mL，以下按(5.5.6)分析步骤进行。

5.5.6 显色与测量

根据钒的含量(5.5.2)，分取 10.0 mL 或 5.00 mL 滤液(5.5.5.1)，置于 25 mL 容量瓶中，用水稀释至约 10 mL，加 3.5 mL 混合掩蔽剂(5.2.6)，摇匀，放置 5 min，加 3 滴 2,4-二硝基酚指示剂(5.2.11)，用硫酸(5.2.4)小心调节至由黄色变为无色，加 6.0 mL 缓冲溶液(5.2.7)摇匀，加 1.0 mL 5-Br-PADAP 乙醇溶液(5.2.9)摇匀，加 3 滴过氧化氢(5.2.8)，摇匀，用水稀释至刻度，摇匀。放置 30 min，在分光光度计上，以试剂空白为参比，用 1 cm 或 3 cm 比色皿，在波长 590 nm 处测量其吸光度。

5.5.7 校准曲线绘制

以钒量为横坐标，吸光度为纵坐标，绘制校准曲线。从校准曲线上查得相应的钒量。

5.6 结果计算

计算结果以质量分数 $w(\mathrm{V})$ 计，数值以 μg/g 表示，按式(3)计算钒量：

$$w(\mathrm{V})=\frac{(m_1-m_0)V}{mV_1} \qquad \cdots\cdots(3)$$

式中：

m_1——从校准曲线上查得试料溶液的钒量，单位为微克(μg)；

m_0——从校准曲线上查得试料空白溶液的钒量，单位为微克(μg)；

V_1——分取试料溶液体积，单位为毫升(mL)；

V——试料溶液总体积，单位为毫升(mL)；

m——试料量，单位为克(g)。

分析结果以 $x.x$ μg/g、$xx.x$ μg/g、xxx μg/g 表示。

5.7 精密度

2-[(5-溴-2-吡啶)-偶氮]-5-二乙氨基苯酚光度法测定硅酸盐岩石中钒量结果的精密度见表4。

表4 精密度

单位为微克每克

成　分	水平范围 m	重复性限 r	再现性限 R
V	10.0～762	$r=3.196+0.0722m$	$R=1.116m^{0.57}$
注：本精密度数据是由7个实验室对10个水平的试料进行实验确定的。			

参 考 文 献

［1］ GB/T 14506.3 硅酸盐岩石化学分析方法 二氧化硅量测定

ICS 73.080
D 53

中华人民共和国国家标准

GB/T 14506.23—2010
代替 GB/T 14506.23—1993

硅酸盐岩石化学分析方法 第23部分:铬量测定

Methods for chemical analysis of silicate rocks—Part 23:Determination of chromium content

2010-11-10 发布　　2011-02-01 实施

中华人民共和国国家质量监督检验检疫总局
中国国家标准化管理委员会　发布

前　言

GB/T 14506《硅酸盐岩石化学分析方法》由以下 30 部分组成：
——第 1 部分：吸附水量测定；
——第 2 部分：化合水量测定；
——第 3 部分：二氧化硅量测定；
——第 4 部分：三氧化二铝量测定；
——第 5 部分：总铁量测定；
——第 6 部分：氧化钙量测定；
——第 7 部分：氧化镁量测定；
——第 8 部分：二氧化钛量测定；
——第 9 部分：五氧化二磷量测定；
——第 10 部分：氧化锰量测定；
——第 11 部分：氧化钾和氧化钠量测定；
——第 12 部分：氟量测定；
——第 13 部分：硫量测定；
——第 14 部分：氧化亚铁量测定；
——第 15 部分：锂量测定；
——第 16 部分：铷量测定；
——第 17 部分：锶量测定；
——第 18 部分：铜量测定；
——第 19 部分：铅量测定；
——第 20 部分：锌量测定；
——第 21 部分：镍和钴量测定；
——第 22 部分：钒量测定；
——第 23 部分：铬量测定；
——第 24 部分：镉量测定；
——第 25 部分：钼和钨量测定；
——第 26 部分：钴量测定；
——第 27 部分：镍量测定；
——第 28 部分：16 个主次成分量测定；
——第 29 部分：稀土等 22 个元素量测定；
——第 30 部分：44 个元素量测定。

本部分为 GB/T 14506 的第 23 部分。

本部分代替 GB/T 14506.23—1993《硅酸盐岩石化学分析方法　铬的测定》。

本部分与 GB/T 14506.23—1993 相比主要变化如下：
——增加了规范性引用文件；
——增加了警示、警告内容；
——将称取试料量和分取溶液改为列表表示。

本部分由中华人民共和国国土资源部提出。

本部分由全国国土资源标准化技术委员会归口。

本部分起草单位:国家地质实验测试中心。

本部分主要起草人:王苏明、颜茂弘。

本部分所代替标准的历次版本发布情况为:

——GB/T 14506.23—1993。

硅酸盐岩石化学分析方法
第23部分：铬量测定

警示——使用本部分的人员应有正规实验室工作的实践经验。本部分并未指出所有可能的安全问题。使用者有责任采取适当的安全和健康措施，并保证符合国家有关法规规定的条件。

1 范围

GB/T 14506 的本部分规定了硅酸盐岩石中铬量的测定方法。

本部分适用于硅酸盐岩石中铬量的测定，也适用于土壤和水系沉积物中铬量的测定。

测定范围：二苯基碳酰二肼光度法，10 μg/g～2 000 μg/g 的铬量。氨水-氯化铵-α，α-联吡啶-亚硝酸钠-亚硫酸钠底液极谱法，10 μg/g～150 μg/g 的铬量。

2 规范性引用文件

下列文件中的条款通过 GB/T 14506 的本部分的引用而成为本部分的条款。凡是注日期的引用文件，其随后所有的修改单(不包括勘误的内容)或修订版均不适用于本部分，然而，鼓励根据本部分达成协议的各方研究是否可使用这些文件的最新版本。凡是不注日期的引用文件，其最新版本适用于本部分。

GB/T 6682 分析实验室用水规格和试验方法

GB/T 14506.1 硅酸盐岩石化学分析方法 第1部分：吸附水量测定

3 二苯基碳酰二肼光度法

3.1 原理

试料用过氧化钠碱熔分解，水提取，干过滤，取部分清液，在硫酸(0.1 mol/L)介质中，六价铬与二苯基碳酰二肼生成可溶性的紫红色络合物，在分光光度计上，波长 540 nm 处测量其吸光度，计算铬量。

3.2 试剂

本部分除非另有说明，在分析中均使用分析纯试剂和符合 GB/T 6682 的分析实验室用水。

3.2.1 过氧化钠(粉状)。

3.2.2 氢氧化钠。

3.2.3 二氧化硅(光谱纯)。

3.2.4 三氧化二铁(高纯)。

3.2.5 硫酸(1+1)。**警告——不当的稀释易发生危险！**

3.2.6 硫酸(1+5)。**警告——不当的稀释易发生危险！**

3.2.7 磷酸(1+2)。

3.2.8 氨水(1+1)。

3.2.9 二苯基碳酰二肼溶液(20 g/L)：称取 2 g 邻苯二钾酸酐，置于 150 mL 烧杯中，加 100 mL 丙酮，在水浴上温热溶解，再称取 0.200 0 g 二苯基碳酰二肼溶解于上述溶液中，将溶液转入棕色瓶中，置于阴暗处。

3.2.10 铬标准溶液：

a) 铬标准溶液(100.0 μg/mL)：

称取 0.282 9 g 基准重铬酸钾(预先经 150 ℃烘 1 h 置于干燥器中冷却至室温)，置于 100 mL

烧杯中，加 50 mL 水溶解，将溶液移入 1 000 mL 容量瓶中，用水稀释至刻度，摇匀，此溶液 1 mL 含 100.0 μg 铬；

b) 铬标准溶液(2.0 μg/mL)：

分取 10.0 mL 铬标准溶液[3.2.10a)]，置于 500 mL 容量瓶中，用水稀释至刻度，摇匀，此溶液 1 mL 含 2.0 μg 铬；

c) 铬标准溶液(0.50 μg/mL)：

分取 50.0 mL 铬标准溶液[3.2.10b)]，置于 200 mL 容量瓶中，用水稀释至刻度，摇匀，此溶液 1 mL 含 0.50 μg 铬。

3.2.11 无水乙醇。

3.2.12 对硝基酚溶液(3 g/L)。

3.3 仪器

3.3.1 分光光度计，全差示分光光度计。

3.3.2 天平：三级，感量 0.1 mg。

3.4 试样

3.4.1 试样粒径应小于 74 μm。

3.4.2 试样应在 105 ℃预干燥 2 h～4 h，置于干燥器中，冷却至室温。

3.4.3 对易吸水的岩石，应取空气干燥试样，在称样的同时，按 GB/T 14506.1 进行吸附水量的测定。最终以干态计算结果。

3.5 分析步骤

3.5.1 测定数量

同一试料，一般应进行双份测定，或按一定比例进行双份测定。

3.5.2 试料量

根据铬含量范围按表 1 称取试料量和分取试料溶液。

表 1 试料量与分取试料溶液

含量范围/(μg/g)	试料量/g	分取试料溶液/mL	分取滤液 A/mL
＜20	0.5		25.00
20～200	0.5	25.00	10.00
＞200～1 000	0.2	10.00	5.00
＞1 000	0.1	5.00	5.00
注：滤液 A 为 GB/T 14506.3 中(3.5.5.4)或(4.5.5.4)分离二氧化硅后的滤液。			

3.5.3 空白试验

称取 0.3 g 二氧化硅(3.2.3)及 0.005 g 三氧化二铁(3.2.4)，置于石墨坩埚中，随同试料进行两份空白试验。所用试剂应取自同一试剂瓶，加入同等的量。

3.5.4 验证试验

随同试料分析同类型的标准物质。

3.5.5 试料的分解

将试料(3.5.2)置于石墨坩埚中，加入 2 g 过氧化钠(3.2.1)，混匀，加 2.5 g 氢氧化钠(3.2.2)，置于已升温至 700 ℃的高温炉中熔融 10 min，取出，冷却，置于 200 mL 烧杯中，用 50 mL 热水提取，用水洗出坩埚[若溶液呈绿色，可滴加数滴乙醇(3.2.11)]，加热煮沸 10 min，除去过氧化氢。冷却，将溶液连同沉淀移入 100 mL 容量瓶中，用水稀释至刻度，摇匀，干过滤。

注：钒对本法有干扰，当钒量小于 150 μg 时，可在显色后放置 30 min 消除影响；当钒量大于 150 μg 或钒比铬量大 10 倍时，采用沉淀分离。

3.5.6 测定

3.5.6.1 校准溶液系列的配制(A)

铬量小于 20 μg/g:取 0 mL、0.50 mL、1.00 mL、1.50 mL、2.00 mL、2.50 mL、3.00 mL、3.50 mL、4.00 mL 铬标准溶液[3.2.10c)],置于一系列 50 mL 容量瓶中,加 20 mL 空白溶液(3.5.3),用水稀释至约 35 mL。以下按(3.5.6.3.2)分析步骤进行显色,测量其吸光度。

3.5.6.2 校准溶液系列的配制(B)

铬量大于 20 μg/g:取 0 mL、0.50 mL、1.00 mL、2.00 mL、3.00 mL、4.00 mL、5.00 mL 铬标准溶液[3.2.10b)],置于一系列 50 mL 容量瓶中,加 10 mL 空白试验溶液(3.5.3),用水稀释至约 35 mL。以下按(3.5.6.3.3)分析步骤进行显色,测量其吸光度。

3.5.6.3 测定

3.5.6.3.1 铬量小于 20 μg/g 的测定

分取 20.0 mL 滤液(3.5.5)置于 50 mL 容量瓶中,加水至 35 mL,加 1 滴对硝基酚溶液(3.2.12),用硫酸(3.2.6)中和并过量 2.0 mL,加 0.5 mL 磷酸(3.2.7),摇匀,准确加入 1.0 mL 二苯基碳酰二肼溶液(3.2.9),摇匀,用水稀释至刻度,摇匀,放置 30 min 后,于全差示分光光度计,微电流 $I=1$(或 $I=2$),用 5 cm 比色皿,以试剂空白为参比,波长 540 nm 处测量其吸光度。同时进行校准曲线(A)的分光光度测定。

3.5.6.3.2 铬量大于 20 μg/g 的测定

分取 10.0 mL 或 5.00 mL 滤液(3.5.5)置于 50 mL 容量瓶中[不足 10 mL 用空白试验溶液(3.5.3)补足],用水稀释至约 35 mL。以下按(3.5.6.3.1)分析步骤显色,在分光光度计上,用 2 cm 比色皿,以试剂空白为参比,测量其吸光度。同时进行校准曲线(A)的分光光度测定。

3.5.6.3.3 钒量大于 150 μg/g 的测定

按(3.5.5)进行称样,熔融,提取,煮沸并保持溶液的体积约 60 mL,滴加硫酸(3.2.5)至 pH3~pH4,再滴加氨水(3.2.8)至 pH7~pH9(pH 试纸检查),溶液冷却至室温,移入 100 mL 容量瓶中,用水释释至刻度,摇匀,干过滤。以下按(3.5.6.3.1)或(3.5.6.3.2)分析步骤进行显色,测量其吸光度。同时进行校准曲线(B)的分光光度测定。

3.5.6.4 校准曲线绘制

以铬量为横坐标,吸光度为纵坐标,绘制校准曲线。从校准曲线上查得相应的铬量。

3.6 结果计算

计算结果以质量分数 $w(\mathrm{Cr})$ 计,数值以 μg/g 表示,按式(1)计算铬量:

$$w(\mathrm{Cr})=\frac{(m_1-m_0)V}{mV_1} \qquad \cdots\cdots(1)$$

式中:

m_1——从校准曲线上查得试料溶液的铬量,单位为微克(μg);

m_0——从校准曲线上查得试料空白溶液的铬量,单位为微克(μg);

V_1——分取试料溶液体积,单位为毫升(mL);

V——试料溶液总体积,单位为毫升(mL);

m——试料量,单位为克(g)。

分析结果以 $x.x$ μg/g、$xx.x$ μg/g、xxx μg/g 表示。

3.7 精密度

二苯基碳酰二肼分光光度法测定硅酸盐岩石中铬量结果的精密度见表 2。

表 2 精密度

单位为微克每克

成　分	水平范围 m	重复性限 r	再现性限 R
Cr	10.0～140	$r=0.466m^{0.67}$	$R=4.482+0.165m$
注：本精密度数据是由 7 个实验室对 9 个水平的试料进行实验确定的。			

4 氨水-氯化铵-*α*,*α*′联吡啶-亚硝酸钠-亚硫酸钠底液极谱法

4.1 原理

铬在氨水-氯化铵缓冲溶液中(pH9～pH10)，当存在 6×10^{-5} mol/L α,α'联吡啶溶液和 0.2 mol/L 亚硝酸钠溶液时，产生灵敏的吸附催化电流。加入一定量亚硫酸钠时，虽然使铬的峰高有所降低，但使波形对称。加入少量聚乙烯醇，则波形稳定，重现性更好。在混合底液中，在示波极谱仪上，铬的峰电位约为－1.44 V(对饱和甘汞电极)，峰高与铬浓度呈线性关系，计算铬量。

4.2 试剂

4.2.1 过氧化钠。

4.2.2 无水乙醇。

4.2.3 盐酸(1+1)，优级纯。

4.2.4 氟化钾溶液(20 g/L)，贮于塑料瓶中。

4.2.5 聚乙烯醇溶液(0.1 g/L)，用热水溶解。

4.2.6 氨水[$c(NH_4OH)=2.0$ mol/L]-氯化铵[$c(NH_4Cl)=1$ mol/L]-亚硝酸钠[$c(NaNO_2)=1$ mol/L]-α,α'联吡啶[$c(C_5H_4N)=3\times10^{-4}$ mol/L)-亚硫酸钠[$c(Na_2SO_3)=100$ g/L]混合底液：称取 34.5 g 亚硝酸钠、26.8 g 氯化铵，50 g 无水亚硫酸钠，置于 400 mL 烧杯中，加入 300 mL 水，溶解后，移入 500 mL 容量瓶中，加入 70 mL 氨水(ρ0.884 g/mL)及 25 mL α,α'联吡啶溶液(6.0×10^{-3} mol/L)，用水稀释至刻度，摇匀，用时现配。

4.2.7 铬标准溶液：

a) 铬标准溶液(100.0 μg/mL)：
称取 0.373 5 g 预先经 160 ℃烘 2 h 并已于干燥器中冷却的优级纯铬酸钾，置于 150 mL 烧杯中，加水溶解后，移入 1 000 mL 容量瓶中，用水稀释至刻度，摇匀，此溶液 1 mL 含 100.0 μg 铬；

b) 铬标准溶液(5.0 μg/mL)：
分取 25.0 mL 铬标准溶液[4.2.7a)]，置于 500 mL 容量瓶中，用水稀释至刻度，摇匀，此溶液 1 mL 含 5.0 μg 铬；

c) 铬标准溶液(0.50 μg/mL)：
分取 20.0 mL 铬标准溶液[4.2.7b)]，置于 500 mL 容量瓶中，用水稀释至刻度，摇匀，此溶液 1 mL 含 0.20 μg 铬。

4.2.8 酚酞乙醇溶液(5 g/L)：称取 0.5 g 酚酞溶解于 100 mL 无水乙醇(4.2.2)中。

4.3 仪器

警告——汞污染环境，极谱仪仪器使用应在有良好通风条件且经活性炭吸附处理的设施中进行操作，并达到国家规定的排放标准。

4.3.1 示波极谱仪，参比电极：饱和甘汞电极。

4.3.2 天平：三级，感量 0.1 mg。

4.4 试样

4.4.1 试样粒径应小于 74 μm。

4.4.2 试样应在 105 ℃预干燥 2 h～4 h，置于干燥器中，冷却至室温。

4.4.3 对易吸水的岩石，应取空气干燥试样，在称样的同时按 GB/T 14506.1 进行吸附水量的测定，最

终以干态计算结果。

4.5 分析步骤

4.5.1 测定数量

同一试料,一般应进行双份测定,或按一定比例进行双份测定。

4.5.2 试料量

称取0.5 g试料,精确至0.1 mg。

注:铬含量大于60 μg/g时,称取0.2 g试料。

4.5.3 空白试验

随同试料进行两份空白试验,所用试剂应取自同一试剂瓶,加入同等的量。

4.5.4 验证试验

随同试料分析同类型的标准物质。

4.5.5 测定

4.5.5.1 试料的分解

将试料(4.5.2)置于石墨坩埚中,加入3 g过氧化钠(4.2.1),搅匀,再覆盖约1 g过氧化钠(4.2.1),加盖,放入高温炉中,升温至700 ℃,保持10 min,取出,稍冷却。

4.5.5.2 定容

将坩埚及盖置于200 mL烧杯中,加入70 mL沸水及0.5 mL无水乙醇(4.2.2),盖上表面皿,立即置于小电炉上煮沸后再移置于高温电热板上,保持沸腾状态约10 min以赶尽过氧化氢(注意:防止跳溅),取下,用水吹洗表面皿,并洗出坩埚及盖,冷却后,用水移入100 mL容量瓶中,并稀释至刻度,摇匀。放置澄清。

注:试料用碱熔分解,水提取,许多金属元素如铁、钛、铜、镍、钴等生成沉淀而与铬分离。

4.5.5.3 分取溶液

分取2.0 mL或5.0 mL上层清液(或干过滤的滤液),置于25 mL容量瓶中,加入1 mL氟化钾溶液(4.2.4)及1滴酚酞指示剂(4.2.8),用盐酸(4.2.3)中和至红色消失,加水至15 mL左右,冷却,加入5 mL混合底液(4.2.6)和1 mL聚乙烯醇溶液(4.2.5),用水稀释至刻度,摇匀。放置半小时。

注:底液中各组成的浓度(包括由中和生成的氯化钠)不同程度影响铬的峰高,配制成混合底液后一次加入,能使操作误差降至最小。

4.5.5.4 校准溶液系列的配制

取0 mL、0.25 mL、0.50 mL、1.00 mL、2.00 mL、3.00 mL、4.00 mL、5.00 mL、6.00 mL、7.00 mL、8.00 mL铬标准溶液[4.2.7c)],置于一系列25 mL容量瓶中,加入2.0 mL或5.0 mL[与(4.5.5.3)分取体积相一致]空白试验溶液(4.5.3)。

4.5.5.5 极谱测定

将部分溶液倾入电解池中,在示波极谱仪上,起始电位为−1.20 V,用导数部分进行测定。同时进行校准溶液系列的极谱测定。

4.6 校准曲线绘制

以铬量为横坐标,峰高为纵坐标,绘制校准曲线。从校准曲线上查得相应的铬量。

4.7 结果计算

计算结果以质量分数 $w(\mathrm{Cr})$ 计,数值以 μg/g 表示,按式(2)计算铬量:

$$w(\mathrm{Cr})=\frac{m_1V}{mV_1} \qquad \cdots\cdots(2)$$

式中:

m_1——从校准曲线上查得试料溶液的铬量,单位为微克(μg);

V_1——分取试料溶液体积,单位为毫升(mL);

V——试料溶液总体积,单位为毫升(mL);

m——试料量,单位为克(g)。

注:由于标准系列中已加入与试料量相当的试料空白溶液,计算结果时不再减相应的空白。

分析结果以 *x.x* μg/g、*xx.x* μg/g、*xxx* μg/g 表示。

4.8 精密度

氨水-氯化铵-α,α′联吡啶-亚硝酸钠-亚硫酸钠底液极谱法测定硅酸盐岩石中铬量结果的精密度见表3。

表3 精密度

单位为微克每克

成　分	水平范围 m	重复性限 r	再现性限 R
Cr	10.0～137	$r=0.488m^{0.80}$	$R=3.632+0.206m$
注:本精密度数据是由6个实验室对9个水平的试料进行实验确定的。			

参 考 文 献

[1] GB/T 14506.3 硅酸盐岩石化学分析方法 二氧化硅量测定

ICS 73.080
D 53

中华人民共和国国家标准

GB/T 14506.24—2010
代替 GB/T 14506.24—1993

硅酸盐岩石化学分析方法 第24部分:镉量测定

Methods for chemical analysis of silicate rocks—
Part 24: Determination of cadmium content

2010-11-10 发布　　2011-02-01 实施

中华人民共和国国家质量监督检验检疫总局
中国国家标准化管理委员会　发布

前　言

GB/T 14506《硅酸盐岩石化学分析方法》由以下 30 部分组成：

——第 1 部分：吸附水量测定；

——第 2 部分：化合水量测定；

——第 3 部分：二氧化硅量测定；

——第 4 部分：三氧化二铝量测定；

——第 5 部分：总铁量测定；

——第 6 部分：氧化钙量测定；

——第 7 部分：氧化镁量测定；

——第 8 部分：二氧化钛量测定；

——第 9 部分：五氧化二磷量测定；

——第 10 部分：氧化锰量测定；

——第 11 部分：氧化钾和氧化钠量测定；

——第 12 部分：氟量测定；

——第 13 部分：硫量测定；

——第 14 部分：氧化亚铁量测定；

——第 15 部分：锂量测定；

——第 16 部分：铷量测定；

——第 17 部分：锶量测定；

——第 18 部分：铜量测定；

——第 19 部分：铅量测定；

——第 20 部分：锌量测定；

——第 21 部分：镍和钴量测定；

——第 22 部分：钒量测定；

——第 23 部分：铬量测定；

——第 24 部分：镉量测定；

——第 25 部分：钼和钨量测定；

——第 26 部分：钴量测定；

——第 27 部分：镍量测定；

——第 28 部分：16 个主次成分量测定；

——第 29 部分：稀土等 22 个元素量测定；

——第 30 部分：44 个元素量测定。

本部分为 GB/T 14506 的第 24 部分。

本部分代替 GB/T 14506.24—1993《硅酸盐岩石化学分析方法　盐酸-碘化钾-四乙基溴(碘)化铵底液极谱法测定镉量》。

本部分与 GB/T 14506.24—1993 相比主要变化如下：

——增加了规范性引用文件；

——增加了警示、警告内容。

本部分由中华人民共和国国土资源部提出。

本部分由全国国土资源标准化技术委员会归口。

本部分起草单位:国家地质实验测试中心。

本部分主要起草人:王苏明、颜茂弘。

本部分所代替标准的历次版本发布情况为:

——GB/T 14506.24—1993。

硅酸盐岩石化学分析方法
第24部分：镉量测定

警示——使用本部分的人员应有正规实验室工作的实践经验。本部分并未指出所有可能的安全问题。使用者有责任采取适当的安全和健康措施，并保证符合国家有关法规规定的条件。

1 范围

GB/T 14506的本部分规定了硅酸盐岩石中镉量的测定方法。

本部分适用于硅酸盐岩石中镉量的测定，也适用于土壤和水系沉积物中镉量的测定。

测定范围：0.05 μg/g以上的镉量。

2 规范性引用文件

下列文件中的条款通过GB/T 14506的本部分的引用而成为本部分的条款。凡是注日期的引用文件，其随后所有的修改单(不包括勘误的内容)或修订版均不适用于本部分，然而，鼓励根据本部分达成协议的各方研究是否可使用这些文件的最新版本。凡是不注日期的引用文件，其最新版本适用于本部分。

GB/T 6682 分析实验室用水规格和试验方法

GB/T 14506.1 硅酸盐岩石化学分析方法 第1部分：吸附水量测定

3 原理

试料用盐酸-硝酸-氢氟酸分解，加入少量高氯酸，加热蒸发至白烟冒尽以赶去氢氟酸，转化成2 mol/L的盐酸溶液，经717型阴离子交换树脂使镉与许多干扰元素分离。吸附在树脂上的镉用热硝酸洗提，蒸干赶去硝酸，然后在盐酸-碘化钾-四乙基溴(碘)化铵底液中，在示波极谱仪上，峰电位约为−0.70 V(对饱和甘汞电极)，吸附催化电流峰高与镉浓度呈线性关系，计算镉量。

4 试剂

本部分除非另有说明，在分析中均使用分析纯试剂和符合GB/T 6682的分析实验室用水。

4.1 盐酸(ρ1.19 g/mL)，优级纯。

4.2 盐酸(1+1)，优级纯。

4.3 盐酸(3+7)，优级纯。

4.4 盐酸 $c(HCl)=2mol/L$：取100 mL盐酸(4.1)置于600 mL烧杯中，加入500 mL水，搅匀。

4.5 硝酸(ρ1.42 g/mL)，优级纯。

4.6 硝酸(1+9)。

4.7 氢氟酸(ρ1.15 g/mL)。**警告——氢氟酸有毒并有腐蚀性，操作时应戴手套，防止皮肤接触。**

4.8 高氯酸(ρ1.67 g/mL)，优级纯。**警告——易爆品，小心操作！**

4.9 四乙基溴(碘)化铵溶液(10 g/L)。

4.10 碘化钾溶液 $c(KI)=1$ mol/L：称取16.6 g碘化钾，置于150 mL烧杯中，加水溶解后，移入100 mL容量瓶中，用水稀释至刻度，搅匀。

4.11 抗坏血酸溶液(100 g/L)。用时现配。

4.12 717型阴离子交换树脂：

a) 树脂的处理：将市售717型阴离子交换树脂烘干后，用棒磨碎样机破碎，取60筛孔～80筛孔和40筛孔～60筛孔的树脂按1∶1混合均匀。先用氢氧化钠溶液(40 g/L)浸泡4 h，用倾泻法洗至中性，然后用硝酸(4.6)浸泡4 h，洗至中性备用；

b) 交换柱的装填：取内径为0.5 cm～0.6 cm、长为10 cm～12 cm的交换柱(或以短颈漏斗代替)，下端塞一团尼龙丝或玻璃纤维，在柱中注满水，用自然沉降法将树脂[4.12a)]倾入柱中使树脂高度达5 cm～6 cm，再在上端塞一团尼龙丝或玻璃纤维，控制流速为1.5 mL/min～2.0 mL/min，用盐酸(4.4)平衡后备用；

c) 交换柱的再生：交换柱使用过后，用热水洗涤至中性(pH试纸检查)，再用盐酸(4.4)平衡后备用。经多次使用后，如发现流速减慢，则用新树脂重新装柱。

4.13 镉标准溶液：

a) 镉标准溶液(100.0 μg/mL)：

称取0.114 2 g预先经700 ℃灼烧2 h，并置于干燥器中冷却的高纯氧化镉，置于150 mL烧杯中，加入20 mL盐酸(4.2)溶解，移入1 000 mL容量瓶中，用水稀释至刻度，摇匀，此溶液1 mL含100.0 μg镉；

b) 镉标准溶液(5.0 μg/mL)：

分取25.0 mL镉标准溶液[4.13a)]，置于500 mL容量瓶中，用水稀释至刻度，摇匀，此溶液1 mL含5.0 μg镉；

c) 镉标准溶液(0.20 μg/mL)：

分取20.0 mL镉标准溶液[4.13b)]，置于500 mL容量瓶中，用水稀释至刻度，摇匀，此溶液1 mL含0.20 μg镉。

5 仪器

警告——应按照极谱仪仪器使用规程，在有良好通风条件并经活性炭吸附处理汞的设施中进行操作，以避免汞对环境的污染。

5.1 示波极谱仪，参比电极：饱和甘汞电极。

5.2 天平：三级，感量0.1 mg。

6 试样

6.1 试样粒径应小于74 μm。

6.2 试样应在105 ℃预干燥2 h～4 h，置于干燥器中，冷却至室温。

6.3 对易吸水的岩石，应取空气干燥试样，在称样的同时按GB/T 14506.1进行吸附水量的测定，最终以干态计算结果。

7 分析步骤

7.1 测定数量

同一试料，一般应进行双份测定，或按一定比例进行双份测定。

7.2 试料量

称取1 g试料，精确至0.1 mg。

7.3 空白试验

随同试料进行两份空白试验，所用试剂应取自同一试剂瓶，加入同等的量。

7.4 验证试验

随同试料分析同类型的标准物质。

7.5 测定

7.5.1 试料的分解

将试料(7.2)置于18 mL瓷坩埚中,放入高温炉中,从低温升温至550 ℃~600 ℃,保持半小时,取出,冷却。转入50 mL聚四氟乙烯烧杯中,用少量水洗涤坩埚,加入15 mL盐酸(4.1),盖上表面皿,置于电热板上,加热片刻,加入5 mL硝酸(4.5),继续加热,约半小时后,用水吹洗表面皿后移去,蒸发溶液至1 mL左右,加入10 mL氢氟酸(4.7)及1 mL高氯酸(4.8),低温加热分解试料,蒸发至冒白烟,取下稍冷,再加入5 mL氢氟酸(4.7)继续加热至试料分解完全,蒸发至冒白烟,稍冷,用水吹洗杯壁,再蒸发至白烟冒尽,稍冷。趁烧杯尚保持余热时,加入8.0 mL盐酸(4.2)溶解盐类,需要时可以盖上表面皿加热助溶,加入16 mL水使溶液最后酸度为2 mol/L。

注:如发现最后的溶液不十分清澈时,可以加入2滴~4滴聚环氧乙烷溶液(0.05%),轻轻摇动烧杯(切勿搅拌),放置片刻后上柱。

7.5.2 离子交换分离富集

将溶液(7.5.1)经漏斗[在滤纸上加入少许纸浆,并先用盐酸(4.4)洗几次]过滤入交换柱,用盐酸(4.4)洗涤烧杯及滤纸,直至滤纸上三氯化铁的黄色洗净,移去漏斗,再洗树脂数次,流出液弃去。然后每次用60 ℃~80 ℃的5 mL热硝酸(4.6)洗提镉共5次~6次,用50 mL烧杯承接洗提流出液。

7.5.3 处理洗提液

在洗提流出液(7.5.2)中加入0.5 mL高氯酸(4.8),蒸发至冒白烟,稍冷,用水吹洗杯壁,再蒸发至白烟冒尽,加入2 mL盐酸(4.2),再蒸干,稍冷。

7.5.4 定容

趁烧杯尚保持余热时,加入0.25 mL盐酸(4.3)及0.5 mL四乙基溴(碘)化铵溶液(4.9),再加入0.5 mL碘化钾溶液(4.10),用细水流移入已有1 mL抗坏血酸溶液(4.11)的10 mL具塞比色管中并稀释至刻度,摇匀。

7.6 校准溶液系列的配制

取0 mL、0.25 mL、0.50 mL、0.75 mL、1.00 mL、2.00 mL、3.00 mL、4.00 mL、5.00 mL镉标准溶液[4.13c)],置于一系列25 mL烧杯中,蒸干。以下按(7.5.4)分析步骤进行。

7.7 极谱测定

将部分溶液倾入电解池中,用示波极谱仪导数部分进行测定,起始电位为−0.40 V。同时进行校准溶液系列的极谱测定。

7.8 校准曲线绘制

以镉量为横坐标,峰高为纵坐标,绘制校准曲线。从校准曲线上查得相应的镉量。

8 结果计算

8.1 计算结果以质量分数 $w(\mathrm{Cd})$ 计,数值以 μg/g 表示,按式(1)计算镉量:

$$w(\mathrm{Cd})=\frac{m_1-m_0}{m} \qquad (1)$$

式中:

m_1——从校准曲线上查得试料溶液的镉量,单位为微克(μg);

m_0——从校准曲线上查得试料空白溶液的镉量,单位为微克(μg);

m——试料量,单位为克(g)。

8.2 分析结果以 0.0*x* μg/g、0.*xx* μg/g、*x*.*xx* μg/g 表示。

9 精密度

硅酸盐岩石中镉量测定结果的精密度见表1。

表 1 精密度

单位为微克每克

成　　分	水平范围 m	重复性限 r	再现性限 R
Cd	0.05～0.65	$r=0.010+0.133m$	$R=0.293m^{0.76}$
注：本精密度数据是由 5 个实验室对 10 个水平的试料进行实验确定的。			

ICS 73.080
D 53

GB

中华人民共和国国家标准

GB/T 14506.25—2010
代替 GB/T 14506.25—1993

硅酸盐岩石化学分析方法 第25部分:钼和钨量测定

Methods for chemical analysis of silicate rocks—Part 25:Determination of molybdenum and tungsten content

2010-11-10 发布

2011-02-01 实施

中华人民共和国国家质量监督检验检疫总局
中国国家标准化管理委员会 发布

前　言

GB/T 14506《硅酸盐岩石化学分析方法》由以下 30 部分组成：

——第 1 部分：吸附水量测定；

——第 2 部分：化合水量测定；

——第 3 部分：二氧化硅量测定；

——第 4 部分：三氧化二铝量测定；

——第 5 部分：总铁量测定；

——第 6 部分：氧化钙量测定；

——第 7 部分：氧化镁量测定；

——第 8 部分：二氧化钛量测定；

——第 9 部分：五氧化二磷量测定；

——第 10 部分：氧化锰量测定；

——第 11 部分：氧化钾和氧化钠量测定；

——第 12 部分：氟量测定；

——第 13 部分：硫量测定；

——第 14 部分：氧化亚铁量测定；

——第 15 部分：锂量测定；

——第 16 部分：铷量测定；

——第 17 部分：锶量测定；

——第 18 部分：铜量测定；

——第 19 部分：铅量测定；

——第 20 部分：锌量测定；

——第 21 部分：镍和钴量测定；

——第 22 部分：钒量测定；

——第 23 部分：铬量测定；

——第 24 部分：镉量测定；

——第 25 部分：钼和钨量测定；

——第 26 部分：钴量测定；

——第 27 部分：镍量测定；

——第 28 部分：16 个主次成分量测定；

——第 29 部分：稀土等 22 个元素量测定；

——第 30 部分：44 个元素量测定。

本部分为 GB/T 14506 的第 25 部分。

本部分代替 GB/T 14506.25—1993《硅酸盐岩石化学分析方法　硫酸-苯羟乙酸-辛可宁氯酸钾底液极谱法连续测定钼量和钨量》。

本部分与 GB/T 14506.25—1993 相比主要变化如下：

——增加了规范性引用文件；

——增加了警示、警告内容。

本部分由中华人民共和国国土资源部提出。

本部分由全国国土资源标准化技术委员会归口。

本部分起草单位:国家地质实验测试中心。

本部分主要起草人:王苏明、颜茂弘。

本部分所代替标准的历次版本发布情况为:

——GB/T 14506.25—1993。

硅酸盐岩石化学分析方法
第25部分：钼和钨量测定

警示——使用本部分的人员应有正规实验室工作的实践经验。本部分并未指出所有可能的安全问题。使用者有责任采取适当的安全和健康措施，并保证符合国家有关法规规定的条件。

1 范围

GB/T 14506的本部分规定了硅酸盐岩石中钼和钨量的测定方法。

本部分适用于硅酸盐岩石中钼和钨量的测定，也适用于土壤和水系沉积物中钼和钨量的测定。

测定范围：0.25 μg/g～10 μg/g的钼量，0.50 μg/g～20 μg/g的钨量。

2 规范性引用文件

下列文件中的条款通过GB/T 14506的本部分的引用而成为本部分的条款。凡是注日期的引用文件，其随后所有的修改单(不包括勘误的内容)或修订版均不适用于本部分，然而，鼓励根据本部分达成协议的各方研究是否可使用这些文件的最新版本。凡是不注日期的引用文件，其最新版本适用于本部分。

GB/T 6682　分析实验室用水规格和试验方法

GB/T 14506.1　硅酸盐岩石化学分析方法　第1部分：吸附水量测定

3 原理

试料用过氧化钠熔融，在硫酸-苯羟乙酸-辛可宁-2.4%氯酸钾底液中，钼和钨均能产生灵敏的极谱催化波，在示波极谱仪上，峰电位为−0.28 V和−0.76 V(对饱和甘汞电极)，常规部分和导数部分分别测定钼和钨，峰高与钼和钨浓度呈线性关系，计算钼和钨量。

4 试剂

本部分除非另有说明，在分析中均使用分析纯试剂和符合GB/T 6682的分析实验室用水。

4.1 过氧化钠。

4.2 氢氧化钠(钾)。

4.3 无水乙醇。

4.4 硫酸(1+1)，优级纯。**警告——不当的稀释易发生危险！**

4.5 苯羟乙酸溶液(100 g/L)。

4.6 辛可宁溶液(4 g/L)：称取0.4 g辛可宁，置于150 mL烧杯中，加入20 mL水，滴加硫酸(4.4)数滴助溶，用水移入100 mL容量瓶中并稀释至刻度，摇匀。

4.7 氯酸钾溶液(60 g/L)。

4.8 钼标准溶液：

a) 钼标准溶液(100.0 μg/mL)：

称取0.150 0 g预先经500 ℃灼烧1 h并已于干燥器中冷却的高纯三氧化钼，置于150 mL烧杯中，加入10 mL氢氧化钠溶液(100 g/L)，溶解后用硫酸(4.4)中和并过量1 mL，移入1 000 mL容量瓶中，用水稀释至刻度，摇匀，此溶液1 mL含100.0 μg钼；

b) 钼标准溶液(10.0 μg/mL)：

分取 50.0 mL 钼标准溶液[4.8a)]，置于 500 mL 容量瓶中，用水稀释至刻度，摇匀，此溶液 1 mL含 10.0 μg 钼；

c) 钼标准溶液(1.00 μg/mL)：

分取 50.0 mL 钼标准溶液[4.8b)]，置于 500 mL 容量瓶中，用水稀释至刻度，摇匀，此溶液 1 mL含 1.0 μg 钼。

4.9 钨标准溶液：

a) 钨标准溶液(100.0 μg/mL)：

称取 0.126 1 g 预先经 500 ℃灼烧 1 h 并已于干燥器中冷却的高纯三氧化钨，置于 150 mL 烧杯中，加入 10 mL 氢氧化钠溶液(10%)，溶解后移入 1 000 mL 容量瓶中，用水稀释至刻度，摇匀，立即转入干燥的塑料瓶中保存，此溶液 1 mL 含 100.0 μg 钨；

b) 钨标准溶液(10.0 μg/mL)：

分取 50.0 mL 钨标准溶液[4.9a)]，置于 500 mL 容量瓶中，用水稀释至刻度，摇匀，此溶液 1 mL含 10.0 μg 钨；

c) 钨标准溶液(1.0 μg/mL)：

分取 50.0 mL 钨标准溶液[4.9b)]，置于 500 mL 容量瓶中，用水稀释至刻度，摇匀，此溶液 1 mL含 1.0 μg 钨。

4.10 钼、钨混合标准溶液：分取 50.00 mL 钼标准溶液[4.8c)]和 50.00 mL 钨标准溶液[4.9c)]，置于同一 500 mL 容量瓶中，用水稀释至刻度，摇匀，此溶液 1 mL 含 0.10 μg 钼和 0.10 μg 钨。

4.11 酚酞乙醇溶液(5 g/L)：称取 0.5 g 酚酞溶解于 100 mL 无水乙醇(4.3)中。

5 仪器

警告——应按照极谱仪仪器使用规程，在有良好通风条件并经活性炭吸附处理汞的设施中进行操作，以避免汞对环境的污染。

5.1 示波极谱仪，参比电极：饱和甘汞电极。

5.2 天平：三级，感量 0.1 mg。

6 试样

6.1 试样粒径应小于 74 μm。

6.2 试样应在 105 ℃预干燥 2 h～4 h，置于干燥器中，冷却至室温。

6.3 对易吸水的岩石，应取空气干燥试样，在称样的同时，按 GB/T 14506.1 进行吸附水量的测定。最终以干态计算结果。

7 分析步骤

7.1 测定数量

同一试料，一般应进行双份测定，或按一定比例进行双份测定。

7.2 试料量

称取 0.5 g 试料。钼含量＜0.5 μg/g，钨含量＜1.0 μg/g 时，称取 1 g 试料。精确至 0.1 mg。

7.3 空白试验

随同试料进行两份空白试验，所用试剂应取自同一试剂瓶，加入同等的量。

注：标准系列中加入与试样相当量的空白溶液，为了控制测定时的总体积为 25 mL，因此将两份空白溶液合并在同一 100 mL 容量瓶中。

7.4 验证试验

随同试料分析同类型的标准物质。

7.5 测定

7.5.1 试料的分解

将试料置于石墨坩埚或高铝坩埚中，加入 3 g 过氧化钠(4.1)，搅匀，再覆盖约 1 g 过氧化钠(4.1)，加盖，放入高温炉中，升温至 700 ℃，保持 10 min，取出稍冷却。

注 1：高铝坩埚预先进行空白试验，不含有钼、钨。

注 2：也可以用 3 g 氢氧化钠(钾)(4.2)和 1 g 过氧化钠(4.1)混合熔剂熔融。

7.5.2 定容

将坩埚及盖置于 200 mL 烧杯中，加入 70 mL 沸水及 0.5 mL 无水乙醇(4.3)，盖上表面皿，立即置于小电炉上煮沸后移置于高温电热板上保持沸腾状态约 10 min 以赶尽过氧化氢(注意：防止跳溅)，取下，用水吹洗表面皿，并洗出坩埚及盖，冷却后，用水移入 100 mL 容量瓶中并稀释至刻度，摇匀。放置澄清。

7.5.3 分取溶液

分取 10.0 mL 上层清液(或干过滤滤液)，置于 25 mL 容量瓶中，加入 1 滴酚酞指示剂(4.11)，用硫酸(4.4)中和并过量 1 mL，冷却，依次加入 0.5 mL 苯羟乙酸溶液(4.5)、0.5 mL 辛可宁溶液(4.6)及 10 mL氯酸钾溶液(4.7)，用水稀释至刻度，摇匀。立即进行极谱测定。

注 1：亦可用 0.1%甲基橙指示剂。

注 2：钨含量很低时，加入 0.1 mL 辛可宁以减少辛可宁还原波对钨波的影响。

注 3：准确加入底液各组分，浓度不同程度影响钼和钨的峰高。

7.6 校准溶液系列的配制

取 0 mL、0.25 mL、0.50 mL、1.00 mL、2.00 mL、3.00 mL、4.00 mL、5.00 mL 钼和钨的混合标准溶液(4.10)，置于一系列 25 mL 容量瓶中，加入 5 mL 空白溶液(7.3)，以下按(7.5.3)分析步骤进行。

7.7 极谱测定

将部分溶液倾入电解池中，用示波极谱仪。常规部分测定钼，起始电位为－0.02 V；用导数部分测定钨，起始电位为－0.50 V。同时进行校准溶液系列的极谱测定。

注：当钼和钨量之比为 1∶20 和 20∶1 时，相互不干扰。

7.8 校准曲线绘制

分别以钼和钨量为横坐标，相应的峰高为纵坐标，绘制钼和钨的校准曲线。从校准曲线上查得相应的钼和钨量。

8 结果计算

8.1 计算结果以质量分数 w(Mo 或 W)计，数值以 μg/g 表示，按式(1)计算钼和钨量：

$$w(\text{Mo 或 W}) = \frac{m_1 V}{m V_1} \qquad \cdots\cdots(1)$$

式中：

m_1——从校准曲线上查得试料溶液的钼量或钨量，单位为微克(μg)；

V_1——分取试料溶液体积，单位为毫升(mL)；

V——试料溶液总体积，单位为毫升(mL)；

m——试料量，单位为克(g)。

注：由于标准系列中已经加入与试料相当量的试料空白溶液，故计算结果时不需要减相应的空白。

8.2 分析结果以 0.x μg/g、$x.xx$ μg/g、xxx μg/g 表示。

9 精密度

硅酸盐岩石中钼和钨量测定结果的精密度见表 1。

表 1 精密度

单位为微克每克

成分	水平范围 m	重复性限 r	再现性限 R
Mo	0.26～3.70	$r=0.336m^{0.46}$	$R=0.555m^{0.68}$
W	0.88～8.00	$r=0.028+0.247m$	$R=0.136+0.331m$
注：本精密度数据是由 8 个实验室对 9 个水平的试料进行实验确定的。			

ICS 73.080
D 53

中华人民共和国国家标准

GB/T 14506.26—2010
代替 GB/T 14506.26—1993

硅酸盐岩石化学分析方法 第26部分：钴量测定

Methods for chemical analysis of silicate rocks—
Part 26：Determination of cobalt content

2010-11-10 发布　　2011-02-01 实施

中华人民共和国国家质量监督检验检疫总局
中国国家标准化管理委员会　发布

前　言

GB/T 14506《硅酸盐岩石化学分析方法》由以下 30 部分组成：

——第 1 部分：吸附水量测定；

——第 2 部分：化合水量测定；

——第 3 部分：二氧化硅量测定；

——第 4 部分：三氧化二铝量测定；

——第 5 部分：总铁量测定；

——第 6 部分：氧化钙量测定；

——第 7 部分：氧化镁量测定；

——第 8 部分：二氧化钛量测定；

——第 9 部分：五氧化二磷量测定；

——第 10 部分：氧化锰量测定；

——第 11 部分：氧化钾和氧化钠量测定；

——第 12 部分：氟量测定；

——第 13 部分：硫量测定；

——第 14 部分：氧化亚铁量测定；

——第 15 部分：锂量测定；

——第 16 部分：铷量测定；

——第 17 部分：锶量测定；

——第 18 部分：铜量测定；

——第 19 部分：铅量测定；

——第 20 部分：锌量测定；

——第 21 部分：镍和钴量测定；

——第 22 部分：钒量测定；

——第 23 部分：铬量测定；

——第 24 部分：镉量测定；

——第 25 部分：钼和钨量测定；

——第 26 部分：钴量测定；

——第 27 部分：镍量测定；

——第 28 部分：16 个主次成分量测定；

——第 29 部分：稀土等 22 个元素量测定；

——第 30 部分：44 个元素量测定。

本部分为 GB/T 14506 的第 26 部分。

本部分代替 GB/T 14506.26—1993《硅酸盐岩石化学分析方法　4-[(5 氯-2-吡啶)-偶氮]-1,3-二氨基苯光度法测定钴量》。

本部分与 GB/T 14506.26—1993 相比主要变化如下：

——增加了规范性引用文件、警示、警告内容；

——将称取试料量和分取溶液改为列表表示。

本部分由中华人民共和国国土资源部提出。

本部分由全国国土资源标准化技术委员会归口。

本部分起草单位：国家地质实验测试中心。

本部分主要起草人：王苏明、颜茂弘。

本部分所代替标准的历次版本发布情况为：

——GB/T 14506.26—1993。

硅酸盐岩石化学分析方法
第 26 部分：钴量测定

警示——使用本部分的人员应有正规实验室工作的实践经验。本部分并未指出所有可能的安全问题。使用者有责任采取适当的安全和健康措施，并保证符合国家有关法规规定的条件。

1 范围

GB/T 14506 的本部分规定了硅酸盐岩石中钴量的测定方法。

本部分适用于硅酸盐岩石中钴量的测定，也适用于土壤和水系沉积物中钴量的测定。

测定范围：25 μg/g～1 000 μg/g 的钴量。

2 规范性引用文件

下列文件中的条款通过 GB/T 14506 的本部分的引用而成为本部分的条款。凡是注日期的引用文件，其随后所有的修改单(不包括勘误的内容)或修订版均不适用于本部分，然而，鼓励根据本部分达成协议的各方研究是否可使用这些文件的最新版本。凡是不注日期的引用文件，其最新版本适用于本部分。

GB/T 6682 分析实验室用水规格和试验方法

GB/T 14506.1 硅酸盐岩石化学分析方法 第 1 部分：吸附水量测定

3 原理

试料用过氧化钠碱熔分解，水提取，过滤，沉淀用盐酸溶解，分取部分溶液，在 pH5 的乙酸盐介质中，钴与 4-[(5-氯-2-吡啶)-偶氮]-1,3-二氨基苯(5-Cl-PADAB)形成组成为 1∶2 的红色络合物，加入盐酸后，转变为稳定的酒红色络合物。在分光光度计上，于波长 570 nm 处，测量其吸光度，计算钴量。

4 试剂

本部分除非另有说明，在分析中均使用分析纯试剂和符合 GB/T 6682 的分析实验室用水。

4.1 过氧化钠。

4.2 盐酸(1+1)。

4.3 盐酸(2+98)。

4.4 硝酸(1+1)。

4.5 磷酸(1+1)。

4.6 氢氧化钠溶液(20 g/L)。

4.7 氨水(1+1)。

4.8 乙酸钠溶液(500 g/L)：称取 50 g 结晶乙酸钠($NaAc \cdot 3H_2O$)，溶解于水并稀释至 100 mL。如浑浊须过滤后使用。

4.9 铁溶液：称取 0.57 g 高纯三氧化二铁，置于 150 mL 烧杯中，加 10 mL 浓盐酸，加热溶解，冷却，移入 100 mL 容量瓶中，用水稀释至刻度，摇匀。此溶液 1 mL 含 4 mg 铁。

4.10 4-[(5-氯-2-吡啶)-偶氮]-1,3-二氨基苯(简称 5-Cl-PADAB 或钴试剂)-乙醇溶液(0.5 g/L)：称取 0.05 g 5-Cl-PADAB，置于 100 mL 干燥的烧杯中，加 80 mL 无水乙醇，使其溶解(如有不溶物，置于温水浴中加热助溶，如仍有不溶物则过滤)，移入 100 mL 容量瓶中，用无水乙醇稀释至刻度，摇匀。

4.11 钴标准溶液：

a) 钴标准溶液(100.0 μg/mL)：

称取 0.100 0 g 金属钴(99.99%)，置于 250 mL 烧杯中，加 10 mL 硝酸(4.4)，盖上表面皿，加热溶解，冷却至室温，移入 1 000 mL 容量瓶中，用水稀释至刻度，摇匀，此溶液 1 mL 含 100.0 μg 钴；

b) 钴标准溶液(2.0 μg/mL)：

分取 20.0 mL 钴标准溶液[4.11a)]，置于 1 000 mL 容量瓶中，用水稀释至刻度，摇匀，此溶液 1 mL 含 2.0 μg 钴；

c) 钴标准溶液(0.50 μg/mL)：

分取 50.0 mL 钴标准溶液[4.11b)]，置于 200 mL 容量瓶中，用水稀释至刻度，摇匀，此溶液 1 mL 含 0.5 μg 钴。

5 仪器

5.1 分光光度计。

5.2 天平：三级，感量 0.1 mg。

6 试样

6.1 试样粒径应小于 74 μm。

6.2 试样应在 105 ℃预干燥 2 h～4 h，置于干燥器中，冷却至室温。

6.3 对易吸水的岩石，应取空气干燥试样，在称样的同时，按 GB/T 14506.1 进行吸附水量的测定。最终以干态计算结果。

7 分析步骤

7.1 测定数量

同一试料，一般应进行双份测定，或按一定比例进行双份测定。

7.2 试料量

根据钴含量范围按表 1 称取试料量和分取试料溶液。

表 1 试料量与分取试料溶液

含量范围/(μg/g)	试料量/g	分取试料溶液/mL	分取滤液 A/mL
<50	0.5		25.00
50～200	0.5	25.00	10.00
>200～500	0.2	10.00	10.00
>500	0.1	5.00	5.00

注：滤液 A 为 GB/T 14506.3 中(3.5.5.4)或(4.5.5.4)分离二氧化硅后的滤液。

7.3 空白试验

随同试料进行两份空白试验，所用试剂应取自同一试剂瓶，加入同等的量。

7.4 验证试验

随同试料分析同类型的标准物质。

7.5 测定

7.5.1 试料的分解

将试料(7.2)置于 20 mL 刚玉坩埚中，加入 3 g 过氧化钠(4.1)，混匀，再以 1 g 过氧化钠(4.1)覆盖表面。置于已升温至 700 ℃的高温炉中，熔融 10 min。取出冷却，置于 200 mL 烧杯中，加 60 mL 热水提取，置于电热板上煮沸 3 min～5 min，用水洗出坩埚，坩埚内残存的氢氧化物沉淀加几滴盐酸(4.2)溶解，再用水洗净坩埚。

7.5.2 过滤与沉淀的溶解

用中速滤纸过滤，用氢氧化钠溶液(4.6)洗涤烧杯和沉淀 10 余次，弃去滤液，用 10 mL 热盐酸(4.2)溶解沉淀于原烧杯中，然后经原滤纸过滤于 50 mL 容量瓶中，用热盐酸(4.3)洗涤烧杯及滤纸至滤液无铁的黄色，冷却，用水稀释至刻度，摇匀。

7.6 校准溶液系列的配制

取 0 mL、1.00 mL、2.00 mL、3.00 mL、4.00 mL、5.00 mL 钴标准溶液[4.11b)]或[4.11c)]，置于一系列 25 mL 比色管中，加 1 mL 铁溶液(4.9)，用水稀释至约 10 mL，以下按(7.7)分析步骤进行。

7.7 测定

根据钴的含量(7.2)，分取 10.0 mL 或 5.00 mL 溶液(7.5.2)，置于 25 mL 比色管中，用水稀释至约 10 mL，滴加氨水(4.7)至氢氧化铁沉淀出现，再滴加盐酸(4.2)至沉淀恰好溶解，加 5 滴磷酸(4.5)，摇匀，放置 5 min～10 min，加 2 mL 乙酸钠溶液(4.8)，摇匀，放置 10 min，加 1.0 mL 5-Cl-PADAB 乙醇溶液(4.10)，摇匀，将比色管放在沸水浴中加热 10 min，取出，放置 2 min～3 min；放置后的溶液温度不应低于 50 ℃，在不断摇动下加 6 mL 盐酸(4.2)，以流水冷却至室温，用水稀释至刻度，摇匀，放置 20 min，在分光光度计上，用 1 cm 或 3 cm 比色皿，以试剂空白为参比，波长 570 nm 处，测量其吸光度。

注：铜、镍和铁也与 5-Cl-PADAB 生成有色络合物，在沸水浴中加热时，铜和镍的有色络合物被破坏，而钴的络合物不被破坏，铁的干扰用磷酸消除。

7.8 校准曲线绘制

以浓度为横坐标，吸光度为纵坐标，绘制校准曲线。从校准曲线上查得相应的钴量。

8 结果计算

8.1 计算结果以质量分数 $w(\mathrm{Co})$ 计，数值以 μg/g 表示，按式(1)计算钴量：

$$w(\mathrm{Co}) = \frac{(m_1 - m_0)V}{mV_1} \qquad \cdots\cdots(1)$$

式中：

m_1——从校准曲线上查得试料溶液的钴量，单位为微克(μg)；

m_0——从校准曲线上查得试料空白溶液的钴量，单位为微克(μg)；

V_1——分取试料溶液体积，单位为毫升(mL)；

V——试料溶液总体积，单位为毫升(mL)；

m——试料量，单位为克(g)。

8.2 分析结果以 $x.x$ μg/g、$xx.x$ μg/g、xxx μg/g 表示。

9 精密度

硅酸盐岩石中钴量测定结果的精密度见表 2。

表 2 精密度

单位为微克每克

成　分	水平范围 m	重复性限 r	再现性限 R
Co	5.0～92.6	$r=0.592m^{0.54}$	$R=1.684+0.118m$
注：本精密度数据是由 7 个实验室对 10 个水平的试料进行实验确定的。			

参 考 文 献

[1] GB/T 14506.3 硅酸盐岩石化学分析方法 二氧化硅量测定

ICS 73.080
D 53

中华人民共和国国家标准

GB/T 14506.27—2010
代替 GB/T 14506.27—1993

硅酸盐岩石化学分析方法 第27部分：镍量测定

Methods for chemical analysis of silicate rocks—Part 27: Determination of nickel content

2010-11-10 发布　　2011-02-01 实施

中华人民共和国国家质量监督检验检疫总局
中国国家标准化管理委员会　发布

前　言

GB/T 14506《硅酸盐岩石化学分析方法》由以下 30 部分组成：

——第 1 部分：吸附水量测定；

——第 2 部分：化合水量测定；

——第 3 部分：二氧化硅量测定；

——第 4 部分：三氧化二铝量测定；

——第 5 部分：总铁量测定；

——第 6 部分：氧化钙量测定；

——第 7 部分：氧化镁量测定；

——第 8 部分：二氧化钛量测定；

——第 9 部分：五氧化二磷量测定；

——第 10 部分：氧化锰量测定；

——第 11 部分：氧化钾和氧化钠量测定；

——第 12 部分：氟量测定；

——第 13 部分：硫量测定；

——第 14 部分：氧化亚铁量测定；

——第 15 部分：锂量测定；

——第 16 部分：铷量测定；

——第 17 部分：锶量测定；

——第 18 部分：铜量测定；

——第 19 部分：铅量测定；

——第 20 部分：锌量测定；

——第 21 部分：镍和钴量测定；

——第 22 部分：钒量测定；

——第 23 部分：铬量测定；

——第 24 部分：镉量测定；

——第 25 部分：钼和钨量测定；

——第 26 部分：钴量测定；

——第 27 部分：镍量测定；

——第 28 部分：16 个主次成分量测定；

——第 29 部分：稀土等 22 个元素量测定；

——第 30 部分：44 个元素量测定。

本部分为 GB/T 14506 的第 27 部分。

本部分代替 GB/T 14506.27—1993《硅酸盐岩石化学分析方法　α 呋喃二肟光度法测定镍量》。

本部分与 GB/T 14506.27—1993 相比主要变化如下：

——增加了规范性引用文件、警示、警告内容；

——将称取试料量和分取溶液改为列表表示。

本部分由中华人民共和国国土资源部提出。

本部分由全国国土资源标准化技术委员会归口。

本部分起草单位:国家地质实验测试中心。

本部分主要起草人:王苏明、颜茂弘。

本部分所代替标准的历次版本发布情况为:

——GB/T 14506.27—1993。

硅酸盐岩石化学分析方法
第27部分：镍量测定

警示——使用本部分的人员应有正规实验室工作的实践经验。本部分并未指出所有可能的安全问题。使用者有责任采取适当的安全和健康措施，并保证符合国家有关法规规定的条件。

1 范围

GB/T 14506的本部分规定了硅酸盐岩石中镍量的测定方法。

本部分适用于硅酸盐岩石中镍量的测定，也适用于土壤和水系沉积物中化合水量的测定。

测定范围：10 μg/g～2 000 μg/g 的镍量。

2 规范性引用文件

下列文件中的条款通过GB/T 14506的本部分的引用而成为本部分的条款。凡是注日期的引用文件，其随后所有的修改单（不包括勘误的内容）或修订版均不适用于本部分，然而，鼓励根据本部分达成协议的各方研究是否可使用这些文件的最新版本。凡是不注日期的引用文件，其最新版本适用于本部分。

GB/T 6682 分析实验室用水规格和试验方法

GB/T 14506.1 硅酸盐岩石化学分析方法 第1部分：吸附水量测定

3 原理

试料用盐酸、硝酸、氢氟酸分解，高氯酸冒烟，稀盐酸溶解盐类，吸取适量溶液，在pH9～pH10的氨性介质中，镍与α呋喃二肟（又名α-联糠肟）生成橙红色络合物，用苯萃取后呈黄色。在分光光度计上，波长440 nm处测量吸光度，计算镍量。

4 试剂

本部分除非另有说明，在分析中均使用分析纯试剂和符合GB/T 6682的分析实验室用水。

4.1 盐酸（ρ1.19 g/mL）。

4.2 盐酸（1+1）。

4.3 硝酸（ρ1.42 g/mL）。

4.4 硝酸（1+1）。

4.5 氢氟酸（ρ1.15 g/mL）。**警告——氢氟酸有毒并有腐蚀性，操作时应戴手套，防止皮肤接触。**

4.6 高氯酸（ρ1.67 g/mL）。**警告——易爆品，小心操作！**

4.7 硫酸（1+9）。**警告——不当的稀释易发生危险！**

4.8 氨水（1+9）。

4.9 盐酸羟胺溶液（40 g/L）。

4.10 酒石酸钾钠溶液（200 g/L）。

4.11 氢氧化钠溶液（200 g/L）。贮于塑料瓶中。

4.12 苯。

4.13 硫代硫酸钠溶液（200 g/L）：称取20 g硫代硫酸钠溶解于经煮沸赶净二氧化碳的100 mL冷水中。

4.14 α-呋喃二肟乙醇溶液(1 g/L)。

4.15 镍标准溶液：

a) 镍标准溶液(100.0 μg/mL)：

称取 0.100 0 g 金属镍(99.99%以上)，置于 150 mL 烧杯中，加 10 mL 硝酸(4.4)，加热溶解，蒸干，加 3 mL 盐酸(4.1)重复蒸干两次，加 10 mL 盐酸(4.2)，加热溶解盐类，冷却至室温，移入 1 000 mL 容量瓶中，用水稀释至刻度，摇匀，此溶液 1 mL 含 100.0 μg 镍；

b) 镍标准溶液(4.0 μg/mL)：

分取 20.0 mL 镍标准溶液[4.15a)]，置于 500 mL 容量瓶中，用水稀释至刻度，摇匀，此溶液 1 mL 含 4.0 μg 镍；

c) 镍标准溶液(1.0 μg/mL)：

分取 50.0 mL 镍标准溶液[4.15b)]，置于 200 mL 容量瓶中，用水稀释至刻度，摇匀，此溶液 1 mL 含 1.0 μg 镍。

4.16 酚酞(2 g/L)和百里酚酞(1 g/L)混合溶液；0.2 g 酚酞和 0.1 g 百里酚酞溶解于 90 mL 乙醇中加水至 100 mL。

5 仪器

5.1 分光光度计，全差示分光光度计。

5.2 天平：三级，感量 0.1 mg。

6 试样

6.1 试样粒径应小于 74 μm。

6.2 试样应在 105 ℃预干燥 2 h～4 h，置于干燥器中，冷却至室温。

6.3 对易吸水的岩石，应取空气干燥试样，在称样的同时，按 GB/T 14506.1 进行吸附水量的测定。最终以干态计算结果。

7 分析步骤

7.1 测定数量

同一试料，一般应进行双份测定，或按一定比例进行双份测定。

7.2 试料量

根据镍含量范围按表 1 称取试料量和分取试料溶液。

表 1 试料量与分取试料溶液

含量范围 (μg/g)	试料量 (g)	分取试料溶液 (mL)	分取滤液 A (mL)
<200	0.5		25.00
200～1 000	0.2	10.00	10.00
>1 000	0.1	5.00	5.00

注：滤液 A 为 GB/T 14506.3 中(3.5.5.4)或(4.5.5.4)分离二氧化硅后的滤液。

7.3 空白试验

随同试料进行两份空白试验，所用试剂应取自同一试剂瓶，加入同等的量。

7.4 验证试验

随同试料分析同类型的标准物质。

7.5 测定

7.5.1 试料的分解

将试料(7.2)置于50 mL塑料坩埚中,加几滴水润湿,加入1.5 mL高氯酸(4.6)、3 mL盐酸(4.1)、3 mL硝酸(4.3)、10 mL氢氟酸(4.5),置于低温电热板上,加热溶解试料并蒸发至冒白烟,取下稍冷。加3 mL盐酸(4.1)继续加热至白烟冒尽,取下稍冷,加5 mL盐酸(4.2),温热溶解盐类,移入50 mL或100 mL容量瓶中,用水稀释至刻度,摇匀。放置澄清。

7.5.2 定容

根据镍的含量(7.2),分取10.0 mL或5.00 mL溶液(7.5.1),置于25 mL比色管中,用水稀释至约10 mL。

7.6 校准溶液系列的配制

取0 mL、0.50 mL、1.00 mL、2.00 mL、3.00 mL、4.00 mL、5.00 mL镍标准溶液[4.15b)]或[4.15c)],置于一系列25 mL比色管中,用水稀释至约10 mL。以下按(7.7)分析步骤进行。

7.7 测定

加2 mL酒石酸钾钠溶液(4.10)、1 mL盐酸羟胺溶液(4.9)、2滴酚酞-百里酚酞混合指示剂(4.16),滴加氢氧化钠溶液(4.11)至呈紫红色,再加4滴硫酸(4.7),加1 mL硫代硫酸钠溶液(4.13),放置5 min,加2滴酚酞-百里酚酞混合指示剂(4.16),滴加氨水(4.8)至呈现明显的红色再过量7滴。加2 mL α-呋喃二肟显色剂(4.14),摇匀,加5.00 mL苯(4.12),剧烈振荡1 min,静止分层后,吸取有机相,在分光光度计上或全差示分光光度计(微电流 $I=1$),以试剂空白为参比,用1 cm比色皿,在波长440 nm处测量其吸光度。

注:铁、铝、钛、铜、锰等干扰测定,可加酒石酸钾钠、盐酸羟胺和硫代硫酸钠掩蔽剂消除其影响。

7.8 校准曲线绘制

以浓度为横坐标,吸光度为纵坐标,绘制校准曲线。从校准曲线上查出相应的镍量。

8 结果计算

8.1 计算结果以质量分数 $w(\mathrm{Ni})$ 计,数值以 μg/g 表示,按式(1)计算镍量:

$$w(\mathrm{Ni})=\frac{(m_1-m_0)V}{mV_1} \qquad \cdots\cdots(1)$$

式中:

m_1——从校准曲线上查得试料溶液的镍量,单位为微克(μg);

m_0——从校准曲线上查得试料空白溶液的镍量,单位为微克(μg);

V_1——分取试料溶液体积,单位为毫升(mL);

V——试料溶液总体积,单位为毫升(mL);

m——试料量,单位为克(g)。

8.2 分析结果以 $x.x$ μg/g、$xx.x$ μg/g、xxx μg/g 表示。

9 精密度

硅酸盐岩石中镍量测定结果的精密度见表2。

表2 精密度

单位为微克每克

成　分	水平范围 m	重复性限 r	再现性限 R
Ni	10.0～140	$r=1.180+0.158m$	$R=1.235+0.308m$
注:本精密度数据是由7个实验室对9个水平的试料进行实验确定的。			

参 考 文 献

[1] GB/T 14506.3 硅酸盐岩石化学分析方法 二氧化硅量测定

ICS 73.080
D 53

中华人民共和国国家标准

GB/T 14506.28—2010
代替 GB/T 14506.28—1993

硅酸盐岩石化学分析方法 第28部分：16个主次成分量测定

Methods for chemical analysis of silicate rocks—Part 28: Determination of 16 major and minor elements content

2010-11-10 发布　　　　2011-02-01 实施

中华人民共和国国家质量监督检验检疫总局
中国国家标准化管理委员会　发布

前　言

GB/T 14506《硅酸盐岩石化学分析方法》由以下 30 部分组成：

——第 1 部分：吸附水量测定；

——第 2 部分：化合水量测定；

——第 3 部分：二氧化硅量测定；

——第 4 部分：三氧化二铝量测定；

——第 5 部分：总铁量测定；

——第 6 部分：氧化钙量测定；

——第 7 部分：氧化镁量测定；

——第 8 部分：二氧化钛量测定；

——第 9 部分：五氧化二磷量测定；

——第 10 部分：氧化锰量测定；

——第 11 部分：氧化钾和氧化钠量测定；

——第 12 部分：氟量测定；

——第 13 部分：硫量测定；

——第 14 部分：氧化亚铁量测定；

——第 15 部分：锂量测定；

——第 16 部分：铷量测定；

——第 17 部分：锶量测定；

——第 18 部分：铜量测定；

——第 19 部分：铅量测定；

——第 20 部分：锌量测定；

——第 21 部分：镍和钴量测定；

——第 22 部分：钒量测定；

——第 23 部分：铬量测定；

——第 24 部分：镉量测定；

——第 25 部分：钼和钨量测定；

——第 26 部分：钴量测定；

——第 27 部分：镍量测定；

——第 28 部分：16 个主次成分量测定；

——第 29 部分：稀土等 22 个元素量测定；

——第 30 部分：44 个元素量测定。

本部分为 GB/T 14506 的第 28 部分。

本部分代替 GB/T 14506.28—1993《硅酸盐岩石化学分析方法　X 射线荧光光谱法测定主、次元素量》。

本部分与 GB/T 14506.28—1993 相比主要变化如下：

——修改补充了名称为 16 个主次成分量测定；

——增加了规范性引用文件。

本部分的附录A为规范性附录。

本部分由中华人民共和国国土资源部提出。

本部分由全国国土资源标准化技术委员会归口。

本部分起草单位:国家地质实验测试中心。

本部分主要起草人:王苏明、颜茂弘。

本部分所代替标准的历次版本发布情况为:

——GB/T 14506.28—1993。

硅酸盐岩石化学分析方法
第28部分:16个主次成分量测定

警示——使用本部分的人员应有正规实验室工作的实践经验。本部分并未指出所有可能的安全问题。使用者有责任采取适当的安全和健康措施,并保证符合国家有关法规规定的条件。

1 范围

GB/T 14506的本部分规定了硅酸盐岩石中主、次成分量的测定方法。

本部分适用于硅酸盐岩石中二氧化硅、三氧化二铝、全铁(以 TFe_2O_3 表示)、氧化镁、氧化钙、氧化钠、氧化钾、二氧化钛 、氧化锰、五氧化二磷、氧化钡、三氧化二铬、镍、铜、锶和锆量等主、次成分量的测定,也适用于土壤和水系沉积物中上述成分量的测定。

硅酸盐岩石中主、次成分量的测定范围见附录A。

2 规范性引用文件

下列文件中的条款通过GB/T 14506的本部分的引用而成为本部分的条款。凡是注日期的引用文件,其随后所有的修改单(不包括勘误的内容)或修订版均不适用于本部分,然而,鼓励根据本部分达成协议的各方研究是否可使用这些文件的最新版本。凡是不注日期的引用文件,其最新版本适用于本部分。

GB/T 6682　分析实验室用水规格和试验方法

GB/T 14506.1　硅酸盐岩石化学分析方法　第1部分:吸附水量测定

3 原理

试料用无水四硼酸锂熔融,以硝酸铵为氧化剂,加氟化锂和少量溴化锂作助熔剂和脱模剂。试料与熔剂的质量比为1∶8。在熔样机上于1 150 ℃~1 250 ℃熔融,制成玻璃样片。在X射线荧光光谱仪上进行测量,除镍、铜、锶和锆用康普顿散射线作内标校正基体效应外,其余各分析元素均用理论α系数校正元素间的吸收-增强效应,根据荧光强度计算主、次成分的量。

4 试剂

本部分除非另有说明,在分析中均使用分析纯试剂和符合GB/T 6682的分析实验室用水。

4.1　无水四硼酸锂:在700 ℃灼烧2 h。

4.2　氟化锂:在105 ℃烘2 h~4 h。

4.3　硝酸铵:在105 ℃烘2 h~4 h。

4.4　溴化锂溶液(15 g/L)。

5 仪器

5.1　铂-金合金坩埚(95%Pt+5%Au),规格:30 mL。若试料在坩埚中熔融后直接成型,则要求坩埚底面内壁平整光滑。规格:上端内径45 mm,下端内径33 mm,高25 mm。

5.2　铂-金合金铸模(95%Pt+5%Au),规格:上端内径34 mm,下端内径32 mm,高3 mm。铸模材料厚度约1 mm,使其不易变形。铸模定期用粒度为14 μm的金钢砂软膏抛光,使玻璃片易从铸模中剥离而不破裂。

5.3 熔样机：自动火焰熔样机或高频电感熔样机。

5.4 波长色散X射线荧光光谱仪：端窗铑靶X射线管，功率3 kW。

5.5 天平：三级，感量0.1 mg。

6 试样

6.1 试样粒径应小于74 μm。

6.2 试样应在105 ℃预干燥2 h～4 h，置于干燥器中，冷却至室温。

6.3 对易吸水的岩石，应取空气干燥试样，在称样的同时按GB/T 14506.1进行吸附水量的测定。最终以干态计算结果。

7 分析步骤

7.1 测定数量

同一试料，在同一实验室，应由同一操作者在不同时间内进行2次～3次测定。

7.2 试样

称取0.7g试料，精确至0.1 mg。

7.3 验证试验

随同试料分析同类型的标准物质。

7.4 测定

7.4.1 样片的制备

7.4.1.1 混合

将试料(7.2)置于25 mL瓷坩埚中，加入5.200 g±0.001 g无水四硼酸锂(4.1)、0.400 g±0.001 g氟化锂(4.2)和0.30 g±0.01 g硝酸铵(4.3)搅拌均匀，移入铂-金合金坩埚中。

7.4.1.2 烘干

于装有试料的坩埚(7.4.1.1)中，加入1 mL溴化锂溶液(4.4)，置于电热板上烘干。

7.4.1.3 熔融

将坩埚置于自动火焰熔样机上，盖上坩埚盖，以丙烷气为燃气，氧气助燃，于1 150 ℃～1 250 ℃熔融10 min～15 min。熔融过程中要转动坩埚，使粘在坩埚壁上的小熔珠和试料进入熔融体中。每隔一定时间，熔样机自动摇动坩埚，将气泡赶尽，并使熔融物混匀。

7.4.1.4 浇铸

7.4.1.4.1 熔融物在铸模中浇铸成型。熔样机自动将坩埚内熔融物倾入已加热至800 ℃的铸模中。移离火焰，通压缩空气冷却。已成型的玻璃圆片与铸模剥离。

7.4.1.4.2 熔融物在坩埚内直接成型。熔融物也可在坩埚内冷却直接成型。玻璃样片与坩埚自然剥离。

7.4.1.5 样片的保存

取出样片，贴上标签，放于干燥器内保存，防止吸潮和污染。测量时，只能拿样片的边缘，避免X射线测量面的沾污。

7.4.2 标准化样片的制备

选择某些分析元素含量适中的国家一级标准物质作为标准化试样，以下按(7.4.1.1)～(7.4.1.5)步骤制备成样片。

7.4.3 X射线荧光光谱分析

7.4.3.1 测量条件

在X射线管电压为50 kV，电流为50 mA，粗狭缝，视野光栏直径为30 mm条件下，各主次成分量分析元素的测量条件见表1。

表 1 测量条件

组分	分析线	分析晶体	2θ/(°)		计数时间/s		探测器	pHA[b]	衰减器	干扰谱线
			峰值[f]	背景	峰值	背景				
Na_2O	K_α	TAP	55.15	58.50	100	40	F-PC[c]	7～35	1	
MgO	K_α	TAP	45.17	48	100	20	F-PC	7～35	1	Ca $K_{\alpha2}$
Al_2O_3	K_α	PET	144.70	140	20	10	F-PC	7～35	1	Ca $K_{\alpha2}$
SiO_2	Kα	SbIn	144.66	140	20	10	F-PC	10～35	1/3	
P_2O_5	K_α	Ge(111)[a]	141.15	144	40	10	F-PC	10～35	1	
K_2O	K_α	LiF(200)	136.70	140	20	10	F-PC	10～30	1	
CaO	K_α	LiF(200)	113.15	110	20	10	F-PC	10～35	1/3	
TiO_2[d]	K_α	LiF(200)	86.19	88.50	40	10	F-PC	10～30	1	
V_2O_5	K_α	LiF(200)	77.00	78	40	20	F-PC	5～35	1	Ti $K_{\beta1}$
Cr_2O_3	K_α	LiF(200)	69.40	70.50	40	20	F-PC	5～35	1	V $K_{\beta1}$
MnO	K_α	LiF(200)	63.01	64.50	40	20	F-PC	5～35	1	Cr $K_{\beta1}$
Fe_2O_3	$L_{\alpha1}$	LiF(200)	57.52	55	20	10	SC[e]	7～35	1/3	
BaO	K_α	LiF(200)	87.23	88	40	20	F-PC	10～30	1	Ti K_α
Ni	K_α	LiF(200)	48.66	49.70	40	20	SC	7～35	1	
Cu	K_α	LiF(200)	45.02	47	40	20	SC	7～35	1	
Sr	K_α	LiF(200)	25.13	25.70	40	20	SC	7～35	1	
Zr	K_α	LiF(200)	22.54	23.20	40	20	SC	7～35	1	Sr $K_{\beta1}$
Rh	$K_{\alpha,c}$	LiF(200)	18.84		10		SC	7～35	1	

[a] 对 PK_α 线推荐采用不反射二级线的 Ge(111)晶体。若用 PET 晶体，扣除 Ca K_β Ⅱ线对 P K_α 线干扰。

[b] 脉冲高度分析器的下限和上限。

[c] 流气正比计数器。

[d] 用于校正钒对铬的谱线重叠干扰。

[e] 闪烁计数器。

[f] 峰值是指实测值而非理论值。

7.4.3.2 背景校正

采用一点法扣背景。按式(1)计算扣除背景的分析线强度：

$$I_N = I_P - I_B \qquad \cdots\cdots(1)$$

式中：

I_N——扣除背景的分析线强度；

I_P——峰值强度；

I_B——背景强度。

7.4.3.3 仪器漂移校正

通过标准化样片测量校正仪器漂移。

7.4.4 校准系列的配制

7.4.4.1 标准样片的制备

选用硅酸盐岩石、超基性岩石、砂岩、黏土、土壤和水系沉积物国家一级标准物质作为标准绘制校准曲线。每个元素都应有一个具有足够的含量范围又有一定梯度的标准系列。如上述标准物质不能完全满足时,应加配适当人工混合标准补充之。校准系列范围见表 2。

表 2　校准系列范围

%

组分	含量范围	组分	含量范围	组分	含量范围
Na_2O	0.06～7.16	CaO	0.07～20.51	Ni	0.000 2～0.25
MgO	0.08～41.03	TiO_2	0.01～7.69	Cu	0.000 4～0.12
Al_2O_3	0.21～36.74	Cr_2O_3	0.000 3～1.56	Sr	0.002 5～0.12
SiO_2	18.98～98.51	MnO	0.002～0.32	Zr	0.002 9～0.15
P_2O_5	0.004～0.95	TFe_2O_3	0.09～24.75		
K_2O	0.01～7.48	BaO	0.005～0.21		

标准样片的制备,按(7.4.1.1)～(7.4.1.5)步骤进行。

7.4.4.2　校准与校正

校准、基体效应校正和谱线重叠干扰校正采用数学方法进行回归。计算公式为:

$$W_i=(aI_i^2+bI_i+c)(1+\sum\alpha_{ij}W_j)+\sum B_{ik}W_k \quad \cdots\cdots(2)$$

式中:

W_i——标准物质中分析元素 i 的认定值(或未知样品中分析元素 i 基体校正后的含量);

a、b、c——分析元素 i 的校准曲线常数;

I_i——标准物质(或未知样品)中分析元素 i 的 X 射线强度(或内标强度比);

α_{ij}——共存元素 j 对分析元素 i 的影响系数(理论 α 系数);

W_j——共存元素 j 的含量;

B_{ik}——干扰元素 k 对分析元素 i 的谱线重叠干扰校正系数;

W_k——干扰元素 k 的含量(或 X 射线强度)。

标准物质分析元素 i 的推荐值经理论 α 系数校正基体效应得表观含量。分析元素的测量强度和表观含量,用公式(2)回归计算求得校准曲线常数 a、b、c。

镍、铜、锶和锆四元素则以强度与 Rh K_α 线康普顿散射强度之比值与推荐值回归分析进行校准。

对有谱线重叠干扰的元素,则须进行谱线重叠干扰校正。

当试料与熔剂质量比为 1∶8 时,消去烧失量的理论 α 系数计算值见表 3。

表 3　消去烧失量的理论 α 系数

成分	Na_2O	MgO	Al_2O_3	SiO_2	P_2O_5	K_2O	CaO	TiO_2	V_2O_5	Cr_2O_3	MnO	TFe_2O_3	BaO
Na_2O	0.074	0.095	0.110	0.121	0.131	0.160	0.182	0.220	0.238	0.286	0.338	0.359	0.373
MgO	0.350	0.107	0.117	0.131	0.141	0.163	0.184	0.223	0.241	0.289	0.343	0.363	0.528
Al_2O_3	0.353	0.387	0.138	0.143	0.155	0.165	0.187	0.225	0.245	0.294	0.348	0.369	0.628
SiO_2	0.354	0.388	0.430	0.171	0.173	0.169	0.190	0.228	0.247	0.296	0.352	0.374	0.651
P_2O_5	0.355	0.390	0.432	0.471	0.211	0.171	0.191	0.229	0.248	0.299	0.356	0.377	0.672
K_2O	0.352	0.388	0.432	0.472	0.525	0.337	0.210	0.195	0.198	0.225	0.265	0.287	0.797
CaO	0.350	0.386	0.430	0.471	0.525	1.584	0.393	0.213	0.208	0.235	0.273	0.291	0.848
TiO_2	0.350	0.385	0.431	0.472	0.527	1.603	1.596	0.475	0.441	0.243	0.268	0.276	1.181
V_2O_5	0.351	0.387	0.432	0.473	0.530	1.615	1.609	0.487	0.517	0.566	0.273	0.273	1.316

表 3（续）

成分	Na_2O	MgO	Al_2O_3	SiO_2	P_2O_5	K_2O	CaO	TiO_2	V_2O_5	Cr_2O_3	MnO	TFe_2O_3	BaO
Cr_2O_3	0.344	0.381	0.426	0.468	0.524	1.612	1.607	1.740	0.517	0.664	0.686	0.266	2.894
MnO	0.337	0.375	0.420	0.462	0.518	1.609	1.603	1.739	1.824	0.663	0.812	0.701	3.759
TFe_2O_3	0.342	0.379	0.425	0.467	0.524	1.623	1.618	1.756	1.842	2.467	0.820	0.838	4.322
BaO	0.346	0.384	0.428	0.469	0.524	1.599	1.592	0.439	0.447	0.327	0.289	0.261	1.193

注 1：仪器参数：入射角 63°，出射角 40°，X 射线管靶角 90°，X 射线管的铍窗厚度 127 μm，铑靶：50 kV。

注 2：V_2O_5 用于校正钒对铬的谱线重叠干扰。

7.4.5 测量

7.4.5.1 输入分析元素的有关参数

输入分析元素测量条件，理论 α 系数和标准物质中各元素的含量（推荐值）。

7.4.5.2 测量标准化样品

输入标准化样品名称，测量标准化样品的元素分析线强度。

7.4.5.3 测量标准物质

输入标准物质名称，测量标准物质的元素分析线强度。

7.4.5.4 回归分析

测得一系列标准样片各分析元素的强度，利用数学校正模式进行回归分析，求得校准曲线常数 a、b、c 和谱线重叠干扰校正系数 $B_{拢}$ 存入计算机软件。

7.4.5.5 测量未知样品

输入未知样品名称。先测量标准化样片，然后测量未知样片元素分析线的强度。

8 结果计算

测得未知样片分析元素的强度，由计算机软件按公式（2）计算含量并自动打印出分析结果。

9 精密度

硅酸盐岩石中 16 个主次元素量测定结果的精密度见表 4。

表 4 精密度

%

成分	水平范围 m	重复性限 r	再现性限 R
Na_2O	0.30～7.1	$r=0.096+0.0168m$	$R=0.104+0.0476m$
MgO	0.20～40	$r=0.057+0.0073m$	$R=0.084+0.0171m$
Al_2O_3	0.30～21	$r=0.067+0.0099m$	$R=0.104+0.0146m$
SiO_2	32～90	$r=0.315+0.0020m$	$R=0.503+0.0032m$
P_2O_5	0.01～0.95	$r=0.006+0.0166m$	$R=0.007+0.0295m$
K_2O	0.10～7.4	$r=0.0115+0.0117m$	$R=0.021+0.0188m$
CaO	0.10～10	$r=0.0527m^{0.35}$	$R=0.062+0.0240m$
TiO_2	0.02～7.5	$r=0.008+0.0100m$	$R=0.008+0.0173m$
Cr_2O_3	0.005～1.3	$r=0.0164m^{0.41}$	$R=0.037m^{0.49}$
MnO	0.02～0.21	$r=0.002+0.0370m$	$R=0.004+0.0444m$

表 4（续） %

成分	水平范围 m	重复性限 r	再现性限 R
Fe_2O_3	0.31～24	$r=0.059+0.006\ 9m$	$R=0.086+0.016\ 5m$
BaO	0.02～0.20	$r=0.005+0.077\ 2m$	$R=0.010+0.061\ 5m$
Ni	0.002～0.25	$r=0.001+0.043\ 5m$	$R=0.033m^{0.51L}$
Cu	0.002～0.006	$r=0.001+0.214m$	$R=0.001+0.393\ 2m$
Sr	0.005～0.12	$r=0.001+0.019\ 4m$	$R=0.002+0.061\ 3m$
Zr	0.009～0.15	$r=0.004m^{0.36}$	$R=0.002+0.051\ 9m$
注：本精密度数据是由 6 个实验室对 28 个水平的试样进行实验确定。			

附 录 A
（规范性附录）
硅酸盐岩石中主、次成分量的测定范围

本部分测定硅酸盐岩石中主、次成分量的测定范围见表 A.1。

表 A.1 硅酸盐岩石中主、次成分量的测定范围

成 分	测定范围/%	成 分	测定范围/%
Na_2O	0.3～7	Cr_2O_3	0.005～1.5
MgO	0.2～41	MnO	0.02～0.32
Al_2O_3	0.3～36	TFe_2O_3	0.3～24
SiO_2	19～98	BaO	0.02～0.21
P_2O_5	0.01～0.95	Ni	0.002～0.25
K_2O	0.1～7.4	Cu	0.002～0.12
CaO	0.1～20	Sr	0.005～0.12
TiO_2	0.02～7.5	Zr	0.009～0.15

ICS 73.080
D 53

中华人民共和国国家标准

GB/T 14506.29—2010

硅酸盐岩石化学分析方法 第29部分：稀土等22个元素量测定

Methods for chemical analysis of silicate rocks—
Part 29: Determination of 22 elements including rare earth elements

2010-11-10 发布　　　　2011-02-01 实施

中华人民共和国国家质量监督检验检疫总局
中国国家标准化管理委员会　发布

前　言

GB/T 14506《硅酸盐岩石化学分析方法》由以下 30 部分组成：

——第 1 部分：吸附水量测定；
——第 2 部分：化合水量测定；
——第 3 部分：二氧化硅量测定；
——第 4 部分：三氧化二铝量测定；
——第 5 部分：总铁量测定；
——第 6 部分：氧化钙量测定；
——第 7 部分：氧化镁量测定；
——第 8 部分：二氧化钛量测定；
——第 9 部分：五氧化二磷量测定；
——第 10 部分：氧化锰量测定；
——第 11 部分：氧化钾和氧化钠量测定；
——第 12 部分：氟量测定；
——第 13 部分：硫量测定；
——第 14 部分：氧化亚铁量测定；
——第 15 部分：锂量测定；
——第 16 部分：铷量测定；
——第 17 部分：锶量测定；
——第 18 部分：铜量测定；
——第 19 部分：铅量测定；
——第 20 部分：锌量测定；
——第 21 部分：镍和钴量测定；
——第 22 部分：钒量测定；
——第 23 部分：铬量测定；
——第 24 部分：镉量测定；
——第 25 部分：钼和钨量测定；
——第 26 部分：钴量测定；
——第 27 部分：镍量测定；
——第 28 部分：16 个主次成分量测定；
——第 29 部分：稀土等 22 个元素量测定；
——第 30 部分：44 个元素量测定。

本部分为 GB/T 14506 的第 29 部分。

本部分的附录 A 为规范性附录，附录 B、附录 C 为资料性附录。

本部分由中华人民共和国国土资源部提出。

本部分由全国国土资源标准化技术委员会归口。

本部分起草单位：国家地质实验测试中心。

本部分主要起草人：李冰、杨红霞、刘崴。

硅酸盐岩石化学分析方法
第29部分:稀土等22个元素量测定

警示——使用本部分的人员应有正规实验室工作的实践经验。本部分并未指出所有可能的安全问题。使用者有责任采取适当的安全和健康措施,并保证符合国家有关法规规定的条件。

1 范围

GB/T 14506 的本部分规定了硅酸盐岩石中稀土等22个元素量的过氧化钠熔样-电感耦合等离子体质谱(ICP-MS)测定方法。

本部分适用于硅酸盐岩石中锰、钴、钇、锆、铌、钡、镧、铈、镨、钕、钐、铕、钆、铽、镝、钬、铒、铥、镱、镥、铪和钽等22个元素量的测定,也适用于土壤、沉积物样品中上述元素量的测定。

测定范围:见附录A。

2 规范性引用文件

下列文件中的条款通过 GB/T 14506 的本部分的引用而成为本部分的条款。凡是注日期的引用文件,其随后所有的修改单(不包括勘误的内容)或修订版均不适用于本部分,然而,鼓励根据本部分达成协议的各方研究是否可使用这些文件的最新版本。凡是不注日期的引用文件,其最新版本适用于本部分。

GB/T 14506.1 硅酸盐岩石化学分析方法 第1部分:吸附水量测定

3 原理

采用过氧化钠熔融法分解样品,被测元素在碱性介质中随基体元素一起沉淀,通过过滤分离掉大量熔剂,再将沉淀用酸溶解,用 ICP-MS 直接测定。

4 试剂和溶液

4.1 水,蒸馏水经离子交换纯化系统纯化。

4.2 过氧化钠,分析纯或优级纯。

4.3 氢氧化钠,优级纯或高纯。用水(4.1)制备成 20 mg/mL NaOH 溶液,备用。

4.4 硝酸(ρ1.42 g/mL),优级纯或高纯,经亚沸蒸馏纯化后使用。

4.5 硝酸(1+1)。

4.6 氢氟酸(ρ1.16 g/mL),优级纯或高纯,经亚沸蒸馏纯化后使用。**警示——氢氟酸有毒,并有腐蚀性,操作时戴手套,防止皮肤接触。**

4.7 单元素标准储备液:具体配制参见附录B。

4.8 多元素混合标准储备溶液

直接分取单元素标准储备溶液(4.7)配制以下多元素混合标准储备溶液,也可用市售多元素混合标准储备溶液进行稀释得到(见表1)。

注:制备多元素储备标准溶液时注意元素间的相容性和稳定性。元素的原始标准储备溶液进行检查以避免杂质影响标准的准确度。新配好的标准溶液转移至经过酸洗的、未用过的聚丙烯瓶中保存,并定期检查其稳定性。

表 1 多元素混合标准储备溶液

混合标准储备溶液编号	元 素	元素浓度/(μg/mL)	溶液介质
混标 1	La,Ce,Pr,Nd,Sm,Eu,Gd,Tb,Dy,Ho,Er,Tm,Yb,Lu,Y	20	3 mol/L 硝酸
混标 2	Mn,Co,Ba	20	3 mol/L 硝酸
混标 3	Nb,Ta,Zr,Hf	20	6 mol/L 硝酸,50 g/L 酒石酸,几滴氢氟酸

4.9 校准标准溶液制备

用多元素混合标准储备溶液(4.8)分别稀释制备校准标准溶液:取 100 μL 多元素混合标准储备溶液(4.8)至 100 mL 容量瓶中,加入 5 mL 硝酸(4.4),用水(4.1)稀释至刻度,摇匀。校准标准溶液 3 现用现配且补加 0.1 mL 氢氟酸(4.6)。

4.10 内标溶液

直接分取铑和铼单元素标准储备溶液(4.7)配制内标元素混合溶液,铑和铼含量各为 10 ng/mL。

4.11 空白溶液

a) 校准空白溶液:硝酸溶液(5+95);

b) 清洗空白溶液:硝酸溶液(2+98)。

4.12 单元素干扰溶液

分别配制钡、铈、镨、钕、锆、锡(浓度各为 1 μg/mL)单元素干扰溶液,用以求干扰系数 k。

5 仪器和设备

5.1 电感耦合等离子体质谱仪:

a) 仪器能对 5 u~250 u 质量范围内进行扫描,最小分辨率为在 5%峰高处 1 u 峰宽,以四极杆电感耦合等离子体质谱仪为例的工作参数见附录 C;

b) 氩气:高纯级(氩质量分数≥99.99%)。

5.2 热解石墨坩锅:容积为 30 mL。

5.3 瓷坩埚:容积为 50 mL。

5.4 马弗炉:最高温度 1 100 ℃。

5.5 温控式电热板:最高温度为 250 ℃。

5.6 分析天平:二级,感量 0.01 mg。

5.7 排气式移液器:规格分别为 10 μL~100 μL、100 μL~1 000 μL、1 mL~5 mL。

5.8 滤纸:定量慢速致密滤纸,ϕ11.0 cm。

6 试样

6.1 试样粒径应小于 74 μm。

6.2 试样应在 105 ℃预干燥 2 h~4 h,置于干燥器中,冷却至室温。

6.3 对易吸水的岩石,应取空气干燥试样,在称样的同时,按 GB/T 14506.1 进行吸附水量的测定。最终以干态计算结果。

7 分析步骤

7.1 空白试验

随同试料进行双份空白试验,所用试剂取自同一瓶,加入同等的量。

7.2 验证试验

随同试料分析同矿种、含量相近的标准物质。

7.3 试料分解

7.3.1 准确称取 100 mg(精确至 0.01 mg)试料于热解石墨坩埚(5.2)中。加 1 g 过氧化钠(4.2),混匀。再加 0.5 g 过氧化钠(4.2)覆盖。

7.3.2 将热解石墨坩埚(5.2)放在瓷坩埚(5.3)中,盖盖,放入已升温至 700 ℃的马弗炉(5.4)中加热至样品呈熔融状,取出。

7.3.3 石墨坩埚冷却后,将其放入装有大约 80 mL 沸水(4.1)的烧杯中,在电热板上加热至熔融物完全溶解。洗出石墨坩埚,玻璃烧杯盖上表面皿,放置过夜。

7.3.4 提取液用滤纸(5.8)过滤。用氢氧化钠溶液(4.3)冲洗烧杯和沉淀,弃去滤液。

7.3.5 用热硝酸(4.5)溶解沉淀,冷却后用硝酸(4.5)稀释至 25 mL。

7.3.6 取其中的 1 mL 溶液用水(4.1)稀释至 10 mL,该溶液直接用于 ICP-MS 测定。

7.4 测定

7.4.1 按照仪器操作说明书规定条件启动仪器。选择分析同位素和内标元素,见附录 A,编制样品分析表。

7.4.2 调谐:仪器点燃后至少稳定 30 min,期间用含 1 ng/mL 铍、钴、铟、铈、铀的调谐溶液进行仪器参数最佳化调试。在测定过程中通过三通在线引入内标元素混合溶液(4.10)。

7.4.3 校准:以校准空白溶液[4.11a)]为零点,一个或多个浓度水平的校准标准(4.9)建立校准曲线。校准数据采集至少 3 次,取其平均值。

7.4.4 每批样品测定时,同时测定实验室试剂空白溶液(7.1)。

7.4.5 每批测定同时分析单元素干扰溶液(4.12),以获得干扰系数 k 并进行干扰校正。

7.4.6 样品测定中间用清洗空白溶液[4.11b)]清洗系统。

8 结果计算

8.1 分析结果的计算

按式(1)计算固体样品中待测物的量。

$$w(\mathrm{B})=\frac{(\rho-\rho_0)\cdot V}{m} \qquad \cdots\cdots(1)$$

式中:

$w(\mathrm{B})$——样品中待测物 B 的量,单位为微克每克(μg/g);

ρ——测定溶液中待测物浓度,单位为微克每毫升(μg/mL);

ρ_0——实验室试剂空白溶液中待测物浓度,单位为微克每毫升(μg/mL);

V——测定溶液体积,单位为毫升(mL);

m——被称取样品的质量,单位为克(g)。

8.2 干扰校正

干扰系数 k 由式(2)计算。

$$k=\rho_{\mathrm{eq}}/\rho_{\mathrm{in}} \qquad \cdots\cdots(2)$$

式中:

ρ_{eq}——干扰物标准溶液测得的相当分析物的等效浓度,单位为微克每毫升(μg/mL);

ρ_{in}——干扰元素标准溶液的已知浓度,单位为微克每毫升(μg/mL)。

被分析物的真实浓度 ρ_{tr} 由式(3)求出。

$$\rho_{\mathrm{tr}}=\rho_{\mathrm{gr}}-k\rho_{\mathrm{in}} \qquad \cdots\cdots(3)$$

式中：

ρ_{tr}——扣除干扰后的真实浓度，单位为微克每毫升（μg/mL）；

ρ_{gr}——被分析物存在干扰时测得的总浓度，单位为微克每毫升（μg/mL）；

k——干扰系数；

ρ_{in}——被测样品溶液中干扰物的实测浓度，单位为微克每毫升（μg/mL）。

9 精密度

选择 7 个不同类型、不同含量范围的地球化学样品，在 5 个地质实验室进行了方法精密度实验。表 2 是 5 家实验室对 7 个含量水平样品测定 3 次结果统计得到的重复性和再现性数据。

表 2 精密度表

单位为微克每克

元素	水平范围 m	重复性限 r	再现性限 R
Mn	109～1 169	$r=9.2233+0.1449m$	$R=0.3894m^{0.9801}$
Co	2.4～40	$r=0.4068m^{0.6021}$	$R=0.3558m^{0.8956}$
Y	3.3～48.8	$r=0.1476m^{1.0102}$	$R=0.2173m^{0.9175}$
Zr	21～369	$r=1.0167m^{0.6753}$	$R=0.6084m^{0.8528}$
Nb	1.9～66.3	$r=0.4172m^{0.8283}$	$R=1.0023m^{0.6731}$
Ba	31～846	$r=6.0325m^{0.4329}$	$R=15.9625m^{0.3027}$
La	4.8～68	$r=0.8584m^{0.527}$	$R=1.1877m^{0.4637}$
Ce	8.7～142	$r=1.2306m^{0.5136}$	$R=3.2441m^{0.2874}$
Pr	1.2～13.8	$r=0.4836m^{0.282}$	$R=0.4726m^{0.4069}$
Nd	3.9～47	$r=0.8688m^{0.3841}$	$R=1.2616+0.1155m$
Sm	0.8～8.8	$r=0.2057m^{0.6072}$	$R=0.2130m^{0.818}$
Eu	0.17～2.7	$r=0.0291+0.080m$	$R=0.1833m^{0.6854}$
Gd	0.67～7.7	$r=0.1909m^{0.5574}$	$R=0.3046m^{0.4225}$
Tb	0.11～1.3	$r=0.1561m^{0.7727}$	$R=0.2221m^{0.9698}$
Dy	0.54～8.1	$r=0.1230m^{0.9429}$	$R=0.1281m^{1.1302}$
Ho	0.10～1.8	$r=0.1190m^{0.7428}$	$R=0.1444m^{0.7718}$
Er	0.34～5.8	$r=0.1278m^{0.907}$	$R=0.1332m^{0.9283}$
Tm	0.053～1.1	$r=0.1098m^{0.5896}$	$R=0.1772m^{0.8077}$
Yb	0.3～7.7	$r=0.1327m^{0.9103}$	$R=0.1408m^{1.1026}$
Lu	0.046～1.1	$r=0.1277m^{0.777}$	$R=0.1552m^{0.8827}$
Hf	0.534～14.8	$r=0.2943m^{0.7927}$	$R=0.4471m^{0.7209}$
Ta	0.12～10.4	$r=0.2339m^{0.776}$	$R=0.3199m^{0.7486}$

注：表中 m 为 n 次测量含量平均值。

附 录 A
（规范性附录）
分析同位素、方法检出限和测定范围

本部分测定元素的分析同位素、内标、方法检出限及测定范围见表 A.1。

表 A.1 分析同位素、方法检出限和测定范围

分析同位素	内标	方法检出限[a]/(μg/g)	测定范围/(μg/g)	干扰校正公式	干扰注释[b]	监测同位素
^{55}Mn	^{103}Rh	4.0	4.0～5 000			
^{59}Co	^{103}Rh	0.2	0.2～500			
^{89}Y	^{103}Rh	0.03	0.03～100			
^{90}Zr	^{103}Rh	5.0	5.0～2 000			
^{93}Nb	^{103}Rh	0.2	0.2～200			
^{135}Ba	^{103}Rh	5.0	5.0～2 000		$^{119}Sn^{16}O$	^{119}Sn
^{139}La	^{185}Re	0.05	0.05～500			
^{140}Ce	^{185}Re	0.05	0.05～500			
^{141}Pr	^{185}Re	0.01	0.01～100			
^{146}Nd	^{185}Re	0.05	0.05～100			
^{147}Sm	^{185}Re	0.02	0.02～50			
^{153}Eu	^{185}Re	0.01	0.01～50		$^{137}Ba^{16}O$	^{137}Ba
^{157}Gd	^{185}Re	0.05	0.05～50		$^{140}Ce^{16}O^{1}H$，$^{141}Pr^{16}O$	^{140}Ce，^{141}Pr
^{159}Tb	^{185}Re	0.03	0.03～50	$-1.47\times[^{161}Dy-0.76\times{}^{163}Dy]$	$^{143}Nd^{16}O$	^{161}Dy，^{163}Dy
^{163}Dy	^{185}Re	0.02	0.02～50			
^{165}Ho	^{185}Re	0.03	0.03～50			
^{166}Er	^{185}Re	0.01	0.01～50			
^{169}Tm	^{185}Re	0.03	0.03～50			
^{172}Yb	^{185}Re	0.01	0.01～50			
^{175}Lu	^{185}Re	0.02	0.02～50			
^{178}Hf	^{185}Re	0.5	0.5～100			
^{181}Ta	^{185}Re	0.05	0.05～200			

a 方法检出限是用实验室试剂空白的 10 次测定结果的 10 倍标准偏差计算求得，稀释倍数为 2 000。所列检出限是在附录 C 所列仪器条件下测定。

b 干扰注释栏中的多原子离子干扰需采用求干扰系数的方法进行校正。

附 录 B
（资料性附录）
单元素标准储备溶液的配制

B.1 镧标准溶液（1.000 mg/mL）

准确称取 0.117 3 g 经 850 ℃灼烧过的高纯三氧化二镧（La_2O_3），置于烧杯中，用水润湿，加入 20 mL 盐酸（1+1），低温加热至溶解。冷却后移入 100 mL 容量瓶中，用水稀释至刻度，摇匀。

B.2 铈标准溶液（1.000 mg/mL）

准确称取 0.122 8 g 经 850 ℃灼烧过的高纯二氧化铈（CeO_2），置于烧杯中，加入 20 mL 硝酸（1+1），并缓慢加入 2 mL H_2O_2，低温加热至溶解。冷却后移入 100 mL 容量瓶中，用水稀释至刻度，摇匀。

B.3 镨标准溶液（1.000 mg/mL）

准确称取 0.120 8 g 高纯氧化镨（Pr_6O_{11}），置于烧杯中，加入 30 mL 王水（1+1），低温加热至溶解。冷却后移入 100 mL 容量瓶中，用水稀释至刻度，摇匀。

B.4 钕标准溶液（1.000 mg/mL）

准确称取 0.116 6 g 高纯三氧化二钕（Nd_2O_3），置于烧杯中，加入 40 mL 盐酸（1+1），低温加热至溶解。冷却后移入 100 mL 容量瓶中，用水稀释至刻度，摇匀。

B.5 钐标准溶液（1.000 mg/mL）

准确称取 0.116 0 g 高纯三氧化二钐（Sm_2O_3），置于烧杯中，加入 30 mL 王水（1+1），低温加热至溶解。冷却后移入 100 mL 容量瓶中，用水稀释至刻度，摇匀。

B.6 铕标准溶液（1.000 mg/mL）

准确称取 0.115 8 g 经 850 ℃灼烧过的光谱纯三氧化二铕（Eu_2O_3），置于烧杯中，加入 30 mL 王水（1+1），低温加热至溶解。冷却后移入 100 mL 容量瓶中，用水稀释至刻度，摇匀。

B.7 钆标准溶液（1.000 mg/mL）

准确称取 0.115 3 g 经 850 ℃灼烧过的光谱纯三氧化二钆（Gd_2O_3），置于烧杯中，加入 30 mL 王水（1+1），低温加热至溶解。冷却后移入 100 mL 容量瓶中，用水稀释至刻度，摇匀。

B.8 铽标准溶液（1.000 mg/mL）

准确称取 0.117 6 g 经 850 ℃灼烧过的高纯氧化铽（Tb_4O_7），置于烧杯中，加入 30 mL 王水（1+1），低温加热至溶解。冷却后移入 100 mL 容量瓶中，用水稀释至刻度，摇匀。

B.9 镝标准溶液（1.000 mg/mL）

准确称取 0.114 8 g 经 850 ℃灼烧过的光谱纯三氧化二镝（Dy_2O_3），置于烧杯中，加入 30 mL 王水（1+1），低温加热至溶解。冷却后移入 100 mL 容量瓶中，用水稀释至刻度，摇匀。

B.10　钬标准溶液(1.000 mg/mL)

准确称取0.114 6 g经850 ℃灼烧过的高纯三氧化二钬(Ho_2O_3),置于烧杯中,加入30 mL王水(1+1),低温加热至溶解。冷却后移入100 mL容量瓶中,用水稀释至刻度,摇匀。

B.11　铒标准溶液(1.000 mg/mL)

准确称取0.114 4 g经850 ℃灼烧过的高纯三氧化二铒(Er_2O_3),置于烧杯中,加入盐酸(1+1)40 mL,低温加热至溶解。冷却后移入100 mL容量瓶中,用水稀释至刻度,摇匀。

B.12　铥标准溶液(1.000 mg/mL)

准确称取0.114 2 g经850 ℃灼烧过的光谱纯三氧化二铥(Tm_2O_3),置于烧杯中,加入30 mL王水(1+1),低温加热至溶解。冷却后移入100 mL容量瓶中,用水稀释至刻度,摇匀。

B.13　镱标准溶液(1.000 mg/mL)

准确称取0.113 9 g经850 ℃灼烧过的高纯三氧化二镱(Yb_2O_3),置于烧杯中,加入20 mL盐酸(1+1),低温加热至溶解。冷却后移入100 mL容量瓶中,用水稀释至刻度,摇匀。

B.14　镥标准溶液(1.000 mg/mL)

准确称取0.113 7 g经850 ℃灼烧过的高纯三氧化二镥(Lu_2O_3),置于烧杯中,加入30 mL王水(1+1),低温加热至溶解。冷却后移入100 mL容量瓶中,用水稀释至刻度,摇匀。

B.15　钇标准溶液(1.000 mg/mL)

准确称取0.127 0 g经850 ℃灼烧过的高纯三氧化二钇(Y_2O_3),置于烧杯中,加入20 mL硝酸(1+1),低温加热至溶解。冷却后移入100 mL容量瓶中,用水稀释至刻度,摇匀。

B.16　锰标准溶液(1.000 mg/mL)

准确称取0.347 1 g光谱纯四氧化三锰(Mn_3O_4),置于烧杯中,加入25 mL浓盐酸,加热溶解。冷却后移入250 mL容量瓶中,用水稀释至刻度,摇匀。

B.17　钴标准溶液(1.000 mg/mL)

准确称取0.140 7 g高纯三氧化二钴(Co_2O_3),置于烧杯中,加入40 mL盐酸(1+1),低温加热至全溶。冷却后移入100 mL容量瓶中,用水稀释至刻度,摇匀。

B.18　钡标准溶液(1.000 mg/mL)

准确称取0.143 7 g经105 ℃干燥2 h的高纯碳酸钡($BaCO_3$),置于烧杯中,加入水及20 mL硝酸(1+1),加热至溶解。冷却后移入100 mL容量瓶中,用水稀释至刻度,摇匀。

B.19　锆标准溶液(1.000 mg/mL)

准确称取0.135 1 g高纯二氧化锆(ZrO_2),置于聚四氟乙烯坩埚中,加入5 mL氢氟酸,盖上坩埚盖,加热至溶解后,移去坩埚盖冒烟至坩埚内溶液为0.5 mL左右,加入20 mL硝酸(1+1),冷却后移入100 mL容量瓶中,用水稀释至刻度,摇匀。摇匀后立即转移至100 mL塑料瓶中保存。

B.20　铌标准溶液(1.000 mg/mL)

准确称取0.143 0 g光谱纯五氧化二铌(Nb_2O_5),置于聚四氟乙烯坩埚中,用水润湿。加入5 mL氢氟酸,盖上坩埚盖,在低温电热板上加热至溶解。移去坩埚盖冒烟至约0.5 mL,加10 mL浓盐酸及少量水。冷却后移入100 mL容量瓶中,用水稀释至刻度,摇匀。摇匀后立即转移至100 mL塑料瓶中保存。

B.21　铪标准溶液(1.000 mg/mL)

准确称取0.117 9 g光谱纯三氧化二铪(Hf_2O_3),置于聚四氟乙烯塑料坩埚中,以水润湿。加入5.0 mL氢氟酸,盖上坩埚盖在电热板上低温加热至完全溶解。打开坩埚盖蒸发至约0.5 mL,加10 mL盐酸及少量水。冷却后移入100 mL容量瓶中,用水稀释至刻度,摇匀。摇匀后立即移入塑料瓶中保存。

B.22　钽标准溶液(1.000 mg/mL)

准确称取0.100 0 g高纯金属钽(Ta),置于塑料坩埚中,加入2 mL～3 mL氢氟酸,盖上坩埚盖在电热板上低温加热至完全溶解。打开坩埚盖蒸发至约0.5 mL,加入10 mL盐酸。冷却后移入100 mL容量瓶中,用水稀释至刻度,摇匀。摇匀后立即移入塑料瓶中保存。

B.23　铑标准溶液(0.1 mg/mL)

准确称取0.038 6 g光谱纯氯铑酸铵[$(NH_4)_3RhCl_6 \cdot 1.5H_2O$],置于烧杯中,加入10 mL盐酸和少量氯化钠溶解。移入100 mL容量瓶中,用盐酸(1+9)稀释至刻度,摇匀。

B.24　铼标准溶液(1.000 mg/mL)

准确称取1.440 6 g高纯铼酸铵(NH_4ReO_4),置于烧杯中,用水溶解,移入1 000 mL容量瓶中,用水稀释至刻度,摇匀。

B.25　锡标准溶液(1.000 mg/mL)

准确称取0.100 0 g分析纯金属锡(Sn),置于烧杯中,加入20 mL盐酸(1+1),低温加热至溶解。冷却后移入100 mL容量瓶,用盐酸(1+1)稀释至刻度,摇匀。

附 录 C
（资料性附录）
电感耦合等离子体质谱仪工作参考条件

以某四极杆电感耦合等离子体质谱仪为例的工作参数见表C.1。

表 C.1 电感耦合等离子体质谱仪工作参考条件

参 数	设定值	参 数	设定值
ICP 功率/W	1 350	跳峰	3点/质量
冷却气流量/(L/min)	13.0	停留时间	10 ms/点
辅助气流量/(L/min)	0.7	扫描次数	40次
雾化气流量/(L/min)	1.0	测量时间	60 s
取样锥孔径/mm	1.0		
截取锥孔径/mm	0.7		

参 考 文 献

[1] EPA Method 200.8 Revision 5.4(1994)

[2] 王蕾,何红蓼,李冰.碱熔沉淀-等离子体质谱法测定地质样品中的多元素[J].岩矿测试,2003,22(2):86-92.

[3] 李冰,杨红霞.电感耦合等离子体质谱原理和应用.北京:地质出版社,2005.

ICS 73.080
D 53

中华人民共和国国家标准

GB/T 14506.30—2010

硅酸盐岩石化学分析方法 第30部分:44个元素量测定

Methods for chemical analysis of silicate rocks—Part 30:Determination of 44 elements

2010-11-10 发布 2011-02-01 实施

中华人民共和国国家质量监督检验检疫总局
中国国家标准化管理委员会 发布

前　言

GB/T 14506《硅酸盐岩石化学分析方法》由以下 30 部分组成：

——第 1 部分：吸附水量测定；
——第 2 部分：化合水量测定；
——第 3 部分：二氧化硅量测定；
——第 4 部分：三氧化二铝量测定；
——第 5 部分：总铁量测定；
——第 6 部分：氧化钙量测定；
——第 7 部分：氧化镁量测定；
——第 8 部分：二氧化钛量测定；
——第 9 部分：五氧化二磷量测定；
——第 10 部分：氧化锰量测定；
——第 11 部分：氧化钾和氧化钠量测定；
——第 12 部分：氟量测定；
——第 13 部分：硫量测定；
——第 14 部分：氧化亚铁量测定；
——第 15 部分：锂量测定；
——第 16 部分：铷量测定；
——第 17 部分：锶量测定；
——第 18 部分：铜量测定；
——第 19 部分：铅量测定；
——第 20 部分：锌量测定；
——第 21 部分：镍和钴量测定；
——第 22 部分：钒量测定；
——第 23 部分：铬量测定；
——第 24 部分：镉量测定；
——第 25 部分：钼和钨量测定；
——第 26 部分：钴量测定；
——第 27 部分：镍量测定；
——第 28 部分：16 个主次成分量测定；
——第 29 部分：稀土等 22 个元素量测定；
——第 30 部分：44 个元素量测定。

本部分为 GB/T 14506 的第 30 部分。

本部分的附录 A 为规范性附录，附录 B、附录 C 为资料性附录。

本部分由中华人民共和国国土资源部提出。

本部分由全国国土资源标准化技术委员会归口。

本部分起草单位：国家地质实验测试中心。

本部分主要起草人：李冰、杨红霞、刘崴。

硅酸盐岩石化学分析方法
第 30 部分：44 个元素量测定

警示——使用本部分的人员应有正规实验室工作的实验经验。本部分并未指出所有可能的安全问题。使用者有责任采取适当的安全和健康措施，并保证符合国家有关法规规定的条件。

1　范围

GB/T 14506 的本部分规定了硅酸盐岩石中 44 个元素量的封闭酸溶-电感耦合等离子体质谱(ICP-MS)测定方法。

本部分适用于硅酸盐岩石中锂、铍、钪、钛、钒、锰、钴、镍、铜、锌、镓、砷、铷、锶、钇、锆、铌、钼、镉、铟、铯、钡、镧、铈、镨、钕、钐、铕、钆、铽、镝、钬、铒、铥、镱、镥、铪、钽、钨、铊、铅、铋、钍和铀等 44 个元素量的测定，也适用于土壤、沉积物样品中上述元素量的测定。

本部分不适用于三氧化二铝含量高于 20%的样品中元素量的测定。

测定范围：见附录 A。

2　规范性引用文件

下列文件中的条款通过 GB/T 14506 的本部分的引用而成为本部分的条款。凡是注日期的引用文件，其随后所有的修改单(不包括勘误的内容)或修订版均不适用于本部分，然而，鼓励根据本部分达成协议的各方研究是否可使用这些文件的最新版本。凡是不注日期的引用文件，其最新版本适用于本部分。

GB/T 14506.1　硅酸盐岩石化学分析方法　第 1 部分：吸附水量测定

3　原理

样品用氢氟酸和硝酸在封闭溶样器中溶解，电热板上蒸发赶尽氢氟酸，再用硝酸密封溶解，稀释后用 ICP-MS 外标法直接测定。

4　试剂和溶液

4.1　水，蒸馏水经离子交换纯化系统纯化。使用前检验水中待测元素含量，保证低于方法检出限。

4.2　硝酸(ρ1.42 g/mL)，优级纯或高纯，经亚沸蒸馏纯化后使用。

4.3　硝酸 (1+1)。

4.4　氢氟酸(ρ1.16 g/mL)，优级纯或高纯，经亚沸蒸馏纯化后使用。**警告——氢氟酸有毒，并有腐蚀性，操作时戴手套，防止皮肤接触。**

4.5　单元素标准储备溶液：具体配制参见附录 B。

4.6　多元素混合标准储备溶液

直接分取单元素标准储备溶液(4.5)配制以下多元素混合标准储备溶液，也可用市售多元素混合标准储备溶液进行稀释得到(见表 1)。

注：制备多元素储备标准溶液时注意元素间的相容性和稳定性。元素的原始标准储备溶液进行检查以避免杂质影响标准的准确度。新配好的标准溶液转移至经过酸洗的、未用过的聚丙烯瓶中保存，并定期检查其稳定性。

表 1　多元素混合标准储备溶液

混合标准储备溶液编号	元　素	元素浓度/(μg/mL)	溶液介质
混标 1	La,Ce,Pr,Nd,Sm,Eu,Gd,Tb,Dy,Ho,Er,Tm,Yb,Lu,Sc,Y	20	3 mol/L 硝酸
混标 2	Li,Be,Mn,Co,Ni,Cu,Zn,Ga,Rb,Sr,Mo,Cd,In,Cs,Ba,Tl,Pb,Bi,Th,U	20	3 mol/L 硝酸
混标 3	Nb,Zr,Hf,Ti,W,Ta	20	6 mol/L 硝酸,50 g/L 酒石酸,几滴氢氟酸
混标 4	As,V	20	3 mol/L 硝酸

4.7　校准标准溶液

用多元素混合标准储备溶液(4.6)分别稀释制备校准标准溶液:取 100 μL 多元素混合标准储备溶液(4.6)至 100 mL 容量瓶中,加入 5 mL 硝酸(4.2),用水(4.1)稀释至刻度,摇匀,校准标准溶液 3 现用现配且补加 0.1 mL 氢氟酸(4.4)。

4.8　内标元素混合溶液

直接分取铑和铼单元素标准储备溶液(4.5)配置内标元素混合溶液,铑和铼含量各为 10 ng/mL。

4.9　空白溶液

a)　校准空白溶液:硝酸溶液 (5+95);

b)　清洗空白溶液:硝酸溶液 (2+98)。

4.10　单元素干扰溶液

分别配制钡、铈、镨、钕、锆、锡(浓度各为 1 μg/mL);钛(浓度为 10 μg/mL);铁、钙(浓度各为 250 μg/mL)单元素溶液,用以求干扰系数 k。

5　仪器和设备

5.1　电感耦合等离子体质谱仪

a)　仪器能对 5 u～250 u 质量范围内进行扫描,最小分辨率为在 5%峰高处 1 u 峰宽,以四极杆电感耦合等离子体质谱仪为例的工作参数见附录 C;

b)　氩气:高纯级(氩质量分数≥ 99.99%)。

5.2　密封溶样器:不锈钢外套,聚四氟乙烯内罐,容积为 10 mL。

5.3　干燥箱:最高温度 250 ℃。

5.4　温控式电热板:最高温度为 250 ℃。

5.5　分析天平:二级,感量 0.01 mg。

5.6　排气式移液器:规格分别为 10 μL ～100 μL、100 μL ～1 000 μL、1 mL ～5 mL。

5.7　一次性塑料瓶:容积 25 mL 或 50 mL。

6　试样

6.1　试样粒径应小于 74 μm。

6.2　试样应在 105 ℃预干燥 2 h～4 h,置于干燥器中,冷却至室温。

6.3　对易吸水的岩石,应取空气干燥试样,在称样的同时,按 GB/T 14506.1 进行吸附水量的测定。最终以干态计算结果。

7 分析步骤

7.1 空白试验

随同试料进行双份空白试验，所用试剂取自同一瓶，加入同等的量。

7.2 验证试验

随同试料分析同矿种、含量相近的标准物质。

7.3 试料分解

7.3.1 准确称取 25 mg 或 50 mg(精确至 0.01mg)试料于封闭溶样器的内罐中。

7.3.2 加入 1 mL 氢氟酸(4.4)，0.5 mL 硝酸(4.2)，密封。将溶样器放入烘箱中，加热 24 h，温度控制在 185 ℃±5 ℃左右。

7.3.3 冷却后取出内罐，置于电热板上加热蒸至近干，再加入 0.5 mL 硝酸(4.2)蒸发近干，重复操作此步骤一次。

7.3.4 加入 5 mL 硝酸(4.3)，再次密封，放入烘箱中，130 ℃加热 3 h。

7.3.5 冷却后取出内罐，将溶液定量转移至塑料瓶(5.7)中。用水(4.1)稀释，定容至 25 mL(或 50 mL)，摇匀。此溶液直接用于 ICP-MS 测定。

7.4 测定

7.4.1 按照仪器操作说明书规定条件启动仪器。选择分析同位素和内标元素，见附录 A，编制样品分析表。

7.4.2 调谐：仪器点燃后至少稳定 30 min，期间用含 1 ng/mL 铍、钴、铟、铈、铀的调谐溶液进行仪器参数最佳化调试。在测定过程中通过三通在线引入内标元素混合溶液(4.8)。

7.4.3 校准：以校准空白溶液[4.9a)]为零点，一个或多个浓度水平的校准标准溶液(4.7)建立校准曲线。校准数据采集至少 3 次，取平均值。

7.4.4 每批样品测定时，同时测定实验室试剂空白溶液(7.1)。

7.4.5 每批样品测定时，同时分析单元素干扰溶液(4.10)，以获得干扰系数 k 并进行干扰校正。

7.4.6 样品测定中间用清洗空白溶液[4.9b)]清洗系统。

8 结果计算

8.1 分析结果的计算

按式(1)计算固体样品中待测物的量：

$$w(\mathrm{B})=\frac{(\rho-\rho_0)\cdot V}{m} \qquad \cdots\cdots(1)$$

式中：

$w(\mathrm{B})$——样品中待测物 B 的量，单位为微克每克(μg/g)；

ρ——测定溶液中待测物浓度，单位为微克每毫升(μg/mL)；

ρ_0——实验室试剂空白溶液中待测物浓度，单位为微克每毫升(μg/mL)；

V——测定溶液体积，单位为毫升(mL)；

m——被称取样品的质量，单位为克(g)。

8.2 干扰校正

干扰系数 k 由式(2)计算：

$$k=\rho_{\mathrm{eq}}/\rho_{\mathrm{in}} \qquad \cdots\cdots(2)$$

式中：

ρ_{eq}——干扰物标准溶液测得的相当分析物的等效浓度，单位为微克每毫升(μg/mL)；

ρ_{in}——干扰元素标准溶液的已知浓度，单位为微克每毫升(μg/mL)。

被分析物的真实浓度 ρ_{tr} 由式(3)求出：

$$\rho_{tr}=\rho_{gr}-k\rho_{in} \quad \cdots\cdots(3)$$

式中：

ρ_{tr}——扣除干扰后的真实浓度，单位为微克每毫升(μg/mL)；

ρ_{gr}——被分析物存在干扰时测得的总浓度，单位为微克每毫升(μg/mL)；

k——干扰系数；

ρ_{in}——被测样品溶液中干扰物的实测浓度，单位为微克每毫升(μg/mL)。

9 精密度

选择 7 个不同类型、不同含量范围的地球化学样品，在 5 个地质实验室进行了方法精密度实验。表 2 是 5 家实验室对 7 个含量水平样品测定 3 次结果统计得到的重复性和再现性数据。

表 2 精密度表

单位为微克每克

元素	水平范围 m	重复性限 r	再现性限 R
Li	7.8～103	$r=0.1281m^{0.763}$	$R=0.9793m^{0.3338}$
Be	0.27～11.7	$r=0.1033m^{0.8538}$	$R=0.2037m^{0.6341}$
Sc	1.8～14.1	$r=0.8147m^{-0.0775}$	$R=2.7033m^{-0.3911}$
Ti	576～11 978	$r=0.0745m^{0.9976}$	$R=0.0098m^{1.3014}$
V	11.5～152	$r=0.2706m^{0.6518}$	$R=0.3350m^{0.9238}$
Mn	109～1 169	$r=0.3622m^{0.7241}$	$R=0.3527m^{0.848}$
Co	2.4～40	$r=0.2053m^{0.7062}$	$R=0.2703+0.1294m$
Ni	4.9～115	$r=1.7351+0.0353m$	$R=1.3752+0.096m$
Cu	6.4～138	$r=0.7624m^{0.4424}$	$R=0.7163m^{0.669}$
Zn	16～134	$r=0.3646m^{0.6718}$	$R=0.8562m^{0.6026}$
Ga	2.1～23.5	$r=0.054m^{0.9251}$	$R=0.0486m^{1.2723}$
As	0.98～76	$r=0.4366+0.0416m$	$R=0.3961m^{0.7718}$
Rb	9.6～359	$r=0.1048m^{0.8852}$	$R=0.0636m^{1.1976}$
Sr	48～1 038	$r=0.0254m^{1.1951}$	$R=0.0739m^{1.1841}$
Y	3.3～48.8	$r=0.1353m^{0.7905}$	$R=0.1166m^{1.059}$
Zr	21～369	$r=0.0578m^{1.0784}$	$R=0.0604m^{1.1442}$
Nb	1.9～66.3	$r=0.0833m^{1.0243}$	$R=0.2542m^{0.9934}$
Mo	0.22～6.2	$r=0.2364m^{0.5444}$	$R=0.2548m^{0.6526}$
Cd	0.027～0.15	$r=0.0346m^{-0.0832}$	$R=0.0818m^{0.1739}$
In	0.024～0.30	$r=0.0073+0.0217m$	$R=0.0323m^{0.2107}$
Cs	0.72～29.4	$r=0.0764m^{0.8989}$	$R=0.1432+0.1943m$
Ba	31～846	$r=0.1717m^{0.8211}$	$R=0.5882m^{0.7957}$
La	4.8～68	$r=0.0302m^{1.2421}$	$R=0.0824m^{1.0599}$
Ce	8.7～142	$r=0.0792m^{0.9868}$	$R=0.1675m^{0.8837}$
Pr	1.2～13.8	$r=0.0832m^{1.0019}$	$R=0.1848m^{0.7774}$

表 2（续）

单位为微克每克

元素	水平范围 m	重复性限 r	再现性限 R
Nd	3.9～47	$r=0.0491m^{1.0958}$	$R=0.0942m^{1.0362}$
Sm	0.8～8.8	$r=0.0759m^{0.9933}$	$R=0.0992m^{0.9951}$
Eu	0.17～2.8	$r=0.0927m^{0.5538}$	$R=0.0236+0.0861m$
Gd	0.67～7.7	$r=0.0909m^{0.9872}$	$R=0.2998m^{0.8252}$
Tb	0.11～1.3	$r=0.07m^{0.6251}$	$R=0.1741m^{0.8142}$
Dy	0.54～8.1	$r=0.0762m^{0.9729}$	$R=0.1677m^{0.8527}$
Ho	0.10～1.8	$r=0.0631m^{0.7812}$	$R=0.1428m^{1.0352}$
Er	0.34～5.8	$r=0.0824m^{0.8251}$	$R=0.0982m^{1.0421}$
Tm	0.053～1.1	$r=0.0724m^{0.732}$	$R=0.2641m^{1.2023}$
Yb	0.3～7.7	$r=0.1036m^{0.8643}$	$R=0.1892m^{1.0497}$
Lu	0.046～1.1	$r=0.0854m^{0.8033}$	$R=0.2097m^{1.0369}$
Hf	0.54～14.8	$r=0.1158m^{0.9968}$	$R=0.2303m^{0.8852}$
Ta	0.124～10.37	$r=0.3070m^{0.5068}$	$R=0.242+0.25m$
W	0.24～30.6	$r=0.2729m^{0.8944}$	$R=0.3945m^{0.8737}$
Tl	0.09～1.5	$r=0.0185+0.0382m$	$R=0.024+0.085m$
Pb	7.6～122	$r=1.0847+0.0432m$	$R=1.0181m^{0.4807}$
Bi	0.055～16.4	$r=0.1393m^{0.6336}$	$R=0.2606m^{0.5935}$
Th	1.5～48.5	$r=0.0836m^{1.0893}$	$R=0.2668m^{0.937}$
U	0.67～14.3	$r=0.089m^{1.0551}$	$R=0.1891m^{1.0641}$
注：表中 m 为 n 次测量含量平均值。			

附　录　A
（规范性附录）
分析同位素、方法检出限和测定范围

本部分测定元素的分析同位素、内标、方法检出限、测定范围及选用的干扰校正公式见表 A.1。

表 A.1　分析同位素和方法检出限

分析同位素	内标	方法检出限[a]/(μg/g)	测定范围/(μg/g)	干扰校正公式	干扰注释[b]	监测同位素
^{7}Li	^{103}Rh	1.0	1.0～500			
^{9}Be	^{103}Rh	0.05	0.05～50			
^{45}Sc	^{103}Rh	0.1	0.1～500		^{44}Ca^{1}H	^{44}Ca
^{47}Ti	^{103}Rh	3.0	30～20 000			
^{51}V	^{103}Rh	2.0	2.0～500	$-3.127\times[^{53}\mathrm{Cr}-0.113\times{}^{52}\mathrm{Cr}]$		^{52}Cr，^{53}Cr
^{55}Mn	^{103}Rh	0.5	0.5～5 000			
^{59}Co	^{103}Rh	0.2	0.2～500			
^{60}Ni	^{103}Rh	1.0	1.0～500		^{44}Ca^{16}O	^{44}Ca
^{65}Cu	^{103}Rh	0.2	0.2～500		^{49}Ti^{16}O	^{49}Ti
^{66}Zn	^{103}Rh	2.0	2.0～500		^{50}Ti^{16}O	^{50}Ti
^{71}Ga	^{103}Rh	0.2	0.2～100		^{55}Mn^{16}O	^{55}Mn
^{75}As	^{103}Rh	1.0	1.0～500	$-3.1322\times{}^{40}\mathrm{Ar}^{37}\mathrm{Cl}$		^{37}Cl
^{85}Rb	^{103}Rh	1.0	1.0～1 000			
^{88}Sr	^{103}Rh	0.2	0.2～2 000			
^{89}Y	^{103}Rh	0.01	0.01～100			
^{90}Zr	^{103}Rh	0.05	0.05～2 000			
^{93}Nb	^{103}Rh	0.01	0.01～200			
^{98}Mo	^{103}Rh	0.2	0.2～100	$-0.146\times{}^{99}\mathrm{Ru}$	^{98}Ru，^{58}Fe^{40}Ar，	^{98}Ru，^{58}Fe
^{114}Cd	^{103}Rh	0.02	0.02～20	$-0.0846\times{}^{117}\mathrm{Sn}$	^{114}Sn，^{98}Mo^{16}O	^{114}Sn，^{98}Mo
^{115}In	^{103}Rh	0.005	0.005～10	$-0.046\times{}^{117}\mathrm{Sn}$	^{115}Sn	^{115}Sn
^{133}Cs	^{103}Rh	0.02	0.02～100			
^{135}Ba	^{103}Rh	0.5	0.5～2 000		^{119}Sn^{16}O	^{119}Sn
^{139}La	^{185}Re	0.01	0.01～500			
^{140}Ce	^{185}Re	0.01	0.01～500			
^{141}Pr	^{185}Re	0.01	0.01～100			
^{146}Nd	^{185}Re	0.01	0.01～100			
^{147}Sm	^{185}Re	0.01	0.01～50			

表 A.1（续）

分析同位素	内标	方法检出限[a]/(μg/g)	测定范围/(μg/g)	干扰校正公式	干扰注释[b]	监测同位素
^{153}Eu	^{185}Re	0.003	0.003～50		^{137}BaO	^{137}Ba
^{157}Gd	^{185}Re	0.01	0.01～50		$^{140}Ce^{17}OH$ $^{141}Pr^{16}O$	^{140}Ce，^{141}Pr
^{159}Tb	^{185}Re	0.003	0.003～50	$-1.47\times[^{161}Dy\text{-}0.76\times{}^{163}Dy]$	$^{143}Nd^{16}O$	^{161}Dy，^{163}Dy
^{163}Dy	^{185}Re	0.003	0.003～50			
^{165}Ho	^{185}Re	0.003	0.003～50			
^{166}Er	^{185}Re	0.003	0.003～50			
^{169}Tm	^{185}Re	0.003	0.003～50			
^{172}Yb	^{185}Re	0.01	0.01～50			
^{175}Lu	^{185}Re	0.003	0.003～50			
^{178}Hf	^{185}Re	0.01	0.01～100			
^{182}W	^{185}Re	0.1	0.1～100			
^{181}Ta	^{185}Re	0.05	0.05～100			
^{205}Tl	^{185}Re	0.1	0.1～50			
^{206}Pb，^{207}Pb，^{208}Pb，	^{185}Re	0.1	0.1～500	$(1.0)\times(^{206}Pb)+(1.0)\times(^{207}Pb)+(1.0)\times(^{208}Pb)$		
^{209}Bi	^{185}Re	0.05	0.05～100			
^{232}Th	^{185}Re	0.8	0.8～100			
^{238}U	^{185}Re	0.003	0.003～100			

a 方法检出限是用实验室试剂空白的 10 次测定结果的 10 倍标准偏差计算求得，稀释倍数为 1 000。所列检出限是在附录 C 所列仪器条件下测定。

b 干扰注释栏中的多原子离子干扰需采用求干扰系数的方法进行校正。

附 录 B
（资料性附录）
单元素标准储备溶液的配制

警示——本标准所用高纯八氧化三铀、二氧化钍试剂具有放射性。每个实验室都有责任维护有关法则中关于本方法所提及的化学物质安全处理规定。参与化学分析的所有人员都应有化学实验室安全常识。

B.1 锂标准溶液（1.000 mg/mL）

准确称取0.532 4 g光谱纯碳酸锂（Li_2CO_3），置于烧杯中，加入5 mL水润之，盖上表面皿，缓慢滴加20 mL硝酸（1+1），低温加热至全部溶解，煮沸赶CO_2。冷却后移入100 mL容量瓶中，用水稀释至刻度，摇匀。

B.2 铍标准溶液（0.500 mg/mL）

准确称取0.138 8 g光谱纯氧化铍（BeO），置于烧杯中，加入10 mL氢氟酸，5 mL硫酸，加热至冒尽白烟，残渣用40 mL盐酸（1+1）溶解。冷却后移入100 mL容量瓶中，用水稀释至刻度，摇匀。

B.3 钪标准溶液（1.000 mg/mL）

准确称取0.153 4 g经850 ℃灼烧1 h的光谱纯三氧化二钪（Sc_2O_3），置于烧杯中，加入20 mL盐酸（1+1），低温加热至溶解。冷却后移入100 mL容量瓶中，用水稀释至刻度，摇匀。

B.4 钛标准溶液（1.000 mg/mL）

准确称取0.500 0 g海绵钛（Ti），置于烧杯中，加入200 mL盐酸（1+1），加热至溶解。冷却后移入500 mL容量瓶中，用盐酸（1+1）稀释至刻度，摇匀。

B.5 钒标准溶液（1.000 mg/mL）

准确称取0.100 0 g光谱纯金属钒（V），置于烧杯中，加入40 mL硝酸（1+1），加热至溶解。冷却后移入100 mL容量瓶中，用水稀释至刻度，摇匀。

B.6 锰标准溶液（1.000 mg/mL）

准确称取0.347 1 g光谱纯四氧化三锰（Mn_3O_4），置于烧杯中，加入25 mL浓盐酸，加热至溶解。冷却后移入250 mL容量瓶中，用水稀释至刻度，摇匀。

B.7 钴标准溶液（1.000 mg/mL）

准确称取0.140 7 g高纯三氧化二钴（Co_2O_3），置于烧杯中，加入40 mL盐酸（1+1），低温加热至溶解。冷却后移入100 mL容量瓶中，用水稀释至刻度，摇匀。

B.8 镍标准溶液（1.000 mg/mL）

准确称取0.140 9 g光谱纯三氧化二镍（Ni_2O_3），置于烧杯中，加入20 mL盐酸（1+1），加热至溶解。冷却后移入100 mL容量瓶中，用水稀释至刻度，摇匀。

B.9 铜标准溶液（1.000 mg/mL）

准确称取0.100 0 g电解铜（Cu），置于烧杯中，加入10 mL硝酸（1+1），微加热使Cu完全溶解后，加入适量水及10 mL硝酸(1+1)。冷却后移入100 mL容量瓶中,用水稀释至刻度,摇匀。

电解铜处理:浸泡在盐酸(5+95)中,煮沸5 min,取出用蒸馏水冲洗干净。干燥后称样。

B.10 锌标准溶液(1.000 mg/mL)

准确称取0.124 5 g经800 ℃灼烧1 h的高纯氧化锌(ZnO),置于烧杯中,用水润湿。加入40 mL硝酸(1+1),低温加热至溶解。冷却后移入100 mL容量瓶中,用水稀释至刻度,摇匀。

B.11 镓标准溶液(1.000 mg /mL)

准确称取0.134 4 g高纯三氧化二镓(Ga_2O_3),置于烧杯中,加入20 mL盐酸(1+1),在水浴上加热至溶解。冷却后移入100 mL容量瓶中,用水稀至刻度,摇匀。

B.12 砷标准溶液(1.000 mg/mL)

准确称取0.132 0 g高纯三氧化二砷(As_2O_3),置于烧杯中,加少量水润湿。滴加氢氧化钠溶液至三氧化二砷刚好溶解。加入20 mL硝酸(1+1),移入100 mL容量瓶中,用水稀至刻度,摇匀。

B.13 铷标准溶液(1.000 mg/mL)

准确称取0.141 5 g高纯氯化铷(RbCl),置于烧杯中,加水溶解。溶解完全后移入100 mL容量瓶中。用水稀释至刻度,摇匀。

B.14 锶标准溶液(1.000 mg /mL)

准确称取0.241 5 g经70 ℃干燥2 h的高纯硝酸锶[$Sr(NO_3)_2$],置于烧杯中,用水润湿。加入20 mL硝酸(1+1),低温加热至溶解。冷却后移入100 mL容量瓶中,用水稀释至刻度,摇匀。

B.15 钇标准溶液(1.000 mg/mL)

准确称取0.127 0 g经850 ℃灼烧过的高纯三氧化二钇(Y_2O_3),置于烧杯中,加入20 mL硝酸(1+1),低温加热至溶解。冷却后移入100 mL容量瓶中,用水稀释至刻度,摇匀。

B.16 锆标准溶液(1.000 mg/mL)

准确称取0.135 1 g高纯二氧化锆(ZrO_2),置于聚四氟乙烯坩埚中,加入5 mL氢氟酸,盖上坩埚盖,加热至溶解后,移去坩埚盖冒烟至坩埚内溶液为0.5 mL左右,加入20 mL硝酸(1+1)。冷却后移入100 mL容量瓶中,用水稀释至刻度,摇匀。摇匀后立即转移至100 mL塑料瓶中保存。

B.17 铌标准溶液(1.000 mg/mL)

准确称取0.143 0 g光谱纯五氧化二铌(Nb_2O_5),置于聚四氟乙烯坩埚中,用水润湿。加入5 mL氢氟酸,盖上坩埚盖,在低温电热板上加热至溶解。移去坩埚盖冒烟至约0.5 mL左右,加10 mL浓盐酸及少量水。冷却后移入100 mL容量瓶中,用水稀释至刻度,摇匀。摇匀后立即转移至100 mL塑料瓶中保存。

B.18 钼标准溶液(1.000 mg/mL)

准确称取0.150 0 g经500 ℃灼烧1 h的高纯三氧化钼(MoO_3),置于烧杯中,用水润湿,加入浓氨水10 mL,低温加热至溶解后,继续加热至体积约2 mL左右,加入20 mL硝酸(1+1)。冷却后移入100 mL容量瓶中,用水稀释至刻度,摇匀。

B.19 镉标准溶液(1.000 mg/mL)

准确称取 0.114 2 g 高纯氧化镉(CdO),置于烧杯中,加入 20 mL 硝酸(1+1),加热至溶解。冷却后移入 100 mL 容量瓶中,用水稀释至刻度,摇匀。

B.20 铟标准溶液(1.000 mg/mL)

准确称取 0.100 0 g 高纯金属铟(In),置于烧杯中,加入 10 mL 浓盐酸溶解。将溶液移入 100 mL 容量瓶,用水稀释至刻度,摇匀。

B.21 铯标准溶液(1.000 mg/mL)

准确称取 0.126 7 g 经 105 ℃烘干 2 h 的高纯氯化铯(CsCl)于烧杯中,加水溶解。溶解后移入 100 mL 容量瓶中,用水稀释至刻度,摇匀。

B.22 钡标准溶液(1.000 mg/mL)

准确称取 0.143 7 g 经 105 ℃干燥 2 h 的高纯碳酸钡($BaCO_3$),置于烧杯中,加入水及 20 mL 硝酸(1+1),加热至溶解。冷却后移入 100 mL 容量瓶中,用水稀释至刻度,摇匀。

B.23 镧标准溶液(1.000 mg/mL)

准确称取 0.117 3 g 经 850 ℃灼烧过的高纯三氧化二镧(La_2O_3),置于烧杯中,用水润湿,加入 20 mL 盐酸(1+1),低温加热至溶解。冷却后移入 100 mL 容量瓶中,用水稀至刻度,摇匀。

B.24 铈标准溶液(1.000 mg /mL)

准确称取 0.122 8 g 经 850 ℃灼烧过的高纯二氧化铈(CeO_2),置于烧杯中,加入 20 mL 硝酸(1+1),并加 2 mL 过氧化氢,低温加热至溶解。冷却后移入 100 mL 容量瓶中,用水稀释至刻度,摇匀。

B.25 镨标准溶液(1.000 mg/mL)

准确称取 0.120 8 g 高纯氧化镨(Pr_6O_{11})于烧杯中,加入 30 mL 王水(1+1),低温加热至溶解。冷却后移入 100 mL 容量瓶中,用水稀释至刻度,摇匀。

B.26 钕标准溶液(1.000 mg /mL)

准确称取 0.116 6 g 高纯三氧化二钕(Nd_2O_3),置于烧杯中,加入 40 mL 盐酸(1+1),低温加热至溶解。冷却后移入 100 mL 容量瓶中,用水稀释至刻度,摇匀。

B.27 钐标准溶液(1.000 mg /mL)

准确称取 0.116 0 g 高纯三氧化二钐(Sm_2O_3),置于烧杯中,加入 30 mL 王水(1+1),低温加热至溶解。冷却后移入 100 mL 容量瓶中,用水稀释至刻度,摇匀。

B.28 铕标准溶液(1.000 mg/mL)

准确称取 0.115 8 g 经 850 ℃灼烧过的光谱纯三氧化二铕(Eu_2O_3),置于烧杯中,加入 30 mL 王水(1+1),低温加热至溶解。冷却后移入 100 mL 容量瓶中,用水稀释至刻度,摇匀。

B.29 钆标准溶液(1.000 mg/mL)

准确称取 0.115 3 g 经 850 ℃灼烧过的光谱纯三氧化二钆(Gd_2O_3),置于烧杯中,加入 30 mL 王水

(1+1)，低温加热至溶解。冷却后移入100 mL容量瓶中，用水稀至刻度，摇匀。

B.30　铽标准溶液(1.000 mg/mL)

准确称取0.117 6 g经850 ℃灼烧过的高纯氧化铽(Tb_4O_7)，置于烧杯中，加入30 mL王水(1+1)，低温加热至溶解。冷却后移入100 mL容量瓶中，用水稀释至刻度，摇匀。

B.31　镝标准溶液(1.000 mg/mL)

准确称取0.114 8 g经850 ℃灼烧过的光谱纯三氧化二镝(Dy_2O_3)，置于烧杯中，加入30 mL王水(1+1)，低温加热至溶解。冷却后移入100 mL容量瓶中，用水稀至刻度，摇匀。

B.32　钬标准溶液(1.000 mg/mL)

准确称取0.114 6 g经850 ℃灼烧过的高纯三氧化二钬(Ho_2O_3)，置于烧杯中，加入30 mL王水(1+1)，低温加热至溶解。冷却后移入100 mL容量瓶中，用水稀释至刻度，摇匀。

B.33　铒标准溶液(1.000 mg/mL)

准确称取0.114 4 g经850 ℃灼烧过的高纯三氧化二铒(Er_2O_3)，置于烧杯中，加入40 mL盐酸(1+1)，低温加热至溶解。冷却后移入100 mL容量瓶中，用水稀释至刻度，摇匀。

B.34　铥标准溶液(1.000 mg/mL)

准确称取0.114 2 g经850 ℃灼烧过的光谱纯三氧化二铥(Tm_2O_3)，置于烧杯中，加入30 mL王水(1+1)，低温加热至溶解。冷却后移入100 mL容量瓶中，用水稀释至刻度，摇匀。

B.35　镱标准溶液(1.000 mg/mL)

准确称取0.113 9 g经850 ℃灼烧过的高纯三氧化二镱(Yb_2O_3)，置于烧杯中，加入20 mL盐酸(1+1)，低温加热至溶解。冷却后移入100 mL容量瓶中，用水稀释至刻度，摇匀。

B.36　镥标准溶液(1.000 mg/mL)

准确称取0.113 7 g经850 ℃灼烧过的高纯三氧化二镥(Lu_2O_3)，置于烧杯中，加入30 mL王水(1+1)，低温加热至溶解。冷却后移入100 mL容量瓶中，用水稀释至刻度，摇匀。

B.37　铪标准溶液(1.000 mg/mL)

准确称取0.117 9 g光谱纯三氧化二铪(Hf_2O_3)，置于聚四氟乙烯塑料坩埚中，用水润湿。加入5 mL氢氟酸，盖上坩埚盖在电热板上低温加热至完全溶解。打开坩埚盖蒸发至约0.5 mL左右，加10 mL盐酸及少量水。冷却后移入100 mL容量瓶中，用水稀释至刻度，摇匀。摇匀后立即移入塑料瓶中保存。

B.38　钽标准溶液(1.000 mg/mL)

准确称取0.100 0 g高纯金属钽(Ta)，置于塑料埚中，加入2mL～3 mL氢氟酸，盖上坩埚盖在电热板上低温加热至完全溶解。打开坩埚盖蒸发至约0.5 mL左右，加10 mL盐酸。冷却后移入100 mL容量瓶中，用水稀释至刻度，摇匀。摇匀后立即移入塑料瓶中保存。

B.39　钨标准溶液(1.000 mg/mL)

准确称取0.126 1 g经500 ℃灼烧过的氧化钨(WO_3)，置于烧杯中，加入2 g固体碳酸钠及少量水，低温加热至溶解。溶解完全后移入 100 mL 容量瓶中,用水稀释至刻度,摇匀。摇匀后立即转移至塑料瓶中保存。

B.40 铊标准溶液(1.000 mg/mL)

准确称取 0.111 7 g,经 105 ℃烘 2 h 的光谱纯三氧化二铊(Tl_2O_3),置于烧杯中,加入 10 mL 硝酸(1+1),低温加热至溶解。冷却后移入 100 mL 容量瓶中,用水稀释至刻度,摇匀。

B.41 铅标准溶液(1.000 mg/mL)

准确称取 0.107 7 g 高纯氧化铅(PbO),置于烧杯中,加入 20 mL 硝酸,低温加热至溶解。冷却后移入 100 mL 容量瓶中,用水稀释至刻度,摇匀。

B.42 铋标准溶液(1.000 mg/mL)

准确称取 0.111 5 g 高纯三氧化二铋(Bi_2O_3),置于烧杯中,加入 20 mL 硝酸(1+1),低温加热至完全溶解。冷却后移入 100 mL 容量瓶中,用水稀释至刻度,摇匀。

B.43 钍标准溶液(1.000 mg/mL)

准确称取 0.113 8 g 二氧化钍(ThO_2),置于烧杯中,加入 10 mL 盐酸和少量氟化钠,加热溶解后,加入 2 mL 高氯酸,蒸发至干。加入 2 mL 盐酸,在水浴上蒸干。加入 20 mL 盐酸(2+98),微热,冷却后用盐酸(2+98)转入 100 mL 容量瓶中,并稀释至刻度,摇匀。

B.44 铀标准溶液(0.500 mg/mL)

准确称取 0.059 0 g 高纯八氧化三铀(U_3O_8),置于烧杯中,加入 20 mL 硝酸(1+1),低温加热至溶解。冷却后移入 100 mL 容量瓶中,用水稀释至刻度,摇匀。

B.45 铑标准溶液(0.1 mg/mL)

准确称取 0.038 6 g 光谱纯氯铑酸铵[$(NH_4)_3RhCl_6 \cdot 1.5H_2O$],置于烧杯中,加入 10 mL 盐酸和少量氯化钠溶解。移入 100 mL 容量瓶中,用盐酸(1+9)稀释至刻度,摇匀。

B.46 铼标准溶液(1.000 mg/mL)

准确称取 1.440 6 g 高纯铼酸铵(NH_4ReO_4),置于烧杯中,用水溶解。移入 1 000 mL 容量瓶中,用水稀释至刻度,摇匀。

B.47 铁标准溶液(1.000 mg/mL)

准确称取 0.100 0 g 高纯金属铁(Fe),置于烧杯中,加入 10 mL 盐酸(1+1),加热至溶解。冷却后将溶液移入 100 mL 容量瓶中,用水稀释至刻度,摇匀。

B.48 钙标准溶液(1.000 mg/mL)

准确称取 0.249 8 g 高纯碳酸钙($CaCO_3$),置于烧杯中,加入 20 mL 水,再加入 2 mL 硝酸(1+1)至溶解。将溶液移入 100 mL 容量瓶中,用水稀释至刻度,摇匀。

B.49 锡标准溶液(1.000 mg/mL)

准确称取 0.100 0 g 分析纯金属锡(Sn),置于烧杯中,加入 20 mL 盐酸(1+1),低温加热至溶解。冷却后移入 100 mL 容量瓶,用盐酸(1+1)稀释至刻度,摇匀。

附　录　C
（资料性附录）
电感耦合等离子体质谱仪工作参考条件

以某四极杆电感耦合等离子体质谱仪为例的工作参数见表 C.1。

表 C.1　电感耦合等离子体质谱仪工作参考条件

参数	设定值	参数	设定值
ICP 功率/W	1 350	跳 峰	3 点/质量
冷却气流量/(L/min)	13.0	停留时间	10 ms/点
辅助气流量/(L/min)	0.7	扫描次数	40 次
雾化气流量/(L/min)	1.0	测量时间	60 s
取样锥孔径/mm	1.0		
截取锥孔径/mm	0.7		

参 考 文 献

[1] EPA Method 200.8 Revision 5.4(1994)-美国国家环境保护署方法200.8,5.4版(1994).

[2] DZ/T 0223—2001 电感耦合等离子体质谱分析(ICP-MS)方法通则.

[3] 何红蓼,李冰,韩丽荣,孙德忠,王淑贤,李松.封闭压力酸溶-ICP-MS法测定地质样品中47个元素的评价.分析试验室.2002,21(5):8-12.

[4] 李冰,杨红霞.电感耦合等离子体质谱原理和应用.北京:地质出版社,2005.

ICS 23.040.70
J 15

GB

中华人民共和国国家标准

GB/T 14525—2010
代替 GB/T 14525—1993

波纹金属软管通用技术条件

General specification for corrugated metal hose assemblies

2011-01-10 发布　　2011-10-01 实施

中华人民共和国国家质量监督检验检疫总局
中国国家标准化管理委员会　发布

前　言

本标准按照 GB/T 1.1—2009 给出的规则起草。

本标准代替 GB/T 14525—1993《波纹金属软管通用技术条件》。

本标准与 GB/T 14525—1993 相比主要变化如下：

——增加了加强型波纹管、丝带网套、接头及柔性段长度的术语和定义；

——增加了公称尺寸 DN 700 和 DN 800 的软管，设计压力 P_s 范围由 32 MPa 扩大到 35 MPa，并调整了软管常用规格表；

——增加了软管分类；

——调整了软管的常用材料牌号，增加了材料的新旧牌号对照；

——增加了材料、焊接、成形要求；

——调整了焊缝的无损检测要求和方法；

——修改了耐压试验条款，对于压力较低的软管允许采用气压试验代替水压试验，气压试验压力为 1.15 倍设计压力 P_s；

——增加了软管静态弯曲性能要求和检验方法，增加了焊缝无损检测和静态弯曲检验项目，并明确 1 根进行静态弯曲和爆破试验，保持型式试验试件总数量 3 根不变；

——调整了软管 U 型动态弯曲次数表，将原 7 000 次部分提高到 8 000 次，明确了摆动弯曲次数，并按 ISO 10380:2003 修改了摆动弯曲检验要求；

——提出了单项静态弯曲和单项爆破试件的最小长度要求及计算公式；

——将型式试验条件之一的“正常生产每满三年”调整为“正常生产每满四年”，与压力管道元件制造许可证的有效期四年保持一致；

——修改了资料性附录“软管允许的最大工作压力”(见附录 A)；

——取消了原标准的附录 B“软管摆动弯曲试验”，增加了规范性附录“网套爆破压力的校核”(见附录 B)。

本标准由中国机械工业联合会提出。

本标准由全国管路附件标准化技术委员会归口。

本标准起草单位：航天晨光股份有限公司、中机生产力促进中心、国家仪器仪表元器件质量监督检验中心、秦皇岛市泰德管业科技有限公司、廊坊开发区首都航天波纹管厂、宁波星箭波纹管有限公司、沈阳仪表科学研究院。

本标准主要起草人：陈正标、钱允山、李俊英、于振毅、陈广斌、韩杰、沈冠群、黄乃宁、王永强、冯峰。

本标准所代替标准的历次版本发布情况为：

——GB/T 14525—1993。

波纹金属软管通用技术条件

1 范围

本标准规定了波纹金属软管的术语和定义，分类，要求，检验方法，检验规则，标志、包装、运输和贮存。

本标准适用于管道系统中为补偿位移和安装偏差、吸收振动及降低噪声所采用的波纹金属软管(以下简称软管)。

2 规范性引用文件

下列文件对于本文件的应用是必不可少的。凡是注日期的引用文件，仅注日期的版本适用于本文件。凡是不注日期的引用文件，其最新版本(包括所有的修改单)适用于本文件。

GB/T 191 包装储运图示标志

GB/T 699 优质碳素结构钢

GB/T 700 碳素结构钢

GB/T 1220 不锈钢棒

GB/T 3089 不锈钢极薄壁无缝钢管

GB/T 3280 不锈钢冷轧钢板和钢带

GB/T 3323 金属熔化焊焊接接头射线照相

GB/T 4226 不锈钢冷加工钢棒

GB/T 4240 不锈钢丝

GB/T 12230 通用阀门 不锈钢铸件技术条件

JB/T 4730.2 承压设备无损检测 第2部分：射线检测

JB/T 4730.5 承压设备无损检测 第5部分：渗透检测

3 术语和定义

下列术语和定义适用于本文件。

3.1

管坯 Tubular blank

供制造波纹管的有纵焊缝或无焊缝的金属管材。

3.2

波纹管 corrugated tube

母线呈波纹状的管状壳体。

3.3

螺旋波纹管 helical corrugated tube

波纹呈螺旋状的波纹管(见图1)。

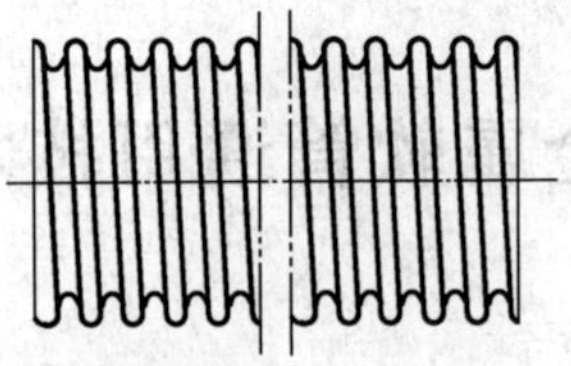

图1 螺旋波纹管示意图

3.4

环形波纹管 annular corrugated tube

波纹呈闭合圆环状的波纹管(见图2)。

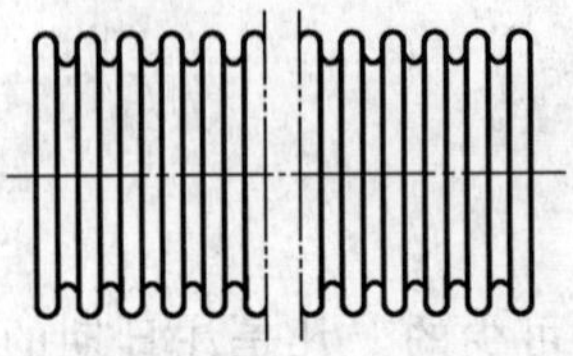

图2 环形波纹管示意图

3.5

加强型波纹管 strengthened corrugated tube

在波谷根部有与波纹贴合的加强件的波纹管(见图3)。

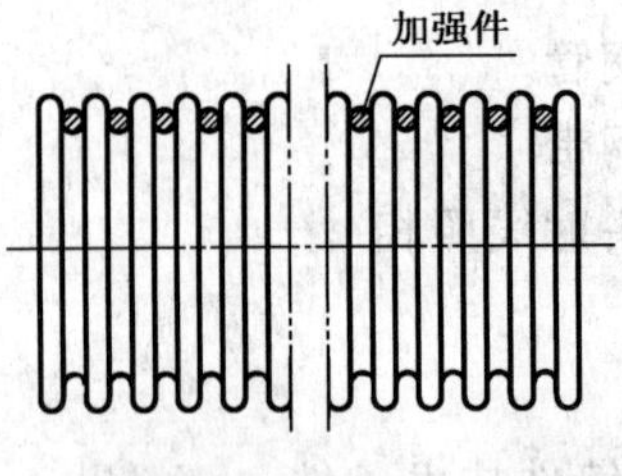

图3 加强型波纹管示意图

3.6

网套 braid

波纹管外表面的金属编织物,分为钢丝网套、钢带网套和丝带网套(见图4)。

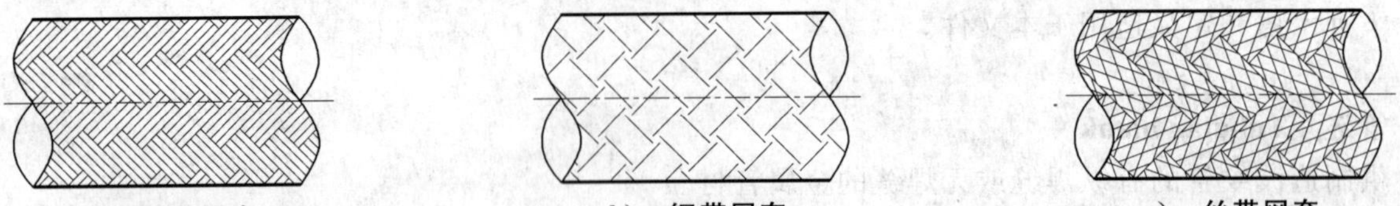

a) 钢丝网套　b) 钢带网套　c) 丝带网套

图4 网套示意图

3.7

接头 joint

用于与管道连接的结构件。结构件一般为球面型、锥面型、平面活接头型、快速接头型、管螺纹型、法兰型和接管型。

3.8

波纹金属软管　corrugated metal hose assembly

波纹管、网套和接头的组合(见图 5)或波纹管和接头的组合。

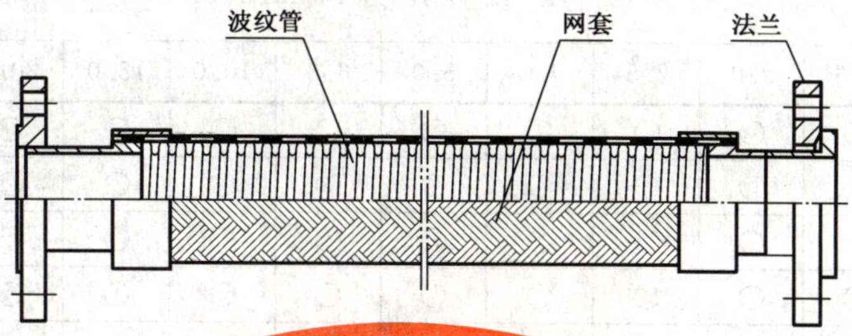

注：图示为法兰接头的软管

图 5　波纹金属软管示意图

3.9

弯曲半径　bend radius

按软管轴线测量的弯曲圆弧半径。

3.10

静态弯曲半径　static bend radius

软管在一次性弯曲下工作所允许的弯曲半径。

3.11

动态弯曲半径　dynamic bend radius

软管在反复弯曲下工作所允许的弯曲半径。

3.12

柔性段长度　flexible part length

软管中去除两端所有刚性连接段后的长度。

4　分类

4.1　基本参数

软管的公称尺寸范围为 DN 4～DN 800，室温下的设计压力 P_s(以下简称设计压力 P_s)范围为 $P_s \leqslant 35.0$ MPa，常用规格见表 1。在不同工作温度下，软管允许的最大工作压力计算参见附录 A。

表 1　常用规格

公称尺寸	设计压力 P_s/MPa													
DN	0.6	1.0	1.6	2.0	2.5	4.0	5.0	6.3	10.0	15.0	20.0	25.0	32.0	35.0
4	○	○	○	○	○	○	○	○	○	○	○	○	○	○
6	○	○	○	○	○	○	○	○	○	○	○	○		
8	○	○	○	○	○	○	○	○	○	○	○	○		
10	○	○	○	○	○	○	○	○	○	○	○	○		
(12)	○	○	○	○	○	○	○	○	○	○	○	○		

表 1（续）

公称尺寸 DN	设计压力 P_s/MPa													
	0.6	1.0	1.6	2.0	2.5	4.0	5.0	6.3	10.0	15.0	20.0	25.0	32.0	35.0
15	○	○	○	○	○	○	○	○	○	○	○	○		
(18)	○	○	○	○	○	○	○	○	○	○	○			
20	○	○	○	○	○	○	○	○	○	○	○			
25	○	○	○	○	○	○	○	○	○	○	○			
32	○	○	○	○	○	○	○	○	○					
40	○	○	○	○	○	○	○	○	○					
50	○	○	○	○	○	○	○	○						
65	○	○	○	○	○	○	○	○						
80	○	○	○	○	○	○	○							
100	○	○	○	○	○	○								
125	○	○	○	○	○	○								
150	○	○	○	○	○	○								
(175)	○	○	○	○	○	○								
200	○	○	○	○	○	○								
250	○	○	○	○	○	○								
300	○	○	○	○	○	○								
350	○	○	○	○	○									
400	○	○	○	○	○									
450	○	○	○	○	○									
500	○	○	○	○	○									
600	○	○	○	○										
700	○	○	○											
800	○	○	○											

注 1：“○”表示软管的常用规格。

注 2：括号内公称尺寸不推荐采用。

4.2 软管分类

根据使用工况，软管分 A、B 两类。

A 类软管：设计压力 $P_s \geqslant 0.1$ MPa（表压），工作介质为气体、液化气体、蒸汽或者可燃、易爆、有毒、有腐蚀性、最高工作温度高于或者等于标准沸点的液体，且公称尺寸 DN＞25 的软管；

B 类软管：非 A 类软管。

5 要求

5.1 材料

软管用材料应适合制造（如成形、焊接）及使用的要求，常用材料见表 2。

表 2 常用材料

零件名称	材料牌号		材料标准	推荐工作温度
	新牌号	旧牌号		
波纹管	06Cr19Ni10 022Cr19Ni10 06Cr17Ni12Mo2 022Cr17Ni12Mo2 06Cr18Ni11Ti	0Cr18Ni9 00Cr19Ni10 0Cr17Ni12Mo2 00Cr17Ni14Mo2 0Cr18Ni10Ti	GB/T 3089 GB/T 3280	−196 ℃～450 ℃
网套	06Cr19Ni10 022Cr19Ni10 06Cr17Ni12Mo2 022Cr17Ni12Mo2 06Cr18Ni11Ti	0Cr18Ni9 00Cr19Ni10 0Cr17Ni12Mo2 00Cr17Ni14Mo2 0Cr18Ni10Ti	GB/T 4240 GB/T 3280	
接头	06Cr19Ni10 022Cr19Ni10 06Cr17Ni12Mo2 022Cr17Ni12Mo2 06Cr18Ni11Ti	0Cr18Ni9 00Cr19Ni10 0Cr17Ni12Mo2 00Cr17Ni14Mo2 0Cr18Ni10Ti	GB/T 1220 GB/T 4226	−196 ℃～450 ℃
	ZG08Cr18Ni9 ZG08Cr18Ni12Mo2Ti	ZG0Cr18Ni9 ZG0Cr18Ni12Mo2Ti	GB/T 12230	
	20Cr13	2Cr13	GB/T 4226	−20 ℃～450 ℃
	Q235B	Q235B	GB/T 700	−20 ℃～300 ℃
	20	20	GB/T 699	

5.2 制造

5.2.1 管坯不允许有环焊缝，允许有纵焊缝，纵焊缝条数应符合表 3 的规定，且相邻纵焊缝的间距应大于 200 mm。

表 3 管坯纵焊缝条数

公称尺寸 DN	纵焊缝条数
≤250	≤1
>250～600	≤2
>600～800	≤3

5.2.2 管坯纵焊缝的焊接方法，可采用自动氩弧焊、等离子焊、激光焊或电子束焊；其焊缝表面一般应呈银白色、金黄色，也可呈浅蓝色；管坯纵焊缝的凹陷及余高不应超过壁厚的 10%。

5.2.3 波纹管的成形方法，可采用液压成形、聚氨脂成形、旋压成形或机械胀形。

5.2.4 波纹管的极限偏差应符合表 4 的规定。

表 4 波纹管的极限偏差

旋压成形机械胀形		液压成形聚氨脂成形		波厚 t_c	波距 q	简图
外径 D	内径 D_i	外径 D	内径 D_i			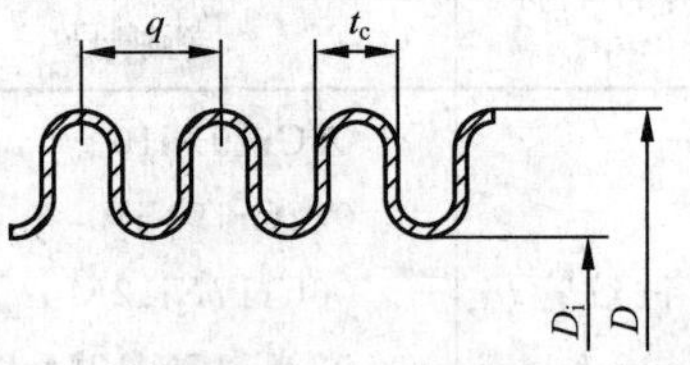
JS16	JS18	JS18	JS16	JS18		

5.2.5 波纹管表面不应有裂纹、尖角折叠、剥层、夹杂、焊渣、氧化皮、锈斑、凹坑缺陷，也不应有深度大于壁厚的压痕或深度大于壁厚下偏差的划痕。对于不大于壁厚下偏差的划痕，应予修磨。

5.2.6 软管采用的波纹管允许由多段波纹管串接而成，此时波纹管之间允许有环焊缝。

5.2.7 网套编织通常采用在波纹管外机器编织，也可采用手工编织或套网。

5.2.8 波纹管与波纹管、波纹管与接管、波纹管与网套、接管与网套连接环焊缝的焊接方法，可采用氩弧焊、等离子焊或硬钎焊。

5.2.9 焊缝同一部位的补焊次数不应超过 2 次。

5.3 外观

5.3.1 软管焊缝表面应成形均匀，不应有裂纹、气孔、弧坑、咬边和焊接飞溅。

5.3.2 软管接头的密封表面不应有裂纹、擦伤、毛刺和砂眼。

5.3.3 软管内外表面应清洁干燥，不应有锈蚀和多余物。

5.3.4 钢丝网套或丝带网套的断(缺)丝总根数应符合表 5 的规定，且每股断(缺)丝数不应超过 1 根。

表 5 钢丝或丝带网套的断(缺)丝总根数

单位为根数

公称尺寸 DN	网套长度＜500 mm	网套长度≥500 mm
4～32	≤3	≤4
40～100	≤6	≤8
125～800	≤9	≤12

5.3.5 软管网套应与波纹管贴合，网套的表面应平整光滑且网花均匀，不允许折叠和扭曲。

5.4 尺寸

5.4.1 软管长度极限偏差应符合表 6 的规定。

表 6 长度极限偏差

单位为毫米

软管长度 L	长度极限偏差 ΔL	软管长度 L	长度极限偏差 ΔL
100～400	$^{+20}_{0}$	＞2 000～3 000	$^{+70}_{0}$
＞400～800	$^{+30}_{0}$	＞3 000～4 000	$^{+80}_{0}$
＞800～1 200	$^{+45}_{0}$	＞4 000～6 000	$^{+90}_{0}$
＞1 200～2 000	$^{+60}_{0}$	＞6 000	$^{+1.5\%L}_{0}$

5.4.2 软管接口尺寸应符合图样及相关标准规定。

5.5 焊缝无损检测

5.5.1 B类软管的焊缝，一般不进行无损检测。

5.5.2 A类软管的管坯纵焊缝、接管纵焊缝以及波纹管与波纹管、波纹管与接管、波纹管与网套、接管与网套连接环焊缝应按合同中规定的数量(或比例)进行无损检测，而对于连续自动焊管生产线的管坯纵焊缝，可在合同中规定对焊接见证件(截取长度不短于250 mm的管坯)进行无损检测，其质量要求见表7。

5.5.3 A类软管除表7中序号3外的可检测环焊缝，应按合同中规定的数量(或比例)进行无损检测，型式试验的试件应进行100%的无损检测，其质量要求见表7中序号4和序号5。

表7 焊缝无损检测质量要求

序号	分类	质量要求
1	管坯纵焊缝	射线检测质量应不低于GB/T 3323的Ⅱ级规定
2	接管纵焊缝	射线检测质量应不低于JB/T 4730.2的Ⅱ级规定
3	波纹管与波纹管、波纹管与接管、波纹管与网套、接管与网套连接的环焊缝	渗透检测质量应不低于JB/T 4730.5的Ⅱ级规定
4	除序号3外的对接环焊缝	射线检测质量应不低于JB/T 4730.2的Ⅲ级规定
5	除序号3外的非对接环焊缝	渗透检测质量应不低于JB/T 4730.5的Ⅱ级规定

5.6 性能

5.6.1 耐压

软管耐压试验宜采用水压试验。对于符合表8规定的软管，在防护措施足以保障人身安全的条件下，允许采用气压代替水压进行耐压试验，但不推荐使用气压试验。除用户合同规定外，型式试验软管的耐压试验不允许使用气压试验。

表8 允许以气压代替水压试验的软管

公称尺寸DN	设计压力 P_s/MPa
≤80	≤2.5
100～150	≤1.6
175～200	≤1.0
250～350	≤0.6

5.6.1.1 软管在1.5倍的设计压力 P_s 下进行水压试验，应无渗漏、无损伤、无异常变形。

5.6.1.2 软管在1.15倍的设计压力 P_s 下进行气压试验，应无漏气、无损伤、无异常变形。

5.6.2 气密

软管在设计压力 P_s 下进行气密试验，应无漏气。

5.6.3 静态弯曲

软管以静态弯曲半径 R_j 反复弯曲10次后，在设计压力 P_s 下进行气密试验，应无漏气、无损伤、无异常变形。

5.6.4 动态弯曲

软管最少动态弯曲次数见表 9。软管在设计压力 P_s 下，以动态弯曲半径 R_d 弯曲表 9 规定的最少动态弯曲次数后，软管应无渗漏、无异常变形。

表 9 软管最少弯曲次数和最小弯曲半径

公称尺寸 DN	最少弯曲次数/次														最小弯曲半径/mm	
	设计压力 P_s/MPa														静态	动态
	0.6	1.0	1.6	2.0	2.5	4.0	5.0	6.3	10.0	15.0	20.0	25.0	32.0	35.0	R_j	R_d
4	50 000	50 000	50 000	50 000	50 000	15 000	15 000	15 000	15 000	8 000	8 000	8 000	8 000	8 000	35	80
6	50 000	50 000	50 000	50 000	50 000	15 000	15 000	15 000	15 000	8 000	8 000	8 000			50	110
8	50 000	50 000	50 000	50 000	50 000	15 000	15 000	15 000	15 000	8 000	8 000	8 000			65	145
10	50 000	50 000	50 000	50 000	50 000	15 000	15 000	15 000	15 000	8 000	8 000	8 000			80	180
(12)	50 000	50 000	50 000	50 000	50 000	15 000	15 000	15 000	15 000	8 000	8 000	8 000			95	215
15	50 000	50 000	50 000	50 000	50 000	15 000	15 000	15 000	8 000	8 000	8 000	8 000			120	270
(18)	50 000	50 000	50 000	50 000	50 000	15 000	15 000	15 000	8 000	8 000	8 000				145	325
20	50 000	50 000	50 000	50 000	50 000	15 000	15 000	15 000	8 000	8 000	8 000				160	360
25	50 000	50 000	50 000	50 000	50 000	15 000	15 000	15 000	8 000	8 000					175	400
32	50 000	50 000	50 000	50 000	50 000	15 000	8 000	8 000	8 000						225	510
40	50 000	50 000	50 000	50 000	50 000	15 000	8 000	8 000	8 000						280	640
50	50 000	50 000	50 000	50 000	50 000	15 000	8 000	8 000							350	800
65	50 000	50 000	15 000	15 000	15 000	15 000	8 000	8 000							390	845
80	50 000	50 000	15 000	15 000	15 000	8 000	8 000								480	1 000
100	4 000	4 000	4 000	4 000	4 000	4 000									600	1 200
125	4 000	4 000	4 000	4 000	4 000	4 000									750	1 500
150	4 000	4 000	4 000	4 000	4 000	4 000									900	1 800
(175)	4 000	4 000	4 000	4 000	4 000	4 000									1 000	2 000
200	4 000	4 000	4 000	4 000	4 000	4 000										
250	4 000	4 000	4 000	4 000	4 000	4 000									1 250	2 500
300	4 000	4 000	4 000	4 000	4 000	4 000									1 500	3 000
350	2 000	2 000	2 000	2 000	2 000										1 750	3 500
400	2 000	2 000	2 000	2 000	2 000										2 000	4 000
450	2 000	2 000	2 000	2 000	2 000										2 250	4 500
500	2 000	2 000	2 000	2 000	2 000										2 500	5 000
600	2 000	2 000	2 000	2 000											3 000	6 000
700	2 000	2 000	2 000												3 500	7 000
800	2 000	2 000	2 000												4 000	8 000

注：括号内的公称尺寸不推荐采用。

5.6.5 爆破

软管最小爆破压力 P_b 应符合表 10 的规定。网套的爆破压力应按附录 B 进行校核。

表 10 软管最小爆破压力

公称尺寸 DN	最小爆破压力 P_b 设计压力 P_s/MPa													
	0.6	1.0	1.6	2.0	2.5	4.0	5.0	6.3	10.0	15.0	20.0	25.0	32.0	35.0
4														
6														
8														
10														
(12)					$P_b=4P_s$									
15														
(18)														
20														
25														
32														
40														
50								$P_b=3P_s$						
65														
80														
100														
125														
150														
(175)														
200														
250														
300														
350														
400														
450														
500														
600														
700														
800														

注：括号内的公称尺寸不推荐采用。

6 检验方法

6.1 外观

用目视法和手感进行检查，结果应符合5.3的要求。

6.2 尺寸

用精度符合尺寸偏差要求的量具进行检查，结果应符合5.4的要求。

6.3 焊缝无损检测

管坯纵焊缝的射线检测方法按GB/T 3323的规定，接管纵焊缝和软管对接环焊缝的射线检测方法按JB/T 4730.2的规定，其他焊缝的渗透检测方法按JB/T 4730.5的规定，结果应符合5.5的要求。

6.4 性能

6.4.1 耐压试验

6.4.1.1 水压试验

试验介质为氯离子含量不超过25 mg/L的水。试验装置为加压泵、压力监测仪表。将试件平直放置，一端安装带有排气阀的堵头，另一端和泵出口连接。将水注入软管内，排尽空气，关闭排气阀，密封试件，然后缓慢加压至试验压力，至少保压5 min，试验压力下检查试件，结果应符合5.6.1.1的要求。

6.4.1.2 气压试验

试验介质为无毒、无腐蚀性、非可燃的干燥、洁净气体。试验水槽用水的氯离子含量不超过25 mg/L。试验装置为气泵（或气瓶组）、压力监测仪表、水槽。试件一端安装堵头，另一端与进气口相接，将试件浸没于水槽中，通入气体缓慢加压至试验压力，至少保压10 min，试验压力下检查试件，结果应符合5.6.1.2的要求。

6.4.2 气密试验

气密试验应在耐压试验合格后进行，当耐压试验采用气压试验时，可不进行气密试验。试验介质为无毒、无腐蚀性、非可燃的干燥、洁净气体；试验水槽用水的氯离子含量不超过25 mg/L。试验装置为气泵（或气瓶组）、压力监测仪表、水槽。试件一端安装堵头，另一端与进气口相接，将试件浸没于水槽中，通入气体缓慢加压至试验压力，至少保压10 min，试验压力下检查试件，结果应符合5.6.2的要求。

6.4.3 静态弯曲试验

在软管不充压的情况下进行试验，试验装置为静态弯曲试验台。按图6安装试件，将试件一端刚性固定，另一端以5次/min～25次/min的频率，围绕并贴合定形圆柱体进行弯曲，软管由直线状态至弯曲状态，再恢复至直线状态为1次弯曲循环，弯曲角为90°，反复弯曲10次后，对试件按6.4.2的方法进行气密试验，结果应符合5.6.3的要求。

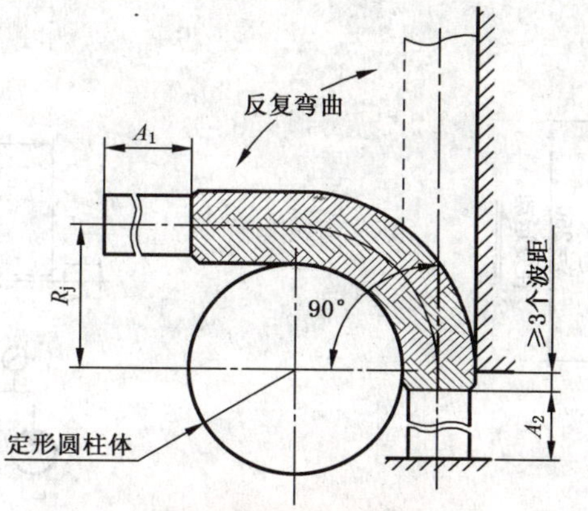

图6 软管静态弯曲试验原理图

进行单项的静态弯曲试验时，试件最小长度 L_1 应按公式(1)进行计算，当软管的波纹管之间有环焊缝时，试件中应至少包含一个焊接段。

$$L_1 = 1.7R_j + A_1 + A_2 \qquad \cdots\cdots(1)$$

式中：

L_1——静态弯曲试件最小长度，单位为毫米(mm)；

R_j——软管静态弯曲半径(见表9)，单位为毫米(mm)；

A_1、A_2——试件的刚性段长度，单位为毫米(mm)。

6.4.4 动态弯曲试验

公称尺寸 DN<100 的试件进行 U 型弯曲试验，公称尺寸 DN≥100 的试件进行摆动弯曲试验，结果应符合 5.6.4 的要求。

6.4.4.1 U 型弯曲试验

试验介质为水或液压油。试验装置为 U 型弯曲试验台、加压泵、压力监测仪表。按图 7a)或图 7b)安装试件，启动加压泵，将水或液压油注入管内，排尽空气，关闭排气阀，密封试件，然后缓慢加压至设计压力 P_s，启动弯曲试验台，以 5 次/min～30 次/min 的频率往复运动，在试验过程中检查试件有无渗漏和异常变形；当达到表 9 规定的最少弯曲次数后，在设计压力 P_s 下检查软管，结果应符合 5.6.4 的要求。

U 型弯曲试件长度 L_2 按公式(2)进行计算：

$$L_2 = 4R_d + A_1 + A_2 + S/2 \qquad \cdots\cdots(2)$$

式中：

L_2——U 型弯曲试件长度，单位为毫米(mm)；

R_d——软管动态弯曲半径(见表 9)，单位为毫米(mm)；

S ——试验行程：250 mm。

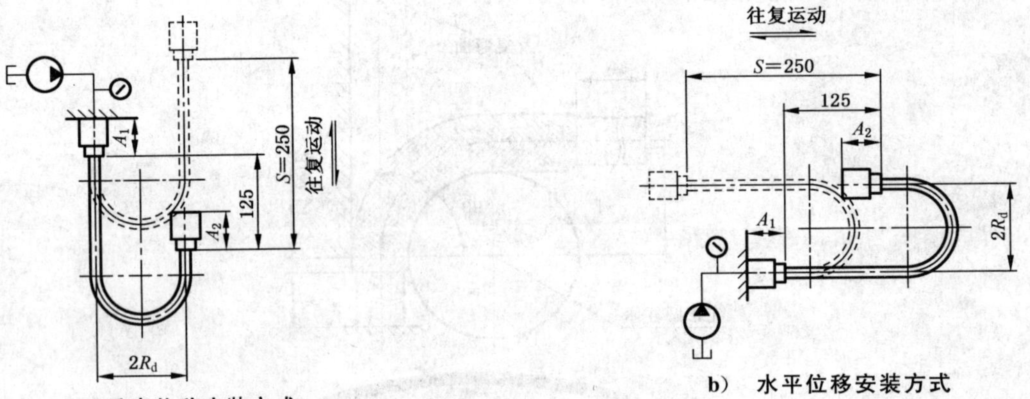

a) 垂直位移安装方式　　　　b) 水平位移安装方式

注：图 7b)水平位移安装方式仅适用于 DN≤32 软管。

图 7　软管 U 型弯曲试验原理图

6.4.4.2　摆动弯曲试验

试验介质为水或液压油。试验装置为摆动弯曲试验台、加压泵、压力监测仪表。按图 8a)或图 8b)安装试件，启动加压泵，将水或液压油注入管内，排尽空气，关闭排气阀，密封试件，然后缓慢加压至设计压力 P_s，启动摆动弯曲试验台，按表 11 规定的行程 h，以 3 次/min～15 次/min 的频率往复运动，在试验过程中检查试件有无渗漏和异常变形；当达到表 9 规定的最少弯曲次数后，在设计压力 P_s 下检查软管，结果应符合 5.6.4 的要求。

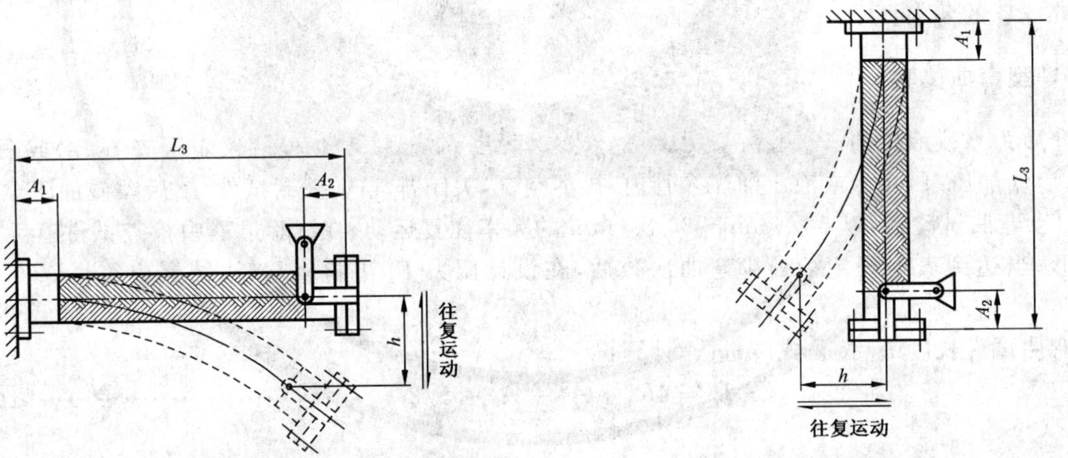

a) 垂直位移安装方式　　　　b) 水平位移安装方式

图 8　软管摆动弯曲试验原理图

表 11　摆动弯曲试验行程　　　　单位为毫米

公称尺寸 DN	100	125	150	(175)	200	250	300	350	400	450	500	600	700	800
长度系数 k_1	6							3						
行程 h	45	50	55	65	65	70	80	45	50	55	60	65	70	75

摆动弯曲试件长度 L_3 按公式(3)进行计算：

$$L_3 = k_1 \times DN + A_1 + A_2 \qquad \cdots\cdots(3)$$

式中：

L_3——摆动弯曲试件长度，单位为毫米(mm)；

k_1——长度系数。

6.4.5 爆破试验

试验介质为水或液压油。试验装置为加压泵、压力监测仪表。将试件平直放置，一端安装带有排气阀的堵头，另一端和泵出口连接。启动加压泵，将水或液压油注入试件内，排尽空气，关闭排气阀，密封试件，然后缓慢加压，直至试件渗漏或破坏并记录试件的损坏情况，结果应符合 5.6.5 的要求。若压力超过表 10 规定的最小爆破压力 P_b 时试件仍未爆破，允许不将试验持续至渗漏或破坏。

进行单项的爆破试验时，试件柔性段最小长度 L_4 应符合表 12 的规定，当软管的波纹管之间有环焊缝时，应至少包含一个焊接段。

表 12 爆破试件柔性段最小长度

单位为毫米

公称尺寸 DN	4～32	40～100	125～200	250～350	400～600	600～800
爆破试件柔性段最小长度 L_4	70	150	250	350	400	450

爆破试件最小长度 L_5 按公式(4)进行计算：

$$L_5 = L_4 + A_1 + A_2 \qquad \cdots\cdots(4)$$

式中：

L_4——试件柔性段最小长度，单位为毫米(mm)；

L_5——爆破试件最小长度，单位为毫米(mm)。

7 检验规则

7.1 检验分类

产品的检验分为出厂检验和型式试验，其检验项目按表 13 的规定。

表 13 检验项目

序号	检验项目	要求	检验方法	出厂检验	型式试验
1	外观	5.3	6.1	○	○
2	尺寸	5.4	6.2	○	○
3	焊缝无损检测	5.5.3	6.3	○[a]	○
4	耐压试验	5.6.1	6.4.1	○	○
5	气密试验	5.6.2	6.4.2	○	○
6	静态弯曲试验	5.6.3	6.4.3	—	○
7	动态弯曲试验	5.6.4	6.4.4	—	○
8	爆破试验	5.6.5	6.4.5	—	○
注：“○”表示进行该项检验。					
[a] 由合同确定是否进行该项检验。					

7.2 出厂检验

7.2.1 每根软管均应进行出厂检验,合格后方可出厂。

7.2.2 出厂检验时,若发现不合格项目,允许进行返修,次数不超过两次。

7.3 型式试验

7.3.1 检验时机

在下列情况之一时,应进行型式试验:

a) 新产品定型鉴定时;

b) 正式生产后,如结构、材料、工艺有较大改变,可能影响产品性能时;

c) 正常生产每满 4 年时;

d) 产品停产超过 1 年,再恢复生产时;

e) 国家质量监督机构提出进行型式试验的要求时。

7.3.2 抽样与判定

7.3.2.1 进行型式试验的试件,应从出厂检验合格的软管中任选一种规格随机抽取,其数量为 3 根。根据合同规定,也可增加试件数量。

7.3.2.2 型式试验的顺序按表 14 的规定。

表 14 型式试验顺序表

试件编号	出厂检验	静态弯曲试验	动态弯曲试验	爆破试验
1	○	○	—	○
2	○	—	○	—
3	○	—	○	—

注 1:"○"表示进行该项试验。

注 2:公称尺寸 DN≥100 的软管,允许将试件 2 和 3 按试件 1 进行静态弯曲和爆破试验。

7.3.2.3 型式试验中若有任一项不合格时,可判该次型式试验不合格,亦可加倍抽样,对不合格项进行复检,若复检结果仍有任一项不合格时,则判该次型式试验不合格。

7.3.2.4 经过型式试验的软管不得再作为合格产品出厂。

8 标志、包装、运输和贮存

8.1 标志

8.1.1 每根软管均应标明产品型号、商标、制造厂名和制造日期(或批号)。

8.1.2 软管若采用包装箱包装时,产品的包装、贮存标志应符合 GB/T 191 的规定,且至少应包括下列各项:

a) 制造厂名;

b) 产品名称;

c) 商标;

d) 产品型号;

e) 制造日期；

f) 产品执行的标准号。

8.2 包装

8.2.1 软管两端应有防尘包装，产品可裸装或木箱包装，但应满足软管最小静态弯曲半径要求。

8.2.2 包装箱内应有装箱单和备件清单(若需提供备件时)。

8.2.3 包装箱内应有软管产品合格证和使用说明书。

8.3 运输

软管在运输过程中应避免碰撞并防止雨雪直接侵袭。

8.4 贮存

软管宜贮存在洁净、干燥和无腐蚀性气体的库房内。

附　录　A
（资料性附录）
软管允许的最大工作压力

A.1　计算公式

软管在不同温度下，允许的最大工作压力按公式（A.1）进行计算：

$$P_0 = k_2 \times P_s \quad \cdots\cdots\cdots\cdots (A.1)$$

式中：

P_0——软管允许的最大工作压力，单位为兆帕（MPa）；

k_2——软管的温度修正系数；

P_s——室温下设计压力，单位为兆帕（MPa）。

A.2　温度修正系数

A.2.1　波纹管、网套和接头常用材料的温度修正系数见表 A.1。

表 A.1　温度修正系数

材料牌号	温度/℃												
	≤20	50	100	150	200	250	300	350	400	450	500	550	600
06Cr19Ni10	1	0.93	0.81	0.70	0.64	0.60	0.57	0.54	0.52	0.51	0.50	0.49	0.47
022Cr19Ni10	1	0.93	0.81	0.70	0.64	0.60	0.57	0.54	0.51	0.50	0.49	0.47	0.47
06Cr17Ni12Mo2	1	0.93	0.83	0.72	0.66	0.63	0.60	0.55	0.53	0.52	0.51	0.50	0.50
022Cr17Ni12Mo2	1	0.93	0.83	0.72	0.66	0.62	0.59	0.56	0.55	0.53	0.51	0.50	0.50
06Cr18Ni11Ti	1	0.94	0.86	0.76	0.73	0.70	0.67	0.65	0.63	0.61	0.60	0.59	0.57
Q235B、20	1	0.98	0.90	0.89	0.86	0.82	0.76	0.73	0.70	0.41	0.24	—	—

A.2.2　软管温度修正系数应按波纹管、网套和接头的温度修正系数分别确定后取其较小值。

附 录 B
（规范性附录）
网套爆破压力的校核

B.1 爆破压力计算

B.1.1 钢丝网套和丝带网套的计算爆破压力 P_{bs} 按公式(B.1)计算。

$$P_{bs}=k_3\times k_4\times m\times n\times\sigma_b\times\cos\beta\times d^2/D_m^2 \quad\cdots\cdots(B.1)$$

式中：

P_{bs}——计算爆破压力，单位为兆帕(MPa)；

k_3 ——网套钢丝(带)受力不均匀修正系数，通常 $k_3=0.7\sim0.95$，具体数值由试验确定；

k_4 ——网套层数修正系数，单层网套取1，二层网套取1.8，三层网套取2.4；

m ——网套股数；

n ——网套每股钢丝根数；

σ_b ——标准中规定的室温下材料的抗拉强度，单位为兆帕(MPa)；

β ——网套编织角，单位为度(°)，通常 $\beta=40°\sim60°$；

d ——钢丝直径，单位为毫米(mm)；

D_m——波纹管中径(内、外径之和的一半)，单位为毫米(mm)。

B.1.2 钢带网套的计算爆破压力 P_{bs} 按公式(B.2)计算。

$$P_{bs}=4\times k_3\times k_4\times m\times b\times\delta\times\sigma_b\times\cos\beta/(\pi\times D_m^2) \quad\cdots\cdots(B.2)$$

式中：

b——钢带宽度，单位为毫米(mm)；

δ——钢带厚度，单位为毫米(mm)。

B.2 爆破压力校核

网套爆破压力按公式(B.3)校核。

$$P_{bs}\geqslant P_b \quad\cdots\cdots(B.3)$$

式中：

P_b——最小爆破压力，单位为兆帕(MPa)，按表10确定。

ICS 97.120
K 32

中华人民共和国国家标准

GB 14536.7—2010/IEC 60730-2-6:2007
代替 GB 14536.7—1996

家用和类似用途电自动控制器 压力敏感电自动控制器的特殊要求，包括机械要求

Automatic electrical controls for household and similar use—Particular requirements for automatic electrical pressure sensing controls including mechanical requirements

(IEC 60730-2-6:2007,IDT)

2010-11-10 发布　　2011-09-01 实施

中华人民共和国国家质量监督检验检疫总局
中国国家标准化管理委员会　发布

前　言

本部分的全部技术内容为强制性。

GB 14536《家用和类似用途电自动控制器》分为以下两个部分：

——第1部分：通用要求；

——第2部分：特殊要求。

特殊要求又由下列部分组成：

——GB 14536.3　电动机热保护器的特殊要求(IEC 60730-2-2，IDT)；

——GB 14536.4　管型荧光灯镇流器热保护器的特殊要求(IEC 60730-2-3，IDT)；

——GB 14536.5　密封和半密封电动机-压缩机用电动机热保护器的特殊要求(IEC 60730-2-4，IDT)；

——GB 14536.6　燃烧器电自动控制系统的特殊要求(IEC 60730-2-5，IDT)；

——GB 14536.7　压力敏感电自动控制器的特殊要求，包括机械要求(IEC 60730-2-6，IDT)；

——GB 14536.8　定时器和定时开关的特殊要求(IEC 60730-2-7，IDT)；

——GB 14536.9　电动水阀的特殊要求(包括机械要求)(IEC 60730-2-8，IDT)；

——GB 14536.10　温度敏感控制器的特殊要求(IEC 60730-2-9，IDT)；

——GB 14536.11　电动机用起动继电器的特殊要求(IEC 60730-2-10，IDT)；

——GB 14536.12　能量调节器的特殊要求(IEC 60730-2-11，IDT)；

——GB 14536.13　电动门锁的特殊要求(IEC 60730-2-12，IDT)；

——GB 14536.15　湿度敏感控制器的特殊要求(IEC 60730-2-13，IDT)；

——GB 14536.16　电起动器的特殊要求(idt IEC 60730-2-14)；

——GB 14536.17　锅炉器具中使用的浮子型或电极敏感型水位敏感电自动控制器的特殊要求(IEC 60730-2-15，IDT)；

——GB 14536.18　家用和类似用途浮子型水位控制器的特殊要求(IEC 60730-2-16，IDT)；

——GB 14536.19　电动燃气阀的特殊要求，包括机械要求(IEC 60730-2-17，IDT)；

——GB 14536.20　水流和气流敏感控制器的特殊要求，包括机械要求(IEC 60730-2-18，IDT)；

——GB 14536.21　电动油阀的特殊要求，包括机械要求(IEC 60730-2-19，IDT)；

……

本部分等同采用IEC 60730-2-6:2007《家用和类似用途电自动控制器　压力敏感电自动控制器的特殊要求，包括机械要求》(第二版)。

本部分的结构与IEC 60730-2-6:2007完全相同。在本部分中，有对应国家标准的，参照引用国家标准；暂无国家标准的，则参照引用所列的IEC标准。

为了便于使用，本部分做了下列编辑性修改：

a)　用小数点“.”代替作为小数点的逗号“,”；

b)　增加了国家标准的前言；

c)　“本标准”一词改为“本部分”；

d)　用“GB 14536.1”代替“第一部分”。

本部分与GB 14536.1—2008《家用和类似用途电自动控制器　第1部分：通用要求》配合使用。

本部分代替GB 14536.7—1996《家用和类似用途电自动控制器　压力敏感电自动控制器的特殊要求(包括机械要求)》。

本部分与 GB 14536.7—1996 相比主要变化如下：

a） 若干章条的名称根据 GB 14536.1 的变化做了相应的更改；

b） 第 1 章范围的限定 1.2、1.3 代替内容删去，适用 GB 14536.1 相应要求；

c） 第 2 章 2.3 定义删去了若干条，其中部分已调整到 GB 14536.1 中；

d） 第 7 章资料的提供调整了部分内容；

e） 第 10 章端子和端头删去了 10.1.1.1、10.1.101、10.1.102、10.2 代替和增加条款的内容；

f） 第 11 章删去了 11.4.102 增加条款及 11.6 代替内容，同时本章其他内容也有所调整；

g） 第 14 章发热增加 14.4.3.1 条 GB 14536.1 该条款不适用；

h） 第 24 章组件删去了 24.2 代替内容；

i） 增加附录 H。

本部分的附录 H、附录 AA 为规范性附录，附录 BB 为资料性附录。

本部分由中国电器工业协会提出。

本部分由全国家用自动控制器标准化技术委员会(SAC/TC 212)归口。

本部分起草单位：广州电器科学研究院、常州西玛特电器有限公司、惠达机电（惠州）有限公司、浙江三花股份有限公司、佛山通宝股份有限公司、江苏常恒集团自动控制器有限公司、广州威凯检测技术研究院、平顶山市联立机电有限公司、佛山市顺德区三春电器实业有限公司、宁波欧知电器科技有限公司、芜湖市九龙控制器有限公司、佛山华鹭自动控制器有限公司、海信科龙电器股份有限公司、中国家用电器研究院、佛山市质量计量监督检测中心。

本部分起草人：孔睿迅、杜立、陈建民、麦丰收、钱峰、陈雨忠、鄢运禄、柯赐龙、朱洲阳、邵志成、李彦召、霍锦荣、罗晖、贾玉霖、梁然峰。

本部分所代替标准的历次版本发布情况为：

——GB 14536.7—1996。

家用和类似用途电自动控制器 压力敏感电自动控制器的特殊要求，包括机械要求

1 范围和规范性引用文件

GB 14536.1 中的该章，除下述内容外均适用：

1.1 代替：

本部分适用于最小额定表压力为－60 kPa、最大额定表压力为 4.2 MPa 的压力敏感电自动控制器，它们是在家用和类似用途设备上、设备内或附在设备上使用的，也包括加热、空调和类似的应用，这些设备可以是使用电、燃气、油、固体燃料、太阳能等或它们的组合能源。

1.1.1 代替：

本部分适用于压力敏感电自动控制器固有的安全，也适用于与设备保护有关的操作值、操作程序，还适用于在家用和类似用途设备上、设备内或附于设备上使用的压力敏感电自动控制器的试验。

注：本部分使用的“设备”一词包含“器具和设备”。

本部分不适用于专门用于工业用途的压力敏感控制器。

本部分也适用于作为控制系统一部分的单体压力敏感控制器或与带有非电输出的多功能控制器机械地组合在一起的压力敏感控制器。

不作为一般家用，但用于公共场所，例如给商店、轻工业和农场中由非专业人员使用的设备，其使用的压力敏感电自动控制器也包括在本部分范围内。

本部分也适用于 GB 4706.1 范围内的器具所使用的压力敏感控制器。

也可见附录 J。

1.1.2 代替：

本部分适用于电气或机械操作的、响应或控制压力或真空的电自动控制器。

1.1.3 不适用。

1.1.4 代替：

本部分也适用于在电气上和/或机械上与压力敏感控制器相结合的人工控制器。

注：不构成自动控制器组成部分的人工开关的要求包含在 GB 15092.1。

增加：

1.1.101 本部分包含对压力敏感控制器电气性能的要求和影响其预期操作的机械性能的要求。

注：18.101 的规定因涉及气和/或油控控制器，目前正在考虑中，等待 ISO/TC 109 及 ISO/TC 161 的审核或修订。

1.1.102 通常这些压力敏感控制器是整体的，或装在设备内的，或预定整合到设备内或设备上的。当这些控制器是独立安装时，其要求包括在本部分内。带线控制器不包括在本部分内。

1.4 代替：

本部分也适用于装有电子装置的压力敏感控制器。对该种压力敏感控制器的要求由附录 H 给出。

本部分适用于装有 NTC(负温度系数)或 PTC(正温度系数)热敏电阻器的压力敏感控制器。它们的附加要求包括在附录 J 中。

2 定义

GB 14536.1 中的该章，除下述内容外均适用：

2.2 按用途分类的控制器的定义

2.2.19 增加注：

注：见 2.2.102。

2.2.20 增加注：

注：见 2.2.103。

增加：

2.2.101

限压器 pressure limiter

一种压力敏感控制器，它在正常工作条件下使压力保持低于或高于某一预先设定值，而且其中可以有由使用者进行设定的装置。

注：限压器可以是自动或人工复位型。在电器设备的正常工作周期内不能进行逆向操作。

2.2.102

压力操作控制器 pressure operating control

一种压力敏感控制器，通常情况下设备预期在其所设定的高压，或低压，或高低压的限值下操作。

2.2.103

压力切断器 pressure cut-out

一种压力敏感控制器，其预定在设备的非正常操作条件下将压力保持在某一特定值之上或之下，且其中不含有可由使用者进行设定的装置。

注 1：压力切断器可能有自动复位型或人工复位型；

注 2：一般情况下，压力切断器将提供 2 型动作；

注 3：压力切断器可以有一个可调节的止动键，由控制器制造商、设备制造商或安装者设定。

2.3 与控制器的功能相关的定义

增加：

2.3.101

压力介质 pressure medium

用以传递压力到压敏元件的介质。

注：在本部分中所用的压力介质是气体或液体。

2.3.102

压力差 differential pressure

系统中两点间，或两系统间，或一个系统与参考压力（如大气压力）间的压力之差。

注：例如节流孔管的上游侧和下游侧之间的静态压力差。

2.8 与控制器组件相关的定义

增加：

2.8.101

通气限制措施 vent limiting means

指限制空气从隔膜腔的大气室排出或吸进的措施。

2.8.102

气孔 vent

控制器工作时，排出或吸进空气过程中，从隔膜要与大气连通的一面（大气室）到大气环境的开孔。

3 一般要求

GB 14536.1 中的该章适用。

4 试验的一般说明

GB 14536.1 中的该章,除下述内容外均适用:

4.1 试验条件

4.1.7 代替:

在 7.2 规定的、在第 17 章中使用的压力变化速率(例如 α_1、β_1、α_2、β_2)V,应由制造商规定试验误差。

4.3.1 增加:

4.3.1.101 附录 AA 的值适用于第 17 章中独立安装的压力敏感控制器的试验。整体式和装入式的控制器的值在相应的设备标准中规定。

5 额定值

GB 14536.1 中的该章适用。

6 分类

GB 14536.1 中的该章,除下述内容外均适用:

6.3.9 增加:

6.3.9.101 ——压力敏感。

6.4.3 增加:

6.4.3.101 对于敏感动作,不应有由于敏感元件本身或与其相连的分断装置部件泄漏而引起的操作值的增加(2.N 型)。

6.5.2 修改:

用下列内容来代替注的第 2 段:

注:优选外壳防护等级是:IP20、IP30、IP40、IP54 和 IP65。允许取与这些优选值不同的值。

6.8.3 代替:

独立安装式控制器或与使用非电能源系统整装或组装在一起的控制器。

7 资料

GB 14536.1 中的该章,除下述内容外均适用:

表 7.2

资　　料	章、条	方　法
修改:用下列内容代替以下相对应的各项:		
6　控制器使用目的	2.2.101,2.2.102,2.2.103,4.3.5,6.3	D
26　每种人工动作的起动周期数(M)	6.10,附录 AA	X
27　每种自动动作的自动周期数(A)	6.11,附录 AA	X
34　不适用		
44　不适用		
48　操作压力(或压力)	2.3.11,15,18	D
增加下列项目:		
101　压力介质	2.3.101	X

表 7.2（续）

资　料	章、条	方　法
102　操作偏差	2.3.26	D
103　最大工作压力	2.3.29	D
在表 7.2 注 d 中增加：对于压力敏感控制器，起动量的限值或由器具制造商根据适用的家用器具标准的第二部分进行规定，或由压力敏感控制器制造商声明(见 17.7 和 17.8)。		

8　防触电保护

GB 14536.1 中的该章适用。

9　接地保护措施

GB 14536.1 中的该章适用。

10　端子和端头

GB 14536.1 中的该章，除下述内容外均适用：

10.1　外接铜导线的端子和端头

10.1.4　增加：

注：在加拿大和美国，操作电压大于 50 V 的控制器应配备适当的接线端子或引线来连接固定布线，其电流等级应不低于：

——1.25 倍固定式空间电热器具的负载电流；

——1.25 倍单相电机的满载额定电流；

——满载电机电流与 1.25 倍固定空间电热设备负载所组成的合成负载的 1.25 倍；

——最大电动机满载电流加上其他负载的满载电流的 1.25 倍；

——1.0 倍全部其他负载。

11　结构要求

GB 14536.1 中的该章，除下述内容外均适用：

11.4　动作

增加：

11.4.101　2.N 型动作

2.N 型动作应设计成在敏感元件或在敏感元件与分断装置之间的任何部件出现泄漏的情况下，在超过标称的操作压力和漂移的总和之前完成规定的断开或切断。

通过下列试验检查是否合格：

2.N 型控制器的操作压力应按 GB 14536.1 中的第 15 章规定的条件测量。如果控制器有设定装置，应将其设定到最高值。

进行测量之后，在敏感元件上人工地加工一个孔，重复进行操作压力的测量。

不允许有超过所声明值的正向漂移。

注：本试验可以通过物理操作模型的理论计算来代替。

可以采用单独的护套或套管保护敏感元件来满足第 18 章的要求。

11.11　安装、保养和维修的要求

增加：

11.11.101　与膜片接触的部件不应有任何尖锐的毛刺、突出物或可能会擦伤、磨坏膜片的类似物。

是否合格,通过在第17章试验前后的观察来检查。

11.11.102 操作弹簧应保护和安装好,防止擦伤、弯曲、卷曲或互相干扰其运动。

是否合格,通过在第17章试验前后的观察来检查。

11.11.103 如果控制器的任何部件失效会引起危险液体泄漏,则此部件应由熔点(固相温度)不低于510 ℃、而且在204 ℃时的拉伸强度不小于68 MPa的材料制成。

此部件不应有压陷、变形、熔化、氧化或在此后其他试验期间不得泄漏液体。

是否合格,通过观察和第17章的试验检查。

11.11.104 如果部件的损坏会引起可燃性流体泄漏,或引起控制失灵,这些部件包括外壳、毛细管、波纹管或膜盒等,应能耐受正常工作时所接触到的大气的腐蚀和所接触的液体的侵蚀。

注:含铜小于81%和含锌大于9%的黄铜被认为是不耐燃油腐蚀的。

11.11.105 弹性膜盒、波纹管或类似结构构成的可燃气体或液体的密封结构控制器,应在膜盒或波纹管的周围有外壳包封住,以避免万一膜盒或波纹管损坏时,气体或液体外泄,或者用可将气体或液体排出室外的通风管或导管。

11.11.106 设计用于监测黏度为1.00 mm^2/s到600 mm^2/s燃油压力的控制器,如果其三个试样在经受100 000周期的耐久性试验后,无泄漏迹象,且耐久性试验之后,试样经受4倍最大工作压力的静水试验,控制器满足下列条件之一,则其不需要满足18.101和18.102要求:

a) 如果有泄漏物从破损的元件中排到控制器外壳内,而且这些泄漏物在进入导管连接孔之前就排到控制器外部,则波纹管、弹性金属管、膜盒或类似元件,由不锈钢或其他耐腐蚀性相当于A级的材料制成。或者

b) 如果从破损元件排出的泄漏物仅排到控制器外壳外部,那么波纹管、弹性金属管、膜盒或类似物应由不锈钢材料或耐腐蚀性相当于B级的材料制成。

合适的A级和B级材料见附录BB。

注:1 mm^2/s=1 Centistoke(厘司)。

增加:

11.101 操作机械的结构要求

11.101.1 如果用螺钉和螺母将操作部件固定到运动部件上时,应用铆接或用其他方式锁定。

11.101.2 人工开关的操作机构不得使部件损坏。

11.101.3 操作部件应由绝缘套管或固定其位置的方法与接到控制器的导线分离,应避免导线影响操作部件的运动。

是否符合11.101.1到11.101.3的要求,通过观察来检查。

11.102 在最大操作压力值之上或最小操作压力值之下,压力切断器不得复位或有人工复位的可能性。

11.103 有人工复位装置的压力切断器应能自由切断。

是否符合11.102和11.103的要求,通过观察来检查。

12 防潮及防尘

GB 14536.1中的该章,除下述内容外均适用:

12.1.1 增加:

本条试验不用于考核控制器和设备之间的密封性能。

13 电气强度和绝缘电阻

GB 14536.1中的该章适用。

14 发热

GB 14536.1中的该章,除下述内容外均适用:

14.4.3.1 不适用。

15 制造偏差和漂移

GB 14536.1 中的该章,除下述内容外均适用:

15.1 删除注。

增加:

15.1.101 对于限压器,2 型动作的压力切断器和 2 型动作的、用于制冷液体的压力操作控制器,制造偏差和漂移值,应符合控制器制造商的规定。

15.4 代替:

操作压力如 7.2 规定的那样。所允许的偏差和漂移不适用于故意超过最大操作压力的目的。

15.5.5 增加:

15.5.5.101 对于含有可由使用者进行设定的设定点的控制器,初始操作压力应在最大、最小及最大最小设定点间大约中位的设定点上确定。对于这样的控制器,15.4 规定的最大操作偏差适用于最大设定点。

根据最大设定点确定的 5% 刻度的误差可适用于最小设定点和中位的设定点。这种刻度误差可能附加到最大操作偏差。

将控制器接到空气或水压力源上,接法和预定的使用相一致。建立一个压力值,使其在操作压力(最大、最小或中间值)25% 范围内,然后使压力以每分钟 10% 的速度增加或减少,但在任何情况下变化速度不应超过 60 Pa/s。

初始试验和第 17 章耐久试验后的最后试验条件及试验设备应相同。

16 环境应力

GB 14536.1 中的该章适用。

17 耐久性

GB 14536.1 中的该章,除下述内容外均适用:

17.1.2.1 代替:

是否符合 17.1.1 和 17.1.2 的要求,按 17.16 的试验检查。

17.1.3.2 增加:

17 章规定的试验要在最大工作压力下进行。

17.16 专门用途控制器的试验

增加:

17.16.101 压力操作控制器

17.1 到 17.5 适用。

17.6 不适用。

17.7 和 17.8 适用。

17.9 适用,但只适用于慢接通、慢断开的自动动作。

17.10 到 17.13 适用,但只适用于有人工动作(包括提供给使用者设定的起动措施)的压力操作控制器。

17.14 适用。

17.16.102 限压器

17.1 到 17.5 适用。

17.6 不适用。

17.7 和 17.8 适用，但是要求由起动获得复位的情况除外。其起动应按 17.4 规定为快速起动，只要机构允许就尽可能快，或按 7.2 由制造商规定。

17.9 适用，但仅适用于慢接通慢断开自动动作，所使用的条件与 17.7 和 17.8 规定的人工复位条件相同。

17.10 到 17.13 适用，但仅适用于有人工动作（包括提供给使用者设定的起动措施）限压控制器。

17.10 到 17.13 不适用于在 17.7 到 17.9 的自动动作试验中已考核的正常复位的人工动作。如果限压器在这些自动动作试验期间还有未考核的其他人工动作，那么 17.10 到 17.13 对这些人工动作是适用的。

17.14 适用。

17.16.103　压力切断器

17.1 到 17.5 适用。

17.6 适用于 1.M 或 2.M 动作，"X"的值尽可能小。

17.7 和 17.8 适用，但需要由起动获得的复位操作的除外，其起动应按 17.4 为快速规定的速度进行，只要机构允许。或按 7.2 由制造商规定。

17.9 适用，但仅用于慢接通慢断开的自动作用，所使用的条件和 17.7 和 17.8 规定的人工复位条件相同。

17.10 到 17.13 不适用在 17.7 到 17.9 的自动动作试验时考核正常复位人工动作。如果在这些自动动作试验期间，压力切断器还没有考核其他人工动作，那么 17.10 到 17.13 适用。

17.14 适用。

18　机械强度

GB 14536.1 中的该章，除下述内容外均适用：

增加：

18.101　介质的泄漏

注：在考虑中。

当限压器或压力切断器中经受所监测的流体的压力的部件，用空气或氮气以控制器最大工作压力 1.5 倍进行试验时，这些部件的介质外漏的速率不得超过 200 cm^3/h。

为了检查是否符合要求，将控制器连接到能以规定的压力提供清洁空气或氮气的系统中，将对于控制器的操作不重要的开口密封。将空气或氮气引入并使其保持在规定的试验压力下，薄膜元件处于正常使用情况下，使其两面经受压力。将试验压力慢慢地施加在薄膜两侧。不要突然加压，以避免薄膜受压过度。

用仪器来检测液体泄漏，该仪器应能准确指示试验液体 200 cm^3/h 的流速。最大工作压力 35 kPa 的控制器，当含液体的部件浸在 25 mm 深的水中达 10 s 时，在试验压力下，如没有气泡指示有泄漏情况发生，就认为符合上述要求。

有薄膜、波纹管时，为满足 11.11.105 的要求，在控制器的最大工作压力下，不允许以超过下列规定的速度泄漏和通过无螺纹的通风孔或圆脚销、管脚、连接处泄漏到外壳以外。

a)　对于与比重小于 1.0 的燃气一起使用的控制器，0.64 比重气体的泄漏速率不得超过 0.03 m^3/h；

注：在欧洲电工标准化委员会成员国，泄漏速率是 70 L/h。

b)　对于与液化石油气一起使用的控制器，比重为 1.53 的气体泄漏速率不得超过 0.014 m^3/h；

注：在欧洲电工标准化委员会成员国，泄漏速率是 70 L/h。

c)　对于与可燃性液体，如汽油、煤油和其他黏度小于 1.2 mm^2/s 的燃料油一起使用的控制器，水的泄漏速率不得超过 0.001 m^3/h；

d)　对于与黏度大于 1.2 mm^2/s 的最轻级燃料油一起使用的控制器，在水中的泄漏率不得超过 0.002 m^3/h。

18.102 零件的强度(水压的)

18.102.1 对于采用布尔登管、软金属波纹管或隔膜等,且没有外壳的额定压力为2 000 kPa或更大的压敏控制器,应经受等于控制器最大额定工作压力四倍的水压试验1 min而不爆裂。

受试的控制器,应接在水压泵上灌水排除空气。使压力慢慢地升到所需要的值。

试验期间,如果泄漏不是发生在所需试验压力的50%以下,而试验能够继续进行到4倍最大额定工作压力时,垫圈或配合处的泄漏是允许的。

18.102.2 对于将布尔登管、弹性金属波纹管或膜盒部件,部件装配于外壳内的压敏控制器,应符合18.102.1的外壳的要求,或应:

——经受两倍最大额定工作压力的水压试验1 min而没有可见的泄漏,而且

——经受四倍最大工作压力试验1 min或者如果由于设备的损坏而达不到四倍的压力,至少要经受三倍最大额定压力。而且能表明外壳能缓和最大额定压力四倍的压力,而没有危害周围的人或环境的任何的损坏或表明外壳能承受这一试验压力。

本试验按18.102.1进行。

18.102.3 限压器或压力切断器,应能经受住等于四倍最大额定工作压力的水压力达1 min而不损坏。使受试控制器充水排除空气并接到水泵上。使压力慢慢地增加到所需的试验压力。

19 螺纹部件及连接

GB 14536.1中的该章适用。

20 爬电距离、电气间隙和穿通固体绝缘的距离

GB 14536.1中的该章适用。

21 耐热、耐燃和耐漏电起痕

GB 14536.1中的该章适用。

22 耐腐蚀性

GB 14536.1中的该章适用。

23 电磁兼容性(EMC)要求——发射

GB 14536.1中的该章适用。

24 组件

GB 14536.1中的该章适用。

25 正常操作

GB 14536.1中的该章适用。

26 电磁兼容性(EMC)要求——抗扰度

GB 14536.1中的该章适用。

27 非正常操作

GB 14536.1中的该章适用。

28　电子断开使用导则

GB 14536.1 中的该章适用。

图

GB 14536.1 中的图均适用。

附 录

GB 14536.1 中的附录，除下述内容外均适用：

附 录 H
（规范性附录）
电子控制器的要求

GB 14536.1 中的该附录，除下述内容外均适用：

H.7 资料

增加：

表 H.7.2

资 料	章、条	方 法
73 第二类故障分析及在第二类故障条件下使用的控制器	H.27.1.3.101	X
104 动作后压力切断器、2 型压力操作控制器、2 型限压器的输出状态101)	H.26.2.103 H.26.2.104 H.26.2.105	X
增加： 101）例如，传导或非传导，如果适用。		

H.11 结构要求

H.11.12 使用软件的控制器

H.11.12.8 代替：

注：在表 H.7.2 中第 71 项中声明的值，可以在适用的器具标准中给出。

H.11.12.8.1 增加：

注：在表 H.7.2 中第 72 项中声明的值，可以在适用的器具标准中给出。

H.23 电磁兼容性（EMC）要求——发射

H.23.1.2 无线电频率发射

增加：

装入式和整体式控制器不进行本章试验，因为这些试验的结果会因为控制器装入器具而受到影响，且也会受到测量辐射的测量装置的影响。如果制造商要求，控制器也可以在声明的条件下进行测试。

H.26 电磁兼容性（EMC）要求——抗扰度

H.26.2 增加：

每一次试验后，应采用下述一个或多个判断依据，如表 H.26.2.101 中规定的。

H.26.2.101 如果适用，控制器应保持在其当前条件，此后，应继续按第 15 章声明的极限范围内操作。

H.26.2.102 控制器应采用表 H.7.2 中第 104 项声明的条件，此后，按 H.26.2.101 的要求操作。

H.26.2.103 控制器应采用表 H.7.2 中第 104 项声明的条件，使其不能自动或手动地复位。对于正常操作输出的波形应按正弦波或如表 H.7.2 第 53 项声明。

H.26.2.104 控制器应保持在表 H.7.2 中第 104 项规定的状态下，非自复位控制器应只能人工复位。在引起切断的压力不再出现后，控制器应按照 H.26.2.101 操作或应保持在 H.26.2.103 规定的状态。

H.26.2.105 控制器回到初始状态，此后按照 H.26.2.101 操作。

注：如果处于表 H.7.2 第 104 项中所声明的条件下，控制器可以复位，但如果引起其动作的压力仍存在，则控制器应再次恢复到所声明的状态。

H.26.2.106 输出和功能应按表 7.2 中 58a 项或 58b 项规定。

表 H.26.2.101

相应的 H26 试验	允许的符合性判断依据					
压力切断器、2 型压力操作控制器、2 型限压器	H.26.2.101	H.26.2.102	H.26.2.103	H.26.2.104	H.26.2.105	H.26.2.106[a]
H.26.4 到 H.26.12(含)	[b]	[b]	[b]	[c]	[c]	[d]
其他压力控制器	H.26.2.101	H.26.2.102	H.26.2.103	H.26.2.104	H.26.2.105	H.26.2.106[a]
H.26.8，H.26.9	[d]				[d]	[d]

[a] 该符合判断依据仅用于整体式或装入式控制器，因为输出的可接受性必须在器具中判断。

[b] 操作前施加干扰时。

[c] 操作后施加干扰时。

[d] 除压力切断器外。

H.26.5 电源供电网络的电压跌落和电压中断

H.26.5.4 电压波动测试

代替：

H.26.5.4.3 控制器应经受每个给定的电压试验循环 3 次，每个试验循环间隔 10 s。对于表 H.7.2 中 104 项要求声明的控制器，在声明条件下经受每个循环 3 次，在非声明条件下经受每个循环 3 次。

H.26.8 浪涌抗扰度测试

H.26.8.3 试验程序

增加：

H.26.8.3.101 对于表 H.7.2 中 104 项要求声明的控制器，在声明条件下经受试验 3 次，在非声明条件下经受 2 次。

H.26.9 电快速瞬变/脉冲试验

H.26.9.3 试验程序

增加：

H.26.9.3.101 对于表 H.7.2 中 104 项要求声明的控制器，在声明和非声明的情况下分别进行此项试验。

H.26.10 振铃波试验

H.26.10.5 试验程序

增加：

H.26.10.5.101 对于表 H.7.2 中 104 项要求声明的控制器，在声明条件下经受试验 3 次，在非声明条件下经受 2 次。

H.26.12 无线电电磁场抗扰度

H.26.12.2 传导骚扰抗扰度

H.26.12.2.2 试验程序

增加：

对于表 H.7.2 中 101 项要求声明的控制器，在声明和非声明的情况下分别进行此项试验。

H.26.12.3 辐射电磁场辐射场抗扰度评估

增加：

H.26.12.3.101 对于表 H.7.2 中 104 项要求声明的控制器，在声明和非声明的条件下分别施加干扰。

H.26.13 电源频率变化影响试验

H.26.13.3 试验程序

增加：

对于表 H.7.2 中 104 项要求声明的控制器，在声明和非声明的条件下分别进行试验。

H.26.14 工频磁场抗扰度试验

H.26.14.3 试验程序

增加：

对于表 H.7.2 中 104 项要求声明的控制器，在声明和非声明的条件下分别进行试验。

H.26.15 合格评定

H.26.15.2 增加：

依据的判定标准见表 H.26.2.101。

H.26.15.4 增加：

依据的判定标准见表 H.26.2.101。

H.27 非正常操作

H.27.1.2 用下述内容取代第 1 行内容：

控制器应按下述条件操作。并且，对于表 H.7.2 中 104 项要求规定的控制器，在声明条件和非声明条件下分别进行试验。

H.27.1.3

增加：

H.27.1.3.101 对于表 7.2 中 73 项有声明的控制器，故障的模拟或应用应引起 1)或 2)：

1) 控制器应继续在声明的第 15 章的条件下正常工作。这样，第二个故障应施加，控制器应继续在声明的第 15 章的条件下正常工作或发生 2)；

2) 控制器的输出应按照声明的输出情况。

附 录 AA
(规范性附录)
周 期 数

AA.1 独立安装式控制器的周期数

型 式	自动动作		人工动作	
	有负载	没有负载	有负载	没有负载
自复位式切断器	100 000	—	—	—
非自复位式切断器	1 000[a]	5 000	1 000[a]	5 000
自复位式限压器[c]	6 000[b]	—	—	—
非自复位式限压器	6 000	—	6 000	—
压力动作[c]	6 000	—	—	—
人工	—	—	6 000	—

[a] 仅断开时。

[b] 对于燃气具或炉具,为 100 000 个周期。

[c] 对于制冷器具,为 30 000 个周期。

AA.2 独立安装式控制器的周期频率

(见 17.8 和 17.9)

型 式	操作周期数[a]			
	开 始	每分钟最大周期数	最 后	每分钟最大周期数
自复位式切断器	75 000	6	25 000	1[b]
自复位式限压器[d]	—	—	6 000	1[b]
压力操作控制器	—[c]	—[c]	6 000	1[b]

[a] 磁开关、人工开关和电机带动的开关或类似开关以及有空转但不慢动的速动开关可以以每分钟 6 次的速率试验。

[b] 对于所有控制器,试验的接通时间为(50±20)%,且在慢速变化下进行。

[c] 对于冰箱和热水器,需 30 000 周期,前 24 000 周期,速率为 6 周期/min,后 6 000 个周期,速率为 1 周期/min。

[d] 对于燃气具和炉具,与自复切断器相同。

附 录 BB
（资料性附录）
波纹管、布尔登管及类似元件用不锈钢

表 BB.1 波纹管、布尔登管及类似元件用不锈钢

标准	C(碳)	Si(硅)	Mn(锰)	P(磷)	S(硫)	Cr(铬)	Mo(钼)	Ni(镍)	其他
德国	≤	≤	≤	≤	≤				
1.4401 / X5 CrNiMo 18 10	0.07	1.00	2.00	0.045	0.030	16.5～18.5	2～2.5	10.5～13.5	—
1.4436 / S5 CrNiMo 18 12	0.07	1.00	2.00	0.045	0.030	16.5～18.5	2.5～3	11～14	—
1.4541 / X10 CrNiTi 18 9	0.08	1.00	2.00	0.045	0.030	17～19	—	9～12	Ti≥5xC≤0.80
法国									
/ Z6 CND 17. 11	0.07	1.00	2.00	0.040	0.030	16～18	2～2.5	10～12.5	
/ Z6 CND 17. 12	0.07	1.00	2.00	0.040	0.030	16～18	2.5～3	11～13	
/ Z6 CND 17. 12B	0.08	1.00	2.00	0.040	0.030	16～18	2～2.5	11～13	B:0.001～0.006
321 F00/01/05 / Z6 CNT 18.10	0.08	1.00	2.00	0.040	0.030	17～19	—	9～11	Ti≥5xC≤0.60
意大利									
UNI 6902/6903 / X5 CrNiMo 17 12	0.06	1.00	2.00	0.045	0.030	16～16.5	2～2.5	10.5～13.5	—
UNI 6902/6903 / X5 CrNiMo 17 13	0.06	1.00	2.00	0.045	0.030	16～18.5	2.5～3	11～14	—
UNI 6902/6903 / X5 CrNiMo 18 11	0.08	1.00	2.00	0.045	0.030	17～19	—	9～12	Ti:5xC≤0.08
日本									
JIS G 4303 / SUS 316	0.08	1.00	2.00	0.045	0.030	16～18	2～3	10～14	—
JIS G 4304 / SUS 321	0.08	1.00	2.00	0.045	0.030	17～19	—	9～13	Ti≥5xC
英国									
85 1449/2'82 / 316 S31	0.07	1.00	2.00	0.045	0.030	16.5～18.5	2～2.5	10.5～13.5	—
85 1449/2'82 / 316 S33	0.07	1.00	2.00	0.045	0.030	16.5～18.5	2.5～3	11～14	—
85 1501/3'73 / 916 S16 (8458)	0.07	0.2～1	0.5～2	0.045	0.030	16.5～18.5	2.5～3	10～13	—
85 1501/3'73 / 321 S12	0.08	0.2～1	0.5～2	0.045	0.030	17～10	—	9～12	Ti:5xC≤0.70
85 1501/3'73 / 321 S49	0.04～0.09	0.2～1	0.5～2	0.040	0.030	17～19	—	9～12	Ti:5xC≤0.70
85 1501/3'73 / 321 S87	0.08	0.2～1	0.5～2	0.045	0.030	17～19	—	9～12	Ti:5xC≤0.70

表 BB.1（续）

	标　　准	C(碳)	Si(硅)	Mn(锰)	P(磷)	S(硫)	Cr(铬)	Mo(钼)	Ni(镍)	其　　他
A	瑞士									
	SS 14 / 2347	0.05	1.00	2.00	0.045	0.030	16～18.5	2～2.5	10.5～14	—
	SS 14 / 3443	0.05	1.00	2.00	0.045	0.030	16～18.5	2.5～3	10.5～14	—
	SS 14 / 2337	0.08	1.00	2.00	0.045	0.030	17～19	—	9～12	Ti≥5xC≤0.80
	前苏联									
	/08 Ch18N10Y	≤0.08	≤0.08	≤2.00	≤0.035	≤0.020	17～19	0.30	≤9～11	W≤0.20 Cu≤0.30 Ti:5xC—0.70
	GOST /09 Ch18N10T	0.07～0.1	0.08	1～2	0.035	0.020	17～19	—	9～11	Ti:5xC—0.70
	GOST /12 Ch18N10T	0.12	0.08	2.00	0.035	0.020	17～19	0.30	9～11	W≤0.20 Cu≤0.30 Ti:5xC—080
	美国									
	UNS/S31800. AISI/316. SAE/30316	0.08	1.00	2.00	0.045	0.030	16～18	2～3	10～14	—
	UNS/S32100. AISO/321. SAE/30321	0.08	1.00	2.00	0.045	0.030	17～19	—	9～12	Ti:5xC—080
B	德国									
	1.4310 / X12 CrNi 17 7	0.08～0.14	1.50	2.00	0.045	0.030	16～18	≤0.80	6.5～9	—
	法国									
	301 F 20 / Z12XN17.07	0.08～0.15	1.00	2.00	0.040	0.030	16～18	—	6～8	—
	/ Z12XN17.08	0.08～0.15	1.00	2.00	0.040	0.030	16～18	—	6.5～8.5	—
	301 F 20 / Z12XN18.07	0.08～0.15	2.00	2.00	0.040	0.030	17～19	—	6.5～8.5	Cu≤0.50
	意大利									
	UNI 6902/6903 / X12 CrNi 1707	0.15	1.00	2.00	0.045	0.030	16～18	—	6～8	—
	日本									
	JIS G 4305 / SUS 301	0.15	1.00	2.00	0.045	0.030	16～18	—	6～8	—
	英国									
	85 1449/2'82 / 301 S21	0.15	1.00	2.00	0.045	0.030	16～18	—	6～8	—

表 BB.1（续）

标准		C(碳)	Si(硅)	Mn(锰)	P(磷)	S(硫)	Cr(铬)	Mo(钼)	Ni(镍)	其他
B	斯坎迪纳维亚 SS 14 / 2331	0.12	1.00	2.00	0.045	0.030	17～19	—	7～9.5	—
	前苏联 没表明相应指标									
	美国 USN/S 30 100;AISI/301;SAE/30301	0.15	1.00	2.00	0.045	0.030	16～18	—	6～8	—

ICS 97.120
K 32

中华人民共和国国家标准

GB 14536.8—2010/IEC 60730-2-7:2008
代替 GB 14536.8—1996

家用和类似用途电自动控制器 定时器和定时开关的特殊要求

Automatic electrical controls for household and similar use—Particular requirements for timers and time switches

(IEC 60730-2-7:2008,IDT)

2010-11-10 发布　　2011-09-01 实施

中华人民共和国国家质量监督检验检疫总局
中国国家标准化管理委员会 发布

前　言

本部分的全部技术内容为强制性。

GB 14536《家用和类似用途电自动控制器》分为以下两个部分：

——第1部分：通用要求；

——第2部分：特殊要求。

特殊要求又由下列部分组成：

——GB 14536.3　电动机热保护器的特殊要求(IEC 60730-2-2,IDT)；

——GB 14536.4　管型荧光灯镇流器热保护器的特殊要求(IEC 60730-2-3,IDT)；

——GB 14536.5　密封和半密封电动机-压缩机用电动机热保护器的特殊要求(IEC 60730-2-4,IDT)；

——GB 14536.6　燃烧器电自动控制系统的特殊要求(IEC 60730-2-5,IDT)；

——GB 14536.7　压力敏感电自动控制器的特殊要求，包括机械要求(IEC 60730-2-6,IDT)；

——GB 14536.8　定时器和定时开关的特殊要求(IEC 60730-2-7,IDT)；

——GB 14536.9　电动水阀的特殊要求(包括机械要求)(IEC 60730-2-8,IDT)；

——GB 14536.10　温度敏感控制器的特殊要求(IEC 60730-2-9,IDT)；

——GB 14536.11　电动机用起动继电器的特殊要求(IEC 60730-2-10,IDT)；

——GB 14536.12　能量调节器的特殊要求(IEC 60730-2-11,IDT)；

——GB 14536.13　电动门锁的特殊要求(IEC 60730-2-12,IDT)；

——GB 14536.15　湿度敏感控制器的特殊要求(IEC 60730-2-13,IDT)；

——GB 14536.16　电起动器的特殊要求(idt IEC 60730-2-14)；

——GB 14536.17　锅炉器具中使用的浮子型或电极敏感型水位敏感电自动控制器的特殊要求(IEC 60730-2-15,IDT)；

——GB 14536.18　家用和类似用途浮子型水位控制器的特殊要求(IEC 60730-2-16,IDT)；

——GB 14536.19　电动燃气阀的特殊要求，包括机械要求(IEC 60730-2-17,IDT)；

——GB 14536.20　水流和气流敏感控制器的特殊要求，包括机械要求(IEC 60730-2-18,IDT)；

——GB 14536.21　电动油阀的特殊要求，包括机械要求(IEC 60730-2-19,IDT)；

……

本部分等同采用IEC 60730-2-7:2008《家用和类似用途电自动控制器　定时器和定时开关的特殊要求》(第二版)。

本部分的结构与IEC 60730-2-7:2008完全相同。在本部分中，有对应国家标准的，参照引用国家标准；暂无国家标准的，则参照引用所列的IEC标准。

为了便于使用，本部分做了下列编辑性修改：

a)　用小数点“.”代替作为小数点的逗号“,”；

b)　增加了国家标准的前言；

c)　“本标准”一词改为“本部分”；

d)　用“GB 14536.1”代替“第一部分”。

本部分与GB 14536.1—2008《家用和类似用途电自动控制器　第1部分：通用要求》配合使用。

本部分代替GB 14536.8—1996《家用和类似用途电自动控制器　定时器和定时开关的特殊要求》。

本部分与GB 14536.8—1996相比主要变化如下：

a) 若干章条的名称根据 GB 14536.1 的变化做了相应的更改；

b) 第1章范围的限定 1.1、1.1.1、1.1.2 做相应调整，增加 1.1.3 和 1.1.4 代替内容，1.2 额定电压范围做相应调整，增加 1.5 规范性引用文件；

c) 第6章增加 6.5.101 项内容；

d) 第17章耐久性增加了对表 17.2-1 的修改，我国也相应用过压试验代替过载试验，17.16 做了较大调整，有关标准数据也进行了调整；

e) 第20章爬电距离、电气间隙和穿通固体绝缘的距离删去了增加内容；

f) 增加第28章电子断开使用导则；

g) 附录D中 D.101.2.3 条数值变动；

h) 增加附录 H。

本部分的附录 D、附录 H、附录 AA 为规范性附录。

本部分由中国电器工业协会提出。

本部分由全国家用自动控制器标准化技术委员会(SAC/TC 212)归口。

本部分起草单位：宁波贞观电器有限公司、广州电器科学研究院、浙江省检验检疫科学技术研究院、江苏常恒集团自动控制器有限公司、广州威凯检测技术研究院、宁波欧知电器科技有限公司、芜湖市九龙控制器有限公司、佛山市顺德区三春电器实业有限公司、中国家用电器研究院。

本部分起草人：唐建军、孔睿迅、杜立、钱峰、唐仁幸、柯赐龙、朱洲阳、邵志成、贾玉霖。

本部分所代替标准的历次版本发布情况为：

——GB 14536.8—1996。

IEC 前言

1） IEC(国际电工委员会)是由各个国家的电工委员会(IEC 国家委员会)组成的世界性标准化组织。IEC 的宗旨是在电气和电子领域的标准化相关问题上促进国际间的合作。为此目的，IEC 除了开展其他活动之外，还出版国际标准、技术规范、技术报告、公共规范(PAS，Publicly Available Specifications)和导则(今后统称 IEC 出版物)。这些标准的制定工作是委托各技术委员会来完成的。作为 IEC 成员的各国家委员会，只要对所要制定的标准感兴趣，均可参与其制定工作。与 IEC 有联系的国际性的、官方的或非官方的组织亦参与标准的制定工作。IEC 和国际标准化组织(ISO)遵照双方协议所规定的条件，密切合作。

2） 由于每个技术委员会中均有来自对相关问题感兴趣的国家委员会的代表，故 IEC 的有关技术议题的正式决议或协议都在最大限度上表达了国际上对于相关问题的一致看法。

3） IEC 出版物以推荐的形式用于国际用途，并在此意义上为各国家委员会接受。尽管已作了所有可行的努力去确保 IEC 出版物的技术内容是正确的，IEC 也不能为这些出版物所被使用的方式或是任何使用者的错误解释而承担责任。

4） 为了促进国际上的统一，IEC 各国家委员会负责将 IEC 国际标准透明地、最大可能地转化为国家或地区性标准。IEC 标准和相应的国家或地区性标准之间如有任何差异，应在标准转化之后清楚地说明。

5） IEC 并未制定任何认可标志的程序，如有某设备宣称其符合 IEC 的某一出版物时，IEC 对此不负责任。

6） 所有的使用者应确保拥有本出版物的最新版本。

7） IEC 或是其领导人、雇员、服务人员或代理人，包括独立的专家和 IEC 技术委员会、各国家委员会，对于任何由于使用或是信任本 IEC 标准或其他 IEC 出版物而造成的人员伤亡、财产损失或其他对自然环境造成的伤害(不管这些损失是直接的还是间接的)不负担任何责任，对相应产生的费用和花费(包括法律费用)也不承担责任。

8） 要注意本出版物所引用的相关标准。使用所引用的标准是正确应用本标准所必不可少的。

9） 值得注意的是本国际标准中的某些部分可能涉及到专利权。IEC 对于鉴别某一或是全部的这一类专利权将不负责任。

国际标准 IEC 60730-2-7 由 IEC 技术委员会 TC 72：家用自动控制器技术委员会制定。

本第二版本取消并取代 1990 年颁布的第一版及其 1994 年的修订 1。本第二版整合了装载钨丝白炽灯的要求并更新了 IEC 60730-1：1999 及其 2007 年修订 2 的要求组成一个技术修订本。

标准正文基于下述文件：

国际标准草案	投票报告
72/760/FDIS	72/764/RVD

有关本部分表决通过的详细资料，请见上表所列的投票报告。

该出版物的起草遵从 ISO/IEC 导则：第二部分。

本部分应与 IEC 60730-1 配合使用。它是基于 IEC 60730-1 的 1999 年的第三版及其 2003 年修订 1和 2007 年修订 2 的基础而形成的。应考虑 IEC 60730-1 的后续版本或修订。

本部分补充或修改 IEC 60730-1 中相应的条款使之转换为 IEC 标准：定时器和定时开关的特殊要求。

当本部分中出现“增加”、“修改”或“代替”时，则第1部分中相关的要求、试验描述或解释性内容应作相应修改。

当不需要变动时，本部分将注明相应的章节或条款适用。

在制定一个完整的国际标准时，必须考虑世界各个地区的实际情况所形成的不同要求，而且应承认各个国家电气系统和布线规则的差异。

注：不同国家的差异，以“注：在某些国家”的形式给出，这些差异见下列条款：

——4.1.4

——4.3.2

——6.3.6.101

——表7.2的注101和102

——7.2.9

——11.4.103

——11.4.104

——14.101

——17.6.101.3

——17.6.103.1

——表17.2-2的注101和102

——表17.2-3的注101和102

——21.101

——附录D

——H.26.11

在本出版物中：

1） 采用下列印刷字型：

——要求正文：罗马字体。

——试验规范：斜体字。

——注：小罗马字体。

2） 在第1部分的基础上增加的分条款、注释、项目和图从101开始编号，增加的附录以字母AA、BB等表示。

所有属于IEC 60730系列的、归属于“家用和类似用途自动控制器”类别的标准的清单，可以在IEC的网站上获得。

委员会决定本出版物的内容在IEC的网站 http://webstore.iec.ch 上标明的、与特定出版物相关的下次修订日期之前保持不变。而到了该修订日期，出版物将被：

- 再次确认；
- 取消；
- 被修订后的版本替代，或
- 修订。

家用和类似用途电自动控制器 定时器和定时开关的特殊要求

1 范围和规范性引用文件

GB 14536.1 中的该章，除下述内容外均适用：

1.1 代替：

一般来说，本部分适用于在家用和类似用途设备中使用的定时器和定时开关，这些设备可以使用电、燃气、油、固体燃料、太阳热能等能源或是这些能源的组合，这些设备包括了加热、空调和类似的应用。

本部分也适用于作为控制系统一部分的单独定时器或与带有无电量输出的多功能控制器机械地组合在一起的定时器。本部分不适用于 GB 16915.4[1)] 范围内的延时开关(TDS)。

注：除非专门注明，在本部分所使用的"定时器"一词包括定时器和定时开关。

本部分不适用只指示时间或记录时间过程的装置。

本部分不适用于集成有不能单独进行测试的定时功能件的多功能控制器。

1.1.1 代替：

本部分适用于定时器的固有安全，适用于与设备安全相关的操作特性，亦适用于在家用和类似用途器具或其他设备(包括带电或不带电)内使用的电自动控制器的试验。在没有相应标准情况下，也适用于工业用途，例如中央供热、空调、热处理等。

不作为一般家用，但用于公共场所，例如由商店、轻工业和农场中由非专业人员使用的设备，其使用的定时器也包括在本部分范围内。

本部分也适用于 GB 4706.1 范围内的器具所使用的定时器。

本部分不适用于专门用于工业用途的定时器。

注：本部分使用的"设备"一词包含"器具和设备"。

1.1.2 代替：

本部分适用于机械操纵的、机电操纵的、电操纵的或电子操纵的电自动控制器，这些控制器能响应或控制各种特性，如温度、压力、时间的推移、湿度、光、静电效应、流量、液位等。

1.1.3 代替：

本部分适用于主要用于家用和类似用途器具与设备用小型电动机起动的电自动控制器。这种控制器可装在电动机内，也可以与电动机分开。

1.1.4 代替：

本部分也适用于与自动控制器组成整体的非自动控制器。

1.2 代替：

本部分适用于额定电压不超过 690 V、额定电流不超过 63 A 的控制器。

1.3 代替：

本部分未规定与定时器在设备中安装方法有关的自动动作响应值。如果响应值与使用者或周围环境的安全有密切关系，则由相应的家用设备标准规定的或由制造商确定的响应值在本部分适用。

1.4 代替：

本部分亦适用于带有电子器件的定时器，相应的要求见附录 H。

1) GB 16915.4—2003，家用和类似用途固定式电气装置的开关 第 2 部分：特殊要求 第 3 节：延时开关。

1.5 规范性引用文件

下列文件中的条款通过本部分的引用而成为本部分的条款。凡是注日期的引用文件，其随后所有的修改单(不包括勘误的内容)或修订版均不适用于本部分，然而，鼓励根据本部分达成协议的各方研究是否可使用这些文件的最新版本。凡是不注日期的引用文件，其最新版本适用于本部分。

GB 14536.1 中的该章，除下述内容外均适用：

增加：

GB 16915.1 家用和类似用途固定式电气装置的开关 第1部分：通用要求(GB 16915.1—2003，IEC 60669-1:2000(Ed 3.1)，MOD)

GB 4793.1 测量、控制和实验室用电气设备的安全要求 第1部分：通用要求(GB 4793.1—2007，IEC 61010-1:2001，IDT)

2 定义

GB 14536.1 中的该章，除下述内容外均适用：

2.3 与控制器的功能相关的定义

增加定义：

2.3.101

定时周期 timing cycle

包含被控器具从开始到结束的一个完整周期内所有开关动作的程序。

2.5 与不同结构的控制器相关的定义

增加定义：

2.5.101

插入式定时器 plug-in timer

设计用于直接插入到插座的定时器和定时开关。

注：插入式定时器安装有从定时器外壳或其本身突出的、与定时器所要连接的插座相匹配的导体或插销。

2.5.102

TV 定时器 TV timer

可以由用户进行设定的用于电视类设备的一种控制器，其用于切换由电源元件及相关的、具有各种电气特性的电子元件产生的短时高冲击电流。

注：这些电工配件和电子元件的例子有电源变压器、电子管灯丝、大规格电容器和在电视机、收音机及影像产品中的其他部件。

2.5.103

同步定时器 synchronous timer

以原动机构或负载的电源频率为时基的装置影响其传输的定时器或定时开关。

2.5.104

手绕式定时器 hand-wound timer

由起动提供传输的定时器或定时开关。

3 一般要求

GB 14536.1 中的该章适用。

4 试验的一般说明

GB 14536.1 中的该章，除下述内容外均适用：

4.1.4 增加：

注[2]：在美国，首先进行14.101规定的试验，其余的试验，按本部分的顺序进行。

4.3.2.1 增加：

注[2]：在加拿大和美国，为了减少试验，有多项额定电压的电动机负载的定时器按表17.2-2中规定的相应于最高额定电压的电压值和电流值进行试验。如果在表17.2-2中相应较低电压的电流值比相应最高额定电压的电流值的135%还大，则定时器还要进行较低额定电压的试验。在较低电压下的较大的电流就需要按14章分别进行发热试验。如果试验不止一项，由每项试验用一个样品进行。

5 额定值

GB 14536.1中的该章适用。

6 分类

GB 14536.1中的该章，除下述内容外均适用：

6.3 按用途分类

6.3.6 增加条款：

6.3.6.101 ——TV定时器；

注[2]：在加拿大和美国，用在电视机上的定时器应按本部分的规定声明和试验。

6.4 按自动动作特性分类

6.4.3 增加条款：

6.4.3.101 ——在电源中断时自动复位的计时动作(1.Q或2.Q型)。

6.4.3.102 ——在电源中断时切断、而在电源恢复后在切断点上重新开始的计时动作(1.R或2.R型)。

6.4.3.103 ——定时开关的一种计时动作，其在电源中断时间不超过规定的能量储备时间的情况下，能恢复预定的操作顺序，如同电源未曾中断(1.S或2.S型)。

6.4.3.104 ——在环境温度为20℃～25℃时，具有所声明的运行精度的计时动作(1.T或2.T型)。

6.4.3.105 ——设定时间与实际开关时间之间的差值不超过所声明量值的计时动作(1.U和2.U型)。

6.5 按防护等级和控制器所处的污染情况分类

增加条款：

6.5.101 按声明的工业环境条件分类(见GB 4793.1)。

6.10 按每个人工动作起动的周期数(M)分类

优选值为：

增加条款：

6.10.101 ——500周期；

6.10.102 ——2 500周期；

6.10.103 ——5 000周期；

6.15 按结构分类

增加条款：

6.15.101 ——插入式定时器

7 资料

GB 14536.1中的该章，除下述内容外均适用：

2） 我国采用。

7.2 提供资料的方式

7.2.9 增加：

注[2)]：在德国，对 1.S 和 2.S 型动作，能量储存是以字母“R”及后面跟着的能量储存时间表示的，再接着是表示时间单位的符号，按下列：

分钟 min
小时 h
天 d
年 a

表 7.2

资　料	章、条	方　法
修改： 用下列内容代替以下相对应的各项：		
7　每个电路所控制的负载类型[7) 101)]	6.2,14,17	C
26　每种人工动作的起动周期数(M)[102)]	6.10	X
27　每种自动动作的自动周期数(A)[102)]	6.11,附录 AA	X
28　1.M 型或 2.M 型动作的寿命(Y)[102)]	6.16	X
增加下列项目：		
101　TV 定时器[103)]	2.5.102	C
102　电源储备时间	6.4.3.103	D
103　手绕式开关运行时间	11.4.103	D
104　运行精度和设定精度	6.4.3.104,6.4.3.105,11.4.104	D
增加： [101)] 在美国和加拿大，带钨丝灯负载的定时器，或既可用直流也可用交流的定时器，除要提供一般的电气方面的资料外，还必须标志出负载类型、电流性质和额定电压。[2)] 对于既可用于直流也可用于交流的控制器应标注“T”，对于仅用于交流的控制器应标注“L”。这样的标志应跟在唯一型号标志之后或控制器电气额定值之后。 [102)] 对于带线控制器、立式控制器和独立安装式控制器的值规定在附录 AA 中，也见 17.1.3.101。 [103)] 在美国和加拿大，有 TV 额定值的定时器必须标志制造商名称或商标、负载类型和电气额定值。标志应由“TV”和其后的加安培额定值构成，安培额定值应放在其他电气额定值之后，如果控制器没有其他附加额定值，这个额定值就为独立的标志了。[2)]		

8 防触电保护

GB 14536.1 中的该章适用。

9 接地保护措施

GB 14536.1 中的该章适用。

10 端子和端头

GB 14536.1 中的该章适用。

11 结构要求

GB 14536.1 中的该章，除下述内容外均适用：

11.4 动作

增加：

11.4.101 1.Q 或 2.Q 型动作

1.Q 或 2.Q 动作应设计成，当切断电源时会自动复位。

是否合格通过观察和试验检查。

11.4.102 1.R 或 2.R 型动作

1.R 或 2.R 型动作应设计成，当电源切断时动作终断，当电源恢复时，动作从终断点恢复。

是否合格通过观察和试验检查。

11.4.103 1.S 或 2.S 型动作

1.S 或 2.S 型动作应设计成当电源中断时间不超过规定的能量储备时间的情况下，能恢复其预定的操作顺序，如同电源未曾中断。

是否符合要求，在给定的能量储备时间之后立即进行开关操作进行确定。电源储存应在电压等于 0.85 倍额定电压和 1.1 倍额定电压进行。每次试验要在定时开关完全上紧以后进行。

对于手绕式定时开关，运转时间应为所声明的时间。

注：在德国，最短运转时间是 3 d，控制在 8 d 之内最佳。

11.4.104 1.T 或 2.T 型动作

1.T 或 2.T 型动作应设计成其在 20℃ 到 25℃ 环境温度下的运行精度与其所声明的一致。

注[2)]：在德国，定时开关的运行精度必须在 ±60 s/d 以内。同步定时开关（S、T 型）的电源储存时间的精度应在 500 s/d 以内。

在德国，在 0.85 倍～1.1 倍额定电压下，额定频率偏差为 ±2% 时，实际逝去时间与计算逝去时间误差每年应小于 30 min。

是否合格通过观察和试验检查。

11.4.105 1.U 或 2.U 动作

1.U 或 2.U 型动作应设计成使得设定措施、刻度盘、指示装置和开关动作机构的功能能保证设定时间和实际时间的差不大于所声明的量值。

这些偏差不得大于：

±1 min，对于有“h”刻度盘的定时开关。

±30 min，对于有“24 h”刻度盘的定时开关。

±3.5 h，对于有“7 d”刻度盘的定时开关。

±14 h，对于有“月”刻度盘的定时开关。

±7 d，对于有“12 个月”刻度盘的定时开关。

是否合格，通过用带有 h、24 h 和 7 d 刻度盘的定时开关进行连续 3 次测试检查。

12 防潮及防尘

GB 14536.1 中的该章适用。

13 电气强度和绝缘电阻

GB 14536.1 中的该章适用。

14 发热

GB 14536.1 中的该章，除下述内容外均适用：

增加条款：

14.101 温度应力试验

注 1[2)]：在美国，如果在定时器起动机构中或载流部件的独立支承件为热塑材料时，都要进行温度应力试验。

注 2[2)]：本试验不适用于定时器中的其他部件，这些部件既不是带电部件的独立支承件，也不是与起动机构连接的部件。

注 3[2)]：用于电试验的试样要在空气流通的试验箱中预处理 300 h，箱内的温度是由制造厂规定的定时器使用中要承受的温度。对于预定使用温度低于 50 ℃以下的定时器，不做温度应力试验。

注 4[2)]：进行完该项试验后，要使试样温度冷却到室内温度后，再进行其余的试验。

15 制造偏差和漂移

GB 14536.1 中的该章适用。

16 环境应力

GB 14536.1 中的该章适用。

17 耐久性

GB 14536.1 中的该章，除下述内容外均适用：

17.1.3 试验程序和条件

17.1.3.3 增加：

对于在 17.7 和 17.8 试验期间已做过的人工动作，要将操作周期数减去在这两项试验中所做的周期数。

如果 17.10 到 17.13 的试验过程中使用离合器，则不应由于起动过快而出现失误。如果出现这种失误或被认为易于失误，则起动速度应按标准的规定。停止时间应计算在周期内，以便释放正常使用时产生的热。

增加条款：

17.1.3.101 仅对定时器而言，每个周期结束时要进行适当的起动，以便开始下一个周期。

如果定时器或定时开关有不同程序的，应选择触头动作最大周期数的程序，除非制造商提供专门的试验程序。

如果该程序不能引起所有的触头动作，则应选用不同的程序在一组或几组新试样上重复试验，以确保所有触头都能经受试验。当定时器的设计使之能够从第一组样品的测试结果合理地预测这些附加试样的测试结果，则这些附加试样不必进行测试，例如在所有触头一致的情况下就可以做到合理地预测。

如果使用有专门试验程序的定时器试验，其设计应保证通过进行这个专门的试验程序，即可合理地预测定时器所有规定程序的试验结果。

带线式、立式和独立安装式控制器，应按如下试验：

——规定适用于电阻性负载的定时器、定时开关的每个触头的动作的周期数 A 为 5 000。

定时开关每个人工动作的起动(M)的周期数应为 500(包括触头动作的 500 个周期)。

——规定适用于电阻性负载或电感性负载的定时器，每个触头的动作周期数为 5 000，包括了：第一组周期数 A 为 2 500，按表 17.2-1、17.2-2 或 17.2-3 规定用主要的为电阻性负载试验；余下的第二组周期数应 A 为 2 500，按表 17.2-1、17.2-2 或 17.2-3 规定用电阻性或电感性负载进行。

这种定时器每个人工动作的起动周期数 M 应为 500(包括在电阻负载下试验的触头动作的 500 个周期)。

——如果定时器需要一个额外的电气或机械的信号，来使其从静止位置改变状态，则应进行模拟，如果需要，使用制造商规定的方法。

——对于 2 型动作用的定时器和定时开关，任何电驱动原动机应在 $0.9V_R$ 的电源条件下至少进行 50％周期数的试验。

其余的负载和连接如 17.7。

——对1型动作的定时器和定时开关，如果有任何故障对加速不利(如过分卡紧)，这种试验是无效的，而应用另外的方法重复试验。

17.2　试验的电气条件

表17.2-1　过压试验的电气条件

修改：

将表17.2-1第一列第四行"规定的特殊负载(6.2.3分类)"增加相应的注[101]。

表17.2-1增加脚注：

[101] 对于钨丝灯负载和荧光灯负载，在17.6规定的条件下，前者的负载和试验按照GB 16915.1中18.2的规定，后者的负载按照GB 16915.1中19.2的规定。

表17.2-2　17.7和17.10过载试验的电气条件

表17.2-3　17.8、17.9、17.11、17.12和17.13过载试验的电气条件

表17.2-2和表17.2-3增加注：

注101：对于整体式和装入式定时器，除了用于额定电流大于10 A的钨丝灯负载的定时器以外(17.16.102)，对于交流电路和直流电路，试验电流应是$1.25I_R$或$1.25I_X$，这分别适用于主要为电阻性和电感性电路(非电动机电路)。

电阻性负载可以由碳丝灯或电阻器构成，或者由两者一起构成，使得试验电流流过电路，交流功率因数为0.98～1.0。

注102：对于分类为主要电阻性负载，而且在表17.2-2和表17.2-3规定的条件下试验的定时器，如果I_R不小于$2I_m$，表17.2-3中用于附加电动机负载的试验可以不做。但是表17.2-2中对规定电动机负载的试验要做。

增加条款：

17.2.101　两极或多极定时器，应根据其开关额定值在单相电路中或在直流电路中试验。用于控制两相电路的两极以上的定时器，应该使用相邻近的极，且其中一个极，是可作为与接地的最近的金属，如果极的间隙不同，则应选择最小间隙的极间试验，以便检验在两相互连系统的使用情况。

17.15　不适用。

17.16　专门用途控制器的试验

增加条款：

17.16.101　钨丝灯负载

17.16.101.1　由制造商根据6.2.3规定，声明专门负载，分类为带有按表7.2中第7条要求声明负载类型的钨丝灯的定时器，应在制造商声明的接触周期数下进行GB 16915.1中18.2条规定的钨丝灯负载试验。工作周期应满足每个测试周期中灯的关闭时间至少为55 s。

分类为带有钨丝灯负载的定时器，应在额定电压和额定电流的1.2倍下进行试验。

用几个200 W的钨丝灯泡进行试验。如果找不到其额定电压等于定时器的额定电压的钨丝灯泡，则可用低于但接近定时器额定电压的灯泡，但不能低于定时器额定电压的95%。

试验电压应是灯泡的额定电压。

灯泡数应是能给出定时器额定电流1.2倍的试验电流最小的数目。

工作周期应满足每个测试周期中灯的关闭时间至少为55 s。

工作周期数应按声明的次数规定。

电源可能供给的短路电流应至少为1 500 A。

试验期间，在试样的触头上应无任何持续的电弧发生，而在试验后，应没有影响其进一步使用的损坏。

例子：定时器的额定值为10 A，250 V，只能得到额定电压为240 V的200 W的钨丝灯。试验电压为240 V，灯泡数为240×1.2×10/200=15。

17.16.101.2　由制造商根据6.2.3规定，声明专门负载，分类为带有按表7.2中第7条要求声明负载类型的荧光灯的定时器,应在制造商声明的接触周期数下进行 GB 16915.1 中 19.2 条规定的荧光灯负载试验。

17.16.101.3

注:在加拿大和美国,带钨丝灯负载的定时器应符合 17.16.101.3.1 到 17.16.101.3.8 的要求。

17.16.101.3.1 钨丝灯额定负载的定时器应这样调整,使得正常流过电流就是定时器的额定电流。试验电路,包括用于测试钨丝灯额定负载的定时器的发电机或其他电源在内,应有足够的容量允许定时器起动冲击电流通过定时器及其负载,电路要求如下:

——对于直流,当电路在 20 A 负载情况下闭合时,应允许不小于正常电流的 8 倍的电流流过。

如果采用综合负载,其特性应是这样,当有 15 A 负载时,其电流冲击因数应不小于 9 倍;10 A 负载,不小于 10 倍;5 A 负载,不小于 11 倍。

——对于交流,当电路在 20 A 负载情况下闭合时,应不小于正常电流的 10 倍。

如果是综合负载,它的特性应按直流的规定试验。

17.16.101.3.2 如果当用于低电流额定值试验时,合适的冲击电流对于低额定值是足够的,而且试验最大值被限定在较低额定值,那么钨丝灯和电流电路不必要产生 20 A 负载所需的冲击电流。

17.16.101.3.3 按 17.16.102.1 的要求,应使电路在闭合后额定频率的 1/4 周期内到达冲击峰值电流。

17.16.101.3.4 在表 17.2-2 和表 17.2-3 的感性电路(非电动机)的要求,也适用于钨丝灯型电路额定值的试验。

17.16.101.3.5 如果钨丝灯用作钨丝灯开关的负载,这种负载应由数量最少的标准额定值的灯泡组成。在确定所需的最少灯泡数时,所需灯泡的最大瓦数为 500 W。如果确实需要,可用更大瓦数的灯泡。操作周期应保证,使得灯泡在每个周期至少断开 55 s。

17.16.101.3.6 试验电路包括发电机或其他电源,是否适用于使用钨丝灯负载,用示波器确定。关于额定频率的时间波,由示波器显示的冲击电流的峰值应在第一个 1/4 周期内达到。

17.16.101.3.7 直流试验电路的特性由示波器所示的波形(12 个波或更多)调整,如果至少有一半波形显示出最小可接受值或较大的电流冲击因数,则试验设备是可接受的。

17.16.101.3.8 交流试验电路的特性也应该由示波器的波形(12 个波或更多)调整。表明电流正在减少的波形部分(即正弦波将要达到零点的部分),应足以表明试验电路的容量是否足以产生最小可接受电流冲击因数(这个冲击因数与所观察到的峰值有关)。

17.16.102 综合负载

17.16.102.1 应按 17.16.101.3.6 到 17.16.101.3.8 以及 17.16.102.2 到 17.16.102.5 的规定,进行交流电综合负载和综合负载与钨丝灯联合负载的试验。

17.16.102.2 试验电路(包括发电机或其他电源)对综合负载试验的适用性以 17.16.101.3.8 所述的相似的方法确定。17.16.101.3.1 所要求的,能给出有较低电流负载的较大电流冲击因数措施。

17.16.102.3 如果综合性负载的连接或控制,使得在受试的电路闭合期间,部分电阻被旁路,或者在电路断开之前,部分负载被切掉,则综合负载可由无感性电阻器组成。综合负载也可由无感电阻器或由电阻器和电容器并联组成,在这种情况下,在电容器充电或放电之后,立即由通常方法校准负载。由钨丝灯与电阻器和/或电容器组合的负载被认为是综合负载。

17.16.102.4 应校准综合负载,使其等效于试验电路中的钨丝灯负载。隔一段时间校准一次综合负载,以保证电路常数或负载不会随时间或使用而变化。

17.16.102.5 综合负载的特性,应使冲击电流符合 17.16.101.3.1 的规定。此外,17.16.102.3 电容/电阻负载或综合负载的电流,在额定频率第一个周期应不小于所需冲击电流的一半,而且当电路闭合后,在 3.5 周期时,电流不小于稳态电流的两倍。纯电阻负载的电流应是在开关闭合后最少在额定频率的一个周期的 90%时达到全冲击电流值。

17.16.103 TV 定时器

17.16.103.1

注[2]：在加拿大和美国，TV 定时器应符合 17.16.103.1.1 到 17.16.103.1.5 的要求。

17.16.103.1.1 对于有多于一个负载极的 TV 定时器，应用每极控制一个单独负载，极之间的极性相反。

17.16.103.1.2 表 17.2-2 和表 17.2-3 表明的试验，用表 17.16.103.1.2 所示的相应电流进行，也就是用 17.16.102.1 到 17.16.102.5 所述的开关的额定值或负载进行试验。

最佳动作速度是 45°/s。

表 17.16.103.1.2 过载和耐久性试验的电气条件

TV 定时器(交流电流)的过载电气条件 17.2、17.16.103.1.2、17.7、17.10、17.12			TV 定时器(交流电路)耐久性试验的电气条件	
开关额定值 A	最小冲击电流(峰值) A	稳态电流 (rms)A	稳态电流 (rms)A	最小冲击电流(峰值) A
1	27	1.5	1	18
2	51	3.0	2	35
3	71	4.5	3	51
4	91	6.0	4	65
5	111	7.5	5	78
8	163	12.0	8	117
10	191	15.0	10	141
15	215	18.75	15	191
20	247	25.0	20	226

17.16.103.1.3 对于表 17.2-2 和表 17.2-3 所述的试验，试验电路应符合 17.16.101.3.3、17.16.101.3.6 和 17.16.101.3.8 的要求，而负载按 17.16.101.3.5 所述。

17.16.103.1.4 用人工的或适当的机械操动起动元件，以 45°/s 的速度接通和断开电流，当经受 10 000 个周期的 17.8 的自动动作的初始试验，TV 定时器应仍是可运行的。如果与试验站达成一致意见，操作速率可大于 60°/s。

试验结束后，定时器应在电气上和机械上还可工作，控制器应能完成其正常的功能，零部件应没有任何磨损与松动，也不应出现影响其使用或影响其可靠性的损坏。

17.16.103.1.5 在 17.2 的自动动作的重复试验期间，经受 15 000 次循环的附加试验，TV 定时器应仍是可运行的，该试验结束后，控制器应能接通和断开试验电流。

18 机械强度

GB 14536.1 中的该章，除下述内容外均适用：

18.6.1 本条不适用于插入式定时开关。

19 螺纹部件及连接

GB 14536.1 中的该章适用。

20 爬电距离、电气间隙和穿通固体绝缘的距离

GB 14536.1 中的该章适用。

21 耐热、耐燃和耐漏电起痕

GB 14536.1 中的该章，除下述内容外均适用：

21.2.4 增加：

其他小部件(如齿轮、凸轮、连杆和类似部件),只要它们不与带电部件或载流部件直接接触,就不需要经受灼热丝试验。

增加条款：

21.101

注[3]：在美国,作为外壳一部分用于TV定时器的绝缘材料应具有IEC出版物IEC 60107[4]确定的FV-O耐火等级,以及符合GB 14536.1的附录D的要求。

这些材料应有由高压小电流确定电弧起痕特性,固体电气绝缘材料的耐弧性,最小起弧时间为180 s。

伸到或通过外壳开口的绝缘材料也应符合这些要求。

其他用在外壳以内的绝缘材料不必符合这些要求。

如果TV定时器装有布线的引线,应满足其要求,而且具有耐火性能。

22 耐腐蚀性

GB 14536.1中的该章适用。

23 电磁兼容性(EMC)要求——发射

GB 14536.1中的该章适用。

24 组件

GB 14536.1中的该章适用。

25 正常操作

GB 14536.1中的该章适用。

26 电磁兼容性(EMC)要求——抗扰度

GB 14536.1中的该章适用。

27 非正常操作

GB 14536.1中的该章适用。

28 电子断开使用导则

GB 14536.1中的该章适用。

图

GB 14536.1中的图均适用。

3) 我国不采用。

4) IEC 60107(所有部分),电视广播接收机的推荐测量方法。

附　录

GB 14536.1 中的附录，除下述内容外均适用：

附　录　D
（规范性附录）
热、燃和漏电起痕

（适用于加拿大和美国）

GB 14536.1 中的该附录，除下述内容外均适用：

增加条款：

D.101　固体电气绝缘耐高压小电流干电弧性

D.101.1　总则

D.101.1.1　当高压、低电流电弧靠近绝缘表面时，容易形成导电路径，引起绝缘材料导电。本试验用于评价类似材料耐这种电弧的差别。

本试验不适用于不可能产生导电通路或熔融材料的绝缘材料。

D.101.1.2　材料的耐弧性用测定从试验开始直到烧坏为止所经过的时间描述。

D.101.1.3　在烧坏时，在介电材料上形成导电通路而在材料中电弧消失。与此同时发生声音的显著变化。材料燃烧开始时的时间也就认为是烧坏点。

D.101.2　设备

D.101.2.1　使用分条款 D.101.2.2 到 D.101.2.14 所述的标准化设备和试验电路以保证重现结果。

如果能表明可以提供等效的结果，则可用其他设备。

D.101.2.2　变压器 T_v——一种自调变压器，初级 115 V，60 Hz，次级电位（开路）15 kV 而短路电流为 0.06 A。

D.101.2.3　可调自耦变压器 T_a——额定电流 7 A 或更大而标称可调电压为 0 V～135 V。

D.101.2.4　交流电压表 V_1——在 90 V～130 V 的范围内可读至最小分度值 1 V。

D.101.2.5　微安表 A——0 mA～40 mA 的范围，其满程测量误差在 5%以内。

D.101.2.6　调节电流控制电阻 R_{10}、R_{20}、R_{30} 和 R_{40}。在校准时，调节这些电阻，使得电流为表D.101规定的值。

D.101.2.7　抑制电阻器尺 R_s——15 000 Ω，24 W，抑制在电弧电路中的寄生高频。

D.101.2.8　空心电感器——多于一个，最好 8 个，总电感量为 1.2 H～1.5 H。

D.101.2.9　定时器 I——电动机驱动的定时器，提供表 D.101 所示的较低挡间歇动作并且以±1/120 s 的最低准确度断开和闭合初级电路。

D.101.2.10　电极——直径 2.4 mm 端部圆平并倒圆、与长轴的夹角为 30°的钨棒。在电极顶尖部没任何毛刺。

D.101.2.11　高压开关 S_4——单刀单掷（SPST）开关，绝缘 15 kV。

D.101.2.12　在电弧电路中的布线材料应是点火线。

D.101.2.13　电极系统——固定住两根电极和试样，后者应被支撑以保证它的下面有充裕的空气隙而且受试表面成水平。电极应如图 D.101 所示那样对准和安置并且对试样的表面施加均匀的压力。

D.101.2.14　风屏

D.101.3　校准

开弧电路工作电压为 12 500 V，电流如电路图、图 D.102 和表 D.101 所示，以 mA 为单位。

D.101.4 试样

模压部件。标准对照试样规定为 20 mm 宽、50 mm 长和 3.2 mm 厚。

D.101.5 条件处理

将试样在 50 ℃烘箱中处理 30 min,应在试样上无凝露。

D.101.6 试验

D.101.6.1 把试样放在合适的支架上并放在钨棒电极之下。

D.101.6.2 较低的风屏

D.101.6.3 按表 D.101 规定开始试验程序起动定时器。在每分钟末尾按表所示逐步增加严酷度直到损坏为止。记录总试验时间。

D.101.6.4 观察者应用肉眼观测电弧,观察电弧是否正常;例如,在电弧在试样表面上方的距离不应大于 1.5 mm,电弧如果呈现不规则的喇叭口,则表明电路常数不正确。

表 D.101 1 min 电流步骤的程序

步 骤	电弧电路电流 mA	时间周期[a]	累计总时间 s
1/8-10	10	1/4 s 接通,3/4 s 断开	60
1/4-10	10	1/4 s 接通,3/4 s 断开	120
1/2-10	10	1/4 s 接通,3/4 s 断开	180
10	10	连续	240
20	20	连续	300
30	30	连续	360
40	40	连续	420

[a] 在最先的几步中,用断续的电弧方法获得比连续电弧较小的严酷程度。小于 10 mA 的电流产生不稳定(喇叭口)电弧。

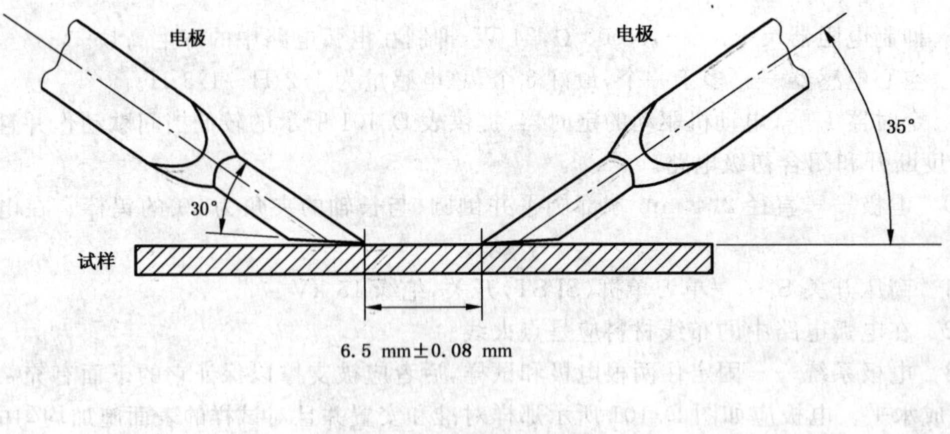

图 D.101 电极的位置

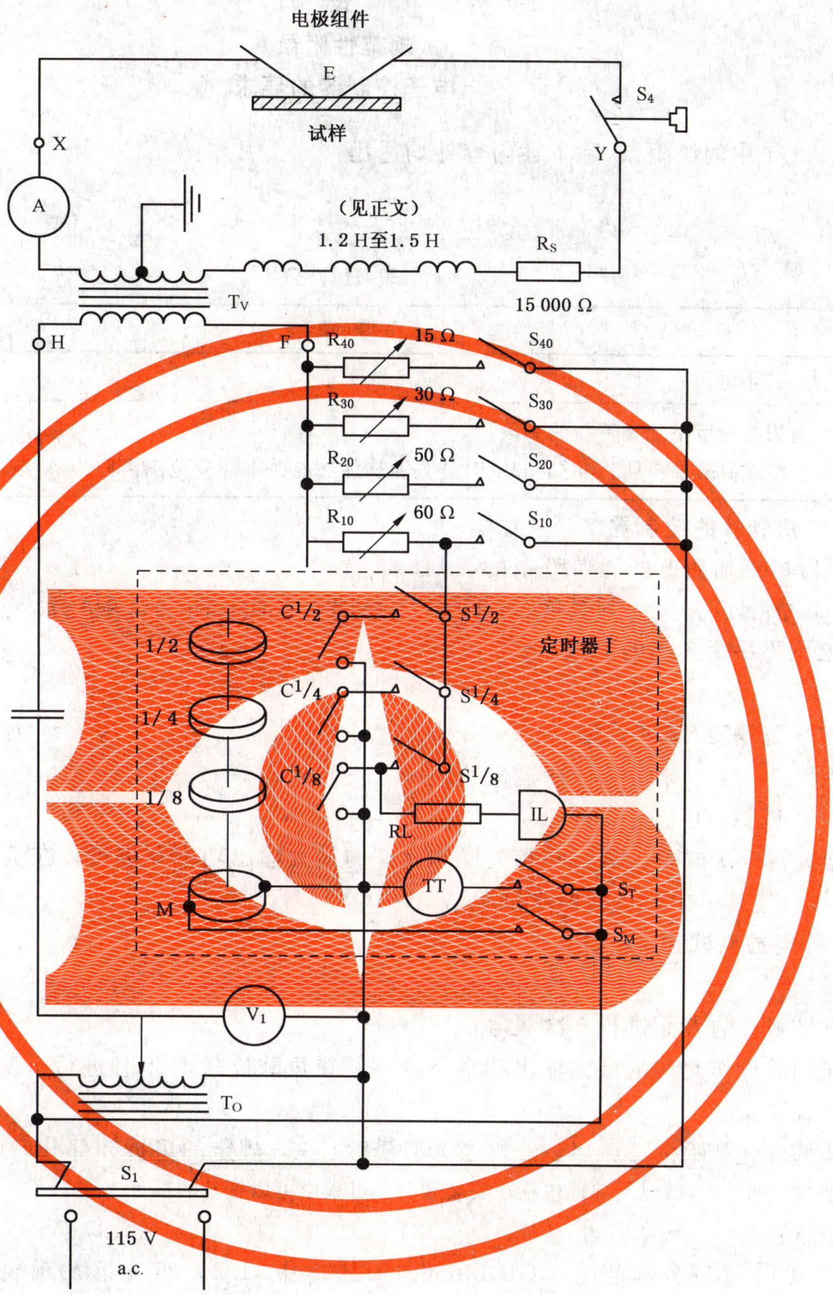

注：开关 S_{40} 到 S_M 是以试验期间它们闭合顺序排列的，从底部到顶部。

图 D.102　耐电弧试验电路

附 录 H
（规范性附录）
电子控制器的要求

GB 14536.1 中的该附录，除下述内容外均适用：

H.7 资料

表 H.7.2

资 料	章、条	方 法
54 条要求代替为“不适用”		
在注[q] A 类第二段后添加如下新的一段： 除非制造商另外声明，定时器和定时开关的软件功能在本部分范围内归为 A 类。		

H.11.12 使用软件的控制器

在第一段后添加如下新的一段注：

注：除非制造商另外声明，定时器和定时开关的软件功能在本部分范围内归为 A 类。

H.26.6 电压不平衡影响的测试

不适用。

H.26.9 电快速瞬变/脉冲试验

增加条款：

H.26.9.101 试验程序

控制器进行 5 次试验。试验在相关操作允许的最大输出功率下进行。在负载连接电源时进行 3 次试验，负载没有连接电源时进行两次试验。

H.26.11 静电放电试验

增加：

在所有易触及的表面进行 5 次放电。

试验在相关操作允许的最大输出功率下进行。在负载连接电源时进行 3 次试验，负载没有连接电源时进行两次试验。

易触及部件包括除去 GB 14536.1—2008 中 8.1.9.5 规定的可拆卸部分后可以触及的部件。

注：在加拿大和美国，易触及部件包括在安装和维护过程中可以触及的部件。

增加条款：

H.26.15.4.101 本部分标准遵从 GB 14536.1—2008 中 H.26.15.4 第 a)项规定的要求。

附　录　AA
（规范性附录）
立式、独立安装和带线定时器及定时开关的值

表 AA.1　对于立式、独立安装和带线定时器及定时开关的值[a]

A[b]	M[c]	负载类型
5 000	500	主要为电阻性负载
2 500	250	电阻和电感性负载
25 000	50	大冲击电流负载(带线 TV 定时器)

[a] 整体式和装入式控制器的值在相应的设备标准中规定。

[b] 自动。

[c] 人工。

ICS 97.120
K 32

中华人民共和国国家标准

GB 14536.12—2010/IEC 60730-2-11:2006
代替 GB 14536.12—1996

家用和类似用途电自动控制器 能量调节器的特殊要求

Automatic electrical controls for household and similar use—Particular requirements for energy regulators

(IEC 60730-2-11:2006,IDT)

2010-11-10 发布　　2011-09-01 实施

中华人民共和国国家质量监督检验检疫总局
中国国家标准化管理委员会　发布

前　言

本部分的全部技术内容为强制性。

GB 14536《家用和类似用途电自动控制器》分为以下两个部分：

——第1部分：通用要求；

——第2部分：特殊要求。

特殊要求又由下列部分组成：

——GB 14536.3　电动机热保护器的特殊要求(IEC 60730-2-2,IDT)；

——GB 14536.4　管型荧光灯镇流器热保护器的特殊要求(IEC 60730-2-3,IDT)；

——GB 14536.5　密封和半密封电动机-压缩机用电动机热保护器的特殊要求(IEC 60730-2-4,IDT)；

——GB 14536.6　燃烧器电自动控制系统的特殊要求(IEC 60730-2-5,IDT)；

——GB 14536.7　压力敏感电自动控制器的特殊要求,包括机械要求(IEC 60730-2-6,IDT)；

——GB 14536.8　定时器和定时开关的特殊要求(IEC 60730-2-7,IDT)；

——GB 14536.9　电动水阀的特殊要求(包括机械要求)(IEC 60730-2-8,IDT)；

——GB 14536.10　温度敏感控制器的特殊要求(IEC 60730-2-9,IDT)；

——GB 14536.11　电动机用起动继电器的特殊要求(IEC 60730-2-10,IDT)；

——GB 14536.12　能量调节器的特殊要求(IEC 60730-2-11,IDT)；

——GB 14536.13　电动门锁的特殊要求(IEC 60730-2-12,IDT)；

——GB 14536.15　湿度敏感控制器的特殊要求(IEC 60730-2-13,IDT)；

——GB 14536.16　电起动器的特殊要求(idt IEC 60730-2-14)；

——GB 14536.17　锅炉器具中使用的浮子型或电极敏感型水位敏感电自动控制器的特殊要求(IEC 60730-2-15,IDT)；

——GB 14536.18　家用和类似用途浮子型水位控制器的特殊要求(IEC 60730-2-16,IDT)；

——GB 14536.19　电动燃气阀的特殊要求,包括机械要求(IEC 60730-2-17,IDT)；

——GB 14536.20　水流和气流敏感控制器的特殊要求,包括机械要求(IEC 60730-2-18,IDT)；

——GB 14536.21　电动油阀的特殊要求,包括机械要求(IEC 60730-2-19,IDT)；

……

本部分等同采用IEC 60730-2-11:2006《家用和类似用途电自动控制器　能量调节器的特殊要求》(第二版)。

本部分的结构与IEC 60730-2-11:2006完全相同。在本部分中,有对应国家标准的,参照引用国家标准;暂无国家标准的,则参照引用所列的IEC标准。

为了便于使用,本部分做了下列编辑性修改：

a)　用小数点“.”代替作为小数点的逗号“,”；

b)　增加了国家标准的前言；

c)　“本标准”一词改为“本部分”；

d)　用“GB 14536.1”代替“第一部分”。

本部分与GB 14536.1—2008《家用和类似用途电自动控制器　第1部分：通用要求》配合使用。

本部分代替GB 14536.12—1996《家用和类似用途电自动控制器　能量调节器的特殊要求》。

本部分与GB 14536.12—1996相比主要变化如下：

a） 若干章条的名称根据 GB 14536.1 的变化做了相应的更改；

b） 第 1 章范围的限定 1.1、1.1.1、1.1.2 做相应调整，增加 1.1.3 和 1.1.4 代替内容，1.2 额定电压范围做相应调整，增加 1.5 规范性引用文件；

c） 第 6 章增加 6.5.101 项内容；

d） 第 17 章耐久性增加了对表 17.2-1 的修改，我国也相应用过压试验代替过载试验，17.16 做了较大调整；

e） 第 20 章爬电距离、电气间隙和穿通固体绝缘的距离删去了增加内容；

f） 增加第 28 章电子断开使用导则；

g） 增加附录 H。

本部分的附录 H 为规范性附录。

本部分由中国电器工业协会提出。

本部分由全国家用自动控制器标准化技术委员会(SAC/TC 212)归口。

本部分起草单位：广州电器科学研究院、芜湖市九龙控制器有限公司、佛山市顺德区三春电器实业有限公司、广州威凯检测技术研究院、宁波欧知电器科技有限公司、海信科龙电器股份有限公司、江苏常恒集团自动控制器有限公司、中国家用电器研究院。

本部分起草人：孔睿迅、朱洲阳、邵志成、钱峰、柯赐龙、杜立、吴民安、贾玉霖。

本部分所代替标准的历次版本发布情况为：

——GB 14536.12—1996。

IEC 前言

1) IEC(国际电工委员会)是由各个国家的电工委员会(IEC国家委员会)组成的世界性标准化组织。IEC的宗旨是在电气和电子领域的标准化相关问题上促进国际间的合作。为此目的,IEC除了开展其他活动之外,还出版国际标准、技术规范、技术报告、公共规范(PAS,Publicly Available Specifications)和导则(今后统称IEC出版物)。这些标准的制定工作是委托各技术委员会来完成的。作为IEC成员的各国家委员会,只要对所要制定的标准感兴趣,均可参与其制定工作。与IEC有联系的国际性的、官方的或非官方的组织亦参与标准的制定工作。IEC和国际标准化组织(ISO)遵照双方协议所规定的条件,密切合作。
2) 由于每个技术委员会中均有来自对相关问题感兴趣的国家委员会的代表,故IEC的有关技术议题的正式决议或协议都在最大限度上表达了国际上对于相关问题的一致看法。
3) IEC出版物以推荐的形式用于国际用途,并在此意义上为各国家委员会接受。尽管已作了所有可行的努力去确保IEC出版物的技术内容是正确的,IEC也不能为这些出版物所被使用的方式或是任何使用者的错误解释而承担责任。
4) 为了促进国际上的统一,IEC各国家委员会负责将IEC国际标准透明地、最大可能地转化为国家或地区性标准。IEC标准和相应的国家或地区性标准之间如有任何差异,应在标准转化之后清楚地说明。
5) IEC并未制定任何认可标志的程序,如有某设备宣称其符合IEC的某一出版物时,IEC对此不负责任。
6) 所有的使用者应确保拥有本出版物的最新版本。
7) IEC或是其领导人、雇员、服务人员或代理人,包括独立的专家和IEC技术委员会、各国家委员会,对于任何由于使用或是信任本IEC标准或其他IEC出版物而造成的人员伤亡、财产损失或其他对自然环境造成的伤害(不管这些损失是直接的还是间接的)不负担任何责任,对相应产生的费用和花费(包括法律费用)也不承担责任。
8) 要注意本标准所引用的相关标准。使用所引用的标准是正确应用本标准所必不可少的。
9) 值得注意的是本国际标准中的某些部分可能涉及到专利权。IEC对于鉴别某一或是全部的这一类专利权将不负责任。

国际标准IEC 60730-2-11由IEC技术委员会TC 72:家用自动控制器技术委员会制定。

本第二版本取消并取代1993年颁布的第一版及其1994年的修订1和1997年的修订2。本第二版整合了附录H电子控制器的要求组成一个技术修订本。

标准正文基于下述文件:

国际标准草案	投票报告
72/712/FDIS	72/725/RVD

有关本部分表决通过的详细资料,请见上表所列的投票报告。

该出版物的起草遵从ISO/IEC导则:第二部分。

本部分应与IEC 60730-1配合使用。它是基于IEC 60730-1的1999年的第三版及其2003年修订1的基础而形成的。应考虑IEC 60730-1的后续版本或修订。

本部分补充或修改IEC 60730-1中相应的条款使之转换为IEC标准:能量调节器的特殊要求。

当本部分中出现“增加”、“修改”或“代替”时,则第1部分中相关的要求、试验描述或解释性内容应作相应修改。

当不需要变动时，本部分将注明相应的章节或条款适用。

在本出版物中：

1） 采用下列印刷字型：

——要求正文：罗马字体。

——试验规范：斜体字。

——注：小罗马字体。

2） 在第1部分的基础上增加那些分条款或图从101开始编号。

所有属于IEC 60730系列的、归属于“家用和类似用途自动控制器”类别的标准的清单，可以在IEC的网站上获得。

委员会决定本出版物的内容在IEC的网站 http://webstore.iec.ch 上标明的、与特定出版物相关的下次修订日期之前保持不变。而到了该修订日期，出版物将被：

- 再次确认；
- 取消；
- 被修订后的版本替代，或
- 修订。

家用和类似用途电自动控制器
能量调节器的特殊要求

1 范围和规范性引用文件

GB 14536.1 中的该章，除下述内容外均适用：

1.1 代替：

本部分适用于在家用和类似用途设备中使用或与这些设备配套使用的能量调节器，也包括用于加热、空调和类似用途设备的能量调节器。所控制的设备可以是使用电、燃气、油、固体燃料、太阳能等或它们的组合能源。

注：能量调节器可以是热操纵、机械操纵或电气操纵的。

1.1.1 代替：

本部分适用于电自动控制器固有的安全，适用于与设备安全有关的操作值、操作时间和操作程序，也适用于在家用或类似设备中或随设备一起使用的电自动能量调节器的试验。

本部分也适用于 GB 4706.1 范围内的器具所使用的能量调节器。

注：本部分使用的"设备"一词包含"器具和设备"。

本部分不适用于专门用于工业用途的电自动能量调节器。

本部分也适用于作为控制系统一部分的单体能量调节器或与带有无电量输出的多功能控制器机械地组合在一起的能量调节器。

不作为一般家用，但用于公共场所，例如给商店、轻工业和农场中由非专业人员使用的设备，其使用的能量调节器也包括在本部分范围内。

也可见附录 J。

1.1.2 不适用。

1.1.3 不适用。

1.1.4 代替：

本部分也适用于在电气上和/或机械上与自动控制器组成整体的人工能量调节器。

注：不构成能量调节器组成部分的人工开关的要求参见 GB 15092.1。

1.2 代替：

本部分适用于额定电压值不超过 690 V，额定电流不超过 63 A 的能量调节器。

1.3 不适用。

1.4 代替：

本部分亦适用于带有电子器件的能量调节器，相应的要求见附录 H。

本部分也适用于使用 NTC 或 PTC 热敏电阻的能量调节器，附加的要求见附录 J。

2 定义

GB 14536.1 中的该章，除下述内容外均适用：

2.2.19 增加：

注：一般来说，能量调节器是操作控制器。

2.2.20 增加：

注：使用软件的能量调节器，其软件归类为 A 类。

2.5 与不同结构的控制器相关的定义

增加定义：

2.5.101

推转起动 push-and-turn actuation

先推进后旋转控制器的起动元件来完成的两级起动。

2.5.102

拉转起动 pull-and-turn actuation

先拉出后旋转控制器的起动元件来完成的两级起动。

3 一般要求

GB 14536.1 中的该章适用。

4 试验的一般说明

GB 14536.1 中的该章适用。

5 额定值

GB 14536.1 中的该章适用。

6 分类

GB 14536.1 中的该章，除下述内容外均适用：

6.4 按自动动作特性分类

6.4.3 增加条款：

6.4.3.101 只能在推转起动或拉转起动之后才开始的，而且只要求进行旋转动作即可使起动元件返回断开或停止位置的动作(1.X 型或 2.X 型)。

6.4.3.102 只能在推转起动或拉转起动之后才开始的动作(1.Z 型或 2.Z 型)。

6.7 按分断装置的极限环境温度分类

增加条款：

6.7.101 用于烹饪器具的能量调节器。

7 资料

GB 14536.1 中的该章，除下述内容外均适用：

表 7.2

在表 7.2 注 d 后增加：

注：对于能量调节器，动作量的限值不必声明(见 17.7 和 17.8 的规定)。

8 防触电保护

GB 14536.1 中的该章适用。

9 接地保护措施

GB 14536.1 中的该章适用。

10 端子和端头

GB 14536.1 中的该章适用。

11 结构要求

GB 14536.1 中的该章,除下述内容外均适用:

11.3.9 拉线起动控制器

增加:

注的第二段不适用于 1.X 型、2.X 型或 1.Z 型、2.Z 型的能量调节器。

11.4 动作

增加:

11.4.101 1.X 或 2.X 型动作

1.X 型或 2.X 型动作应设计成只有在完成了推或拉的动作之后才能实现转动的动作。只要进行旋转动作便可使能量调节器的起动元件返回断开或停止的位置。

是否合格通过 18.101 的试验检查。

11.4.102 1.Z 或 2.Z 型动作

1.Z 或 2.Z 型动作应设计成只有在完成了推或拉的动作之后才能实现转动的动作。

是否合格通过 18.101 的试验检查。

12 防潮及防尘

GB 14536.1 中的该章适用。

13 电气强度和绝缘电阻

GB 14536.1 中的该章适用。

14 发热

GB 14536.1 中的该章,除下述内容外均适用:

增加条款:

14.101 用于烹饪器具的能量调节器

14.101.1 下述内容适用于按 6.7.101 分类的能量调节器。

14.101.2 如果绝缘部件的温度超过表 14.1 的允许值,则为了符合表注 1 的要求,可在 14.102[1)]的处理后才进行 17.16.101 的试验。

14.102 将未经试验的能量调节器的试样,放进烘箱进行条件处理 1 000 h。烘箱的温度保持在 $1.02T_1+20$ ℃与 $1.05T_1$ 之间,T_1 为第 14 章试验时在绝缘部件上测得的最高温度。在试验期间,能量调节器不应通电。

如果高温只出现在局部范围,例如只集中在双金属片加热器或其附近,在进行 1 000 h 条件处理时,能量调节器应在正常条件 T_{max} 与 $T_{max}+5\%$ 的温度之间进行处理,但触头要闭合且不循环。必要时,可将触头强制闭合,以产生最严酷的温度条件。与电源并联的双金属片加热器要施加 1.1 倍额定电压。串联的双金属片加热器则通 1.1 倍额定电流。

15 制造偏差和漂移

GB 14536.1 中的该章适用。

16 环境应力

GB 14536.1 中的该章适用。

---

1) 此处 IEC 原文还有 14.102.1,应为编排错误,已取消此条号。

17 耐久性

GB 14536.1 中的该章，除下述内容外均适用：

17.16 专门用途控制器的试验

代替：

17.1 到 17.5 适用。

17.6 适用于 1.M 型或 2.M 型动作。

17.7 和 17.8 适用，但起动元件要置于试验开始时能产生最大的自然周期速率的位置。试验过程中可以将速率调整到最大的自然周期速率。

17.9 不适用。

17.10～17.13 适用，但对已经过 17.7 和 17.8 自动动作试验的起动元件，17.13 的起动周期数要减去这些试验期间进行过的周期。

17.14 适用。

17.15 不适用。

增加条款：

17.16.101 材料的评定

按 14.101.1 的规定进行以下试验。

使能量调节器进行 17.7 的试验 50 次动作，并进行 17.8 的试验 1 000 次动作。17.7 和 17.8 的试验均在(20±5)℃的环境温度下进行。

经试验后，能量调节器应符合 17.5 的要求。

18 机械强度

GB 14536.1 中的该章，除下述内容外均适用：

增加条款：

18.101 推转起动或拉转起动

1.X 型、2.X 型动作或 1.Z 型、2.Z 型动作的能量调节器应进行 18.101.1 和 18.101.2 的试验。

用一个新样品来进行这些试验，试验之后，能量调节器应符合 18.1.5 的要求。

18.101.1 1.X 型、2.X 型动作或 1.Z 型、2.Z 型动作的能量调节器应进行的试验有：

——推进起动或拉出起动元件所需的轴向力不应小于 10 N。

——即使向起动元件施加 140 N 的轴向推力或拉力，仍应符合 18.1.5 的要求。

——对于预定使用握持直径或长度小于或等于 50 mm 的旋钮的能量调节器，其防止轴在推或拉操作之前旋转的装置应能经受 4 Nm 扭矩的作用而不损坏或影响能量调节器的功能。

——或者，如果在施加最小 2 Nm 的扭矩时，用以防止轴旋转的装置已失效，造成的结果应为下述两种其中之一：

- 装置未损坏但被过操作以致使触头闭合，在这种情况下后续的扭矩小于 2 Nm 的再起动应只能在推转或拉转的条件下才能操作触头；或是：
- 触头不动作，或不能使触头动作。

——如果施加推力或拉力之后，还需靠扭矩才能将能量调节器复位到初始接触状态，此扭矩不应大于 0.5 Nm。

——向设定机构施加 6 Nm 的扭矩。防止轴旋转的装置的任何破裂或损坏不应导致能量调节器出现不符合第 8、第 13 和第 20 章的要求故障。

——对于预定使用握持直径或长度大于 50 mm 的旋钮的能量调节器，其扭矩值按比例增大。

18.101.2 1.X 型、2.X 型动作或 1.Z 型、2.Z 型动作的能量调节器，应完成规定的人工起动周期数试验。

此项试验后，能量调节器应符合 18.101.1 的要求。如果用以防止轴旋转的构件没有损坏，但被过度操作，致使触头动作，则在完成规定的人工总周期数的前 1/6 时，不先推进或拉出起动元件。

19 螺纹部件及连接

GB 14536.1 中的该章适用。

20 爬电距离、电气间隙和穿通固体绝缘的距离

GB 14536.1 中的该章适用。

21 耐热、耐燃和耐漏电起痕

GB 14536.1 中的该章适用。

22 耐腐蚀性

GB 14536.1 中的该章适用。

23 电磁兼容性(EMC)要求——发射

GB 14536.1 中的该章适用。

24 组件

GB 14536.1 中的该章适用。

25 正常操作

见附录 H。

26 电磁兼容性(EMC)要求——抗扰度

见附录 H。

27 非正常操作

GB 14536.1 中的该章适用。也可参见附录 H。

28 电子断开使用导则

见附录 H。

图

GB 14536.1 中的图均适用。

附　录

GB 14536.1 中的附录，除下述内容外均适用：

附　录　H
（规范性附录）
电子控制器的要求

GB 14536.1 中的该附录，除下述内容外均适用：

H.6　分类

H.6.18　按软件分类

H.6.18.1　增加：

注：一般来说，使用软件并具有相应功能的能量调节器按软件归类为 A 类。

H.23.1.2　无线电频率发射

增加：

整体式和装入式能量调节器不经受此条试验，因为这些试验的结果会因为能量调节器装入器具而受到影响，且也会受到测量辐射的测量装置的影响。如果制造商要求，能量调节器也可以在声明的条件下进行测试。

H.26　电磁兼容性（EMC）要求——抗扰度

H.26.2　增加：

对于 H.26.4～H.26.14 的试验，应分别在能量控制器的最高、最低和关闭设定（如果提供）的条件下进行。

H.26.5　电源供电网络的电压跌落和电压中断

修改：

H.26.5.3　测试程序

删除第五段“对于那些使用三相电源……”内容。

H.26.6　不适用。

H.26.8　浪涌抗扰度测试

H.26.8.3　试验程序

增加：

H.26.8.3.101　对于能量调节器，在最高设定条件下经受脉冲 2 次，在最低设定条件下经受脉冲 2 次，在关闭设定条件下经受脉冲 1 次。

H.26.9　电快速瞬变/脉冲试验

增加条款：

H.26.9.3.101　试验程序

对于能量调节器，在最高设定条件下经受试验 2 次，在最低设定条件下经受试验 2 次，在关闭设定条件下经受试验 1 次。

H.26.12　无线电电磁场抗扰度

H.26.12.2.2　试验程序

增加：

对于能量调节器，应在标示严酷等级下，以最低到最高频率范围进行三次全频扫描，每次扫描分别在能量调节器最高设定、最低设定和关闭设定条件下进行。

H.26.12.3.2　试验程序

增加：

对于能量调节器，应在标示严酷等级下，以最低到最高频率范围进行三次全频扫描，每次扫描分别在能量调节器最高设定、最低设定和关闭设定条件下进行。

H.26.13.3　试验程序

增加：

该试验应分别在能量调节器最高设定、最低设定和关闭设定条件下进行，各进行三次。

H.26.15　合格评定

H.26.15.1　增加：

对于 H.26.3 允许的多个测试在同一个样品上的情形，经受 H.26.4～H.26.14 的测试后，试样应符合第 8 章、17.5 和第 20 章的要求。

H.26.15.4　代替：

这些试验结束后，如果能量调节器是可操的，则应继续动作以使保护功能不失去，并根据第 15 章的要求验证保护功能的运行情况。如果能量调节器不可操作，则不应有能量输出。

H.27　非正常操作

H.27.1.2　用下述内容取代第 1 行内容：

能量调节器应按下述条件操作。并且，对于能量调节器，应在最高、最低和关闭设定条件下分别进行试验。
